中华
六家道德学说
精要

# 伦理中国

张岱年◎主编

许抗生◎副主编

**图书在版编目（CIP）数据**

伦理中国：中华六家道德学说精要 / 张岱年主编 . —北京：中国书籍出版社，2019. 6
ISBN 978-7-5068-6641-5

Ⅰ. ①伦… Ⅱ. ①张… Ⅲ. ①伦理学史－中国 Ⅳ. ①B82－092

中国版本图书馆 CIP 数据核字（2018）第 010628 号

**伦理中国：中华六家道德学说精要**

张岱年 主编

---

**责任编辑** 李 新
**责任印制** 孙马飞 马 芝
**封面设计** 末末美书
**出版发行** 中国书籍出版社
**地 址** 北京市丰台区三路居路 97 号（邮编：100073）
**电 话** （010）52257143（总编室） （010）52257140（发行部）
**电子邮箱** eo@ chinabp. com. cn
**经 销** 全国新华书店
**印 刷** 三河市顺兴印务有限公司
**开 本** 710 毫米 × 1000 毫米 1/16
**印 张** 28
**字 数** 445 千字
**版 次** 2019 年 6 月第 1 版 2019 年 6 月第 1 次印刷
**书 号** ISBN 978-7-5068-6641-5
**定 价** 60. 00 元

---

# 序[①]

张岱年

中国哲学是世界上三大哲学传统之一（其他两个是西方哲学与印度哲学），中国伦理思想是中国哲学的一个重要内容。在中国古代，伦理思想是和自然哲学与认识理论相互密切联系的，但也可以提出来进行专门的研究。中国伦理思想对于中国文化的形成和发展起过非常重要的作用，因此，研究中国伦理思想，对于正确认识中国传统的精神文明，对于建设具有中国特色的社会主义精神文明，具有重要意义。

**（一）哲学与伦理学**

中国古代无哲学之称。在先秦时代，一切思想学术统称为"学"。到宋代，有"义理之学"的名称。义理之学包括关于"道体"（"天道"）、人道（人伦道德）以及"为学之方"（治学方法）的学说。其中关于人道的学说可专称为伦理学。伦理学即研究"人伦"之理的学问，亦即研究人与人的关系的学说。"人伦"一词，见于《孟子》。孟子叙述帝尧的事迹说："使契为司徒，教以人伦：父子有亲，君臣有义，夫妇有别，长幼有序，朋友有信。"（《孟子·滕文公上》）在帝尧的时代，是否已提出人伦观念，今天已难以考定。"伦理"一词，见于《礼记·乐记》。《乐记》云："乐者通伦理者也。"郑玄注："伦，类也。理，分也。"这里所谓伦理泛指伦类条理，尚非今日所谓伦理。

伦理学又称人生哲学，即关于人生意义、人生理想、人类生活的基本准则的学说。"道"与"德"本系两个概念。孔子说："志于道，据于德，依于仁，游于艺。"（《论语·述而》）道是行为应当遵循的原则，德是实行原则而有所得，亦即道的实际体现。后来道与德经常并举，于是渐渐联合为一词。《孟子》《庄子·内篇》中尚无道德相连并提之例。在儒学著作

① 此序原为《中国伦理思想研究》（1989 年上海人民出版社出版）的第一章《总论》，今删改而成此序。

中，道德二字相连并举始见于《周易·说卦传》及《荀子》。《周易·说卦传》云："和顺于道德而理于义，穷理尽性、以至于命。"《荀子》的《劝学篇》云："故学至乎礼而止矣，夫是之谓道德之极。"又《强国篇》云："威有三，有道德之威者，有暴察之威者，有狂妄之威者。"《说卦》和《荀子》所谓道德都是把两个名词联结为一个名词，亦即把两个概念结合为一个概念。

道家所谓道德，含义与儒家所讲的不同。《老子》以"道"为天地的本原，为万物存在的最高根据，以"德"为天地万物所具有的本性。《庄子·内篇》亦基本如此。《庄子·外篇》则将道德联为一词。如《骈拇》篇云："多方乎仁义而用之者，列于五藏哉！而非道德之正也。"《马蹄》篇云："道德不废，安取仁义？"所谓道德的含义虽与儒家不同，但也是把两个概念结合的一个概念。

在中国伦理史上，道德可以说既是一个概念，又是两个概念。分析地看，道与德是两个概念，道指行为应该遵循的原则，德指行为原则的实际体现。作为一个完整的名词来看，道德是行为原则及其具体运用的总称。

道德不仅仅是思想观念，而且必须见之于实际行动。如果只有言论，徒事空谈，言行不相符合，就不是真道德。古往今来，不但有伦理思想，而且有伦理实际。伦理实际即个人的品德风范和社会的道德风尚。研究伦理思想，要将思想和当时的伦理实际结合起来加以全面的考察。

中国古代哲学中，伦理学说是和本体学说以及关于认识方法的学说密切联系、互相贯通的；但是彼此之间也确有一定的区分。中国伦理思想史的研究就是将历代思想家的伦理学说划分出来进行专门的研究。在研究的过程中，也要注意历代思想家的伦理学说与其本体论思想和认识论思想的联系。

### （二）中国古代伦理思想的特点

自战国时期以至明清，中国古代的伦理思想是封建时代的伦理思想。研究中国古代的伦理思想，首先要了解中国古代伦理思想的一些基本观点与基本倾向。这些基本观点与基本倾向，也就是中国古代伦理思想的特点。

中国古代伦理思想有一个显著的倾向，即肯定人在天地之间的重要地位。儒家的《易传》以天地人为"三才"，道家的老子以道、天、地、人为“四大”。《孝经》述孔子之言云：“天地之性，人为贵。”《礼记·礼运》云：“人者，天地之心也，五行之端也，食味别声被色而生者也。”董仲舒说：“天地人，万物之本也。天生之，地养之，人成之。天生之以孝悌，地养之以衣食，人成之以礼乐。”（《春秋繁露·立元神》）《礼运》以人为天地之心，张载则提出“为天地立心”之说，认为天地本来无心，人对于天地的认识就是天地的自我认识，天地在人身上达到了自我认识。这些说法虽然不同，但都肯定了人在宇宙之间的重要意义，可以谓之人类中心说。

其次，中国古代哲学家大多数承认人与自然的统一关系，既肯定人与天地的区别，又强调人与天地的不可分割的密切联系。原始人的意识不发达，没有把自己与外在世界区分开来。文明开始，才把人与自然区分开来。在中国历史上，早已经过这个阶段。远古传说颛顼时代“绝地天通”，可以说即具有区分天人的意义。《国语·楚语》记观射父之言说：“九黎乱德，民神杂糅，不可方物，夫人作享，家为巫史。……颛顼受之，乃命南正重司天以属神，命火正黎司地以属民，使复旧常，无相侵渎，是谓绝地天通。”所谓“绝地天通”实是远古时代的一次宗教变革，实质上是割断民与神的直接联系，其中含有把天与人区别开来的意义。春秋时代，郑子产区别了天道与人道。《春秋左传》昭公十八年记载子产之言云：“天道远，人道迩”，把天与人区分开来。到战国时代，一些思想家又重新肯定天与人的联系。《中庸》云：“思知人，不可以不知天。”《庄子》说：“知天之所为，知人之所为者，至矣。……虽然，有患，……庸讵知吾所谓天之非人乎？所谓人之非天乎？”（《庄子·大宗师》）这都既肯定了天与人的区别，又肯定了天与人的联系。董仲舒宣称“以类合之，天人一也”。（《春秋繁露·阴阳义》）张载明确提出：“一天人”与“天人合一”（《正蒙·乾称》），宣称“天地之塞吾其体，天地之帅吾其性”（同上），强调人与自然的统一。程颢说：“人与天地一物也，而人特自小之，何耶？”（《河南程氏遗书》第十一）这就是说，不认识人与天地的统一就是自小，承认人与天地的统一才是真正的自觉。应该承认，原始人不分人与自然，是原始思想，文化人区别了人与自然，是初步的自觉。哲学家重新肯定人与自然的统一，是进一步的自觉。如果把哲学家的观点混同为原始人的思维方式，那就大错特错了。这是研究中国古代思想必须注意的。

道德问题不仅是认识问题，更是行动的问题，因而古代思想家重视关于伦理问题的言行相符。在伦理学说的范围内，提出任何主张，必须有一定的行动与之相应，否则就是欺人之谈，毫无价值。孔子说："君子耻其言而过其行。"（《论语·宪问》）又说："君子欲讷于言而敏于行。"（《论语·里仁》）更说："古者言之不出，耻躬之不逮也。"（同上）都是讲言行必须一致。进行道德修养，必须表现于生活之中。孟子说："君子所性，仁义礼智根于心。其生色也，睟然见于面，盎于背，施于四体，四体不言而喻。"（《孟子·尽心上》）荀子说："君子之学也，入于耳，著于心，布乎四体，形乎动静。"（《荀子·劝学》）这都是讲关于伦理道德的思想必须见之于生活行动，在身体上表现出来。在古代，遵循道德原则而行动，谓之"身体力行"，谓之"躬行实践"。"身体力行"意谓在身上体现道德原则。"躬行实践"意谓将道德原则在生活中实现出来。"实践"一词在明代理论著作中已经屡见，意谓实际行动。但那时候所谓实践主要是指个人行动而言，还没有今日所谓社会实践的意义。

墨家、道家立论与儒家不同，但也都重视言行一致、思想与生活一致。墨家"以绳墨自矫，而备世之急"，表现可歌可泣的精神。道家要求"遗世独立"，力求过"逍遥世外"的生活。宋明的著名理学家大都能刻苦力行。当然也有些"伪道学"，那不能称作真正的思想家。

### （三）如何评估中国古代伦理学说

西方奴隶制时代思想学术高度繁荣，到封建时代，哲学成为神学的奴婢。西方近代资本主义时期，思想空前活跃，达到前所未有的水平。中国古代学术发展，与西方颇不相同，主要是在封建制时代。先秦学术昌盛，当时是从奴隶制向封建制转变、封建制度初步确立的时期。从秦汉至明清漫长的封建制时代，虽说没有再出现百家争鸣的盛况，而自汉至宋，学派众多，理论思维亦具有丰富的内容。对于封建时代各派的伦理学说，应如何评价呢？

我们认为，评价学术思想的标准主要有两条：第一，是否符合客观实际；第二，是否符合社会发展的需要。关于伦理道德的命题，必须符合社会生活的实际、符合社会发展的需要，否则就是没有价值的。所谓符合社会发展的需要，又有两层含义：在社会的和平发展时期应有维持社会生活正常进行的作用；在社会变动的时期应有革旧立新的作用。依据这两个标准来评价中国古代伦理学说，需要对各学派的思想进行全面的考察、进行一分为二的剖析。各学派的思想学说大多包含许多方面，在某一方面有消极影响，可能在另一方面起一定的积极作用。反之亦然。

例如儒家的思想是为封建等级制度辩护的，有维护等级特权的不良影响，但儒家宣扬精神价值，尊重人的独立人格，对于封建时代精神文明的发展起了重要的积极作用。道家鼓吹“绝圣弃智”“绝巧弃利”，贬抑文化的价值；但是道家思想中含有对于等级特权的抗议，具有批评不良制度的倾向，对于反专制思想有启迪的作用。佛教否认现实世界，把人们引向虚幻境地，确实是提供了一副精神麻醉剂；但是佛教又强调“精进”“无畏”，对于阐发人的主观能动性有一定的贡献。宋代理学为当时社会的等级秩序提供理论根据，是和当时现存的生产关系相适应的。当时还没有出现新的生产关系的萌芽，所以如果认为宋代理学在当时就是反动思想，那是不符合实际情况的。到明代后期，资本主义生产关系开始出现，社会中酝酿着变革的契机，于是理学就逐渐变成反动的了。对于此类情况都要进行具体的分析。

中华民族屹立于世界东方5000多年，必有其延续发展的精神动力，这就是中国古代哲学中所包含的优秀传统。近代以来，中国落后了，与西方相比，相形见绌，在19世纪末20世纪初，出现非常严重的民族危机，这就证明，中国古代思想必然含有严重的缺欠。发现过去传统中积极的成分，揭露过去传统中消极的偏失，这是中国伦理学史的一项重大任务。

# 目　录

# 导　论

中国传统道德思想十分丰富，是我国光辉灿烂的传统文化中的一个极其重要的组成部分。历史上的中国一向被人们誉之为“礼仪之邦”，是一个具有高度文明、高尚道德的国家。我国历史上的传统道德思想，也是我们今天建设社会主义精神文明，建设新道德的一个取之不竭的历史文化宝库。对于这一精神宝库，我们应当充分地开发和利用，为我们当前建设社会主义精神文明所用。

道德学，也叫“伦理学”。道德（或伦理）主要是指用社会舆论和个人信念来调整人们之间以及人与社会之间关系的行为规范的总称。张岱年先生说：“（中国哲学中）关于人道的学说，可专称为伦理学。伦理学即研究‘人伦’之理的学问，亦即研究人与人的关系的学说。人伦一词见于《孟子》。孟子叙述帝尧的事迹说：‘使契为司徒，教以人伦：父子有亲，君臣有义，夫妇有别，长幼有序，朋友有信。’”（《中国伦理思想研究》第1—2页）可见中国古人早就开始重视对人伦关系的研究和教化，并把人伦关系归结为五种（父子、君臣、夫妇、长幼、朋友），一般称之为“五伦”。“伦者，类也。”伦有类别、辈分、次序等含义。“理”则有条理、分理、道理等意思。“伦理”一词最早出现在《礼记·乐记》。《乐记》说：“乐者通伦理者也。”郑玄注：“伦，类也。理，分也。”这里的伦理是指音乐有着不同的伦类条理，并不是我们今天所讲的伦理学，即研究人伦之理的学问，把伦理当作研究人伦之理则是后来的事。至于“道”与“德”在历史上本是两个概念。“道”本指道路，引申为原理、法则等。古人讲天道与人道，在儒家那里，人道主要讲的是做人之道，人伦之道。“德”指“德性”、品性。孔子说：“志于道，据于德……”（《论语·述而》）张岱年先生解释说：“道是行为应当遵循的原则，德是实行原则而有所得，亦即道的实际体现。”（《中国伦理思想研究》第2页）德者得也，德是得道之后的具体体现。所以后来人们就把道德联结为一词，这大概是在战国中期以后的事。在《庄子》的外杂篇、《周易·说卦传》、《荀子》

等战国中晚期著作中，则已普遍地使用“道德”这一复合词了。“道德”这一概念，正如唐代韩愈所说：“仁与义为定名，道与德为虚位。……凡吾所谓道德云者，合仁与义言之也。”（《韩昌黎集·原道》）儒家讲道德，其主要内容讲的是仁义，而道家讲的道德则与儒家不同。老子讲“道”为天地万物的本原和万物存在的根据，“德”为天地万物所具有的本性（“德者得也”。德为万物得到“道”之后所表现出来的本性）。《庄子·马蹄》：“道德不废，安取仁义？”道家所讲的道德，其含义不是儒家的仁义，而是指清静无为、自然朴实的品德。但不论是儒家的道德，还是道家的道德，其共同点是：“道指行为应该遵循的原则，德指行为原则的实际体现。作为一个完整的名词来看，道德是行为原则及其具体运用的总称。”（张岱年：《中国伦理思想研究》第 3 页）伦理学研究的是人伦之理的学问，道德学研究的是人的行为原则及其具体的实现，人的行为原则也就是做人的道理，即讨论的是人伦之理。由此可见伦理学，一般来说，也就是我们通常所说的道德学。①

中国是世界上文明发达最早的国家之一。早在上古三代时期，人们就逐步地形成了用以调谐人的行为的一些道德的观念和规范。如“孝”“礼”等道德规范皆产生得很早。时至殷末周初时，更提出了具有伦理学上十分重要意义的“德”的观念，提出了“以德配天”“敬德保民”的思想，突出了道德在社会上的作用和价值，为后来儒家的产生打下了思想基础。春秋末年以孔子为代表的儒家思想，就是直接继承和发扬西周姬旦（周公）的思想而来的。孔子的儒家学说是以仁为内在核心，以礼为外在形式，以孝为基本出发点，以实现了仁道的圣人为最高人格理想，以齐家治国平天下为根本目的的一个较系统、较完备的伦理学说体系。孔子的思想又经历代儒学家的发挥、充实和完善，成为中国社会中最有影响、占有统治地位的伦理道德学说。总的说来，儒家伦理思想主要包括这样几方面的内容：（1）建立了以仁为核心的一系列的道德规范，及其规范体系。如忠、孝、忠恕、中庸和四德（仁、义、礼、智）五常（仁、义、礼、智、信）等等。（2）阐发了作为儒家伦理道德学说理论基础的人性论学说。由于儒家

① 也有些学者把伦理学与道德学作了一定的区分，强调伦理学是指研究人与人之间的关系准则，道德学是指个人的行为而言。

内部人们对人性的理解不一，形成了诸多不同的思想，如有主张人性善的，有主张人性恶的，也有主张人性善恶混或人性无有善恶等。与此相应，还有所谓性三品说、天命之性与气质之性的区别等学说。（3）提出了重内心反省、持敬慎独功夫的一整套的道德修养学说。（4）阐述了有关道德、境界和理想人格的学说。（5）研讨了关于道德理想与物质利益关系的学说，即义利、理欲之辩等。

总之，儒家的伦理思想是极其丰富的，从理论学说到社会实践，儒家的伦理思想，在中国整个伦理道德思想史上占有绝对主导的地位，成为我中华民族道德价值观念的主要代表思想。儒家伦理虽说是我国传统道德的主要代表，但又不是唯一的代表。中国传统道德历来是多元的、多学派的、多学说的，远比儒家一派要丰富得多。所以把中国的传统道德归结为儒家一元的道德，又是不符合历史实际的。在中国伦理道德思想史上，除了儒家之外，起到重要影响的伦理思想，至少还有道家伦理思想、墨家伦理思想、法家伦理思想、道教伦理思想和中国佛教伦理思想等等。所有这些伦理思想之间，又互相纷争、互相补充、互相渗透、互相促进着整个中国传统道德思想的发展，汇合成了我国光辉灿烂的传统道德文化，乃至成为整个东方文明的重要代表。

道家伦理与儒家不一样，它不是从人伦关系，尤其是儒家所强调的亲子关系中，找到调谐人们行为的准则，而是从自然法则中找寻到了人的行为准则的根据。道家认为人是自然界的产物，而自然界天地万物的本原和存在的根据就是“道”，那末人的行为就应当效法“道”而行，道性自然清静无为，因此人的行为准则也应当是自然无为朴素清静的，如果大家都能按照“道”的原则办事，那么社会自然就治理好了（“无为而无不为”）。道家主张自然朴实的人性说，反对一切矫揉造作的、虚假的、束缚自然人性的仁义道德说教。道家伦理是人类“文明异化”的反对者，主张回归自然。他们认为，人类道德最好的社会是人类社会的初民时代，之后人类美好的社会为人类文明智慧日开所破坏。道家伦理具有强烈的社会批判精神，它在历史上是以批判儒家礼教的面目出现的。一旦儒家所维护的封建礼教发生堕坏时，就有道家起来批评和纠正儒家礼教所产生的弊端。同时也由于道家重自然朴素的人性说，对社会伦常道德教化注意得不够，因此也常受到儒家的批评，使后来的道家采取了融纳儒家仁义道德教化的思想。可见儒、道两家伦理思想，在历史上既有矛盾斗争的一面，又有互相补充、互相促进的一面。道家伦理思想的最大特点，则是建立了以“道”为核心的道德形上学。道家认为，在道德领域中人们所讨论的所谓善与恶的问题，其实只具有相对的意义。“天下皆知美之为美，斯恶矣；皆知善之为善，斯不善矣。”（《老子》第 2 章）善恶两者是相对而生的，有善则有恶，有恶则有善，善恶相因而有。因此道家认为，只有超越善恶，才能达到绝对至善的境地，而绝对至善也即是无善的境地（至善无善，大仁无仁）。这种境界也就是得到了宇宙本原“道”的境界，“道”是无善的所以它能无不善，“道”是无为的所以它能无不为。这即是道家的道德形上学。因此道家认为，单靠儒家的仁义道德教化（即善的教化）并不能真正实现仁义道德，只有懂得了道家的道德形上学才是真正实现仁义道德的唯一正确的道路。魏晋时期玄学的代表人物何晏、王弼等人，就是这样来阐说自己的思想的。

墨家伦理思想，既不同于道家，也不同于儒家，它提出了一个带有自己思想特点的伦理学说体系。如果说正统的孔孟儒学带有某种超功利主义倾向（重义轻利）的话，那么墨家站在下层人民（主要是小生产者）利益的立场（“兴天下人民之利”），以儒学对立面的面貌出现，提出了带有功利主义思想倾向的“兼爱互利”的伦理学说。“兼相爱，交相利”，是墨家伦理学说的基本思想原则。“兼”则反对“别”（有差别），兼爱说反对的是儒家的爱有亲疏贵贱差等说。又认为兼爱离不开互利的原则。墨家提倡“有力者疾以助人，有财者勉以分人，有道者劝以教人”（《墨子·尚贤下》），认为做到这样就是实现了兼爱，而“爱人者，人必从而爱之；利人者，人必从而利之”（《墨子·兼爱中》），这就达到了互利。墨家认为，只要人人都相爱相利，天下国家就能得到治理。墨家提出这一套伦理学说的目的十分明确，就是要“兴天下之利，除天下之害”，讲的是国家人民之利，所以墨家说：“义，利也。”义者就是可以利人，“故曰义”。义不能离开利，从这一功利主义思想出发，墨家最后甚至提出了非乐（不要音乐）的思想，认为音乐对人民产生不了实利。这是一种狭隘的功利主义思想，是他所代表的狭隘的小生产者的短浅眼光束缚了他的思想的结果。墨家伦理，应当说带有浓重的理想主义思想色彩，在当时等级森严的社会中，虽说具有很大的革命性，但缺乏实现这一理想的现实基础，所以他的学说在战国纷乱的时代曾流行过一阵子，之后就销声匿迹了。他对后世的影响，亦远不如儒、道两家的思想。

法家是先秦时代的一个政治学派。法家中人亦大多属于实际政治家，是当时社会变法运动的倡导者和实践者，如李悝、商鞅、吴起、申不害等人，皆是如此。以商鞅、韩非为代表的法家，一般称为晋法家。他们从“当今之世，争于气力”的实际政治斗争需要出发，主张用武力来夺取天下，用暴力（法治）来治平天下，因此他们崇尚武治而忽略文教，宣扬道德教化无用论，认为仁义只能害国，慈惠只会乱政。他们大多是一些非道德主义者，他们反对从事道德教化，提出了“以法为教”的思想，完全否定了道德的作用。他们只从眼前的一时成效出发，看不到道德教化对长治久安的作用，所以他们也是一些眼光短浅的狭隘的功利主义者。当然法家中的人物亦不尽然，齐国稷下的法家们（一般称之为齐法家），他们在对待礼义道德的教化上就不同于商鞅、韩非，主张要兼容儒家礼义道德的思想，提出了“礼义廉耻，国之四维”的主张，有礼、法并重的趋势。这与齐国当时的经济政治和文化氛围有着直接关联。

至于中国的佛、道两教，亦都有着各自的宗教伦理学说。道教伦理，一方面继承了道家的崇尚自然素朴、谦逊不争、清静无欲等道德原则，同时又大量地吸取了儒家仁义道德思想，集儒、道伦理思想于一身，并把伦理道德思想与自己的长生不死成神仙的道教神学结合在一起，把道德修养当作长生成仙的必要条件甚至首要条件，从而使道教伦理带有生命伦理学说的倾向。佛教则是外来的宗教，在古印度，佛教本有着自己丰富的宗教伦理学说，在释迦牟尼所创造的原始佛教中，人生哲学和伦理学说本来就占有十分重要的地位。大乘佛教兴起之后，心性理论又得到了很大的发展，佛教心性理论乃是佛教人生哲学和伦理思想的理论基础。但佛教的这些伦理学说，带有古印度思想文化的特点，它的出世主义思想又与中国固有文化（以儒道为主）传统入世主义思想相冲突，因此佛教的伦理学说要在中国土地上生根、发芽、成长，就必须要与中国传统相适应、相融合，就要接受中国文化的洗礼，尤其是要接受儒家的忠、孝、礼、义的思想，使之转换成适应中国文化传统的中国化的佛教。由此可知，中国佛教的伦理学说，已经不同于原来印度的佛教伦理学，而是既带有印度佛教特点又具有中国文化特点（主要是儒、道文化特点）的中印文化合流的思想。

# 上 篇

# 儒家伦理学说

儒家产生于春秋末期，其创始人为孔子。孔子所创立的这一学派，为什么被称为儒家呢？这就要从“儒”字谈起。《周礼·天官》说：“以九两系邦国之民：一曰牧，以地得民；二曰长，以贵得民；三曰师，以贤得民；四曰儒，以道得民；……”可见，儒是诸侯国中教化百姓的一种官吏。《周礼·地官》说：“保氏掌谏王恶，而养国子以道，乃教之六艺：一曰五礼，二曰六乐，三曰五射，四曰五驭，五曰六书，六曰九数。”保氏之官，养国子以道，而教以六艺，这就是儒官（儒士）。所以郑玄注说：“儒，诸侯保氏有六艺以教民者。”六艺，即礼、乐、射、御、书、数六种科目。《说文解字》说：“儒，柔也，术士之称。”儒是术士之称，其术即指六艺而言。所谓“儒，柔也”，也是说儒从事的是文教（文化教育）而言的，所以说儒是“以道得民”。这里的“道”指的就是六艺之道，而其中最称重要的就是礼乐之道，可以说儒士们是当时的文化教育工作者，尤其是礼乐方面的专家。孔子则继承了这一文教的工作，并把过去“学在官府”的这一文教工作下移至民间，在民间收徒办学。他不是一般地传授儒业（六艺），而是建立了一套完整的儒家学说体系。就这点来说，孔子已不是一般的儒者，而是一位具有划时代意义的儒家学派的创始人，是一位伟大的思想家、教育家。他所开创的儒家学说，后来成为我国近两千年封建社会最具有影响力的学说，成为整个封建时代的统治思想，成为中华民族文化最重要的支柱，成为中国文化乃至世界文化最主要的代表。

孔子的儒家学说创建于我国古代的春秋末年。其时社会正处于大分化、大动荡、大变革的剧变时期。这一社会大变动，一般历史学家把它称作由奴隶制社会向封建地主制社会的转变或过渡时期（也有的学者称作由封建领主制向封建地主制过渡时期；更有的学者认为中国并无奴隶社会，春秋战国是由农村公社向封建地主社会的转变）。这一变化最早是从春秋时代开始的。随着春秋时期生产力的发展，尤其是铁器工具（特别是铁犁牛耕）在农业上的普遍运用，从而为封建社会小农经济（农业和手工业相结合的小生产的自然经济）的形成提供了物质基础。这就促使大量奴隶开始脱离奴隶主而逃亡他乡，从事开荒种田。这样一来，过去的奴隶制度就不能再继续存在下去了。生产力的提高，促进了生产关系的变化，昔日的奴隶制开始向封建地主制转变，一些中下层奴隶主贵族开始不愿再受奴隶制中等级的束缚，一方面大量开荒和兼并土地，变公田为私田，使私家富于公室（公室指奴隶制国家的世袭贵族官吏）；一方面又把土地租种给农民，以租佃形式对农民实行新的封建地租制的剥削，从此封建地主经济开始产生。经济基础的变革，必然要反映到政治上来。在政治领域，那些富有然而尚处于下层无权或少权地位的封建地主阶级，要求重新进行权力的分配。于是，春秋时期的诸侯国纷纷出现了权力之争，新贵（即新的封建地主）起来夺取旧贵（即奴隶主贵族）的权力成为时代潮流，出现了政权逐步下移的现象。诸侯国相继实行了改革，对旧有的制度实行了自上而下的变革，从而有力地推进了中国社会向封建地主社会的转变。与此同时，经济政治领域中的变革必然反映到思想意识领域中。自夏、商、西周三代以来，中国的意识形态领域一直处于上帝神学理念的统治之下，人为神所统治。自西周时周公旦又提出了“以德配天”的思想，重视道德教化的作用，通过“制礼作乐”，建立了一套较为完整的奴隶社会宗法等级制的礼乐制度。随着奴隶制社会的衰落和封建地主制的建立，上帝神学的权威也随之开始逐步地下降，出现了一股重人道轻天道的疑天思潮；昔日维护奴隶制等级制的礼乐制度也遭到了冲击，出现了“礼崩乐坏”的局面。总之，昔日的文化出现了危机，人们的道德价值观念出现了危机。面对这种危机，许多有识之士致力于探索解决这一危机的办法，他们纷纷提出自己的学说，希望用自己的思想来影响社会，改造社会。以老子为代表的道家思想和以孔子为代表的儒家思想，就是在这样一个时代背景下产生的。

孔子解决社会危机的思想路数与老子不同：首先，在对待传统文化的态度上，孔子以继承和发扬西周文化为己任，在承继中对旧文化进行损益、改革，注入新内容，使之适应新时代的需要。老子则对旧文化采取批判的态度，指斥西周以来的礼乐文化为“忠信之薄，而乱之首”。主张用一种新的“道”“德”学说来取代旧有的文化，或把新“道”“德”学说置于礼乐文化之上。其次，孔子继承和发展了周公旦的德治思想，主张从人自身出发，从人的亲情关系、伦常关系出发来调谐人与人的关系和人与社会的关系，在此基础上，孔子提出了“仁”学，建立了仁学思想体系。老子则与孔子不同，老子崇尚自然，主张在天地万物整个宇宙的演变中探索治理社会的原则，所以老子探讨了宇宙的法则，其目的是解决人类社会问题的。如果说老子的思想属自然主义的话，那么可以说孔子的思想则带有人本主义的倾向。

孔子思想的核心是“仁”学。“仁者，人也”。仁学就是人学，探讨的是如何做人，如何处理人与人的关系，即所谓人伦关系的学问。所以孔子的仁学实为一种伦理学说，即我们一般所说的道德学说。孔子的仁学体系也是我国历史上第一次提出的较为完整的伦理学说体系。孔子的仁学是在西周以来礼乐文化衰落的时代提出来的，孔子希望用“仁”的思想来充实“礼”的内容，使之能与新社会相适应，真正起到调谐人与人之间关系的作用。“仁者，人也，亲亲为大。”（《礼记·中庸》）孔子从我国古代社会的宗法制度出发，认为人际关系中以血缘为纽带建立起来的亲情关系最为重要，所以说仁者以“亲亲”为最大，由此由亲及疏，推己及人，乃至推及整个社会，从而提出了仁道的总原则，即孔子“一以贯之”的“忠恕之道”的思想。“忠恕”的原则就是“己欲立而立人，己欲达而达人”和“己所不欲，勿施于人”的忠道和恕道思想。这就是所谓的“仁道”精神。孔子认为仁与礼的关系应当是内容与形式的关系，外在的礼应当体现内在的仁。这样就能达到仁礼的统一，就能调谐好社会的新秩序。孔子的这一仁学思想，在战国时期为孟子所发扬。孟子对孔子的仁学思想提供了一套人性论理论的论证，他把孔子所提出的一系列道德规范归结为“仁、义、礼、智”四德，认为此四德之开端“非外铄我也”，而为“人性所固有”。这就是人性善的理论。孟子又认为这种善性最后来源于天命。这是一种天赋的先验道德学说。战国末年另一位儒家大师荀子则反对这一学说，他否定天赋道德观念，把人的生理心理欲望视作本性，提出了人性恶的理论，形成了中国伦理思想史上性善与性恶两大学说的对立。

春秋战国时期是儒家伦理的创建时期。自秦汉以来的整个封建社会中，儒家伦理思想大致经历了以下四个发展阶段。

## 一、两汉儒家伦理的昌盛与独尊时期

在春秋战国时期，儒家虽说属于“显学”，影响很大，但只是百家中的一个学派。在春秋战国的百家争鸣中，儒家并没有得到各诸侯国官方的支持，而魏国、齐国、楚国、秦国等诸侯国却先后都推行了法家政治，最终作为后起之秀的秦国依靠法家政治统一了全中国，法家学说成为秦王朝的统治思想。法家一手软（不搞道德教化，不讲仁义）一手硬（崇尚暴力法治），搞的是跛足政治，即使能用武力统一天下，也不能光靠暴力来治理天下。这就决定了秦王朝必然失败的命运。秦王朝的覆灭，同时也宣告了法家学说的破产。代之而起的是汉初的黄老之治。但黄老清静无为思想也只能适应汉初恢复经济的一时需要，而不是长治久安之策。建立在宗法制度基础上的大一统国家，需要一个反映其经济政治乃至心理习俗的统一的思想学说和伦理价值体系。而在诸子百家中，最能体现大一统封建帝国根本利益要求的就是以孔孟为代表的儒家学说，尤其是儒家的政治伦理思想。有鉴于此，西汉武帝时的董仲舒提出了“罢黜百家，独尊儒术”的主张，并得到了武帝的首肯。董仲舒继承和发扬了先秦的儒家思想，把儒家的政治伦理思想归结为三纲五常，充分满足了在封建君主专制主义和封建宗法等级制度下，调谐人与人之间、人与国家社会之间关系的需要。董仲舒还把三纲五常之道归结为天命，从而把我国封建社会的政权、族权、夫权与神权紧密地结合了起来，赋予了封建社会以神圣性。董仲舒的儒家学说，适应了我国古代封建帝国根本利益的要求，从而得到了汉代官方的支持，成为官方学说，赢得了独尊和统治的地位。

### 二、魏晋南北朝隋唐儒学伦理的中衰、危机和复兴时期

汉代董仲舒儒学赢得了独尊与辉煌，奠定了儒学在我国整个封建社会中的统治地位。但董氏儒学又有其致命的弱点：一是董氏儒学的理论基础天人感应神学目的论思想比较粗糙鄙陋，有违于孔子“不语怪力乱神”的人文主义思想，又与道家天道自然无为的思想相对立，在有头脑的知识分子群体中逐步失去了它的影响力。二是董仲舒所提倡的名教（礼义教化）思想，在东汉末年由于朋党之争，使名教徒具形式，成为人们手中争名逐利的工具，从而失去了它维护封建社会秩序的作用。这样以董仲舒为代表的汉代官方儒学的丧钟就被敲响，代之而起的是崇尚老庄哲学和伦理思想的魏晋玄学。与此同时，外来的佛教亦逐渐兴盛。魏晋玄学讲无，外来的佛教讲空，一无一空相得益彰，使佛教在南北朝隋唐时期空前繁荣，形成了中国佛教诸宗派。我国土地上自生的道教在这一时期也不示弱，从东晋南北朝开始，即已走上了成熟发展的道路，至隋唐也步入全盛时期。当时社会上形成了儒、佛、道三教鼎立的局面，儒家失去了汉时的昌盛与繁荣，进入中衰时期，佛道两教炽热，社会上出现了“不入于老，则入于

佛”（韩愈：《原道》）的局面，儒家的发展由此出现了危机。针对这种状况，唐代中叶的韩愈、李翱等人，揭起了复兴儒学的大旗，他们以辟佛老为己任，以继承孔孟道统为目的，开展了一场复兴儒学的运动，为此后宋明理学（宋明新儒学）的兴起与繁荣提供了一定的条件，他们是宋明儒学的先行人物，吹响了儒家复兴的号角。

### 三、宋明新儒家伦理思想的兴起与昌盛时期

宋明时期是儒家的复兴与繁荣时期，儒学的发展进入了历史上的鼎盛时代。宋明儒学特别是宋明理学成为当时思想界最重要的代表，掀起了一股强大的理学思潮。理学中最重要的派别有两个：一是程朱理学，一是陆王心学，其中程朱理学成为南宋以后元明清各朝的官方哲学，占据着统治的地位，而陆王心学亦在社会上具有极大的影响。程朱理学把传统儒家的三纲五常思想提高到天理的高度，当作宇宙普遍法则，陆王心学则把它们放到良心之中，天理良心成为封建纲常的绝对根据，宋明理学成了封建社会后期的统治思想。宋明理学尤重个人的道德修养，尤重内圣的功夫，总结出了一套十分完整的道德修养学说，如主敬主静的思想、内省慎独的功夫，乃至格物致知和知行合一、致良知等学说，时至今日这些思想中尚有许多合理的成分，值得我们加以批判地吸取。

### 四、明清之际与清代儒家伦理思想的演变时期

明清之际是一个“天崩地裂”的时代，民族矛盾与阶级矛盾交织在一起，同时从明中叶开始，我国的大地上又产生了新的经济因素，资本主义经济成分开始萌芽，逐渐地形成了一个市民阶层，并在社会政治上提出了自己的要求。在这复杂的矛盾与社会危机中，一些有识之士纷纷起来，批评维护封建专制主义等级秩序的宋明理学，尤其是官方的程朱理学。他们往往从反对官方程朱理学的陆王心学中吸取营养，强调个性的独立与自由，批判封建君主专制主义。自此，在我国的地平线上出现了新时代思想的曙光，出现了带有资本主义萌芽的新道德新思想。具有这些新思想的代表人物有黄宗羲、颜元、戴震等人。他们的出现，开始宣告整个旧时代儒学的即将结束（就理论学说而言），标志着一种新时代思潮（近代民主思潮）的来临。

# 第一章　春秋末年孔子儒家伦理思想体系的建立

## ——我国历史上第一个完整的伦理学说

孔子（前551—前479）名丘，字仲尼，鲁国陬邑（今山东曲阜）人。他15岁时就“志于学”，后来创立了以“仁”为核心、以“礼”为形式、以“圣人”“君子”为理想人格的伦理思想体系，成为儒家伦理思想的创始人。他建立了我国历史上第一个完整的伦理学说，对其后两千多年中国伦理思想的流变产生了巨大的影响，从而使儒家伦理成为我国漫长的封建社会之正统伦理思想。

## 第一节　孔子伦理思想产生的时代背景

### 一、西周社会的伦理思想

虽然《礼记·中庸》认为：“仲尼祖述尧舜，宪章文武。”但是，由于史料的缺乏，尧、舜、禹时代及夏朝的伦理思想已不可确考。殷商的甲骨文中保存有少许伦理思想资料，只有西周的文献保存了较多的伦理思想。从现有的资料看，西周的伦理思想主要有以下四方面的内容，孔子的伦理思想主要就是继承西周思想而来。

#### 1. 以“孝”为主的宗法伦理

由于西周的社会政治制度是以血缘关系为纽带的宗法制度，所以特别重视“孝”。

“孝”的主要内容是恭敬、奉养父母。据《尚书·酒诰》记载：“武王曰：‘妹土嗣尔股肱，纯其艺黍稷，奔走事厥考厥长。肇牵车牛远服贾，用孝养厥父母。’”武王告诫殷民说，从今以后，你们要尽力劳作，专一于农事，要为你们的父兄奔走效力。在农事完毕后，可以做些买卖，以孝敬你们的父母。

“孝”的另一个内容是孝敬、祭祀祖先。如：“汝克绍乃显祖，汝肇刑文、武，用会绍乃辟，追孝于前文人。”（《尚书·文侯之命》）“率见昭考，以孝以享。”（《诗·周颂·载见》）即要追养祖先、祭祀祖先。

2. “修德配天”的修养论

鉴于殷亡的教训，周统治者认识到“皇天无亲，唯德是辅”（《尚书·蔡仲之命》），以此提出了“修德配天”的伦理思想。《诗·大雅·文王》说：“无念尔祖，聿修厥德。永言配命，自求多福。”《尚书·召诰》说：“惟王其疾敬德，王其德之用，祈天永命。”要求统治者一心一意地修养德性，才能永享天命。周公也曾告诫康叔：“无作怨，勿用非谋非彝，蔽时忱。丕则敏德。用康乃心，顾乃德，远乃猷裕。乃以民宁，不以瑕殄。”（《尚书·康诰》）这就是说，只有修明品德，安定心理，检查德行，使人民安宁，才可永保其位。

3. “敬德保民”的德治思想

周公还提出了德治思想，他说：“我闻曰：‘怨不在大，亦不在小。’惠不惠，懋不懋。”（《尚书·康诰》）无论民怨大小，都必须认真对待，检查自己对老百姓有恩惠没有，努力了没有。在惠民的同时，还必须对民“训告”“教诲”，使他们心甘情愿服从周的统治。如果“不孝不友”，就应按文王制定的刑法“刑兹无赦”（《尚书·康诰》），这就叫作“义刑义杀”。不过，运用刑罚要慎重，罪虽大，但知悔过，“时乃不可杀”，从轻发落。这无疑已具有了明德慎罚的思想。

4. 制礼作乐

为了更好地维护西周的宗法等级制度，据《左传·文公十八年》记载：“先君周公制周礼曰：‘则以观德，德以处事，事以度功，功以食民。’”周公不仅制礼，还作了乐。“周公居摄六年，制礼作乐。”（《尚书大传》）乐的作用在于配合礼，从而更好地维护等级制度，违背礼、乐都是僭越行为，是要受到严惩的。

## 二、春秋时期的社会变迁与礼崩乐坏的道德危机

公元前771年，西周灭亡，平王东迁。此后，作为“天下共主”的周天子实际上已降为一个小小的领主。“周之子孙日失其序”（《左传·隐公十一年》）。诸侯各自为政，许多小诸侯国灭亡了，一些大的霸主，如齐、

晋的“公室”，也相继衰落。后来，齐国的政权被陈氏贵族所取代，晋国政权逐步由韩、赵、魏三家所操纵，鲁国政权由孟叔氏、孙叔氏、季叔氏三家掌握。“春秋之中，弑君三十六，亡国五十二，诸侯奔走，不得保其社稷者，不可胜数。”（《史记·太史公自序》）原来的“礼乐征伐自天子出”变为“自诸侯出”“自大夫出”，甚至“陪臣执国命”（《论语·季氏》）诸侯与诸侯、诸侯与大夫、大夫与家臣之间不断的战争，使人民的生活非常艰难。

各诸侯国出于争霸的需要，在经济上和政治上大都进行了改革。如鲁国实行了初税亩。管仲在齐国实行“相地而衰征”（《国语·齐语中》）等一系列政策，使齐国很快富强起来。郑国的子产则重新厘定田界，划分沟洫，“作丘赋”，“铸刑书”，使郑国得以壮大。土地关系的变化促进了私人农工商业的发展，出现了新的阶层，如自由商人、自由手工业者和自由农民等。

社会经济、政治的变化必然引起社会思想文化的发展和变化。就伦理思想而言，春秋时期逐渐形成了一系列新的道德规范，如“忠”“义”“仁”等等。

其时，“忠”作为与“孝”相联系的道德范畴而被重视起来。这是由于春秋时期子弑父的现象特别多，父子关系当时也是君臣关系。据《国语·晋语》记载，晋献公要废太子申生，申生以“事君以敬，事父以孝”为理由，认为“孝、敬、忠、贞，君父之安所也。弃安而图，远于孝也，吾其止也”，最后他自杀了。值得注意的是，“忠”还要求君对民要忠，“上思利民，忠也”（《左传·桓公六年》），“贱民之主，不忠”（《左传·宣公二年》）。另外，“忠”还体现在为公不谋私和为国献身上。“无私，忠也。”（《左传·成公九年》）“杀身赎国，忠也。”（《国语·晋语四》）

在诸侯争霸的春秋时期，“义”的道德作用也日益突出：“义，所以制断事宜也。”（《国语·周语下》）“大国制义以为盟主。”（《左传·成公八年》）很多文献都对“不义”的行为痛加谴责：“人而无义，不死何为?”（《诗经·鄘风·相鼠》）“多行不义，必自毙。”（《左传·隐公元年》）而且认识到“义”与“利”的关系，“言义必及利”（《国语·周语下》），“义”可以促成“利”，“夫义，所以生利也”（《国语·周语中》），“德义，利之本也”（《左传·禧公二十七年》）。但是，还必须以“义”制利，

“凡有血气皆有争心，故利不可强，思义为愈”（《左传·昭公十年》），必须做到“居利思义”（《左传·昭公二十八年》），否则，“利过则为败”（《左传·襄公二十八年》）。

“仁”也多次出现在《左传》《国语》《诗经》中。“不背本，仁也”（《左传·成公九年》），即不忘记自己的祖先为“仁”。“爱亲之谓仁”（《国语·晋语一》），“利国之谓仁”（《国语·晋语一》），“仁，文之爱也”（《国语·周语下》），“言仁必及人”“爱人能仁”（《国语·周语下》），可见，“仁”必须做到爱他人，否则，“乘人之约，非仁也”（《左传·定公四年》），“幸灾不仁”《左传·僖公十四年》）。

“信”不仅是诸侯之间、君臣之间的道德规范，而且也是普通百姓之间的道德规范。如：“君人执信，臣人共执。”（《左传·襄公八年》）“臣能承命为信。”（《左传·宣公十五年》）“夫信，民之所庇也。不可失也。”（《国语·晋语四》）“信，德之固也。”（《左传·文公元年》）

此外，春秋时期还出现了许多其他的道德规范。如：智、敬、勇、惠、让等。

由于春秋时期经济、政治的巨大变革与动荡不安，周礼已失去了对人们行为的约束力。旧的道德规范已失去活力，新的道德规范尚未建立起来，“礼经三百，威仪三千，及周之衰，诸侯将逾法度，恶其周亡，灭去其籍，自孔子时而不具”（《周礼正义·序》），整个社会“道德大废，上下失序”，“涽然道德绝矣”（《战国策·叙录》）。“礼崩乐坏”的社会现实迫切需要一位能熔诸德于一炉，从而创立完整的道德体系来给人们的行为提供道德指南的大思想家。

### 三、鲁国文化氛围对孔子的熏陶

孔子生长的鲁国，是西周时周公之子伯禽的封地。傅斯年先生在其《周东封与殷遗民》一文中考证：“鲁的统治者是周人，而鲁之国民是殷人。”据《左传》记载，周公平定武庚叛乱后，“分鲁国以……殷民六族……条氏、徐氏、萧氏、索氏、长勺氏、尾勺氏，……将帅其宗氏，辑其分族，将其类丑，以法则周朝，用即命于周；是使之职事于鲁，以昭周公之明德。分之土田陪敦，祝宗卜史，备物典策，官司彝器”。这种特殊的社会状况，使鲁国成为西周时代东部的文化中心。

平王东迁后，周朝典策文献丧失很多，而鲁国的周代典籍仍保存得很完整。《左传·昭公二年》载："晋侯使韩宣子来聘。……观书于大史氏，见《易象》与《鲁春秋》。曰：'周礼尽在鲁矣。吾乃今知周公之法与周之所以王也。'"

在周文化的传播和保存方面，鲁国的缙绅先生们起了很重要的中介和桥梁作用。《庄子·天下》描述道："其在于《诗》《书》《礼》《乐》者，邹鲁之士缙绅先生多能明之。《诗》以道德，《书》以道事，《礼》以道行，《乐》以道和，《易》以道阴阳，《春秋》以道名分。"这些峨冠博带的缙绅先生们在贵族交际酬酢以及举行冠、婚、丧、祭等礼仪时出面服务，使得"鲁邑之教，好迩（艺）而训于礼"（《管子·大匡》）。

这种文化氛围，对幼年的孔子产生了深刻的影响。"孔子为儿嬉戏，常陈俎豆，设礼容。"（《史记·孔子世家》）并且在15岁时，就立志学"礼"。他抓住每一个机会学习周礼。后来，孔子还到过周天子的首都洛邑去学习周礼与古文献。"鲁南宫敬叔言鲁君曰：'请与孔子适周。'鲁君与之一乘车，两马，一竖子，俱适周问礼，盖见老子云。"（《史记·孔子世家》）《孔子家语·辨乐》也曾记载孔子向乐宫师襄学琴的故事。

总之，孔子以"食无求饱，居无求安"的刻苦精神，在30岁时，就能"立"于礼。这样，孔子在通晓了大量的周文化后，听从时代的召唤，以整治"礼崩乐坏"的道德混乱局面为己任，将历经夏、商、周、春秋逐渐凝成的伦理思想之涓涓细流，纳入到自己以"仁"为核心，以"礼"为形式，以"圣人""君子"为理想人格的伦理思想体系中，成为千百年来儒家伦理思想的源头活水。

## 第二节　孔子伦理思想的构建

### 一、礼学

孔子看到夏礼、殷礼、周礼的相互扬弃关系，认为"殷因于夏礼，所损益可知也；周因于殷礼，所损益可知也；其或继周者，虽百世可知也。"（《论语·为政》，以下凡引此书，只注篇名）所以，他说："郁郁乎文哉！吾从周。"（《八佾》）孔子以复兴周礼为己任，尤其提出"克己复礼为仁"，对周礼作了不少损益。如："麻冕，礼也；今也纯，俭，吾从众。"

(《子罕》) 由于历史资料缺乏，我们无法确知孔子对周礼究竟作了哪些具体的“损益”。不过从《乡党》一文中，我们可以看到孔子循礼而动的种种行为。如：

“朝，与下大夫言，侃侃如也；与上大夫言，訚訚如也。君在，踧踖如也，与与如也。”就是说，孔子在朝廷上与下大夫说话时，显出温和而快乐的样子；和上大夫说话，显出正直而恭敬的样子；君主临朝，显出恭敬而心中不安的样子。

“入公门，鞠躬如也，如不容。立不中门，行不履阈。过位，色勃如也，足躩如也，其言似不足者。”孔子走进朝廷的门，弯腰显出害怕而小心的样子，如同没有容身之地。不站立在门中间，行走不踩门槛。经过国君的空席位，面色矜持庄重，脚步也快，说话好像中气不足似的。

孔子一方面讲“克己复礼”“循礼而动”，另一方面又主张改革周礼，对周礼加以“损益”。

**1. 孔子反对把“礼”仅当成一种形式，而是主张在礼中注入“仁”这种精神内涵**

孔子认识到“礼”的重要性，认为“恭而无礼则劳，慎而无礼则葸，勇而无礼则乱，直而无礼则绞”（《泰伯》）。所以，他反对把“礼”只当作一种形式。他说：“礼云礼云，玉帛云乎哉！乐云乐云，钟鼓云乎哉！”(《阳货》) 他把“仁”纳于“礼”之中，提出“人而不仁，如礼何？人而不仁，如乐何？”(《八佾》) 由于孔子把“仁”的精神贯注于“礼”的形式之中，从而把一向冷冰冰、以严肃等级差别为目的的礼仪制度改造成富有道德含义的、易为人们情感所接受的制度，这就从理论上为解决“礼崩乐坏”的道德危机提出了一条极富创建性的思路。

**2. 将周礼“亲亲”的原则扩展到“爱人”**

周朝的宗法制度规定，周天子为天下“大宗”，而各国诸侯、卿大夫都是周室的亲戚故旧，“封建亲戚，以蕃屏周”（《左传·僖公二十四年》）。因此，“亲亲”就成为周礼的基本原则。但由于周王室吸取了殷纣亡国的教训，主张“怀保小民”（《尚书·无逸》）。为了缓和社会矛盾，提出“无胥戕，无胥虐，至于敬寡，至于属妇（妾妇），合由以容”（《尚书·梓材》）。但这种保民的思想仅是为了更好地维护周的统治。孔子进一步将“爱人”的内容纳入周礼，不仅指庶民，而且将奴隶也包括在内。

《论语》记载，孔子家的马厩被烧了，孔子退朝后，只问是否伤了人，而没有问是否伤了马。这种行为无疑是孔子“爱人”思想的体现，从而使周礼有了重大的改观。

3. 将周礼的“举亲故”改变为“举贤才”

武王灭商后，“其兄弟之国十有五人，姬姓之国四十人，皆举亲也”（《左传·昭公二十八年》）。在周朝，只有世家贵族才能做官，任用官吏的范围是“内姓选于亲，外姓选于旧”（《左传·宣公十二年》）。春秋时期，继位的贵族或因先天不良，或因后天不学，流于腐朽而不堪治国之任。再加上诸侯争霸对人才的迫切需要，这种“举亲故”的周礼已不适应时代发展的要求。孔子明确提出了“举贤才”的思想，认为“学而优则仕”（《子张》），“学也禄在其中矣”（《卫灵公》）。孔子一生中的大部分时间都希望能受到重用，以推行自己的思想。他还认为自己的弟子们都有做官的才能。

4. 将“不下庶人”的周礼推广到“庶人”

在周代，“贵有常尊，贱有等威，礼不逆矣”（《左传·宣公十二年》）。上下尊卑要在饮食起居、一言一行上以礼约束。如：“天子祭天地，诸侯祭社稷，大夫祭五祀。天子祭天下名山大川，……诸侯祭名山大川之在其地者。”（《礼记·王制》）“天子之堂九尺，诸侯七尺，大夫五尺，士三尺。”（《礼记·礼器》）至于庶人，根本没有资格来谈礼，对庶人只用刑政来统治。由于孔子本人的出身接近庶人阶层，更重要的是“庶人”这个阶层已上升为介于奴隶主和奴隶之间的重要力量，所以孔子主张对“庶民”要“道之以德，齐之以礼”（《为政》），用人伦道德礼制去教化庶民，从而使他们的行为循礼而作，不犯上作乱。

## 二、仁学

作为孔子伦理思想核心的“仁”，在殷商和西周的甲骨文和金文文献中尚未出现。“仁”最早见于《尚书·金縢》：“予仁若考，能多材多艺，能事鬼神。”到了春秋时期，“仁”才大量地出现。如：“为仁者，爱亲之谓仁；为国者，利国之谓仁。”（《国语·晋语一》）“不背本，仁也。”（《左传·成公九年》）“仁，文之爱也。”（《国语·周语下》）“仁，所以保民也。”（《国语·周语中》）但这些关于“仁”的思想是肤浅而零散的，孔子首先将其赋予普遍的道德意义，并成为其所创立的儒家伦理思想的核心。

但孔子伦理思想中“仁”的真实内涵是什么？千百年来的思想家们做出了种种阐释，现代哲人们也提出了多种解释。胡适先生认为：“‘仁’字不但是爱人，还有一个更广的义。……可知仁即是做人的道理。”① 钱穆先生认为：“孔子所说克己由己，也就是自由。个人在人生宇宙中尽量自由，是仁。”② 冯友兰先生认为：“作为四德之一的仁，是一种道德范畴伦理概念；对于它的讨论，是伦理学范围内的事。作为全德之名的仁，是人生的一种精神境界；对于它的讨论，是哲学范围之内的事。”③ 张岱年先生认为：“仁的根本含义是承认人是人。”④ 蔡尚思先生认为：“‘克己复礼为仁’这句话讲了仁的定义和作用，也讲了如何为仁的途径。”⑤ 还有一种很普遍的观点认为，“仁”就是“爱人”。

本书将从《论语》一书中谈到“仁”的语句来分析“仁”的内涵。孔子对弟子解释“仁”的有以下几处：

子张问仁于孔子，孔子曰：“能行五者于天下，为仁矣。”“请问之。”曰：“恭，宽，信，敏，惠。恭则不侮，宽则得众，信则人任焉，敏则有功，惠则足以使人。”（《阳货》）

颜渊问仁。子曰：“克己复礼为仁。一日克己复礼，天下归仁焉。为仁由己，而由人乎哉？”颜渊曰：“请问其目。”子曰：“非礼勿视，非礼勿听，非礼勿言，非礼勿动。”（《颜渊》）

仲弓问仁。子曰：“出门如见大宾，使民如承大祭；己所不欲，勿施于人，在邦无怨，在家无怨。”（《颜渊》）

司马牛问仁。子曰：“仁者，其言也讱。”曰：“其言也讱，斯谓之仁已乎？”子曰：“为之难，言之得无讱乎？”（《颜渊》）

子贡曰：“如有博施于民而能济众，何如？可谓仁乎？”子曰：

---

① 胡适：《中国古代哲学史》，第109—110页，安徽教育出版社1999年版。

② 钱穆：《中国思想史》，第13页，中国文化出版事业委员会。

③ 冯友兰：《对于孔子所讲的仁的进一步理解和体会》，载于《孔子诞辰2540周年纪念学术讨论会论文集》，上海三联书店1992年版。

④ 张岱年：《论孔子的崇高的精神境界及其历史影响》，载于《孔子诞辰2540周年纪念学术讨论会论文集》，上海三联书店1992年版。

⑤ 蔡尚思：《孔子思想体系》，上海人民出版社1982年版，第107页。

“何事于仁，必也圣乎！尧、舜其犹病诸！夫仁者，己欲立而立人，己欲达而达人。能近取譬，可谓仁之方也已。”（《雍也》）

子贡问为仁。子曰：“工欲善其事，必先利其器。居是邦也，事其大夫之贤者，友其士之仁者。”（《卫灵公》）

（樊迟）问仁，曰：“仁者先难而后获，可谓仁矣。”

樊迟问仁。子曰：“爱人。”（《颜渊》）

樊迟问仁。子曰：“居处恭，执事敬，与人忠。虽之夷狄，不可弃也。”（《子路》）

孔子一共九次回答“仁”，但即使对子贡的两次回答，对樊迟的三次回答，都各不相同。为什么会出现这种情况呢？

我们应该注意到，孔子在教育门徒时，特别注意因材施教。孔子本人就曾对此做过解释。一次，子路和冉有同问“闻斯行诸”这一问题，孔子对子路说：“有父兄在，如之何其闻斯行之？”对冉有则说：“闻斯行之。”在座的公西华就对孔子对同一问题的不同回答感到不解，孔子对他解释道：冉有遇事退缩，所以鼓励他向前；子路的胆量太大，所以想让他退却一点。

回过头来再看看孔子对“仁”的不同解答。据《史记·仲尼弟子列传》记载，司马牛“多言而躁”，当他问“仁”时，孔子对他说，仁爱的人，说话缓慢而谨慎。很明显，这是针对司马牛的缺点和个性而言。与此相类，子贡“巧口利辩”，“好废举，与时转货赀，喜扬人之美，不能匿人之过”，孔子就要求他“事其大夫之贤者，友其士之仁者”，从而使自己变得完美起来。冉雍（字仲弓）有德行，孔子认为“雍也可使南面”，在回答他时，就是从为政需求来阐释“仁”的。颛师叔（字子张）比较偏激，所以孔子对他说，能做到“恭、宽、信、敏、惠”为“仁”。对于自己最为赏识的颜渊，则简洁地说“克己复礼为仁”。至于“朽木不可雕也”的樊迟，孔子则从个人修养、对别人的关系方面来对“仁”做出解释。

从以上的分析可以看出，孔子对弟子们问“仁”的回答，并非针对“什么是仁”而是着眼于“你怎样做才为‘仁’”，所以同“仁”而异答。可见，孔子的伦理思想更多的是注重个体行为的思想，而非注重思辨抽象的思想原则。

孔子始终都没有明确提出关于“仁”这一道德范畴的一般定义，在孔子心目中，“仁”的含义是多方面的，但究竟什么是主要的呢？按照《礼记·中庸》记载：孔子对鲁哀公说："为政在人，取人以身，修身以道，修道以仁。仁者人也，亲亲为大；义者宜也，尊贤为大。亲亲之杀，尊贤之等，礼所生也。"可见，"仁"就是人与人之间的关系，就是如何做人。其中最主要的就是"亲亲"之爱，由此推己及人。根据父子、夫妇、兄弟、朋友、君臣不同主客体之间的伦理关系，相应地有不同的"仁"的表现，这体现出不同的道德规范要求，即对"礼"的具体要求。

"仁"表现在对待父母亲上，即"孝"；"仁"表现在对待君主上，即"忠"；"仁"表现在对待兄长上，即"悌"；"仁"表现在对待朋友上，即"信"。

"仁"与"礼"的关系是："仁"是"礼"的核心内容，"礼"是"仁"的外在表现。仁礼不可分，也只有克制自己，按礼行为，才是"仁"。要想行仁，必须做到"非礼勿视，非礼勿听，非礼勿言，非礼勿动"。"仁"只有通过"礼"的"节文"，制成规章制度，才能发挥伦理道德的社会功用。

所以说，"仁"是孔子对各种美德的总称。它包括：恭、宽、信、敏、惠、刚、毅、木、讷、孝、悌、敬、忠、恕、勇、义、直等，具有以上诸种美德的人就是"仁人"。近代学者谢无量先生也认为："通观孔子本人所言及所定五经中所有诸德，殆无不在仁中。曰诚，曰敬，曰忠，曰恕，曰孝，曰爱，曰知，曰勇，曰恭，曰宽，曰信，曰敏，曰惠……皆体仁中所包之德也。故仁者为德之统，万善之源；凡修齐治平之道，莫非仁用，而仁义礼智信五常，尤儒家为教之要领。"①

"仁"是美德的总称，道德的总目，但其中又贯穿着一种基本的精神。这个基本精神就是孔子"一以贯之"的"忠恕之道"。

"忠恕之道"贯穿于孔子的整个仁学思想中。"尽己之谓忠"，"忠"就是要推己及人，做到"己欲立而立人，己欲达而达人"（《雍也》）。"恕"即"己所不欲，勿施于人"（《卫灵公》）。"仁"是诸德的总称，我们将通过分析"孝""悌""智""勇""恭""宽""信""敏""惠"诸德，来确认"仁"的基本精神即"忠恕之道"。

"孝""悌"实际是"忠恕之道"的根基。《中庸》引孔子的话说：

① 谢无量：《中国哲学史》，第63页，中华书局1942年版。

“君子之道四，丘未能一焉：所求乎子以事父，未能也；所求乎臣以事君，未能也；所求乎弟以事兄，未能也；所求乎朋友先施之，未能也。”这是从“忠”的角度讲“孝”“悌”。《荀子·法行》转引孔子的话说：“有亲不能报，有子而求其孝，非恕也；有兄不能敬，有弟而求其听令，非恕也。”这是从“恕”的角度讲“孝”“悌”。孔子就认为“孝悌也者，其为仁之本与?”（《学而》）将“孝”“悌”推及全社会，天下就可归“仁”。可见，为“仁”之本的“孝”“悌”中贯穿着“忠恕”之道。

“智”“勇”是行“忠恕之道”的条件。有智者虽不能像仁者那样自觉行“仁”，但可通过学习明白“仁”，知道在做一件事情时，如何去行“忠恕”之道。“仁者必有勇”（《宪问》），有勇之人在行“仁”的道德实践中，能以“忠恕”之道为标准，勇于改过，积极进取。

“恭”“宽”“信”“敏”“惠”“刚”“毅”“木”“讷”等道德规范都是“忠恕”之道的具体要求。就以“恭”为例，要想别人对自己恭敬，自己就要恭敬别人；自己不愿别人不恭敬自己，自己就不要不恭敬别人。其他道德规范都与“恭”一样，是“忠恕”之道的具体要求。

孔子提出的其他一些为“仁”的具体方法，都是“忠恕”之道的具体要求，如“出门如见大宾，使民如承大祭”，“非礼勿视，非礼勿听，非礼勿言，非礼勿动”，“居处恭，执事敬，与人忠”等。

由此可见，“仁”的基本精神就是“忠恕”之道。每个人都在自己具体的社会关系和道德行为中，按“礼”所规定的方式行为，就是“克己复礼”，也就是在行“忠恕”之道，就可以达到“天下归仁”的功效。

### 三、理想人格与道德境界——圣人与君子

如何学习做人及成为什么样的人，是孔子所创立的儒家伦理思想的最终落脚点。张岱年先生说：“儒家的理想人格是‘智、仁、勇’三者的统一，孔子说：‘仁者不忧，智者不惑，勇者不惧。’仁是泛爱人类，智是具有渊博的知识，勇是果敢强毅。兼重仁、智、勇，这是一个全面的人格理想。”① 冯友兰先生在《孔子论完全的人格》一文中也认为：“一个完全的道德品质，就是‘礼’和‘仁’的统一。一个完全的人格，就是这个统一

① 张岱年：《儒家的理想人格与现代化》，载《书林》1990年第2期。

的体现。"①

孔子心目中最高的理想人格是"圣人"。相传孔子说过："人有五仪，有庸人，有士，有君子，有贤人，有大圣。"（《荀子·哀公》）他把道德完美的圣人作为人生追求的最高理想。后来的儒学家还对"圣人"做过进一步的解释："所谓圣人者，德合于天地，变通无方，穷万事之终始，协庶品之自然。明并日月，化行若神，下民不知其德，睹者不识其邻。此则圣人也。"（《孔子家语·五仪解》）

圣人的智慧、道德、精神境界是如此的完美，以至于很少有人能达到。孔子也谦逊地认为自己不是"圣人"。他说："若圣与仁，则吾岂敢！抑为之不厌，诲人不倦，则可谓云尔已矣。"（《述而》）当太宰很惊讶于孔子的多才多艺，认为孔子是圣人时，孔子却对子贡解释道："太宰知我乎？吾少也贱，故多能鄙事。君子多乎哉？不多也。"（《子罕》）

正因为"圣人"的境界一般人很难达到，所以孔子说："圣人，吾不得而见之矣，得见君子者，斯可矣。"（《述而》）这样，"君子"就成为仅次于"圣人"理想人格和道德境界的人了。

"君子"在《尚书》《诗经》中已出现多次，但多指有德性而为政治民者。孔子率先将"君子"定义为一种道德理想人格。在《论语》中，"君子"二字出现了96次，仅次于"仁"出现的次数。

余英时先生认为："孔子理想中的'君子'是以内心的'仁'为根本而同时外在的行为方面又完全合乎'礼'的人。"② 孔子本人就从"文"和"质"两个方面对"君子"做出了规定。他说："质胜文则野，文胜质则史。文质彬彬，然后君子。"（《雍也》）

"君子"以实践"仁"和"礼"为最高理想，他们是道德高尚的人。他们在少年之时，"戒之在色"；壮年之时，"戒之在斗"；老年之时，"戒之在得"（《季氏》）。他们"视思明，听思聪，色思温，貌思恭，言思忠，事思敬，疑思问，忿思难，见得思义"（《季氏》）。在处理义利关系时，"君子义以为上"（《阳货》）、"君子喻于义，小人喻于利"（《里仁》）。在荣辱问题上，君子以"怀德""济众"为荣，以"去仁""言过其行"为

① 《孔子研究论文集》，第16页，教育科学出版社1987年版。

② 余英时：《儒家君子的理想》，载（港）《明报月刊》1985年第239期。

耻。君子把学习和掌握道义看得比生命还重要。“志士仁人，无求生以害仁，有杀身以成仁。”（《卫灵公》）

正因为“君子”的道德境界很高，所以孔子极少许人以“君子”。孔子甚至自谦自己都不能达到“君子”的境界。他说：“君子道者三，我无能焉，仁者不忧，智者不惑，勇者不惧。”（《宪问》）“文莫吾犹人也。躬行君子，则吾未之有得。”（《述而》）那么，怎样才能达到“君子”，甚至“圣人”的道德境界呢？孔子进而提出了道德修养论。

## 四、道德修养论

要实现“君子”甚至“圣人”的理想人格，达到很高的道德境界，就必须不断地进行道德修养。

孔子的道德修养论是植根于他对人性的看法。他说：“性相近也，习相远也。”（《阳货》）每个人生来都差不多，只是由于后天教育和环境的不同，才使人和人有了很大的差别。不过，孔子又把人分为上知、中人、下愚三类，“中人以上，可以语上也；中人以下，不可以语上也”（《雍也》）。上知和下愚只是极少部分人，绝大多数都是可以为善或为恶的中人。能否成为“君子”甚至“圣人”，关键就要看自己的道德修养程度。为此，孔子提出如下的道德修养方法。

### 1. 笃信好学

要想通过道德修养成为君子甚至圣人，必须做到“笃信好学，死守善道”（《泰伯》）。孔子对学生说：“我非生而知之者，好古，敏以求之者也。”（《述而》）并以自己的亲身经历告诫学生说：“吾尝终日不食、终夜不寝，以思，无益，不如学也。”（《卫灵公》）

在孔子看来，如果只在主观上爱好美德而不去学习美德，就会产生各种流弊。他说：

> 好仁不好学，其蔽也愚；好知不好学，其蔽也荡；好信不好学，其蔽也贼；好直不好学，其蔽也绞；好勇不好学，其蔽也乱；好刚不好学，其蔽也狂。（《阳货》）

只有通过学习，才可以“致其道”（《子罕》），才可以逐步提升自己的道德境界。否则，仅有“好仁”之志而不去学习，终将一无所获。

2. 反身向善

即使笃信好学，也难免会犯错误，所以还要经常自我反省，及时发现并改正自己的错误，“见贤思齐焉，见不贤而内自省也。”（《里仁》）孔子说他最大的忧患就是人们“德之不修，学之不讲，闻义不能徙，不善不能改”（《述而》）。为此，他提出“九思”，作为人们反省自身的参照：

> 君子有九思：视思明，听思聪，色思温，貌思恭，言思忠，事思敬，疑思问，忿思难，见利思义。（《季氏》）

《论语·述而》记载：鲁昭公从吴国娶了一位夫人，违背了“同姓不婚”的周礼，孔子在回答陈司败“昭公知礼乎”的问题时，却说“知礼”。陈司败就在孔子学生面前批评孔子，后来孔子知道后，高兴地说：“丘有幸，苟有过，人必知之。”给学生做出了“过则勿惮改”的表率作用。

道德修养的关键在于自己的努力，孔子认为：“我欲仁，斯仁至矣。”（《述而》）只要做到“博学而笃志”（《子张》）、“内省不疚”，然后，“择其善者而从之，其不善者而改之”（《述而》），自然就可在道德境界上得到进一步的升华。

3. 笃实躬行

道德修养的最高阶段是“笃行”，在笃行中将道德修养外化出来。孔子反对那些“巧言令色”“言过其行”者，要求学生要做“躬行君子”。躬行的起始阶段是“孝悌”，“孝悌也者，其为仁之本与”（《为学》），高级目标则是“泛爱众而亲仁”（《学而》）。孔子在《宪问》中提出过三个阶段：“修己以敬”“修己以安人”“修己以安百姓”，并认为“修己以安百姓”就已达到了“圣人”的境界。

正是因为孔子“仁以为己任”（《泰伯》），所以他以“志士仁人，无求生以害仁，有杀身以成仁”（《卫灵公》）的精神，一生颠沛流离，希望实现“修己以安人”“修己以安百姓”的道德修养境界和人生奋斗目标。

由此可见，孔子的道德修养论已蕴含了儒家“修身、齐家、治国、平天下”的“内圣外王”思想。战国中期，孟子从性善论出发，着重发展了孔子内省向善的道德修养思想。战国晚期，荀子则从性恶论出发，着重发展了孔子笃学躬行的道德修养思想。

## 第三节　中西伦理思想的两位奠基人

### ——孔子与苏格拉底思想比较

孔子（前551—前479）和苏格拉底（前468—前399）生活于东西方不同的文化环境和时代，有着不同的社会背景和思想特征。相同的是由他们所创立的伦理思想分别成为东西方伦理思想史上的里程碑，对其后二千年间东西方伦理思想的发展产生了深远的影响。在此我们试图对二人的伦理思想作初步的比较研究。

作为东西方伦理思想史的开山鼻祖，二人的共同点是都力图用道德改良社会。孔子所处的时代是我国由奴隶制向封建制过渡的大动荡时代，面对“礼崩乐坏”的社会失序状态，孔子以复兴周礼为己任，创立了儒家伦理思想。与此相似，苏格拉底目睹了雅典由全盛走向衰败的过程，亲历了伯罗奔尼撒战争及战后的动荡与耻辱。在失去伯利克里这位忠诚精明的领袖之后，政客们的争权夺利更加快了雅典的没落。苏格拉底自比“牛虻”，肩负起拯救国家的使命。他把雅典衰落的原因归之于道德，认为正是由于雅典人丢掉了正义和道德，才招致大祸临头。孔子和苏格拉底都把改良社会的办法归结到人们灵魂的改造和道德的提高上，但由于文化背景和社会背景的巨大差异，两人走上了大相径庭的拯救国家之路。

从总体而言，孔子伦理思想与苏格拉伦理思想的根本性差异主要表现在以下几方面。

1. 以道德为目的与以道德为手段

虽然孔子和苏格拉底都把道德当作拯救社会的灵丹妙药，但孔子所创立的儒家伦理思想却以“成仁成圣”为目的，以“修己以安人”“修己以安百姓”为己任，强调“志士仁人，无求生以害仁，有杀身以成仁”（《卫灵公》），造成在义利关系上以义取利、重义轻利的结果。孔子说：“不义而富且贵，于我如浮云。”“君子谋道不谋食”（《卫灵公》）。孔子以道德为目的的思想对其后的儒家伦理思想家产生了极为深远的影响。孟子也曾说过：“王何必曰利，亦有仁义而已矣。”（《孟子·梁惠王上》）董仲舒提出：“正其谊不谋其利，明其道不计其功。”（《汉书·董仲舒传》）朱熹则更将这种思想推向极致，要求人们“革尽人欲，复尽天理”（《朱子语类》卷四），将去利去欲、成贤成圣作为道德的主要目的。

在苏格拉底看来，以最智慧和最有力量著称的雅典公民，却只关心钱财、名声和荣誉，而不追求智慧、真理和灵魂的完善，实在太可惜了。因此，他主张应以道德的完善为重，因为道德对人的幸福是至关重要的。他明确宣称：“美德，并不是用金钱能买来的，都是从美德产生出金钱及人的一切公的方面和私的方面的好东西。”① 这样，就把道德作为获取个人幸福的手段，讲道德是为了获取更多的利益。这一思想对其后的西方伦理思想产生了深远的影响。亚里士多德认为占有、享用中等财富对道德有利。伊壁鸠鲁明确提出：“快乐是幸福生活的开始和目的。因为我们认为幸福生活是我们天生的最高的善，我们的一切取舍都从快乐出发，我们的最终目的乃是得到快乐。”② 18 世纪法国唯物主义者爱尔维修把“趋乐避苦”作为道德原则，近代的功利主义伦理学更是以“最大多数人的最大利益”为道德原则。

2. 人情主义与理性主义

由于以血缘家族纽带为特色的中国社会结构，历经夏、商、周而变动很小，因此，维系宗法关系便是使人际关系和谐及巩固社会等级秩序的重要手段。孔子所创立的儒家伦理思想正适应这种需要，极为重视调节家族内部成员之间的关系。血缘机制的核心是“情”，孔子将这种血缘情感引申为伦理情感，形成注重调节人与人之间感情关系的伦理思想。并把“孝悌”作为伦理道德的起点和基础，并进一步将这种血缘情感引申到政治生活中，使得政治伦理化。可以用“人情主义”概括孔子的伦理思想，这种思想主要表现在以下两个方面：

第一，把“孝悌”作为伦理道德的起点和基础。

孔子说：“弟子入则孝，出则悌”（《学而》），“三年无改于父之道，可谓孝矣”（《学而》）。如果父母做了错事，做儿子的还要替他们隐瞒，“父为子隐，子为父隐，直在其中矣”（《子路》）。并且认为孝悌是“为仁”的根本。从孝悌出发，然后通过推己及人的方法，“己欲立而立人，

① 北京大学哲学系外国哲学史教研室编译：《古希腊罗马哲学》，第 148—149 页，商务印书馆 1961 年版。

② 周辅成选编：《西方伦理学名著选辑》上卷，第 103 页，商务印书馆 1984 年版。

己欲达而达人"，从而达到使天下归仁的目的。孟子亦继承孔子这种重家族伦理的特点，认为"尧舜之道，孝悌而已矣"，提出"亲亲，仁也；敬长，义也。无他，天下之通义也"的思想。然后又提出通过"老吾老以及人之老，幼吾幼以及人之幼"的推己及人方法，将家族伦理情感推广到一般的人伦关系之中。

第二，导致政治伦理化。

中国古代家国一体的政治结构导致孔子将人情、亲情的家族伦理灌注到政治行为中，提出了充满脉脉温情的德政论。孔子说："上好礼，则民不敢不敬；上好义，则民莫敢不服；上好信，则民莫敢不用情。"（《子路》）这就是所谓"为政以德"，"道之以德，齐之以礼"（《为政》），老百姓才能"有耻且格"，得到治理。孟子更将这一德治思想发展为"仁政"思想，认为"三代之得天下也以仁，其失天下也以不仁"（《孟子·离娄下》），要求统治者以"不忍人之心，行不忍人之政"（《孟子·公孙丑上》）。董仲舒则把"三纲""五常"纳入政治伦理的范围。《白虎通》完成了儒家伦理的政治化，突出了君权的地位，发展到以道德代法的地步。

古希腊是在打破氏族的血缘家庭关系基础上形成国家的，自由民个人和城邦的关系远高于家庭内部成员的关系。所以苏格拉底思考的是公民的个体道德。他批评智者的道德理论使人们没有认清什么是善、正义和美德，结果把美德混同于个人目的。因此，他走向理性主义伦理学。他说："金子和银子不能使人好一些，而有智慧的人的思想却能使人富有美德。"①只有弄清楚什么是真正的善和真理，即有了智慧的人才可能行善。他认为具体的德行如果没有知慧的指导，反而会成为祸害。例如：勇敢而不谨慎就成了鲁莽，一个人没有理智，勇敢反而对他有害。苏格拉底说："……公正和所有其他的美德即是智慧。公正的行为和一切以美德为基础的行为都是美的和好的。因此，懂得这些行为依据所在的人们，就不愿用其他行为来代替这种行为，而人们不懂得一些行为不能实现，偏要竭力去做，也会做错。所以，公正和所有一切美的和好的行为都以美德为基础，那么，由此可见，公正和所有的美德即是智慧。"② 苏格拉底提出"美德即知识"

---

① 周辅成选编：《西方伦理学名著选辑》上卷，第55页，商务印书馆1984年版。

② 见色诺芬《苏格拉底的著作》，转引自《古代世界伦理学史》，第144页，列宁格勒，1980年。

的命题，开创了西方伦理学史上理性主义伦理学的先河。

在苏格拉底的理性主义伦理思想中，统治者并非凌驾于其他公民之上的人，他们也应像其他公民那样有道德，但苏格拉底并未要求他们以德行政。亚里士多德则把伦理与政治明确分开，伊壁鸠鲁学派和斯多葛学派更把政治与伦理完全分开。

3. 具体德目的诠释与对道德本质的追问

由于孔子将详尽具体的“礼”作为立身处事的标准，“克己复礼”就是“仁”，这样，就不需要对“仁”这一最高德目作形而上学的探究。孔子更多的是与弟子们谈论“孝”“慈”“悌”“智”“勇”“惠”等具体德目。

而苏格拉底认为，只有使人们知道什么是美德，人们才会为善，所以他必须对“什么是美德”做形而上学的探究。

苏格拉底不断与人讨论“什么是美德”。如在《美诺篇》中，他问美诺什么是美德，美诺就回答男人、女人、儿童、青年、老年的美德分别是什么，苏格拉底要求美诺回答包括一切的普遍的美德，美诺说这种美德就是支配别人、命令别人。苏格拉底反驳说，儿童和奴隶能支配、命令别人吗？美诺承认他下的定义与具体事例有矛盾。虽然苏格拉底最终并未给出“什么是美德”这一问题的答案，但他为我们指出了一个方向，并提出了一个富有形而上学意义的道德问题。所以，亚里士多德高度评价道：“苏格拉底专门研究各种伦理方面的品德，他第一次提出了这些品德的一般定义问题。”①

4. 道德修养说与道德回忆说

在如何实践道德上，孔子认为要行“仁”必须进行道德修养，“笃信好学，守死善道”（《泰伯》），“见贤思齐焉，见不贤而内自省也”（《里仁》），最终成为君子甚至圣人。孔子的道德修养论实际上是将外在的伦理准则、道德规范内化的过程。

苏格拉底却提出了道德回忆说。因为他认为美德和知识一样，并不是从外面灌输给人的，而是人的心灵先天就有的。只要懂得什么是美德，就

---

① 北京大学哲学系外国哲学史教研室编译：《西方哲学原著选读》，第 58 页，商务印书馆 1981 年版。

可以成为一个道德高尚的人，即“无人有意为恶”。由此，苏格拉底伦理思想的内在逻辑就成为：人的灵魂本有美德和知识──→回忆──→自然行善。他认为道德是根本不可教的，只能认识原先就存在于人心灵之中的知识。苏格拉底要人们“关心和照料人的真正自我——灵魂”，“使一个人的灵魂尽可能更好些”，“使它更像神”。而灵魂是神安排在人身上的，人只有抛弃感官认识，完全求援于自己的内心世界，才能得到真理和善。这样，就回到了“美德即知识”的前提。这种知行合一的道德理论受到亚里士多德和黑格尔的批评，但西方伦理思想家们普遍关注道德理性而忽视道德修养这一事实，无疑受了苏格拉底的影响。

孔子与苏格拉底的伦理思想各有特色，交相辉映，启迪了众多后来的伦理思想家。在绵延二千余年的历史中，发端于孔子的儒家伦理思想，经过一代代思想家的不断弘扬和重新阐释及一代代志士仁人的身体力行，成为中华民族的宝贵精神财富。由苏格拉底开其端绪的西方理性主义伦理学，孕育了以后各种伦理思想的胚胎和萌芽。东西方伦理思想汇聚成人类伦理文化的两大长河，仍然是现代人伦理精神构建的源头活水。

# 第二章　战国时期儒家伦理思想的发展

孔子去世后，他所创立的儒家分为八派，并逐渐衰微。进入战国时期，“杨朱、墨翟之言盈天下。天下之言，不归杨则归墨”（《孟子·滕文公下》）。孟子以“正人心，息邪说，距诐行，放淫辞”（《孟子·滕文公下》为己任，发展了儒家伦理思想。战国末期，荀子以批评子思、孟子而回归孔子为目的，从另外一个方向发展了儒家伦理思想。成书于战国时期的《大学》《中庸》《易传》也在一些具体问题上深化了儒家伦理思想，并对宋明理学产生了极大的影响。

## 第一节　《大学》伦理思想

《大学》是《礼记》中的一篇，它在宋代以前并没有成为儒家的重要经典。韩愈、李翱是较早重视《大学》的人。到了宋代，二程把《大学》作为“初学入德之门”，朱熹则把《大学》从《礼记》中单独抽出，并与《中庸》《论语》《孟子》合编为《四书》。由此，《大学》变成了凌驾于儒家其他经典之上的经典。《大学》提出的“三纲领”“八条目”被视为兼顾了儒家的“圣人之学”和“帝王之学”，从而对儒家伦理思想产生了深远的影响。

### 一、论“修身”

夏商周的统治者都把自己政治权力的来源归之于“天命”。《周书·召诰》说：“有夏服（受）天命。”殷商把自己的政治权力归于“上帝”，周人认为：“丕显文王，受天有大命。”（《周书·召诰》）这种“天命”则依赖于统治者本人的道德，“皇天无亲，唯德是辅”（《周书·蔡仲之命》）。周人认为殷灭亡的原因乃是统治者“不敬厥德，乃早坠厥命”（周代铜器“大盂鼎”铭文），因而提出“肆惟王其疾敬德，王其德之用，祈天永命”（《尚书·召诰》）的思想。

正因为此，儒家伦理思想的创立者孔子特别重视为政者的道德。以“内圣”的道德人格去劝导那些掌握权力的“外王”。他说：“苟正其身矣，于从政乎何有？不能正其身，如正人何?”（《子路》）“其身正，不令而行；其身不正，虽令不从。”（《子张》）对此，相传孔子特地提出“七教”：

曾子问：“敢问何谓七教?”孔子曰：“上敬老，则下益孝；上顺齿，则下益弟；上乐施，则下益谅；上亲贤，则下择友；上好法，则下不隐；上恶贪，则下耻争；上强果，则下廉耻；民皆有别，则政不劳矣。此为七教。七教者，治之本也，教定则正矣。上者民之表也，表正则何物不正?”（《大戴礼·王言》）

《大学》秉承这种思想并将其发扬光大。“大学”原指王公贵族子弟的学校，东汉经学大师郑玄和宋代理学大师朱熹都认为《大学》是教育贵族王公的课本。郑玄说：“名曰大学者，以其记博学可以为政也。”（《礼记正义》）朱熹说：“大学者，大人之学也。”（《大学章句》）《大学》从两方面论证了统治者修身的重要意义：

1. 统治者讲德行，则得天下

对于君主来说，“道得众则得国，失众则失国”，尧舜以仁对待百姓，所以得国；桀纣残暴地对待百姓，导致亡国。所以，“有国者不可以不慎。辟，则为天下僇矣”。只有好民之所好，恶民之所恶，才能称得上民之父母。

对于臣属来讲，也应“先慎乎德”，因为“有德此有人，有人此有土，有土此有财，有财此有用。德者，本也；财者，末也。”所以，拥有马乘的士大夫，不应当再关心鸡猪之类的小事；拥有丧祭用冰特权的卿大夫，不应再畜养牛羊；采邑实力达到置备百乘兵车标准的卿大夫，不应保留那些热衷于聚敛搜刮钱财的家臣。

总之，“未有上好仁而下不好义者也，未有好义其事不终者也，未有府库财非其财者也”。所以，统治者必须要注重自己的德行。

2. 统治者不讲德行，则失天下

如果君主表面上讲德而实际重财，这样，财富囤积于上，民众就会离散；行为不合道德，必遭到民众同样的回报；横征暴敛来的财货最终将为他人夺去。“好人之所恶，恶人之所好，是谓拂人之性，菑必逮夫身。”

即使君主心存善良，“小人之使为国家，菑害并至。虽有善者，亦无如之何矣！”所以，有仁德的君主要把这种无德的小人驱逐到四夷蛮荒之地。

## 二、《大学》“内圣外王”之道

对统治者的道德修养要达到什么目标？又需要经过哪些道德修养途径？《大学》做出了明确的回答：

> 大学之道，在明明德，在亲民，在止于至善。
>
> 古之欲明明德于天下者，先治其国；欲治其国者，先齐其家；欲齐其家者，先修其身；欲修其身者，先正其心；欲正其心者，先诚其意；欲诚其意者，先致其知；致知在格物。物格而后知至；知至而后意诚；意诚而后心正；心正而后身修；身修而后家齐；家齐而后国治；国治而后天下平。

“明明德”“亲民”“至善”为“三纲领”，是统治者道德修养要达到的目标。“格物”“致知”“诚意”“正心”“修身”“齐家”“治国”“平天下”为“八条目”，是统治者道德修养的八个步骤和具体方法。

“至善”是道德修养的终极目标和最高境界，要达到“至善”，首先要“明明德”“亲民”。至善包括两方面内容：

1. “身修”（明明德于内）。

2. “亲民”（明明德于天下）。

达到“身修”的修养途径有：格物、致知，诚意、正心。在“身修”之后，统治者必须“明明德于天下”，朱熹释“明明德于天下”为“明明德于天下者，使天下之人皆有以明其明德也”（《四书章句集注》）。统治者把自己的“明德”发扬于天下，就会革新民心，使普天下之人皆有“明德”，为此，还必须齐家、治国、平天下。

这样看来，《大学》的“三纲领”“八条目”就构成以下的道德修养框架：无论是天子还是庶人，都应该修身。对庶人来说，修身是目的。对统治者来说，修身是齐家、治国、平天下的基础。可见，“自天子以至于庶人，一是皆以修身为本”。

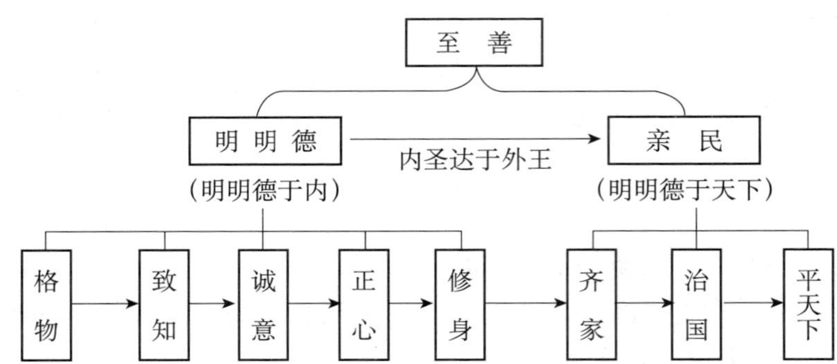


《大学》在提出“三纲领”“八条目”之后，进一步阐释了“三纲领”“八条目”的内容。

在阐释“明明德”时，《大学》强调说：“《周书·康诰》曰：克明德。《大甲》曰：顾諟天之明命。《帝典》曰：克明峻德。皆自明也。”指出圣王们都是自己发扬固有的德性。

然后引用商汤《盘铭》《周书·康诰》和《诗经》的话，论证了“亲民”的重要性，“是故君子无所不用其极”。朱熹将此句释为“自新新民，皆欲止于至善也”(《四书章句集注》)。正因为前代君王尊重贤明的君子，亲近同一族的君子，既能与平民同享快乐，又让平民获得利益，所以，后世臣民仍不遗忘前代君王。

传文对格物、致知没有解释，孔颖达认为：“致知在格物，言若能学习招致所知”，不过此“知”必然是善恶、是非之知。《大学》特别提出“知本”“知止”。知本即认识到道德为本、修身为本。“为人君止于仁，为人臣止于敬，为人子止于孝，为人父止于慈，与国人交止于信。”《大学》把道德认识放在道德修养的起始是非常合理的。

“诚意”就是自己不欺瞒自己。在进行道德修养时，一定要真心实意地把道德认识内化，特别要注意“慎独”，不因有人监督而行善，亦不因无人看见而为恶。

“意诚”之后就要“正心”。想做善事，但如果心里有愤慨、恐惧、忧患等不良情绪，就不能端正心思，就不利于进一步的道德修养。

“修身”的必要性在于，每个人对别人都有偏见，要做到全面了解他人，正确对待他人，必须修养好自己的品性。

“齐家”“治国”“平天下”则是道德修养的外化阶段。“齐家”是治国的必要条件，“其家不可教，而能教人者无之”。“家”是“小国”，“国”是“大家”，家庭道德是国家安定和人民幸福的根本。所以，“齐其家”之后，就能以“孝”事君，以“弟”事长，以“慈”从众。这样，《大学》就将宗法伦理与政治伦理密切联系了起来，认为“一家仁，一国兴仁；一家让，一国兴让”。

要“平天下”就必须治理好自己的国家，主要是实行仁政与德治。“所谓平天下在治其国者，上老老而民兴孝，上长长而民兴弟，上恤孤而民不倍，是以君子有絜矩之道也。”《大学》对“絜矩之道”的解释是：“所恶于上，毋以使下；所恶于下，毋以事上；所恶于前，毋以先后；所恶于后，毋以从前；所恶于右，毋以交于左；所恶于左，毋以交于右。此之谓絜矩之道。”否则，“好人之所恶，恶人之所好”，灾难必然落到自己身上。

《大学》秉承儒家伦理思想的先绪，把道德与政治融为一体，详细论证了道德修养对统治者或将成为统治者的贵族子弟治国平天下的重要意义，并在中国伦理思想史上第一次系统提出了以“三纲领”“八条目”为框架的道德修养途径和方法，从而把道德修养和政治活动连成一个有机整体。《大学》把个体的道德修养置于决定国家政治的核心地位，把“内圣”作为“外王”的充分必要条件，对荀子和宋明理学家产生了深远的影响。

然而，需要特别指出的是：《大学》将平天下的重任托付给某些统治者，这些统治者必须且只能是“内圣”化了的“外王”，认为“外王”只要圆满解决了自我的道德修养问题，其他问题就可迎刃而解，这是种多么崇高而奇怪的逻辑推理！其崇高之处在于高扬了道德理想主义的旗帜，提出了道德修养的重要性，认为每个人都应注重道德修养，即使天子也不能为所欲为，而应以身作则，以民之利为利，以民之害为害。奇怪之处在于把个人、家庭、国家、天下当作一种系列递进关系，其内在统一性是“德”。其根本缺陷在于将政治与道德纠缠在一起，把政治看作是统治者个人品德的扩大，把政治行为视为由己及人的道德修养过程，这是一种泛道德主义思想。正因为如此，这种崇高而美好的愿望就像虚无缥缈的海市蜃楼一样，几千年来也没有真正地实现过。

## 第二节　《中庸》伦理思想

《中庸》原是《礼记》中的第三十一篇，据《史记·孔子世家》载：

“子思作《中庸》。”《中庸》在唐代以前并未受到重视，北宋时，二程很重视《中庸》，并为之作了明确的注解。南宋时，朱熹更是把《中庸》列为四书之一。由此，《中庸》一跃而为儒家的重要经典，并成为封建社会后期知识分子的必读书目，从而对中国伦理思想产生了深远的影响。

## 一、《中庸》伦理思想的渊源

孔子首先提出了“中庸”这一概念，不过，相传“仲尼祖述尧舜，宪章文武”，孔子的中庸思想似又源于尧舜。

《论语·尧曰》说，帝尧以“允执其中”的思想告诫舜，要舜记住执中的道理，“舜亦以命禹”。商汤亦持中道，“汤执中”（《孟子·离娄下》）。西周也崇尚中道，要求在行政时也要恪守中道，“无偏无陂”，“无偏无党”，“无反无侧”，做到恰到好处。孔子的中庸思想不仅包含了方法论的内容，更重要的是将其提升到道德原则的高度。

孔子把中庸看做一种至高无上的道德。他说：“中庸之为德也，其至矣乎！民鲜能久矣。”（《雍也》）“中庸”这种极高的道德是一般人很难达到的。孔子把“执中”“用中”作为立身行事的原则，“言必有中”（《先进》）。也认为君子应“执中”“用中”，做到“惠而不费，劳而不怨，欲而不贪，泰而不骄，威而不猛”（《尧曰》）。

中庸要求的是“和”而不“同”。孔子认为“君子和而不同，小人同而不和”（《子路》）。所以说中庸并不是不辨是非，不讲原则。在《礼记·仲尼燕居》中就明确指出：“礼乎礼！夫礼，所以制中也。”中庸所依据的原则就是礼。孔子的学生有子也说：“礼之用，和为贵。先王之道，斯为美。小大由之。有所不行，知和而和，不以礼节之，亦不可行也。”（《学而》）离开礼的节制，为和而献媚取悦于人，这其实不是和，而是同。所以说：“唯仁者能好人，能恶人。”（《里仁》）因为只有仁者才能以礼行中庸之道。

## 二、子思对孔子中庸思想的继承与发展

相传，子思以“昭明圣祖之德”为己任，写了《中庸》，从而继承并进一步发展了孔子的中庸思想。

我们首先来考察“中庸”的含义。一千多年来，对《中庸》的注释研

究层出不穷。不过，对“中庸”的解释总的来讲有以下几种：

1. 兼德之至

三国时期的刘劭在其《人物志·九征》中认为：木金水火土五物表现在人身上成为仁礼信义智五质，五质又称五常。五常各有所偏，只有兼备五常才可称为中庸。“故偏至之材，以材自名；兼材之人，以德为目；兼德之人，更为美号。是故兼德而至，谓之中庸。中庸也者，圣人之目也。”这显然不是“中庸”的原义。

2. 以中和为用

《礼记》孔颖达《疏》在解释《中庸》篇名的含义时说：“名曰‘中庸’者，以其记中和之为用也。庸，用也。”

王夫之也认为：“若夫庸之为义，在《说文》则云庸用也。《尚书》之言庸者，无不与用义同。自朱子以前，无有将此句作平常解者。……故知曰中庸者，言中之用也。”（《读四书大全说》卷二）

3. 无过无不及的常道

程颐持这种观点，他认为：“不偏之谓中，不易之谓庸。中者天下之正道，庸者天下之定理。”（朱熹《四书章句集注》）朱熹则说：“中者，不偏不倚，无过不及之名。庸，平常也。”“中庸者，不偏不倚，无过不及，而平常之理。”（朱熹《四书章句集注》）

我们认为，虽然“庸”有常行、平常之义，但“庸”应是“用”之意，“中庸”即“用中和”之意。

子思对孔子中庸思想的发展表现在以下两方面：

1. 为中庸之道提供了本体论根基

子思在《中庸》开篇就提出：“天命之谓性，率性之谓道。”就是说天所赋予的就是“性”，循其本性即为“道”。朱熹在《四书章句集注》中，对这两句话所做的解释是颇合《中庸》原旨的。他说：

> 天命之谓性，言天之所以命乎人者，是则人之所以为性也。
>
> 率性之谓道，言循其所得乎天以生者，则事事物物，莫不自然，各有当行之路，是则所谓道也。

那么，这作为“当行之路”的“道”是什么呢？子思说：“喜怒哀乐之未发，谓之中；发而皆中节，谓之和。中也者，天下之大本也；和也者，天下之达道也。”很明显，“道”就是“发而皆中节”的中庸之道。

可见，人性是天所赋予、与生俱来的。“道”则是被阐释、体现出来的“性”。中庸之道与“性”并非毫不相干的东西，二者都是由天所赋予的，只不过“性”是潜在的自在状态，中庸之道是循“性”而行，将“性”外化出来的自觉行为。所以说，“致中和，天地位焉，万物育焉”。这样，就为中庸之道奠定了本体论的根基。

正因为中庸之道是由天所赋予的“性”外化出来的，所以子思说：“道也者，不可须臾离也；可离非道也。”由此，中庸之道就成为一种“至德”，也就成为人们必须践行的“道”。

2. 圣人教化与中庸之道的践行

既然中庸之道是“不可须臾离也”的“道”，为什么孔子又为中庸之道不能实现而悲叹呢?

子思对此的解释是：中庸之道是致广大而尽精微的，“夫妇之愚可以与知焉，及其至也，虽圣人亦有所不知焉。夫妇之不肖，可以能行焉，及其至也，虽圣人亦有所不能焉”。所以，子思进而提出了“修道之谓教”的思想。

朱熹对“修道之谓教”的注释是：“言圣人因是道而品节之，以立法垂训于天下，是则所谓教也。”（《四书章句集注》）子思认为圣人为了使中庸之道得以实现，制定了礼仪、威仪以节制人的行为。“大哉圣人之道!洋洋乎发育万物，峻极于天。优优大哉，礼仪三百，威仪三千，待其人而后行。”

第一，圣人教化。

圣人都不能将中庸之道知、行到极致，那么，圣人又如何能够“立法垂训于天下”呢?在此，子思引入一个非常令人重视的道德范畴——“诚”。子思认为“诚”是天之道。他举例说：

> 天地之道，可一言而尽也：其为物不贰，则其生物不测。天地之道，博也，厚也，高也，明也，悠也，久也。今夫天，斯昭昭之多，及其无穷也，日月星辰系焉，万物覆焉。今夫地，一撮土之多，及其广厚，载华岳而不重，振河海而不泄，万物载焉。今夫山，一卷石之多，及其广大，草木生之，禽兽居之，宝藏兴焉。今夫水，一勺之多，及其不测，鼋鼍蛟龙鱼鳖生焉，货财殖焉。

所以说："诚者，物之始终，不诚无物。"作为天之道的"诚"是如何对万物起作用的呢？子思说：

> 故至诚无息，不息则久，久则征，征则悠远，悠远则博厚，博厚则高明。博厚，所以载物也；高明，所以覆物也；悠久，所以成物也。博厚配地，高明配天，悠久无疆。如此者，不见而章，不动而变，无为而成。

郑玄对此句的解释是："此言至诚之德，著于四方，其高厚日以广大也。"他的解释极有道理。作为天之道的"诚"生生不息，才达到悠远、博厚、高明，更重要的是它还进一步成就万物。

由于圣人完全体现了天道之"诚"，所以子思将圣人也称为"诚者"。他说：

> 诚者，天之道也。
>
> 诚者不勉而中，不思而得，从容中道，圣人也。

前一句说"诚"就是"天之道"。后一句说诚者可以做到"从容中道"，因而是圣人。这样，通过"诚"这个哲学范畴，就将"圣人"与"天之道"联系起来，圣人是明了天之道者，圣人是体现天之道者，圣人是与天之道合一者，所以，圣人能够"立法垂训天下"。子思说：

> 唯天下至诚，为能经纶天下之大经，立天下之大本，知天地之化育，夫焉有所倚？肫肫其仁，渊渊其渊，浩浩其天。苟不固聪明圣知达天德者，其孰能知之？

圣人作为天下的"至诚"者，智慧深远无比，仁心真诚广大，所以能治理天下的人伦纲常，树立天下的根本事业，懂得天地的变化繁育。

子思进一步认为圣人像天之道那样，不仅成己，而且成物。他说：

> 诚者自成也，而道自道也。诚者物之终始，不诚无物。是故君子诚之为贵。诚者非自成己而已也，所以成物也。成己，仁也；成物，知也。性之德也，合外内之道也，故时措之宜也。

圣人作为诚者，是自成的；圣人不仅自己成为诚者，而且使他人也成为诚者。

第二，中庸之道的践行。

子思进一步将中庸之道贯穿进君臣、父子、夫妇、兄弟、朋友间的行为方式之中，并提出以知、仁、勇“三达德”来行中庸之道。三达德的核心是“仁”。“知”是知“仁”，要知得无过无不及；“勇”是行“仁”，要行得无过无不及。这样就可以把君臣、父子、夫妇、兄弟、朋友关系处理得恰到好处，也就达到了中庸之道。子思引用孔子的话说：“知斯三者，则知所以修身；知所以修身，则知所以治人；知所以治人，则知所以治天下国家矣。”

由此可见，子思将中庸之道贯穿于儒家修身、齐家、治国、平天下的整个道德理想中。

那么，要通过什么样的途径才可以“三达德”践行中庸之道呢？子思说：“所以行之者一也。”朱熹认为“一”就是“诚”。“自诚明，谓之性；自明诚，谓之教。”由“诚”而明白中庸之道，是人性的实现；通过明白中庸之道而达到“诚”则是教化的功能。

凡夫俗子们不可能一下子就达到至诚的圣人境界，只能听从圣人的教诲，先从小事上明中庸之道，“诚身有道，不明乎善，不诚乎身矣”，从小事上明中庸之道即“致曲”。“其次致曲，曲能有诚，诚则形，形则著，著则明，明则动，动则变，变则化，唯天下至诚为能化”，通过不断的努力，最终就可以达到至诚的圣人境界。

所以，子思得出结论说，“峻极于天”的圣人之道就存在于“庸德之行，庸言之谨”中。“至道”就凝于“至德”之中。“至德”首先就要求在日常的社会伦理实践中坚持“中和”“中庸”。“君子之道，辟如行远，必自迩；辟如登高，必自卑。”夫妻好合、兄弟和睦、孝顺父母是践行中庸之道的起始阶段。然后，在社会关系中，还应“素其位而行”“居易以俟命”。子思说：

> 君子素其位而行，不愿乎其外。素富贵，行乎富贵；素贫贱，行乎贫贱；素夷狄，行乎夷狄；素患难，行乎患难；君子无入而不自得焉。在上位，不陵下；在下位，不援上。正己而不求于人，则无怨，上不怨天，下不尤人。

总之，只有通过“博学之，审问之，慎思之，明辩之，笃行之”，才可以最终达到“尽人之性”“尽物之性”“赞天地之化育”的圣人境界。

### 三、对中庸之道的反思

中庸之道由孔子提出，经子思的发展，到宋明理学家们的光大显扬，获得了蓬勃的生命力，不仅对中国伦理思想产生了深远的影响，而且渗透到整个民族性格、民族思维方式之中，其影响波及近现代社会。

中庸之道要求人们行为时要中正不偏、无过无不及，所以就要做到“时中”，其行为准则是“礼”。但是，却没有追问“礼”的合理性与正当性，一旦“礼”的合理性与正当性受到怀疑，中庸之道的坍塌和崩溃就成为必然的命运。

今天，我们在勾勒社会主义伦理道德的宏伟蓝图时，既不能全盘否定中庸之道，也不必发掘中庸之道中的“微言大义”，而是应在合理的扬弃后，使之成为社会主义伦理道德的有机组成部分。

## 第三节　孟子伦理思想

孟子（约前385—前304），名轲，鲁国邹人。其祖先是鲁国贵族孟孙氏，但到孟子时家业已衰。据《史记·孟子荀卿列传》记载，他曾“受业子思之门人”，之后带领学生“车数十乘，从者数百人，以传食于诸侯”（《孟子·滕文公下》），所到之处，国君都以宾客之礼相待，但始终未受重用。晚年，他退而讲学，与弟子万章等人著《孟子》七篇。《孟子》一书在南宋被列入《四书》，孟子本人也被尊奉为仅次于孔子的“亚圣”。

孟子继承并发展了孔子的伦理思想，创立了以“性善论”为理论基础，以“仁政”说和“仁义”说为主要内容的伦理理论体系。

### 一、性善论

在孔子的伦理思想中，人性的问题并没有被作为一个独立的问题来考虑。孔子只提到一句：“性相近也，习相远也。”（《论语·阳货》）子思在《中庸》一书中也只提到“天命之谓性”一句话，至于人性是什么，则没有更深入的讨论。到了战国中期，人性问题成为百家争鸣中的一个重要问题。孟子时代，有三种主要的人性观点：

1. 人性有善有恶

据《论衡·本性篇》记载："周人世硕，以为人性有善有恶，举人之善性，养而致之则善长；恶性，养而致之则恶长。如此，则情性各有阴阳，善恶在所养焉。故世子作《养性书》一篇。密子贱、漆雕开、公孙尼之徒，亦论情性，与世子相出入，皆言性有善有恶。"这就是说世硕、密子贱、漆雕开、公孙尼等人持有善有恶的人性论观点。

2. 人性无善与不善之别

告子就持这种观点，他认为："性犹湍水也，决诸东方则东流，决诸西方则西流。人性之无分于善不善也，犹水之无分于东西也。"（《孟子·告子上》，以下凡引此书，皆不注书名）

3. 人性可以为善，可以为不善

这一派认为，人性既可以做坏事，也可以做好事，"是故文武兴，则民好善；幽厉兴，则民好暴"（《孟子·告子上》）。他们认识到环境对人为善或为恶的影响。

孟子则力排众议，提出了性善论。他强烈反对告子以水不分东西来证明性无善恶的观点。他说：

> 水信无分于东西，无分于上下乎？人性之善也，犹水之就下也。人无有不善，水无有不下。今夫水，搏而跃之，可使过颡；激而行之，可使在山。是岂水之性哉？其势则然也。人之可使为不善，其性亦犹是也。(《告子上》)

那么，孟子所谓的"人性"指的是什么呢？其内容主要有如下几点：

1. 人性是人区别于动物的本质属性

孟子在与告子争论时，提出了"人之性"与其他动物之性的不同：

> 告子曰："生之谓性。"孟子曰："生之谓性也，犹白之谓白与？"曰："然。""白羽之白也，犹白雪之白；白雪之白，犹白玉之白与？"曰："然。""然则犬之性，犹牛之性，牛之性，犹人之性与？"（《告子上》）

在孟子看来，动物"与我不同类也"，人之性与动物之性是根本不同的。而且孟子也不同意告子提出的"食色，性也"（《告子上》）。他明确提出："人之所以异于禽兽者几希，庶民去之，君子存之。"（《离娄下》）人如果只管吃饱、穿暖、住好，与禽兽就差不多，必须有道德教化才行。所以，"无恻隐之心，非人也；无羞恶之心，非人也；无辞让之心，非人也；无是非之心，非人也"（《公孙丑上》）。

可见，孟子并不像告子那样只注意到人的自然属性，而是把人的社会属性中的德性作为人性的内容提了出来。孟子进而把人性作为"类"概念加以深化。他说："圣人，与我同类者。"（《告子上》）所以，"人皆可以为尧舜"（《告子下》）。

2. 人的本性具有仁、义、礼、智四端

孟子认为人的本性具有仁、义、礼、智四端，这些善性根植于人心，只有能思考的人，才能认识到这一点。他说：

> 恻隐之心，仁之端也；羞恶之心，义之端也；辞让之心，礼之端也；是非之心，智之端也。人之有四端也，犹其有四体也。（《公孙丑上》）

可见，孟子认为人心有仁、义、礼、智这些善端，将这些善端发挥出来，就可以为善。正是在这个意义上，孟子认为人性善。孟子还明确指出："乃若有情，则可以为善矣，乃所谓善也。若夫为不善，非才之罪也。"（《告子上》）就是说，从天生的素质看，人性是可以为善的，所以说人性本善；至于人们做不善的事，并不能归罪于人生而有之的善性。

3. 人之所以为恶是因为善性丧失之故

孟子极力论证人之性是善，但在现实社会生活中，有许多人只管享乐纵欲，不行仁、义、礼、智，甚至干许多坏事。对于自己的性善论与现实的巨大反差，孟子认为这是环境的影响和自身主观不努力造成的，并不能因此说人性是恶的。他说：

> 富岁子弟多赖，凶岁子弟多暴。非天之降才尔殊也，其所以陷溺其心者然也。（《告子上》）

他还举例说，同时播种在土地里的麦子，成熟后收获却不同，其原因在于"地有肥硗，雨露之养、人事之不齐也"（《告子上》）。牛山原有很秀美的树林，但由于经常砍伐和牛羊啃食，结果成为濯濯童山，"人见其濯濯也，以为未尝有材焉，此岂山之性也哉?"（《告子上》）所以，人做

恶事并非人之性不善，“其所以放其良心者，亦犹斧斤之于木也，旦旦而伐之，可以为美乎？”（《告子上》）

更为深刻的是，孟子针对当时诸侯争霸的现实，明确指出人们做恶事的根源在于统治者的横征暴敛和连年征战。他说：“今也制民之产，仰不足以事父母，俯不足以畜妻子；乐岁终身苦，凶岁不免于死亡，此惟救死而恐不赡，奚暇制礼义哉？”（《梁惠王上》）

由其性善论出发，孟子很自然地得出了重义轻利的思想。他给梁惠王分析说，如果国君、大夫、士、庶人都首先考虑自己的私利，社会就要发生危机了。所以，他把义与利的取舍作为区分君子与小人的标准：

> 鸡鸣而起，孳孳为善者，舜之徒也；鸡鸣而起，孳孳为利者，跖之徒也。欲知舜与跖之分，无他，利与善之间也。（《尽心上》）

孟子指出：臣子以怀利之心事君，儿子以怀利之心事父，弟弟以怀利之心事兄，国家必然灭亡；相反，“为人臣者怀仁义以事其君，为人子者怀仁义以事其父，为人弟者怀仁义以事其兄，是君臣、父子、兄弟去利，怀仁义以相接也，然而不王者，未之有也。何必曰利？”（《告子下》）

在此，孟子把如何处理义利关系上升到决定国家兴亡的高度。可见，孟子所反对的是单个人的私利，他并不反对公利和人民的利益，而是用代表社会公利的道德原则对个人私利进行节制。在节制了个人私利之后，人们就不会因追逐私利而为非作歹，这样就可复归人性之善。由此，孟子就完成了人性本善——→善心丧失（因外界环境影响）——→以义制利——→人性归善这样一个理论构架。

## 二、仁政说

战国时期，诸侯国之间连年征战，“争地以战，杀人盈野；争城以战，杀人盈城”。孟子认为：“民之憔悴于虐政，未有甚于此时者也！”（《公孙丑上》）所以，他发展了孔子的“惠民”思想，提出了仁政主张，并以大半生时间游说各国君主，希望君主们能行仁政。

孟子的仁政思想，是建立在其性善论基础之上的。人皆有恻隐之心、羞恶之心、辞让之心、是非之心，君主也有此四端。君主的善性体现在对待百姓的行为上，就是“仁政”。“仁政”既是对君主政治行为的要求，也是对君主的伦理道德要求。这样，孟子就将政治学说与伦理学说融为一体，并以伦理学说来规范和约束政治学说。

1. 论行仁政的益处与不行仁政的弊端

孟子以夏、商、周三代建国与亡国的原因说明行仁政的重要性。他说：

> 三代之得天下也以仁，其失天下也以不仁，国之所以废兴存亡者亦然。天子不仁，不保四海；诸侯不仁　不保社稷；卿大夫不仁，不保宗庙。（《离娄上》）

孟子把依仗实力而假借仁义实行统治的，称为“霸道”；把依靠道德并实行仁政的，称之为“王道”。他说：“以力假仁者霸，霸必有大国；以德行仁者王，王不待大。汤以七十里，文王以百里。以力服人者，非心服也，力不赡也；以德服人者，中心悦而诚服也，如七十子之服孔子也。”（《公孙丑上》）

这就是说，实行霸道，必须是大国才可以，但很难使人心服。实行王道，即使是很小的国家也可以取得天下。所以，孟子劝梁惠王“施仁政于民，省刑罚，薄税敛，深耕易耨，壮者以暇日修其孝悌忠信，入以事其父兄，出以事其长上，可使制梃以挞秦楚之坚甲利兵矣”（《梁惠王上》），这样就可以统一中国。

孟子还劝齐宣王行仁政。他认为只要齐宣王真正有了“仁爱”之心，在处事时就会“知轻重”“知长短”，不致轻率地“兴甲兵，危士臣，构怨于诸侯”，这样，“使天下仕者皆欲立于王之朝，耕者皆欲耕于王之野，商贾皆欲藏于王之市，行旅皆欲出于王之涂，天下之欲疾其君者皆欲赴愬于王。其若是，孰能御之？”（《梁惠王上》）

孟子认为君主的道德是国家兴废存亡的决定力量，从而使其仁政思想带有明显的道德决定论色彩。后来，朱熹将孟子的这种思想发展成“人主之心”决定历史发展的极端道德决定论。

2. 仁政的具体内容

孟子仁政思想的主要内容，可以概括为以下几点：

第一，经济上“制民之产”。

战国中期，百姓要负担大量的赋税，而且还必须上战场效力，生活过得非常艰难。孟子指出：“无恒产而有恒心者，惟士为能；若民，则无恒产，因无恒心。苟无恒心，放辟邪侈，无不为已。”（《梁惠王上》）等到百姓因此而犯了罪时，却要受到惩罚，这简直是坑害百姓。孟子认为：贤明的君主必须使百姓的产业，上足以事父母，下足以养妻儿；好年成丰衣足食，坏年成也不至于饿死。因此，“制民之产”就成为能否成就大业的根本。他对齐宣王说：

> 五亩之宅，树之以桑，五十者可以衣帛矣；鸡豚狗彘之畜，无失其时，七十者可以食肉矣；百亩之田，勿夺其时，数口之家可以无饥矣；谨庠序之教，申之以孝悌之义，颁白者不负戴于道路矣。七十者衣帛食肉，黎民不饥不寒，然而不王者，未之有也。（《梁惠王上》）

制民之产要先从划分田界开始。孟子认为田界划分得不正确，井田的大小就不均匀，百姓的收入就不会公平合理，所以必须重新确定田地界限。孟子把确定土地界限同实行井田制联系起来，他说：“方里而井，井九百亩，其中为公田。八家皆私百亩，同养公田；公事毕，然后敢治私事。”（《滕文公上》）

百姓在有了平分的土地后，除为公田劳作外，就可致力于自己的土地。同时，统治者还要保证百姓“不违农时”“勿夺其时”，做到“春省耕而补不足，秋省敛而助不给”（《告子下》）。这样，就可以使民有恒产，从而为统一天下打下坚实的经济基础。

第二，政治上得民心。

孟子敏锐地意识到要行仁政，必须使君主认识到，“民为贵，社稷次之，君为轻。是故得乎丘民而为天子，得乎天子为诸侯，得乎诸侯为大夫”（《尽心下》）。君主为了取得天下，必须取得人民拥戴。孟子说：“得天下有道：得其民，斯得天下矣。得其民有道：得其心，斯得民矣。得其心有道：所欲与之聚之，所恶勿施尔也。”（《离娄上》）

在《孟子·梁惠王下》中，孟子进一步提出：“乐民之乐者，民亦乐其乐；忧民之忧者，民亦忧其忧。乐以天下，忧以天下，然而不王者，未之有也。”孟子举例说，夏桀荒淫残暴，百姓都恨不得与他同归于尽，结果很快国亡身死。商纣王大失民心时，周文王却很得民心，周最终取代商而拥有天下。所以说：“以善服人者，未有能服人者也；以善养人，然后

能服天下。天下不心服而王者，未之有也。”（《离娄下》）

要做到得民心，不仅要与民同乐，还要善于倾听百姓的意见，然后去行政。孟子说：“国君进贤，……左右皆曰贤，未可也；诸大夫皆曰贤，未可也；国人皆曰贤，然后察之，见贤焉，然后用之。左右皆曰不可，勿听；诸大夫皆曰不可，勿听；国人皆曰不可，然后察之，见不可焉，然后去之。左右皆曰可杀，勿听；诸大夫皆曰可杀，勿听；国人皆曰可杀，然后察之，见可杀焉，然后杀之。”（《梁惠王下》）

总之，只要君主能行仁政，“则天下之士皆悦”，“则天下之商皆悦”，“则天下之旅皆悦”，“则天下之农皆悦”，“则天下之民皆悦”。这样，就可以很容易地统一天下。

3. 正君之心

诸侯国君是以“不忍人之心”而行仁政，这样，君主能否保持人性之善的“不忍人之心”就成为仁政成败的关键。所以，孟子提出了“正君心”的思想。“正君心”的思想实际上是《大学》“自天子以至庶人，一是皆以修身为本”思想的进一步深化和发展。孟子说：

> 人不足与适也，政不足间也。唯大人为能格君心之非。君仁莫不仁，君义莫不义，君正莫不正。一正君而国定矣。（《离娄上》）

君主仁爱，就没有谁会不仁爱；君主坚守道义，就没有谁会违背道义；君主正派，就没有谁会不正派。大德之人端正国君的善心，国家就安定了。孟子一生中的大部分时间都奔走于诸侯之间，力图“格君心之非”，使其行仁政，但最终也没有受到重用。

孟子发展了孔子“富民”“惠民”的思想，提出了一整套“仁政”方案，试图为想统一中国的各诸侯国君制定一个政治清明、经济富裕、国泰民安的德治蓝图。虽然他的这一蓝图对急于统一天下的诸侯国君很不合时宜，但他提出的“保民”“行仁政”“与民同乐”等思想，在一定程度上反映了人民的愿望和要求，不仅在当时的历史条件下具有积极的意义，而且影响了其后两千年的中国社会。孟子的仁政思想，也使儒家“修身、齐家、治国、平天下”的政治思想变得不那么可望而不可及。只要君主“正心”后行“仁政”，就可以“治国”“平天下”。这样，就从理论上进一步完善了儒家的外王之学。

### 三、仁义学说

孔子创立了以“仁”为核心，以“礼”为形式，以“圣人”“君子”为理想人格的儒家伦理学。《中庸》把“仁”和“义”既作为政治学范畴，又作为伦理学概念，认为“为政在人，取人以身，修身以道，修道以仁。仁者人也，亲亲为大。义者宜也，尊贤为大”。就是说“仁”即爱人，重要的是爱自己的亲人。“义”就是适宜得当，最重要的就是尊重贤人。孟子则从性善论出发，提出了较完善的仁义学说。孟子提出了许多伦理范畴，如：仁、义、礼、智、孝、悌、忠、信等，其中仁、义是主要范畴。

孟子从性善论的角度来说明“仁”，他提出：“人皆有所不忍，达之于其所忍，仁也。”（《尽心下》）他还举了个例子来说明，突然看到一个小孩掉入井里，任何人都有惊骇同情之心。这种心情的产生，不是为了和孩子的父母攀交情，也不是为了在乡里博取名誉，更不是厌恶孩子的哭声。这种发自内心的同情心就是“仁”。所以孟子说：“恻隐之心，仁也。”（《告子上》）从而为孔子“仁者，爱人”的思想提供了坚实的人性论基础。正因为人们有恻隐之心和不忍人之心这种固有的善性，才可以去“爱人”，这也就是“仁，人心也”（《告子上》）的含义。

孟子进而把“仁”提到很高的地位，他在《告子上》中说：“有天爵者，有人爵者。仁义忠信，乐善不倦，此天爵也；公卿大夫，此人爵也。”所以古代的人先“修其天爵”，然后自然得到“人爵”；现在的人却以得到“人爵”为目的而丧失了“天爵”，最终也会导致“人爵”的丧失。这样，孟子就把“仁”作为安身立命的根基。

孔子还没有把“义”作为一个与“仁”相并列的独立的伦理道德范畴来考虑，孟子则将“义”置于与“仁”同等的地位。他说：“仁，人之安宅也；义，人之正路也。”（《离娄上》）

“人之安宅”是说以仁存心或以仁居心，“人之正路”是说行由义路，心存仁德。行由义路就是人之善性的具体体现，所以，孟子要求人们“居天下之广居，立天下之正位，行天下之大道”（《滕文公下》）。并据“居仁由义”作为君子与一般人的根本区别，认为“言非礼义，谓之自暴也”，“身不能居仁由义，谓之自弃也”。（《离娄上》）

孟子认为“义”与“仁”一样，都是人心内在固有的善性，“羞恶之心，义也”（《告子上》）。“义”是内在的羞恶之心在人的具体行动上的体现，“人皆有所不为，达之于其所为，义也”（《尽心上》），而非外在的道德规范对人行为的约束。这样，孟子提出的“仁”和“义”这对伦理道德范畴就极大地突出了道德的自律性。

与孔子所讲的“礼”有所不同，孟子所讲的“礼”之重点已非周礼，其内容主要是待人接物之礼。“恭敬之心，礼也。”（《告子上》）而且“礼”在《孟子》一书中出现的次数远没有在《论语》中出现的次数多。这就鲜明地体现了孟子伦理思想关注的重点与孔子伦理思想关注的重点已有了极大的差异。孔子主要的是缅怀过去，以致力复兴周礼为己任；孟子更多的是面对现实，为急于治国平天下的诸侯国君开出一剂以德治为核心的儒家思想的药方。

“智”作为重要的道德范畴，指的是明辨善恶是非之德。孟子说：“是非之心，智也。”从而开启了中国传统文化中知识论服务于伦理学的先河。

“仁”“义”“礼”“智”四个道德范畴并非并列关系，“礼”和“智”是从属于“仁”和“义”的。孟子说：“仁之实，事亲是也；义之实，从兄是也；智之实，知斯二者弗去是也；礼之实，节文斯二者是也。”（《离娄上》）

孟子突出了“仁”“义”的地位，从而使“仁义”成为儒家伦理思想的代称。而孟子提出的“仁”“义”“礼”“智”四个道德范畴，为我国封建社会中“五常”道德范畴的提出奠定了基础。孟子还进一步深入探讨了这四种道德范畴的根基。他说：

> 仁、义、礼、智，非由外铄我也，我固有之，弗思耳矣。（《告子上》）
>
> 仁、义、礼、智根于心。（《尽心上》）

这就回到了性善论的出发点，为道德的起源提供了一种独特而影响深远的解释。

孟子还提出了其他一些道德范畴。“信”是自身确有善的品性，“有诸己之谓信”（《尽心下》）；“忠”是施“仁”于人，“教人以善谓之忠”（《滕文公上》）。

孟子进而把仁、义、礼、智贯穿到以家族制为基础的君臣、父子关系之中。他说：“未有仁而遗其亲者，未有义而后其君者也。”（《梁惠王上》）他把“亲亲”看成至关重要的大事，“事孰为大？事亲为大”，“事亲，事之本也”（《离娄下》），认为“仁”首要的是“亲亲”，然后由“亲亲”推而开去，“亲亲而仁民，仁民而爱物”（《尽心上》）。

值得注意的是，不同于孔子的“父为子隐，子为父隐”（《论语·子路》），孟子把子责善于父母也称为“孝”，还认为是“亲亲”的表现。

“《凯风》，亲之过小者也；《小弁》，亲之过大者也。亲之过大而不怨，是愈疏也；亲之过小而怨，是不可矶也。愈疏，不孝也；不可矶，亦不孝也。”（《告子下》）

因为母亲的过错小，所以《凯风》中没有怨恨之情；而《小弁》中之所以有怨恨的情绪，是因为父亲的过错大。这都是“孝”的表现。

孟子特别注重君臣关系，他说：“人莫大焉亡亲戚君臣上下。”（《尽心上》）不过他主张君臣之间应相互尊重，“君臣有义”（《滕文公上》），而不是臣对君绝对无条件的服从。他强调说：

> 君之视臣如手足，则臣视君如腹心；君之视臣如犬马，则臣视君如国人；君之视臣如土芥，则臣视君如寇仇。（《离娄下》）

臣子的义务就是“务引其君以当道，志于仁而已”（《告子下》）。如果臣子服务于“不乡道，不志于仁”的君主，就是“富桀”“辅桀”。这就是“事君无义”。孟子认为“责难于君谓之恭，陈善闭邪谓之敬”（《告子下》），他甚至还提出“君有大过则谏，反复之而不听，则易位”（《万章下》），这与宋明理学家提出的愚忠思想形成了鲜明的对比。

## 四、道德修养论

孟子的性善论在理论上肯定“人皆可以为尧舜”，但在现实生活中，并非人人都在为善，在这种情况下，道德修养就显得尤为重要。由此，孟子就提出了存心、养心、尽心的道德修养途径，最终把善端扩充至极，成为圣人。

### 1. 存心

孟子认为，恻隐之心、羞恶之心、是非之心、辞让之心是每个人都有的善端。然而，由于外界环境的影响，人们心中原有的仁、义、礼、智等善端失掉了。在进行道德修养时，首先就要把失掉的善心找回来。所以说，“学问之道无他，求其放心而已矣”（《告子上》）。

对于那些失去善心而不知求的人，孟子大为惋惜。他说：“仁，人心也；义，人路也。舍其路而弗由，放其心而不知求，哀哉！人有鸡犬放，则知求之；有放心，而不知求。”（《告子上》）为什么会有这种不重视保存内心善性的现象呢？孟子解释道：

> 耳目之官不思，而蔽于物，物交物，则引之而已矣。心之官则思，思则得之，不思则不得也，此天之所与我者。先立乎其大者，则其小者弗能夺也。此为大人而已矣。（《告子上》）

可见，孟子把人们善心的丧失又归结到心不思考。“非独贤者有是心也，人皆有之，贤者能勿丧耳。”（《告子上》）原因就在于君子贤人能致力于自己善心的保持，不使其丧失。“君子所以异于人者，以其存心也。君子以仁存心，以礼存心。”（《离娄下》）这样看来，能否保持自己的善心，就成为君子与小人的首要区别。而“存心”也就成为道德修养的关键性步骤。

2. 养心

进行道德修养时，不仅要保存自己本有的善心，而且要不断存养此善心。孟子说：“体有贵贱，有小大。无以小害大，无以贱害贵。养其小者为小人，养其大者为大人。”（《告子上》）所谓“大体”指存有仁、义、礼、智的善性；“小体”指饮食、男女、享乐等感官欲望。

养心的途径有两条：

第一，寡欲。

孟子说：“养心莫善于寡欲。其为人也寡欲，虽有不存焉者，寡矣；其为人也多欲，虽有存焉者，寡矣。”（《尽心下》）这就是说，如果节制感官欲望，即使失去了某些善性，也不会太多；如果不节制感官欲望，即使有某些善性，也不会很多。所以说修养善心的最好办法是节制感官欲望。孟子慷慨陈辞道：

> 万钟则不辨礼义而受之，万钟于我何加焉？为宫室之美、妻妾之奉、所识穷乏者得我与？乡为身死而不受，今为宫室之美为之；乡为身死而不受，今为妻妾之奉为之；乡为身死而不受，今为所识穷乏者得我而为之。是亦不可以已乎？此之谓失其本心。（《告子上》）

感官欲望可以使人的善心尽失，所以必须通过寡欲来存养善心，这样就会“饱乎仁义”，“令闻广誉施于身”，这样才可以“不愿人之膏粱之味也”，才可以“不愿人之文绣也”（《告子上》）。孟子把“欲”与善对立起来，所以才提出“寡欲”的养心方法。后来的宋明理学家更是主张以“惟微”的“道心”去主宰“惟危”的“人心”，从而达到“存天理，灭人欲”的道德境界。

第二，养浩然之气。

从积极的方面讲，孟子又提出“养浩然之气”的养心方法。他说：“我善养吾浩然之气。……其为气也，至大至刚，以直养而无害，则塞于天地之间。其为气也，配义与道，无是，馁也。是集义所生者，非义袭而取之也。”（《公孙丑上》）

这种浩然之气，是一种道德精神力量，是结合义与道，经平日修养积累而形成的。有了这种至大至刚的浩然之气后，就可以“居天下之广居，立天下之正位，行天下之大道；得志，与民由之；不得志，独行其道”（《滕文公下》），从而成为“富贵不能淫，贫贱不能移，威武不能屈”的大丈夫。

### 3. 尽心

将恻隐之心、羞恶之心、辞让之心、是非之心这仁、义、礼、智的“四端”保持住，并不断地通过寡欲和养浩然之气的方法来存养，最终将把人之善心推而至其极致。而这对于道德修养是至关重要的，因为“苟能充之，足以保四海；苟不充之，不足以事父母”（《公孙丑上》）。

“尽心”的过程也就是“反身而诚”的过程。孟子说：“万物皆备于我，反身而诚，乐莫大焉。强恕而行，求仁莫近焉。”（《尽心上》）为什么“反身而诚”有极大的乐趣呢？孟子解释道：“尽其心者，知其性也。知其性，则知天矣。存其心，养其性，所以事天也。夭寿不贰，修身以俟之，所以立命也。”（《尽心下》）将心之善性推到极致后，就认识到了人性之善，知道人性之善后，就明白了天道，从而能达到事天行善的高度道德自觉。安心立命于天，就会尽心行善而不为非作歹。这样就达到了天人合一的最高道德境界。

孟子的伦理思想，以人之性为善，而心是善之体。“存心”“养心”“尽心”就是求善的道德修养过程。行“心”之善就是道德行为过程。道德行为的主体分两类：君主和士君子。道德修养达到极高境界的君主就可以行仁政，道德修养达到极高境界的士君子就可以行仁义。如此，没有人为恶，人人都成为尧舜，天下归于至善。这样，就构建成完整的性善论思想体系，其思想轨迹是性善论的内求和外推过程。

比起《大学》《中庸》的内圣外王思想，孟子更多地将“内圣”与“外王”分而述之。他更多地寄希望于“外王”能成为“内圣”，从而推行仁政。他没有像《大学》那样提出通过修身、齐家从而达到治国、平天下的“内圣”到“外王”的构想。孟子的性善论伦理学体系对宋明理学产生了极为重要的影响。

## 第四节　荀子伦理思想

荀子，名况，字卿，又称孙卿。战国时期赵国人，生卒年代已不可确考。其主要活动年代在公元前300年至公元前240年之间。关于荀子一生的事迹，史书上记载很少。据《史记·孟子荀卿列传》记载：“齐襄王时，而荀卿最为老师。齐尚修列大夫之缺，而荀卿三为祭酒焉。齐人或谗荀卿，荀卿乃适楚，而春申君以为兰陵令。春申君死而荀卿废，因家兰陵。……因葬兰陵。”

荀子继承孔子的伦理思想，与孟子的伦理思想相对立，创立了以性恶论为基础的伦理思想。

### 一、性恶论

#### 1. 性恶论产生的背景及其内容

性恶论作为荀子伦理思想的核心和基础，其产生有深刻的社会背景。战国末期，随着秦国的日益强大，其他六国逐渐被蚕食，连年不断的兼并战争造成百姓的大量死亡。荀子有感于“浊世之政，亡国乱君相属，不遂大道而营于巫祝，信禨祥，鄙儒小拘”（《史记·孟子荀卿列传》）的社会现状，而子思、孟子又“略法先王而不知其统，犹然而材剧志大，闻见杂博。案往旧造说，谓之五行，甚僻违而无类，幽隐而无说，闭约而无解”（《荀子·非十二子》），结果让世人误以为子思、孟子的思想就是孔子、仲弓的思想。所以荀子以批评子思、孟子为己任，提出了以性恶论为理论基础的伦理思想。

荀子批评孟子的性善论“无辨合符验，坐而言之，起而不可设，张而不可施行，岂不过甚矣哉!”（《荀子·性恶》，以下凡引此书，皆不注篇名）性善论造成的结果就是“去圣王，息礼义”。荀子认为：

> 今人之性，生而有好利焉，顺是，故争夺生而辞让亡焉；生而有疾恶焉，顺是，故残贼生而忠信亡焉；生而有耳目之欲，有好声色焉，顺是，故淫乱生而礼义文理亡焉。然则从人之性，顺人之情，必出于争夺，合于犯分乱理而归于暴。(《性恶》)

可见，荀子也像告子那样认为“生之谓性”（《告子上》）。所不同的是，告子从“生之谓性”出发，得出人性无分于善与不善的结论；荀子则进而认为，顺着这些生而具有的食色欲望，就会造成“争夺生而辞让亡”“残贼生而忠信亡”“淫乱生而礼义文理亡”的混乱局面，正是在这种意义上，荀子得出了性恶论的结论。

荀子从以下两方面论证了人性恶：

第一，荀子认为：“目好色，耳好声，口好味，心好利，骨体肤理好愉佚，是皆生于人之情性者也；感而自然，不待事而后有之者也。”（《性恶》）人生来就“饥而欲饱，寒而欲暖，劳而欲休”，“夫好利而欲得者，此人之情性也”。(《性恶》）如果顺从这些感官欲望，就会造成辞让、忠信、礼义文理皆亡的混乱局面。所以，荀子得出其性恶论的结论。他说：“故顺情性，则不辞让矣；辞让，则悖于情性矣。用此观之，则人之性恶明矣，其善者伪也。”(《性恶》)

第二，荀子认为：人们所愿意追求的，都是自身所不具备的，“夫薄愿厚，恶愿美，狭愿广，贫愿富，贱愿贵；苟无之中者，必求于外。故富而不愿财，贵而不愿势；苟有之中者，必不及于外。用此观之，人之欲为善者，为性恶也”（《性恶》)。正因为人的本性中没有礼义，所以才要努力学习以求得礼义。荀子进而运用反证法论证人的性恶。他说：

> 今诚以人之性固正理平治邪？则有恶用圣王，恶用礼义矣哉？虽有圣王、礼义，则何加于正理、平治也哉？(《性恶》)

如果没有圣王的统治和礼义的教化，强者必然危害、掠夺弱者，人多的必然欺负、侵扰人少的。可见，人性本恶。

这样，荀子就从正、反两方面以及礼义、圣王存在的客观性方面，论证了“人之性恶，其善者伪也”这一命题。

2. 孟荀人性论之比较

孟子和荀子的人性论作为儒家伦理思想中相互对立而又影响深远的理论，其根本性差异表现在以下几个方面：

其一，对人性的界定不同。孟子并没有给出“什么是人性”的定义，不过，他是从“人之所以异于禽兽者”（《离娄下》）的角度来界定“人性”的。饮食男女是禽兽也有的自然属性，人异于禽兽的就是具有仁、义、礼、智。因此，孟子把人的社会属性中的德性赋予了人性。但为什么将德性当成异于禽兽者，孟子就没有更多的论述。

荀子则明确规定：“生之所以然者谓之性。”（《正名》）“不事而自然谓之性。”“性者，天之就也。”（《正名》）“性者，本始材朴也。”（《礼论》）可见，荀子是将天赋的自然属性界定为人性。

其二，人性善与人性恶。在与告子辩论时，孟子指出：“人性之善也，犹水之就下也。人无有不善，水无有不下。”（《告子上》）孟子曾向公都子解释自己持人性善的原因，“乃若其情，则可以为善矣，乃所谓善也”（《告子上》）。就是说，从天生的资质看，人是可以为善的，所以说人性善。“仁、义、礼、智，非由外铄我也，我固有之也，弗思耳矣。”（《告子上》）

荀子从其对人性的界定出发，认为人性是恶的。“今人之性，生而有好利焉，……生而有疾恶矣，……生而有耳目之欲，有好声色焉。”（《性恶》）“今人之性，饥而欲饱，寒而欲暖，劳而欲休，此人之情性也。”（《性恶》）顺从这些本性，结果造成了社会的混乱局面。荀子还以尧舜之言证明其性恶论的正确。“尧问于舜曰：‘人情何如？’舜对曰：‘人情甚不美，又何问焉？妻子具而孝衰于亲，嗜欲得而信衰于友，爵禄盈而忠衰于君。人之情乎！人之情乎！甚不美，又何问焉？’”（《性恶》）荀子还猛烈批评孟子的性善论是根本不可行的。

第三，求放心与化性起伪。由于孟子认为人性本善，所以只要将这些善的资质外化出来即可为善。恻隐之心、羞恶之心、辞让之心、是非之心作为人的善端，外化出来必能为善。“凡有四端于我者，知皆扩而充之矣。若火之始然，泉之始达。”（《公孙丑上》）对于君主来说，就要“以不忍人之心，行不忍人之政”（《公孙丑上》）。

那么，人们为什么不去为善而是作恶呢？孟子认为这是因为人们失其本心的缘故，所以必须通过持之以恒的求放心道德修养过程，“存心”“养心”“尽心”，从而达到“知其性，则知天”的道德境界。

荀子认为人性本恶，要想让人们去恶为善，就必须“化性起伪”。荀子认识到人有追求食色欲望的天性，“性之好、恶、喜、怒、哀、乐谓之情”（《正名》），欲、情作为人生而有之的天性，是“不可去”的。正确的途径是以“礼义”合理引导人的欲望，这样才不会成为“违礼义”的小人。他说：“性也者，吾所不能为也，然而可化也；情也者，非吾所有也，然而可为也。”（《儒效》）尧、禹与桀、跖，君子与小人，其本性都是恶的。只不过尧、禹，君子能化性起伪，而桀、跖，小人则“从其性，顺其情，安恣睢，以出乎贪利争夺”（《性恶》）。

荀子从三个方面来谈化性起伪的途径。首先，圣王“明礼义以化之，起法正以治之，重刑罚以禁之”，所以荀子特别强调隆礼、重法。其次，必须有师、傅教给人们礼义。最后，对个人而言，必须进行学、思、行并重的道德修养。这样，就可以使人们“积礼义而为君子”。

从孟荀人性论的比较可以看出，孟子将人的社会属性之中的德性定义为人性，而摒弃了人与禽兽俱有的自然属性。荀子将人的自然属性看作人性，然后将社会属性中的德性称为“伪”，认为“性伪合，然后圣人之名一，天下之功于是就也”（《礼论》）。这样就否定了先验道德论。

孟子的人性论摒弃了人的自然属性，其建立在性善论之上的伦理思想体系存在着很大的漏洞：一方面，孟子说“仁、义、礼、智，非由外铄我也，我固有之也”（《告子上》），提出了道德先验论；另一方面，他又明确说“人之有道也，饱食、暖衣、逸居而无教，则近于禽兽，圣人又忧之，使契为司徒，教以人伦：父子有亲，君臣有义、夫妇有别，长幼有序，朋友有信”（《滕文公上》）。这样，就使孟子的思想陷入前后矛盾的境地，甚至与荀子的思想有惊人的一致。荀子说：

> 故古者圣王以人之性恶，以为偏险而不正，悖乱而不治，是以为之起礼义、制法度，以矫饰人之情性以正之，以扰化人之情性而导之也。（《性恶》）

造成孟子理论自相矛盾的根本原因，在于孟子根本无法回避人放纵自然属性所带来的恶。他在理论基础上摒弃了人的自然属性，但为了摆脱理论与现实的严重脱节，只好把人们作恶的原因归结到人的自然属性上，这样就又把人的自然属性偷偷引入自己的理论中，并置于与人之善性对立的地位。对于社会上大量的不道德行为，他只能无可奈何地说：“人之所以异于禽兽者几希，庶民去之，君子存之。”（《离娄下》）这样，没有仁、义、礼、智的庶民就成了禽兽。所以说：“无恻隐之心，非人也；无羞恶之心，非人也；无辞让之心，非人也；无是非之心，非人也。”（《公孙丑上》）而且在《离娄下》中，他把蛮横无礼的人称为禽兽。这固然体现了孟子对不道德者的义愤，但把庶民都划入禽兽的行列，又怎么能得出人性善的结论呢?

与孟子不同，荀子则敢于直面现实生活中恶的一面，并提出了切实可行的化性起伪的方法。化性起伪的过程，就是用社会性改造自然属性的过程，也是将天生的小人改造成君子、圣人的过程。如果说孟子是作为一位富有激情的道德理想主义者而受到我们钦佩的话，那么，荀子则是作为一位冷静深刻的道德现实主义者而受到我们的景仰。

## 二、化性起伪说

### 1. 隆礼重法

从其性恶论出发，荀子特别注重君主在百姓化性起伪过程中的作用。他说：“圣王在上，分义行乎下，则士大夫无流淫之行，百吏官人无怠慢之事，众俗百姓无奸怪之俗，无盗贼之罪，莫敢犯上之禁。”（《君子》）

当代的君王，就应该“法圣王”（《君子》），作为人君，就应该“以礼分施，均遍而不偏”（《君道》）。因为“隆礼、贵义者其国治，简礼、贱义者其国乱”（《议兵》），“隆礼尊贤而王，尊法爱民而霸”（《大略》）。只有隆礼贵义、尊法爱民，才可以化性起伪，才可以治国。

在《荀子》一书中，“礼”的出现多达339次，“义”的出现也有300多次，其中“礼义”连用者94次，“隆礼”“隆礼义”“隆礼贵义”等提法出现22处。可见荀子对礼义的重视。

荀子从性恶论的角度，论述了礼义的来源，他说：“人生而有欲，欲而不得，则不能无求，求而无度量分界，则不能不争，争则乱，乱则穷。

先王恶其乱也，故制礼义以分之，以养人之欲，给人之求。使欲必不求乎物，物必不屈于欲，两者相持而长，是礼之所起也。”（《礼论》）

荀子还从人与其他动物的区别在于“能群”的角度，提出“义”的起源。他说：“力不若牛，走不若马，而牛马为用，何也？曰：人能群也。人何以能群？曰：分。分何以能行？曰：义。”（《荀子·王制》）

“礼”“义”在荀子伦理思想中，是道德规范的总称，它们起着调节人与人、人与社会之间关系的作用，以防止人性之恶导致人类的离乱纷争和社会秩序的破坏，从而达到“群居合一”的目的。“故先王案为之制礼义以分之，使有贵贱之等，长幼之差，知愚、能不能之分，皆使人载其事而各得其宜，然后使谷禄多少厚薄之称，是夫群居和一之道也。”（《荣辱》）

荀子以“礼义”明分为核心，就是要确立封建的等级制度。这种等级制度，既贯穿在社会的分职关系中，又贯穿在封建的社会伦常秩序中。君臣、父子，兄弟、夫妻这些“与天地同理，与万世同久”（《王制》）的伦常秩序中又有尊卑贵贱的等级划分。“少事长，贱事贵，不肖事贤，是天下之通义也。”（《仲尼》）

对于礼义的作用，荀子作了大量的论证：首先，礼义是君主得国治国的根本。荀子明确提出“人之命在天，国之命在礼”（《强国》）的命题，认为“礼者，治辨之极也，强国之本也，威行之道也，功名之总也，王公由之，所以得天下也；不由，所以陨社稷也”（《议兵》）。商汤、周武王取得天下，就是因为“以国齐义”的缘故。他说：“以国齐义，一日而白，汤武是也。汤以亳，武王以鄗，皆百里之地也。天下为一，诸侯为臣，通达之属，莫不从服。无他故焉，以济义矣。是所谓义立而王也。”（《王霸》）先王正是因为行礼义才把国家治理得很好。“先王之道，仁之隆也，比中而行之。何谓中？曰：‘礼义是也。’”（《儒效》）所以，荀子明确提出：“隆礼贵义者其国治，简礼贱义者其国乱。”（《议兵》）

其次，礼义是养民的根本。荀子并不像孔子和孟子那样重义轻利，他从性恶论出发，认为：“故虽为守门，欲不可去，性之具也，虽为天子，欲不可尽。”（《正名》）但放任人欲又会造成国乱民贫的局面，因此，荀子提出以礼义来节制人欲，从而达到养民富民的目的。“礼者，养也”（《礼论》）就是这个意思。荀子还说：

孰知夫出死要节之所以养生也！孰知夫出费用之所以养财也！孰

知夫恭敬辞让之所以养安也！孰知夫礼义文理之所以养情也！故人苟生之为见，若者必死；苟利之为见，若者必害；苟怠惰偷懦之为安，若者必危；苟情说之为乐，若者必灭。故人一之于礼义，则两得之矣；一之于情性，则两丧之矣。(《礼论》)

这就是说，用礼义来节制人的各种欲望，就既可以身安，又可以养情。所以说："故人莫贵乎生，莫乐乎安。所以养生安乐者，莫大乎礼义。"(《强国》)

最后，礼义是道德修养的根本。从性恶论出发，荀子认为必须有"礼义"的约束才可以使人为善。"礼者，法之大分，类之纲纪也，故学至乎礼而止矣，夫是之谓道德之极。"(《劝学》)"夫义者，所以限禁人之为恶与奸者也。"(《强国》)只有不断地按照礼义行为，才可以成为君子；反之，就是小人。"化师法，积文学，道礼义者为君子；纵性情，安恣睢，而违礼义者为小人。"(《性恶》)

而且礼是诸德的统帅，荀子在《大略》篇中提出："礼也者，贵者敬焉，老者孝焉，长者弟焉，幼者慈焉，贱者惠焉。"所以，荀子要求人们以礼正身，"礼者，人道之极也"(《礼论》)，学礼、行礼就成为人们进行道德修养的最根本要求。

孔子把"礼"置于仅次于"仁"的地位，提出："克己复礼为仁。一日克己复礼，天下归仁焉。"(《论语·颜渊》)孔子的"礼"主要指的还是"周礼"。荀子对于"仁"与"礼"关系的看法与孔子的看法有很大的差别，他说：

仁，爱也，故亲。义，理也，故行。礼，节也，故成。仁有里，义有门。仁，非其里而处之，非仁也。义，非其门而由之，非义也。推恩而不理，不成仁；遂理而不敢，不成义；审节而不和，不成礼；和而不发，不成乐。故曰：仁、义、礼、乐，其致一也。君子处仁以义，然后仁也；行义以礼，然后义也；制礼反本成末，然后礼也。(《大略》)

这就说明仁、义、礼的关系不是并列的，义统帅仁，礼统帅义，礼无疑成了义、仁之上的道德规范总称。之所以会出现这种状况，是因为荀子的伦理思想建立于性恶论基础之上。所以更多地强调"礼"这种外在道德规范的强制力和约束力，而不像孟子那样注重道德的内在自律性。

荀子在强调德治的同时，更注意法制的重要性。在《荀子》一书中，“法”和“刑”共出现285次，仅次于“礼”出现的次数。他看到单纯依靠道德并不足以教化百姓，尧、舜虽然是善教化他人者，但却不能使丹朱、象化恶为善。所以，他认为君主在化性起伪的过程中，应德刑并重。“听政之大分：以善至者待之以礼，以不善至者待之以刑。两者分制，则贤不肖不杂，是非不乱。”（《王制》）

荀子进而阐述了礼和法的关系，认为礼是制定法律的根据。“礼者，法之大分，类之纲纪也。”（《劝学》）“礼义生而制法度。”（《性恶》）所以，在制定法令时，必须衡量一下是否符合“礼义”，否则就会“害事乱国”。

在量刑时，刑罚要与罪行相当，否则，“罪至重而刑至轻，庸人不知恶矣，乱莫大焉。凡刑人之本，禁暴恶恶，且征其未也。杀人者不死，而伤人者不刑，是谓惠暴而宽贼也，非恶恶也”（《正论》）。

所以，荀子力主慎刑，对于盗贼要处以重刑，对犯上作乱者一定要杀，“奸言、奸说、奸事、奸能、遁逃反侧之民，职而教之，须而待之，勉之以庆赏，惩之以刑罚，安职则畜，不安职则弃。……才行反时者死无赦。”（《王制》）他在《宥坐》篇中还举例说，先王教化三年，然后才对那些“邪民”施以刑罚。荀子反对以族论罪的株连，认为这是乱世的做法。他批评那些不知教化百姓而乱施刑罚的君主，“乱其教，繁其刑，其民迷惑而随焉，则从而制之，是以刑弥繁而邪不胜”（《宥坐》）。法制和道德教化同为治理天下、化性起伪的手段，二者都不可偏废，否则必不能达到很好的效果。

2. 师法之化

为了使百姓遵守法令、循礼而行，必须有老师来进行教化，所以，荀子把师法之化作为化性起伪的重要途径之一。他说：“国将兴，必贵师而重傅；贵师而重傅，则法度存。国将衰，必贱师而轻傅；贱师而轻傅，则人有快；人有快则法度坏。”（《大略》）

教师在化性起伪过程中的作用主要有以下两个方面：

第一，以善先人。荀子认为：“以善先人者谓之教，以善和人者谓之顺；以不善先人者谓之谄，以不善和人者谓之谀。”（《修身》）所以，老师自身的修养就显得至为重要。他说："师术有四，而博习不与焉。尊严而惮，可以为师；耆艾而信，可以为师；诵说而不陵不犯，可以为师；知微而论，可以为师。"（《致士》）

博习还不够作教师的条件，必须是自己很有尊严而使学生畏惧，必须是老年人而有信用，必须是他自己能做到不欺凌他人、不犯上作乱，必须是他自己有精微的论辩能力，这样的人才有资格当老师。对学生而言，"得贤师而事之，则所闻皆尧、舜、禹、汤之道也"（《性恶》）。长期受贤师的言传身教，自然可以化性起伪了。

第二，正礼明法。荀子认为："干越、夷貉之子，生而同声，长而异俗，教使之然也。"（《劝学》）人生来性恶，如果"无师无法，则唯利之见耳"（《荣辱》）。老师可以起到使百姓正礼明法的作用。他说："师者，所以正礼也。无礼，何以正身？无师，吾安知礼之为是也？礼然而然，则是情安礼也；师云而云，则是知若师也。情安礼，知若师，则是圣人也。故非礼，是无法也；非师，是无师也。不是师法，而好自用，譬之是犹以盲辨色，以聋辨声也，舍乱妄无为也。"（《修身》）

如果没有教师的教导，就会干出非法的事，这就更加危险了。他说："故人无师法而知，则必为盗；勇，则必为贼；云能，则必为乱；察，则必为怪；辨，则必为诞。人有师法而知，则速通；勇，则速威；云能，则速成；察，则速尽；辨，则速论。故有师法者，人之大宝也；无师法者，人之大殃也。"（《儒效》）

正因为教师在化性起伪的过程中有如此重要的作用，荀子把教师的地位抬得很高。"天地者，生之本也；先祖者，类之本也；君师者，治之本也。无天地恶生？无先祖恶出？无君师恶治？"（《礼论》）

继孟子将"君""师"并列之后，荀子明确将"天""地""君""亲""师"并列。为了确保教师的绝对权威，荀子甚至提出："言而不称师，谓之畔；教而不称师，谓之倍。倍畔之人，明君不内，朝士大夫遇诸涂不与言。"（《大略》）

不过，我们应该注意到荀子所讲的师，并非指传授一般知识的师，而是指具备德行并能使学生正礼明法以为善的师。他把教师当作君王要百姓化性起伪和百姓能化性起伪之间的中介和桥梁，无疑具有积极而深刻的意义，并开了法家"以吏为师，以法为教"的先河。

3. 积善成德

从性恶论出发，荀子提出了与孟子截然不同的道德修养方法。他说："今人之性，固无礼义，故强学而求有之也。性不知礼义，故思虑而求知之也。"（《性恶》）荀子明确指出，尧、禹也不是天生的圣人，而是通过化性起伪，积善而成的。任何人只要"以修身自强，则名配尧、禹"（《修身》）。

学的目的就是为了明礼。他说："学恶乎始？恶乎终？曰：其数则始乎诵经，终乎读礼；其义则始乎为士，终乎为圣人，真积力久则入，学至乎没而后止也。"（《劝学》）

学习的最好方法是接近有德行的人。"学莫便乎近其人。……方其人之习君子之说，则尊以遍矣，周于世矣。"（《劝学》）"得良友而友之，则所见者忠、信、敬、让之行也。"（《性恶》）在学习的过程中，要积微成著、积小成大、持之以恒。荀子举例说："积土成山，风雨生焉；积水成渊，蛟龙生焉；积善成德，而神明自得，圣心备焉。"（《劝学》）

在学习的过程中，应反省存善，"见善，修然必以自存也；见不善，愀然必以自省也。善在身，介然必以自好也；不善在身，菑然必以自恶也"（《修身》）。博学的同时还应不断反省自身，以做到知明而行无过。

学的最终目的是为了行。荀子说："道虽迩，不行不至；事虽小，不为不成。"（《修身》）修身的目的是为了行善，所以说："学至于行之而止矣。行之，昭也，明之为圣人。圣人也者，本仁义，当是非，齐言行，不失毫厘，无他道焉，已乎行之矣。故闻之而不见，虽博必谬；见之而不知，虽识必妄；知之而不行，虽敦必困。"（《儒效》）

圣人也不过是把所学的礼义付诸行动罢了。只有"行之"，才是真正的"君子之学""圣人之学"。"君子之学也，入乎耳，著乎心，布乎四体，形乎动静"；"小人之学也，入乎耳，出乎口"。（《劝学》）君子学习的目的是为了提高自己的德行，最终成为圣人。小人学习只是装样子给人看。

荀子的伦理思想以性恶论为理论基础，以隆礼重法、师法之化、积善成德为化性起伪的途径，最终目的是成为圣人。荀子说："圣人者，道之极也。故学者固学为圣人也，非特为无为之民也。"（《礼论》）只要士、君子"思索熟察，加日悬久，积善而不息"，就可以"通于神明，参于天地”（《性恶》），成为圣人。成为圣人以后，就可以“王天下”，“天下者，至大也。非圣人莫之能有也”（《正论》）。这实际上从另外一个侧面完善和深化了儒家的内圣外王之学。

但正是由于其性恶论，荀子遭到后世儒者不同程度的指责。程颐认为荀子的理论“极偏驳”，只是“性恶”，这话便“大本已失”（《河南程氏遗书》卷十九）。王廷相指责荀子的性恶论“有叛于圣道”（《王氏家藏集》卷三十《禁问十五》）。直到近代，才有人肯定荀子的思想。不管指责还是溢美，不可否认的是，荀子的伦理思想对中国传统伦理思想产生了深远的影响。最真接的影响是：师从荀子的李斯和韩非，以法家思想帮助秦始皇统一了中国，建立了大一统的帝国。

## 第五节 《易传》伦理思想

《易传》是《周易》的一部分，另一部分是《易经》。《易经》是用来占筮的，《易传》则用哲学思想系统地阐释了《易经》。《易传》包括《彖传》《象传》《文言》《系辞传》《说卦传》《序卦传》《杂卦传》七种十篇，又称“十翼”。

关于《易传》的作者，迄今为止仍是个悬而未决的问题。据《史记》记载是孔子所作，这种说法流传甚久。直到欧阳修《易童子问》才开始认为，《系辞传》《文言》《说卦传》《序卦传》《杂卦传》非孔子所作。其后，清代崔述在《洙泗考信录》中进而认为《彖传》《象传》也不是孔子所作。清人姚际恒《易传通论》和康有为《新学伪经考》同样认为《易传》不是孔子所作。至于《易传》的成书年代更是众说纷纭，莫衷一是。较有影响的看法是《易传》作于战国时代，作者并非一人。

《易传》承继了儒家伦理思想的传统，并从天道、地道、人道之统一性对儒家的格物、致知、诚意、正心、修身、齐家、治国、平天下的道德理想主义作了新的论证。

### 一、论道德的起源

《易传》的伦理思想是通过对《易经》卦象的解释而表述出来的，这样《易传》的伦理思想就受到了《易经》卦象的制约和限制，形成了简洁而蕴义深广的特征，甚至带有些神秘主义色彩。

《易传》阐说了道德的起源：

> 有天地然后有万物，有万物然后有男女，有男女然后有夫妇，有夫妇然后有父子，有父子然后有君臣，有君臣然后有上下，有上下然后礼义有所错。(《序卦传》)

这就说明道德并非先天的，而是随着人类社会有了君臣上下的等级制度后才有的，从而克服了孟子“仁义礼智非由外铄我也，我固有之”(《孟子·告子上》)的道德先验论。

在有了男女、夫妇、父子、君臣等社会关系之后，《易传》认为是圣人为民众制定了道德。《系辞下传》说：

> 古者包牺氏之王天下也，仰则观象于天，俯则观法于地，观鸟兽之文与地之宜，近取诸身，远取诸物，于是始作八卦，以通神明之德，以类万物之情。

这就是说八卦里就显示了“神明之德”和“万物之情”。《系辞下传》指出：

> 《易》之为书也，广大悉备：有天道焉，有人道焉，有地道焉。兼三材而两之，故六。六者非它也，三材之道也。

圣人所作之《易》中，总括了天道、地道、人道。《说卦传》又进一步明确提出人道的内容是仁、义。

> 昔者圣人之作《易》也，将以顺性命之理。是以立天之道曰阴与阳，立地之道曰柔与刚，立人之道曰仁与义。兼三材而两之，故《易》六画而成卦。

《易传》用天道、地道、人道论证了儒家道德的合理性。主要表现在如下两个方面：

第一，《易传》用上天下地、乾健坤顺、天尊地卑的天道地道，比拟人道之君贵臣贱，男贵女贱，父贵子贱，夫贵妇贱。

《易传》认为天道、地道、人道都统一于“道”，所以可以天道、地道“类”人道。《系辞上传》说：“天尊地卑，乾坤定矣。卑高以陈，贵贱位矣。”而“乾道成男，坤道成女”，因此，男女、夫妇、父子、君臣“崇效天、卑法地”，也就有了尊卑、贵贱之别。如：

> 阴虽有美，含之以从王事，弗敢成也。地道也，妻道也，臣道也。地道无成，而代有终也。（《坤卦·文言》）

这就是说，地顺天的道理表明臣下在辅佐君王的事业成功后，也不敢把成功归属已有。

又如家人卦䷤，彖辞解曰：“家人，女正位乎内，男正位乎外；男女正，天地之大义也。家人有严君焉，父母之谓也。父父，子子，兄兄，弟弟，夫夫，妇妇，而家道正。正家而天下定矣。”

在家人卦象中，六二以阴居阴，又居中得正，属于内卦，所以叫作“女正位乎内”。九五以阳居阳，又居中得正，属于外卦，所以叫作“男正位乎外”。说明男子要正家，必靠女子正，这样“正家而天下定矣”。把儒家修身、齐家、治国、平天下的伦理思想用刚柔和爻位来说明，从而使儒家伦理思想显得更具合理性。

《易传》还以阳尊阴卑推衍出君主专制的思想：

> 阳卦奇，阴卦耦，其德行何也？阳，一君而二民，君子之道也。阴二君而一民，小人之道也。（《系辞下传》）
>
> 天地之大德曰生，圣人之大宝曰位。何以守位？曰仁。何以聚人？曰财。理财正辞，禁民为非，曰义。（《系辞下传》）

所以，《易传》特别指出：“臣弑其君，子弑其父，非一朝一夕之故，其所由来者渐矣，由辩之不早辩也。”提醒君主要防止臣下的犯上作乱。

第二，《易传》以天道、地道比拟人道，论证了一些伦理道德规范的合理性。

由于认为人道总不悖于阴阳、刚柔、动静的天道、地道，《易传》从天道、地道类推出仁、义、礼、智、信、敬、诚、谦、顺等伦理道德规范，从而论证了其合理性。如《乾卦·文言》说：

> 元者善之长也，亨者嘉之会也，利者义之和也，贞者事之干也。君子体仁足以长人，嘉会足以合礼，利物足以和义，贞固足以干事。君子行此四德者，故曰：乾，元亨利贞。

这就从乾卦类推出仁、义、礼等道德规范。《易传》极重视“礼”。如

“知崇礼卑，崇效天，卑法地。”（《系辞上传》）把知（智）与礼看作如同天与地一样相对应而不可或缺。《大壮卦·象》提出：“雷在天上，大壮。君子以非礼弗履。”并且说：“是故履，德之基也。”《易传》将礼的地位抬得很高。孔子曾提出：“非礼勿视，非礼勿听，非礼勿言，非礼勿动。”（《论语·颜渊》）《易传》的这个思想显然和孔子的思想相契合。但孔子只是把夏商周三代的礼继承过来作了一番损益加工，《易传》则进一步把礼建立在封建社会的家族制度之上。

此外，《易传》还根据卦象，即由阴阳之道直接推衍出君子应有的品德。如：

> 山下有雷，颐。君子以慎言语，节饮食。（《颐卦·象》
> 山下出泉，蒙。君子以果行育德。（《蒙朴·象》）

《易传》认为，能按照阴阳之道而达到与天地德性一致，就成为圣人，“夫大人者与天地合其德”（《乾卦·文言》）。

孔子创立儒家伦理学说后，子贡曾说过：“夫子之言性与天道，不可得而闻也。”（《论语·公冶长》）孟子和荀子从人性的角度出发，为儒家伦理思想的合理性作了论证，《中庸》则从“天”的角度为儒家伦理思想的合理性作了论证。《易传》则以“格物致知”的方式，从天道、地道中悟出人之道，这样就从“天道、地道”的角度论证了儒家伦理思想的合理性。

### 二、反身修德说

《易经》六十四卦从乾卦、坤卦到既济卦、未济卦，每一卦从初爻到上爻，都为人的行为提供了具体情况下切实可行的行为方式和参照模式。由此，《易传》根据六十四卦的卦象和爻辞，提出了君子道德修养的原则、方法和内容，并强调“君子以反身修德”（《蹇卦·象》）。

#### 1. 道德修养的原则

我们认为，《易传》中提出了两条道德修养原则：

第一，天行健，君子以自强不息。

这是《乾卦·象》提出的。健是刚强之意，要求君子效法天道，发愤图强，奋斗不息，积极进取，不断提高自己的道德修养。《乾卦·文言》

中，从初九到上九逐一阐释了君子“自强不息”的道德修养原则。

初九，告诫君子应着力于道德修养，不被污浊的世俗改变节操，不迷恋功名成就，脱离世俗不感到苦闷，不为世俗称道也不苦闷。

九二，告诫君子在进一步进行道德修养时要“诚”，“庸言之信，庸行之谨，闲邪存其诚。善世而不伐，德博而化”。

九三，要坚持不懈地进行道德修养。“忠信，所以进德也；修辞立其诚，所以居业也。”

九四，进德修业就可以按机而行，不会有什么祸患。

上九，提出只有圣人才能准确掌握进退分寸，不使事物走向反面。

由此，《易传》特别强调要懂得物极必反的道理，要“安而不忘危，存而不忘亡，治而不忘乱”（《系辞下传》，所以，就要“知几”，即把握时机，及时行动，要“见几而作，不俟终日”（《系辞下传》）。

第二，地势坤，君子以厚德载物。

这是《坤卦·象》提出的。坤为柔顺之意，君子应效法坤道，博大宽厚，谦让包容，像大地承载万物一样承担起历史重任。特别是处于臣位、子位、妻位时要有坤顺之德。

《坤卦·象》说：“至哉坤元，万物资生，乃顺承天。坤厚载物，德合无疆，含弘光大，品物咸亨。牝马地类，行地无疆，柔顺利贞。君子攸行，先迷失道，后顺得常。”认为地道顺从禀承天的志向，德性广合而能久远无疆，万物因此亨通畅达遍受滋养。君子应仿效地道，随从他人之后，温和柔顺以使福庆长久。

《坤卦》指出：“六三，含章可贞；或从王事，无成有终。”要求君子在辅助君王的事业时，应不把成功归己而谨守臣道至终。

六四，《坤卦·象》说：“‘括囊无咎’，慎不害也。”指出六四以阴居阴，有谦退自守、慎而又慎之象，这是位处不利能获“无咎”的重要条件。所以，《坤卦·文言》在阐释六四爻辞时也指出：“天地变化，草木蕃。天地闭，贤人隐。”

六五，“《象》曰：‘黄裳元吉’，文在中也。”六五获“元吉”，在于居尊而能柔和谦下。朱熹说：“这是那居中处下之道。《乾》之九五，自是刚健底道理；《坤》之六五，自是柔顺底道理：各随他阴阳，自有一个道理。”（《朱子语类》）《坤卦·文言》也指出：

黄中通理，正位居体，美在其中，而畅于四支，发于事业，美之至也。

清代李光地等撰《御纂周易折中》一书对此句解释说：“《孟子》曰：‘立天下之正位’，正位即‘礼’也。此言‘正位居体’者，犹言以礼居身尔。礼以物躬，则自卑而尊人，故为释‘裳’字之义。”进一步说明君子即使身处高位，也不应居功自傲，这样才能用自己的才能治理天下。这就是“美之至也”。

上六，“《象》曰：用六‘永贞’，以大终也。”指明阴柔以返回刚大为归宿。所以，《易传》认为君子即使处于臣位，也应有刚健之德。

2. 道德修养的内容和方法

《易传》引用孔子的话说：“君子居其室，出其言善，则千里之外应之，况其迩者乎？居其室而出其言不善，则千里之外违之，况其迩者乎？”（《系辞上传》）所以，《易传》特别重视君子的道德修养。《蒙卦·象》说：“山下出泉，蒙。君子以果行育德。”要求君子果决地修养自己的德行。《震卦·象》也指出：“雷，震。君子以恐惧修身。”

道德修养的一条途径是以前贤往圣为榜样，多记前贤名言，多研究往圣事迹。《大畜卦·象》指出：“天在山中，大畜。君子以多识前言往行，以畜其德。”

道德修养的另一条途径是远离小人。“小人不耻不仁，不畏不义。”（《系辞下传》）所以，“君子以远小人，不恶而明”（《遁卦·象》）。就是说，对待小人要不显露出憎恶的表情，而是庄重严肃，使其无法与己交往。

在道德修养的过程中，“君子以惩忿窒欲”（《损卦·象》）。这是说明君子观《损》卦而知止忿堵欲，自损不善。所以朱熹指出：“君子修身所当损者，莫切于此。”（《周易本义》）对待他人应“以虚受人”（《咸卦·象》），《谦卦·象》曰：“谦谦君子，卑以自牧也”，“劳谦君子，万民服也”。既要守谦不骄，又要勤劳不息，天下百姓才会服从他。所以，《系辞下传》就认为：“谦，德之柄也。”《易传》还要求“君子以非礼勿履”（《大壮卦·象》），按礼行为以修养自己的德行。

如果处于“否”“困”的时代或“大过”“明夷”的时代，君子也应身处逆境而不失德行。“君子以俭德避难，不可荣以禄。”（《否卦·象》）“君子以慎言语，节饮食。”（《颐卦·象》）《易传》继承儒家“杀身成仁”

“舍身取义”的思想，《困卦·象》说：“泽无水，困。君子以致命遂志。”指明君子在必要的时候，宁可舍弃生命也要实现崇高的志向。

《易传》认为道德修养必须持之以恒。“《象》曰：水洊至，习坎。君子以常德行，习教事。”（《坎卦·象》）“风行天上，小畜。君子以懿文德。”（《小畜·象》）君子看到小畜的卦象，就要进一步修养自己的德行。所以，《系辞下传》说：“恒，德之固也。”只有修德以恒，君子的道德修养才可不断提高。

《易传》正确地认识到道德修养是一个日积月累的过程，所以，它提出：

> 君子以顺德，积小以高大。（《升卦·象》）

对此，《坤卦·文言》还特意指出：“积善之家，必有余庆；积不善之家，必有余殃。”《系辞下传》也说：“善不积不足以成名，恶不积不足以灭身。小人以小善为无益而弗为也，以小恶为无伤而弗去也。故恶积而不可掩，罪大而不可解。”所以，《易传》要求：“君子学以聚之，问以辨之，宽以居之，仁以行之。”（《乾卦·文言》）把修养德行与成就事业统一起来。在成就事业的过程中修养德行，“君子以成德为行，日可见之行也”（《乾卦·文言》）。最后达到“穷神知化，德之盛也”（《系辞下传》）的境界。

## 三、振民育德说

“反身修己”仅是君子的初级目标，《易传》说：“上天下泽，履。君子以辨上下，定民志。”就是说君子应按尊卑贵贱的等级制度，使百姓安分守己，满足于自己的社会地位而不存非分之想。《渐卦·象》也说：“山上有木，渐，君子以居贤德善俗。”君子应仿效山上之木的茁壮长势，积累德性成圣贤，然后感化百姓弃恶从善，达到“振民育德”（《临卦·象》）的目的。

### 1. 提出了“神道设教”的方法

《观卦·彖》说：“大观在上，顺而巽，中正以观天下。‘观，盥而不荐，有孚颙若’，下观而化也。观天之神道，而四时不忒；圣人以神道设教，而天下服矣。”

“大观在上，顺而巽，中正以观天下。”是举九五爻象及上下卦象释卦名“观”之意，说明美盛的道德足以让天下观仰。“‘观，盥而不荐，有孚颙若’，下观而化也。”说明观仰的目的是为了使天下顺从美好的教化。下面几句是说圣人以天之神道设教于天下，使天下万民纷纷臣服。这无疑是上古时代天神崇拜的宗教观念，结果《易传》不可避免地承认了鬼神的存在。

**2. 提出了“明德慎罚”的方法**

孔子提出过：“为政以德，譬如北辰，居其所而众星共之。”（《论语·为政》）孟子也要求君主“以不忍人之心，行不忍人之政，治天下可运之掌上。”（《孟子·公孙丑上》）《易传》也提出了注重德治的思想。

《师卦·彖》曰：“师，众也；贞，正也。能以众正，可以王矣。刚中而应，行险而顺，以此毒天下，而民从之，吉又何咎矣！”这就指出能使众多部属坚守正道，就可以作君王了。《节卦·象》指出：“君子以制数度，议德行。”由此，《临卦·象》也指出：“泽上有地，临。君子以教思无穷，容保民无疆。”就是说君子临民之时，应花费无穷之思教导百姓，并以无疆之德容民保民。

实际上，君子以德化民的过程，也就是“大人以继明照于四方”（《离卦·象》）的过程，是修身之后的必然趋向。《易传》不仅强调德治在教化百姓方面的作用，而且也注重法治的作用，不过《易传》主张法治应宽而慎。“天地以顺动，故日月不过而四时不忒；圣人以顺动，则刑罚轻而民服。”（《预卦·彖》）

《易传》认为法是先王为了使百姓明白惩罚而制定的。因此，“君子以明庶政，无敢折狱。”（《贲卦·象》）在一定的时候，要“议狱缓死”（《中孚卦·象》），甚至可以“赦过宥罪”（《解卦·象》）。总之，君子在以法治民时，应“明慎用刑，而不留狱”（《旅卦·象》）。否则，“危以动，则民不与也。惧以语，则民不应也。无交而求，则民不与也。”（《系辞下传》）

君子在自身修养后，通过明德慎罚的办法就可以达到天下大治的局面。《兑卦·彖》说：“兑，说也。刚中而柔外，说以利贞。是以顺乎天而应乎人；说以先民，民忘其劳；说以犯难，民忘其死。说之大，民劝矣哉！”

《易传》以阐释《易经》的方式，以天道地道比拟人道，进一步为儒家伦理思想的合理性作了论证。《易传》伦理思想对中华民族自强不息民族精神的形成起了巨大作用，两千年来，激励了一批又一批志士仁人生命不息，奋斗不止，就是对我们今天的道德建设也有着积极的意义。

# 第三章　两汉时期儒家伦理思想独尊地位的确立及其发展

秦亡之后，由高祖刘邦所建的汉朝为了巩固其政权，经儒士叔孙通倡导，制定了较为完备的国家礼仪制度，以保证国家机器的正常运行。至武帝时，又“兴太学，修郊祀，改正朔，定历数，协音律，作诗乐，建封禅，礼百神”（《汉书》卷六《武帝纪》），朝廷采取了一系列尊儒措施，且接受了董仲舒“罢黜百家，独尊儒术”的建议，儒学因此而成为古代国家的官方哲学。

## 第一节　汉初儒家伦理思想的复兴与独尊

汉朝初建，陆贾的有名的“马上”得之不能“马上”治之之说，深得汉高祖刘邦赏识，而刘邦也励精图治，使得社会渐趋稳定。可刘邦为什么能倾听陆贾之言呢？这是因为陆贾之说切中时世，陆贾说：

> 夫居高者，自处不可以不安。履危者，任杖不可以不固。自处不安则堕，任杖不固则仆。是以圣人居高处上，则以仁义为巢；乘危履倾，则以贤圣为杖。……尧以仁义为巢，舜以禹、稷、契为杖。故高而益安，动而益固。……德配天地，光被四表，功垂于无穷……（《新语·辅政》）

居安思危施仁政，对巩固政权来说是十分有道理的，就其所表现的思想倾向而言，则属儒家无疑。然而陆贾又说：

> 君子握道而治，（依）德而行，席仁而坐，杖义而强；虚无寂寞，通动无量。（《新语·道基》）
>
> 夫道莫大于无为，行莫大于敬谨。（《新语·无为》）

这里所说的“道”“无为”等，很明显是黄老道意义上的说法，究其深义，实质是从“治”的理想层面上立论。于现实社会的功用上，陆贾所注重的依然是仁义之术，他引《穀梁传》中的话说：

仁者以治亲，义者以利尊。万世不乱，仁义之所治也。

陆贾又说：

阳气以仁生，阴节以义降，鹿鸣以仁求其群，关雎以义鸣其雄。……仁者道之纪，义者圣之学。学之者明，失之者昏，背之者亡。

先圣仰观天文，俯察地理，图画乾坤，以定人道，民始开悟，知有父子之亲，君臣之义，夫妇之道，长幼之序，于是百官立，王道乃生。(《新语·道基》)

很明显，陆贾从天人相应的观点出发，以阴阳释仁义，以天来释人，又以仁义释道，再以道治人。综观这两段论说，不难看出陆贾是主张以儒家的仁义思想来治理天下，并说明仁义为人道之本。

贾谊与陆贾所处之世稍有不同，陆贾之时，天下初定，而贾谊之时，文帝当政，兴邦安民之策多有所施，社会已呈欣欣向荣景象。贾谊从秦亡中获取了教训，以为秦亡的根本原因在于“仁义不施，攻守之势异也”(《过秦论》)。针对新形势，他在《新书》中论说了儒家伦理思想的作用。他说：

道德仁义，非礼不成；教训正俗，非礼不备，分争辩讼，非礼不决；君臣、上下、父子、兄弟，非礼不定；宦学事师，非礼不亲；班朝治军，莅官行法，非礼威严不行；祷祠祭祀，供给鬼神，非礼不诚不庄。是以君子恭敬、撙节、退让以明礼。《新书·礼》

道者，圣王之行也：文者，圣王之辞也；恭敬者，圣王之容也；忠信者，圣王之教也；圣人也，贤智之师也；仁义者，明君之性也，故尧舜禹汤之治天下也，所谓明君也。《新书·大政上》

由此可见，贾谊认为施仁义之政与隆礼是分不开的，仁义所及，非礼不成。其原因在于：礼可以维护社会等级秩序，并可成为仁义之政实现的途径与保证。同时，礼也是人之所以成人的外在规范，循礼而言行，即为明礼之士，明礼之士，即为君子。然而，何以明礼？贾谊说：

教者，政之本也。(《新书·大政下》)

明礼在于教化，因此教化亦为政治之本。

综上所述，贾谊所论，实以儒家思想为修身治世的依据。他之所以如此立论，亦在于“稽之天地，验之往古，案之当时之务”（《新书·数宁》）。“参之人事，察盛衰之理，审权势之宜。”（《新书·过秦下》即理势使然。惜乎贾谊早逝，宏图未展，而政治形势在文帝亡后亦有所变。《汉书·儒林传》云：

叔孙通作汉礼仪，因为奉常，诸弟子共定者，咸为选首，然后喟然兴于学。然尚有干戈，平定四海，亦未皇庠序之事也。孝惠、高后时，公卿皆武力功臣。孝文时颇登用，然孝文本好刑名之言。及至孝景，不任儒，窦太后又好黄老术，故诸博士具官待问，未有进者。

这是对汉初儒学发展的简述，也说明了黄老术复兴的过程。按《史记》与《汉书》所载，孝文既好刑名之言，又重仁义之术，对晁错的重法和贾谊的重儒并用，这是汉初政治特殊性所致。至武帝时，内乱已平，加上好黄老术的窦太后驾崩，儒家在政治上已没有强大阻碍。《汉书·儒林传》曰：

汉兴，言《易》自淄川田生；言《书》自济南伏生；言《诗》于鲁则申培公，于齐则辕固生，于燕则韩太傅；言《礼》，则鲁高堂生；言《春秋》，于齐则胡毋生，于赵则董仲舒。及窦太后崩，武安君田蚡为丞相，黜黄老、刑名百家之言，延文学儒生者以百数，而公孙弘以治《春秋》为丞相封侯，天下学士靡然乡风矣。

由此可见，儒学之兴盛确有其坚实的基础：对五经各有所专的儒生术士较多，田生、伏生、董仲舒等人都是那时的文化精英，这些精英所探求的基本都是儒家经典。各地都有代表性的儒生显明于当世，这说明当时思想文化领域内已形成一股强大的儒学复兴潮流。从另一方面看，董仲舒等人是恰逢其时，一则黄老刑名被废，二则武帝信好儒学，于是儒学之兴与官方支持紧密相关。《汉书·武帝纪》说：

建元元年冬十月。诏丞相、御史、列侯、中二千石、二千石、诸侯相举贤良方正直言极谏之士。丞相绾奏：所举贤良，或治申、商、韩非、苏秦、张仪之言，乱国政，请皆罢。奏可。

武帝初执权柄，即罢法家之说，但因“好黄老”的窦太后健在，儒术未能独尊，及至其崩后次年（前134），武帝复行举贤良文学之士，董仲舒以《天人三策》而大受赏识。董仲舒说：

臣谨案《春秋》之文，求王道之端，得之于正。正次王，王次春。春者，天之所为也；正者，王之所为也……

臣谨案《春秋》谓一元之意：一者，万物之所以始也；元者，辞之所谓大也；谓一为元者，视大始而欲正本也。《春秋》深探其本，而反自贵者始。故为人君者，正心以正朝廷……（《汉书》卷五十六《董仲舒传》）

这是说，《春秋》不仅可求王道之端，且是"一元"化之政的根本所在。而"一元"所注重的，即为社会、政治、思想层面的归一，所归者即为君王。其逻辑是自上而下的，即君心正，则百官、万民、四方均得其正。

那么，董仲舒如此渴求《春秋》之法，现实与历史原因何在？

战国时的孟子就说过：

王者之迹熄而《诗》亡，《诗》亡然后《春秋》作。（《孟子·离娄下》）

若此，《春秋》似承《诗》之主旨而来。钱谦益说：

《诗》也，《书》也，《春秋》也，首尾为一书。（《胡致果诗序》，《有学集》卷十八）

就三者的终极指归而言，言王道之业，颂和平之音为其同，然其本人情、核物理、验风俗、辨得失等功用，则有所不同。《春秋》既可为王权的存在提供经典依据，又能为失德背道的暴政作史鉴，因此，无论是宏观上的定制度，还是具体的兴礼乐，都能从中找到经典化的依据。另一方面，由于《春秋》相传为孔子所编，在儒者心中具有至上地位。但这并非是《春秋》作为经典的根本原因，从经典与政治的互动关系看，武帝时《春秋》学大盛的真正原因与陆贾、贾谊思想大致相同，都是因为有助于巩固政权、建太平之业。

对此，司马迁早有精辟论说：

故《春秋》者，礼义之大宗也。夫礼禁未然之前，法施已然之

> 后，法之所为用者易见，礼之所禁者难知。壶遂曰："孔子之时，上无明君，下不得任用。故作《春秋》垂空文以断礼义，当一王之法。今夫上遇明天子，下得守职，万事既具，咸各序其宜，夫子所论，欲以何名？"太史公曰："唯唯，否否，不然。余闻之先人曰：伏羲至纯厚，作《易》《八卦》。尧舜之盛，《尚书》载之，礼乐作焉。汤武之隆，诗人歌之。《春秋》采善贬恶，推三代之德，褒周室，非独刺讥而已也。(《史记·太史公自序》)

这些说法，一方面可视为司马迁作《史记》的原由，另一方面也是他对《春秋》主旨的理解。即，一是《春秋》为礼义之大宗；二是它能采善贬恶，弘扬上古三代的大德；三是对后世治世具有经典价值。按冯友兰先生的说法，汉代"礼治"由贾谊倡始。[①] 既如此，对治世的武帝政权来说，首要任务是社会的秩序、国家的一统、思想的一致。而以董仲舒为代表的儒生大倡《春秋》，实质上既是贾谊"礼治"的继续，也是弘扬《春秋》大义的必然要求和显现。因此，董仲舒在《天人三策》中说：

> 《春秋》大一统者，天地之常经，古今之通谊也。今师异道，人异论，百家殊方，指意不同，是以上亡以持一统；法制数变，下不知所守，臣愚以为诸不在六艺之科、孔子之术者，皆绝其道，勿使并进。邪辟之说灭息，然后统纪可一，而法度可明，民知所从矣。(《汉书》卷五十六《董仲舒传》)

这说明，由于现实社会中异说横起，法制无常，就必须以《春秋》为依据，作强制性律令，即"诸不在六艺之科、孔子之术者，皆绝其道"。至此，儒学通过对黄老术的斗争，经由当时文化精英的努力，终于取得独尊地位。而儒家伦理思想也因此而得以自上而下地实行并系统化，从而具有鲜明的汉朝色彩，影响深远。

## 第二节　董仲舒对儒家伦理思想的新发展

董仲舒，广川（即今河北枣强县）人，少治《春秋》，景帝时为博士。

① 参见冯友兰《中国哲学史新编》，第三册，25—26 页。

后因其《天人三策》而得武帝赏识，擢为江都相。其治《春秋》以公羊派面目行世①。后因公孙弘嫉之，告病还家，但依然顾问朝政。

## 一、天人感应——董仲舒伦理学说的理论基础

汉初的陆、贾学说中，已隐有天人相应意味，及至武帝时，天人关系已成为政治伦理理论的一个重要问题。武帝诏问：

> 三代受命，其符安在？灾异之变，何缘而起？性命之情，或夭或寿，或仁或鄙，习闻其号，未烛厥理……
>
> 盖闻，善言天者必有征于人，善言古者必有验于今。故朕垂问乎天人之应，上嘉唐虞，下悼桀纣，浸微浸灭浸明浸昌之道，虚心以改。(《汉书》卷五十六《董仲舒传》)

这表明，武帝要在形而上的“天”和形而下的“历史”中寻求稳固统治的依据，体现在：一问符命安在；二问天人之应（自然与人生之关系）；三问君主何以得天人之和，达唐虞之世。围绕这三个问题，董仲舒在《天人三策》中解答说：

> 臣谨案《春秋》之中，视前世已行之事，以观天人相与之际，甚可畏也。
>
> 国家将有失道之败，而天乃先出灾害以谴告之，不知改者，又出怪异以警惧之，尚不知变，而伤败乃至……(《汉书》卷五十六《董仲舒传》)

董仲舒指出其天人相应说的经典依据在《春秋》，并进而释解天人之应的具体内容，这在《春秋繁露》中有更详细的论述，他认为：

> 天地之符，阴阳之副，常设于身。身犹天也，……内有五藏，副五行数也。外有四肢，副四时数也。……于其可数也，副数，不可数者，副类，皆当同而副天，一也。(《春秋繁露·人副天数》)
>
> 人之形体，化天数而成。人之血气，化天志而仁，人之德行，化天理而义……天之副在乎人，人之性情有由天者矣。(《春秋繁露·为人者天》)

---

① 参见马勇《汉代春秋学研究》，第49—58页，四川人民出版社1992年版。

此间所论具体而微，不似陆、贾之笼统。一方面，董仲舒以为人副天数，则人处于一种“副”的境地，并非有主体自身的主动性；另一方面，他不仅以为人身是自然合天的，也认为人的情性德行由天而成。这似乎是从理想层面上说天人相应，现实社会中的人与天，则是：

天地之物有不常之变者，谓之异，小者谓之灾。灾常先至而异乃随之。灾者，天之谴也；异者，天之威也。谴之而不知，乃畏之以威。……凡灾异之本，尽生于国家之失。（《春秋繁露·二端》）

当政者失多而不改，害民而不仁，则天以灾异为手段谴告之。这时，天仿佛是监察人事得失的外在而神异的存在，也是监察王权是否正常运作的外在力量。他说：

世治而民和，志平而气正，则天地之化精，而万物之美起。世乱而民乖，志僻而气逆，则天地之化伤，气生灾害起。（《春秋繁露·天地阴阳》）

一旦国君、当权者没能使“世治民和”“志平气正”，灾异就会显现，正所谓“气生灾害起”。由此可见，董仲舒有关天人感应的思想，在一定程度上说是对荀子“人与天地参”思想的曲解，也是对汉初陆、贾有关天人相应思想的发展。其曲解在于，天在其学说中已具有如人一样的人格内涵，而这种内涵却成为人之所以为人的先在规定，这是与荀子“明天人之分”思想的大异处，因而带有浓郁的神秘色彩。

董仲舒既以天辖人，以天作为一种外在终极力量威慑人世间的罪恶，又以天为现实社会政权的授予者和幕后支持者，从而使天成为人世间一切的先验依据，即：

唯天子受命于天，天下受命于天子。（《春秋繁露·为人者天》）

这显系为王权政治正名而已。

## 二、论“仁”“义”

董仲舒认为：

天德施，地德化，人德义。天气上，地气下，人气在其间。春生夏长，百物以兴……天地之精所以生物者，莫贵于人。人受命乎天

也，故超然有以倚。物疢疾莫能为仁义，唯人独能为仁义，物疢疾莫能偶天地，唯人独能偶天地。（《春秋繁露·人副天数》）

按董仲舒所说，人之所以贵于天地间其他生物，一是由于受命于天，二为能行仁义，三为能偶天地。它们均由天而来，因天而成，“仁”尤如此。他说：

治其道而以出法，治其志而归之于仁。仁之美者在于天。天，仁也。天覆育万物，既化而生之，有养而成之，事功无已，终而复始，举凡归之以奉人，察于天之意，无穷极之仁也。人之受命于天也，取仁于天而仁也。是故人之受命天之尊，有父兄子弟之亲，有忠信慈惠之心，有礼义廉让之行，有是非逆顺之治。文理璨然而厚，知广大有而博，惟人道可以参天。（《春秋繁露·王道通三》）

此节极为重要。董氏以天释仁，但并不是说仁即为天，而是从天所具有的化育功用上说，即指天之“化”“生”“养”“成”“奉”，而这些功用即“无穷极之仁”的具体显现。所以，这里天与仁不具有生成关系，而是一种体用关系，即以天为体而仁为其用，二者乃合而为一的。因而，人受命于天而得仁后，“人道可以参天”。另一方面，人“取仁于天而仁”后得“仁”，已经是从社会现实的角度上说。这里的“仁”乃是人之所以贵于万物而为人的内在根据，也是人之言行的内在标准，礼让、慈惠、亲和等等伦理心态与行为均是此仁而成。这是董仲舒对仁的功能的解释。由此，仁因天而化于人心之中。正是此种内化，才有了董仲舒有关仁学方面的论说，他说：

天地之数，不能独以寒暑成岁，必有春夏秋冬。圣人之道，不能独以威势成政，必有教化。故曰：先之以博爱，教以仁也。（《春秋繁露·为人者天》）

何谓仁？仁者憯怛爱人，谨翕不争，好德敦伦，无伤恶之心，无隐忌之志，无嫉妬之气，无感愁之欲，无险诐之事，无辟违之行。故其心舒，其志平，其气和，其欲节，其事易，其行道，故能平易和理而无事也。如此者，谓之仁。（《春秋繁露·必仁且智》）

这种仁虽因天而内化于心，但必待圣人教化才能充分发挥出来，这强调的是教化的必要性与合理性，教化的内容即是博爱与仁。受教化的对象如果达到“心舒”“志平”“气和”“欲节”“事易”“行道”诸方面的要求，即达到“平易和理而无事”之境界，才能谓之仁者。所应注意之处是，此处之仁是就教化后的社会中的人而言，并非教化人的圣人之仁，圣人之仁乃先验之“仁”，是不待教化而天生具有的。因而仁者之人是因圣人教化之功而成就的，是具有实践意味的仁。这样，董仲舒的伦理思想中，仁具有二种：一种是理想的先天的“仁”，这也是圣凡之别的本质所在，是衡量道德主体境界的标准；另一种是现实之“仁”，是通过教化而实现的“仁”。

然而，董氏所论，常以仁、义并举，义、利并论，并以这些组成其伦理学说的核心内容。其论仁与义说：

> 《春秋》之所治，人与我也。所以治人与我者，仁与义也。以仁安人，以义正我，故仁之为言人也，义之为言我也，言名以别矣。……是故《春秋》为仁义法，仁之法在爱人，不在爱我；义之法在正我，不在正人。……是义与仁殊，仁谓往，义谓来。仁大远，义大近。爱在人，谓之仁；义在我，谓之义。仁主人，义主我也。故曰：仁者，人也；义者，我也，此之谓也。君子求仁义之别，以纪人我之间，然后辨乎内外之分，而著于顺逆之处也。是故内治反理以正身，据礼以劝福；外治推恩以广施，宽制以容众。（《春秋繁露·仁义法》）

这是发挥《春秋》所立的仁义法，充分表明了董氏的伦理主张。这里的仁义为实践性之仁，仁是由内向外的爱人过程，义是道德主体内在的反省、修养过程。因此，仁义之别实质上是人我之分。另一方面，就道德主体来讲，仁义仍然是其内在的道德品性。只是由于“辨内外之分”“纪人我之间”“分别顺逆”的社会功能才会有人我之分，实质上二者是同一的。他这样说的目的是以仁义之身施恩于外，以实现秩序化、道德化的和谐社会。以社会的角度来看，他所论说的人我关系其实即为道德主体与所处社会之间的关系，仁义之法要解决的便是道德主体所面临的社会现实中各种道德关系。道德主体实践其仁之过程是“推恩”，实践其义之过程即为自我省修的过程，是“正身”。这也正是中国古代社会注重德治的反映，而在这一点上，董氏在礼之外，更强调仁义的社会化内容，这与先秦诸子有所不同。从另一方面而言，董氏这种关于《春秋》为仁义法的论说，正是其理论重点所在，也是其注重伦理实践的反映。《汉书·董仲舒传》述“其进退容止，非礼不行”即是其自身写照。不过他也讲“利”：

> 天之生人也，使之生义与利。利以养其体，义以养其心。心不得义，不能乐；体不得利，不能安。义者，心之养也；利者，体之养也。体莫贵于心，故养莫重于义。(《春秋繁露·身之养重于义》)

此中所论，一为修养之说，即养心实质在养义，此或从孟子养气集义说而来，也是后来朱子强调的“集义”的关键所在。二为义利关系，董氏虽然认为义重于利，但也讲义利并存，他所说的“义者心之养”，其实是从化育“天心”（即仁）上说，如前所述，他说天人感应及仁与天的关系，都注重仁的先天性，而仁要在社会层面发挥效用，必以养心育仁为其道。这与孟子的“尽其心者，知其性也，知其性则知天矣”（《孟子·尽心上》）有关。孟子的“尽心”“知性”“知天”是从道德主体的体悟与认知修养上说，而董氏养心是从化育“天心”上说，其质相同。另外，董氏之义利说似由孟子理路上而来，也与“君子喻于义，小人喻于利”有关。只不过，董氏于此中更强调利之现实性，即“体不得利不能安”。

虽然如此，董氏并未停留在养心育仁上，他似乎更注重礼与社会的关系，以及礼的功能与治世效用之间的关系。他说：

> 《春秋》有经礼，有变礼。为如安性平心者，经礼也；至有于性，虽不安于心，虽不平于道，无以易之，此变礼也。(《春秋繁露·玉英》)
>
> 礼者，继天地，体阴阳，而慎主客，序尊卑、贵贱、大小之位，而差外内、远近、新故之级者也，以德多为象。(《春秋繁露·奉本》)

这里所作的“经礼”“变礼”分别，一方面，“经礼”是指礼之为礼的基本原则与内涵，而所谓“变礼”，其实由孟子之说而来，孟子曰：

> 男女授受不亲，礼也；嫂溺则援之以手者，权也。(《孟子·离娄上》)

孟子所说的“权”即为变通之义，而董氏的“变礼”即由此发挥，孟子从具体事例上说，而董氏从普遍律则上言。

合而言之，董氏所论仁、义、利、礼四者，承孟子者居多；以天人相应作基点，则又与孟子不同。董氏所追求的是道德主体在敬畏天命之下，切实地解决好道德主体与所处社会的关系，所重视的是社会与人之问题的解决，而孟子相关学说所重视的是通过道德修养而达圣人之境。在一定意义上说，董仲舒所体现的是现实主义的伦理思想，而孟子则是理想主义的。

### 三、论人性善恶

人性善恶之争古已有之，孟子言性善，荀子言性恶，二者出发点各异，其说自然不同。及至董仲舒，其说颇杂，在性情的源起方面，他认为：

> 人受命于天，有善善恶恶之性，可养而不可改，可豫而不可去。(《春秋繁露·玉杯》)
>
> 人之受气苟无恶者，心何栣哉？吾以心之名得人之诚。人之诚，有贪有仁。仁、贪之气，两在于身。身之名，取诸天。天两有阴阳之施，身亦两有贪、仁之性。(《春秋繁露·深察名号》)

与其论仁相似，董氏论性，亦以天释。就性的内容而言有贪仁两面，而贪仁之源就在于人所受之气，所受之气决定于阴阳之施，阴阳之施又源于天之运作。基于这种逻辑，他认为性情善恶（贪仁）的源头，即归于天，这与其天人相应说相合，其言“天之副在乎人，人之性情由天者”(《春秋繁露·为人者天》)即是。不过，董氏所注重的却在善、恶二义上。严格说来，性情二义是就人内在质地说，由自然之质的判别标准转而注重以社会伦理为标准。这种转向正是大一统社会所必需的，即应统一社会道德标准。而善恶二义则是就人的社会性说。董仲舒的思想基本上是从这两面论说性情善恶的。他认为：

> 天生民性有善质而未能善，于是为之立王以善之，此天意也。民受未能善之性于天，而退受成性之教于王，王承天意，以成民之性为任者也。(《春秋繁露·深察名号》)
>
> 命者，天之令也；性情，生之质也；情者，人之欲也。(《汉书》卷五十六《董仲舒传》)

很明显，董氏认为性有善之质，但未彰显其善，故若以性之善于社会现实中发挥功用，则必待圣王教化。而教化即为圣王之责，正如论“仁”时所说，这便是由内圣而至外王的问题，外王之道即为教民成性。所教者何？仁也！这便是董氏伦理思想的内在逻辑，也是其伦理核心所在。所以，在《天人三策》中，他说：

> 王者上谨于承天意，以顺命也；下务明教化民，以成性也；正法度之宜，别上下之序，以防欲也。修此三者，而大本举矣。（《汉书》卷五十六《董仲舒传》）

如此，在人之何以成善的过程中，王者充当的是道德牧师之责，其上承天意以作教民之资，下教民众以成就社会和谐。这样，同孟子所说差异极大。孟子的成善人之道，一为“反身而诚”，一为养其浩然之气。① 孟子并没有把道德主体的道德使命的实现交给一个外在的圣王，他所追求的，用陆象山的话说，便是“自作主宰”。由这种差别，可以看出董仲舒的伦理思想已走出孔孟之路，而倾向于荀子之路，他所要走的是在一个现实社会里，辟出一个外在的教化的路子。这种教化的目的，便是使性之善质彰显，恶之情欲除去。他说：

> 圣人之性，不可以名性；斗筲之性，又不可以名性；名性者，中民之性。中民之性如茧如卵，……性待渐于教训，而后能为善。（《春秋繁露·实性》）
>
> 循三纲五纪，通八端之理，忠信而博爱，敦厚而好礼，乃可谓善，此圣人之善也。（《春秋繁露·深察名号》）

由此而观，董氏所言性之善者乃为“圣人之善”，而“圣人之善”即是“忠信”“博爱”“敦厚”“好礼”。至于中民之性，则仅有善质而未能为善，必待教化而成善。斗筲之性不可以名性，它没有善质。董氏的这一人性理论，在当时社会具有重要意义。他的性三品的划分，对于善的界定，具有重要的社会教化效用，这是十分明显的。

### 四、论“三纲”

作为先代儒家屡论的五伦（君臣、父子、兄弟、夫妇、朋友），董氏

---

① 关于孟子之善与董氏之区别，参见冯友兰《中国哲学史新编》第三册，第71—73页，人民出版社1986年。

不仅用其天人相应说释解，而且又提出三纲来。他说：

王道之三纲，可求于天。

凡物必有合。……阴者，阳之合；妻者，夫之合；子者，父之合；臣者，君之合。物莫无合，而合各有阴阳。阳兼于阴，阴兼于阳；夫兼于妻，妻兼于夫；父兼于子，子兼于父；君兼于臣，臣兼于君。君臣、父子、夫妇之义，皆取诸阴阳之道。君为阳，臣为阴；父为阳，子为阴；夫为阳，妻为阴。阴阳无所独行，其始也不得专起，其终也不得分功，有所兼之义。(《春秋繁露·基义》)

这里，董氏所述之旨在于明君臣、父子、夫妇的对待关系，如同阴阳之道的运行，阳处尊位，阴处卑位，阳占主动，阴占被动，如此等等，则君为臣纲、父为子纲、夫为妻纲得以确立。至于董氏所言“合”“兼”之意，一方面明此六面各有相应对待，另一方面亦明君、父、夫对于臣、子、妻有主从之别。董氏所言之意，即认为这种伦理的对待运动，如同阴阳运作一样，以此说明王道之三纲根源于天。至于三纲之论，究其相似之开端，则在战国末年的韩非思想。《韩非子·忠孝篇》说：

臣事君，子事父，妻事夫，三者顺天下治，三者逆则天下乱，此天下之常道也。

汉初之时，多以儒法并治，而韩非乃法家之集大成者，其说必流行于斯世，董氏理应熟知。只不过，董氏于其自身思想中又以天人感应论之，使其呈现出某种神圣的意味来。

## 第三节　官方钦定的《白虎通德论》的伦理思想

自叔孙通制礼作乐后，儒家礼义渐渐成为汉朝的法度内容，后经武帝定儒术为一尊，颁布金马门诏制而使其成为一统国家社会法典雏形。再经石渠阁一议，其法典形态基本上得以确立（《石渠阁奏议》已佚，难寻真迹）。公元 56 年，东汉光武帝宣诏图谶于天下，儒家经义被进一步神圣化。章帝刘炟即位后，着手完善治世法典，重振儒家权威。在此背景下，便有了白虎观会议的召开，史载说：

（建初四年）十一月壬戌，诏曰：盖三代导人，教学为本。汉承暴秦，褒显儒术，建立《五经》，为置博士。其后学者精进，虽曰承师，亦别名家。孝宣皇帝以为去圣久远，学不厌博，故遂立大、小夏侯《尚书》，后又立京氏《易》。至建武中，复置颜氏、严氏《春秋》，大、小戴《礼》博士。此皆所以扶进微学，尊广道艺也。中元元年诏书，《五经》章句烦多，议欲减省。至永平元年，长水校尉奏言，先帝大业，当以施行。欲使诸儒共正经义，颇令学者得以自助。……于是，下太常、将、大夫、博士、议郎、郎官及诸生、诸儒，会白虎观，议讲《五经》同异，使五官中郎将魏应承制问，侍中淳于恭奏，帝亲称制临决，如孝宣甘露石渠故事，作《白虎奏议》。(《后汉书》卷三《章帝纪》)

这段史实，意在说明章帝何以召开白虎观会议。一则说明儒家经义在汉时政治教化体制内的演变，二则表明汉政权与儒经的关系，三则说明《白虎通德论》的由来。

不过，据《旧唐书·经籍志》载，《白虎通德论》为汉章帝所撰，而《新唐书·艺文志》则以之为班固诸人撰。其实应是班固奉章帝命整理白虎观会议记录而成。《后汉书·班固传》称之为《白虎通德论》，《隋书》《旧唐书》称之为《白虎通》，而《新唐书》称之为《白虎通义》。本书从《班固传》之说，简称《白虎通》。

《白虎通德论》作为官方钦定之典，所体现的思想、章制及其伦理意义对后世有很大影响，尤其是伦理方面，几乎成为后世儒家世俗伦理的“圣典”。

## 一、论“忠”与“礼”

董仲舒认为：

继治世者其道同，继乱世者其道变，今汉继大乱之后，若宜少损周之文致，用夏之忠者。(《汉书》卷五十六《董仲舒传》)

这是说从历史经验教训来看，汉制应承周夏传统，不可妄自损益，也说明暴秦之后，更应以“尚忠”教民，才能治世而致太平。《白虎通》承其理路，在《三教》中说：

三教所以先忠何？行之本也。三教一体而分，不可单行，故王者

行之有先后。何以言三教并施不可单行也？以忠、敬、文无可去者也。（《白虎通德论》卷上）

三教本指夏人“尚忠”、商人“尚敬”、周人“尚文”，与三统说相匹而行。《白虎通》以“忠”为先，其意就是强调君权的优先性，这与其官方性质正相符合。不过，这里的“三教一体而分”，“一体”是就其系统性与综合性而言的，是从本质与目的上说；“三分”是就教化的功用效果上说；而“不可单行”是综合这两方面原因，从教化过程上来讲的。因为对于道德群体的教化，不仅要分别所教内容的轻重缓急，而且从三教本身的内容来看，之所以三者并行，其实质是为了取三代之优，而成就一个良性的教化系统。由于当时的现实，实施这个教化系统，从内容上讲应以忠为先。而且这是有先天依据的，即：

教所以三何？法天、地、人；内忠外敬、文饰之，故三而备也。即法天、地、人，各何施？忠法人，敬法地，文法天。人道主忠，人以至道教人，忠之至也；人以忠教，故忠为人教也。（《白虎通德论》卷上）

教之所依在天、地、人，而人道主忠，这“忠”的本质就是在敬畏天命的前提下，对受天命的天子的忠。因此“忠”不仅成了教化的内容，也成为维系社会秩序的内在准则，这就是“忠为人教”。而人对天命的敬畏转化为对天子之忠与尊后，道德主体的道德意识与道德行为便被规范在“以忠为先”的教化系统内。其实，这是从下对上的关系上立论的。而这些意味在董仲舒的天人感应说中早已蕴含，只是在《白虎通》中才得以明确化。《谏诤》又说：

臣所以有谏之义何？尽忠纳诚也。

“谏诤”作为尽忠纳诚的途径，无疑是能使天子改过纠失而实现其天命之所受。其实质是要求包括天子在内的道德主体有责任和义务去践履自己的道德使命，这是“忠”的道德性终极目的。

《白虎通》中对“礼”的论述，承继《礼记》主旨而来，并与后出的三纲六纪相配而行，功用颇大。《礼记·礼运》中说：

是故礼者，君之大柄也。所以别嫌明微，傧鬼神，考制度，别仁义，所以治政安君也。

这是说“礼”为君主治世安民的根本，礼之所以重要即在于它有“别嫌”“明微”诸功用。《白虎通》中屡屡论述它的重要性：

王者所以盛礼乐何？节文之喜怒。乐以象天，礼以法地，人无不含天地之气，有五常之性者。故乐所以荡涤，反其邪恶也；礼所以防淫佚，节其侈靡也。（《白虎通德论》卷二《礼乐》）

礼乐之盛，乃由于法天地，故其功用在荡涤性情，节防淫侈。所以说：

礼贵忠何？礼者盛不足，节有余，使丰年不奢，凶年不俭，富贫不相悬也。（《白虎通德论》卷二《礼乐》）

这是说礼之于君主治世，根本原因即在于礼能调节丰俭，制衡贫富，从治理社会现实功用上说，则可消解争斗，以至于人们各安其道。但从政治体制以及社会制度的关系来看，则：

朝廷之礼，贵不让贱，所以有尊卑也；乡党之礼，长不让幼，所以明有年也；宗庙之礼，亲不让疏，所以有亲也。此三者行，然后王道得。（《白虎通德论》卷二《礼乐》）

礼的内涵，反映在制度与价值判断上便有贵贱、长幼、亲疏之分，遵守这种礼就能各安名分，各行其是。这样，礼既成为王道的内容，也是王道施行的保证。

自孔丘言“忠恕”“礼义”始，后儒倡导有加，及至《白虎通》，才正式以官方名义，称“忠”“礼”为天下定则，这是中华文化史上特异的现象，值得我们从历史社会学的角度深入探讨。

## 二、论“三纲”“六纪”“五常”

所谓“三纲”“六纪”，是《白虎通》所制定的现实社会伦理体系的核心，其具体内容是：

三纲者何谓也？谓君臣、父子、夫妇也。六纪者谓诸父、兄弟、族人、诸舅、师长、朋友也。（《白虎通德论》卷七《三纲六纪》）

三纲内容，在先秦诸儒以及法家学说中已有论说，然而揭出“三纲”之名，并视之为王道者，则始于董仲舒。第一次明文规定“君为臣纲，父为子纲，夫为妻纲”者是《礼纬·含文嘉》，《白虎通》则承之而定制，官方意味颇浓，从此成为法典意义上的现实社会伦理的纲纪。《白虎通》说：

> 君臣者何谓也？君，群也，群下之所归心也；臣者，坚也，厉志自坚固也。……父子者何谓也？父者，矩也，以法度教子也；子者，孳也，孳孳无已也。……夫妇者何谓也？夫者，扶也，以道扶接也；妇者，服也，以礼屈服也。”《白虎通德论》卷七《三纲六纪》）

很显然，这里分别从三对对待关系的职责与义务来说明三纲。而三纲内容因此也被明确地制度化了：君为凝聚天下的核心，臣自守其责而励志忠君，以维护政体的正常运作。至于父子、夫妇，也是如此。《白虎通》中还着重论述了君臣、夫妇之道，如：

> 王者父天母地，为天之子也。(《白虎通德论》卷一《爵》)
>
> 男女者何谓也？男者，任也，任功业也；女者，如也，从如人也。在家从父母，既嫁从夫，夫没从子也。
>
> 礼，男娶女嫁何？阴卑不得自专，就阳而成之。(《白虎通德论》卷八《嫁娶》)

这三段的意思，秉承《春秋繁露》而来，一方面，《白虎通》依然以阴阳、天地关系作为夫妇、君臣关系的依据；另一方面，又更明确地规定了源于《仪礼》的三从说，进一步论说了“男尊女卑”的思想。

至于“六纪”，就其内容而论，可视为三纲的补充。六纪所涉及的社会关系更为广泛，由此而注定了“六纪”比“三纲”具有更多的伦理内容。如：

> 六纪者为三纲之纪也。
>
> 诸舅有义，族人有序，昆弟有亲，师长有尊，朋友有旧。(《白虎通德论》卷七《三纲六纪》)

“义”“序”“亲”“尊”“旧”等既是维护社会关系稳定的准则，也是当时社会的道德规范，道德主体遵循规范而言行，即为德行。

《白虎通》进一步对德行及其内容作了规定，这便是传统的“五常”：

> 仁者，不忍也，施生爱人也；义者，宜也，断决得中也；礼者，履也，履道成文也；智者，知也，独见前闻，不惑于事，见微知著也；信者，诚也，专一不移也。（《白虎通德论》卷八《情性》）

这里，五常之义与其前传统并无二致，这是中国传统道德规范主旨的一贯性而决定的。

合而言之，《白虎通》对“三纲”“六纪”“五常”的论说，其目的在于通过一系列道德秩序与规范的建立，并经官方钦定，使其对现实社会达到一种治理与维护的功效。这即是“纲纪”中所清晰地表明的，其文曰：

> 何谓纲纪？纲者，张也；纪者，理也。大者为纲，小者为纪，所以张理上下，整齐人道也。（《白虎通德论》卷七《三纲六纪》）

而对于纲纪的权威性与强制性的论证，则源于董仲舒的天人相应说，其文曰：

> 三纲法天、地、人，六纪法六合。君臣法天，取象日月屈信归功天也。父子法地，取象五行转相生也。夫妇法人，取象人合阴阳有施化端也。（《白虎通德论》卷七《三纲六纪》）

这样，现实中的伦常规范在令人敬畏的天地阴阳那里得到了终极根据，德性便被蒙上神圣而又神秘的色彩。

### 三、论性情与道德修养和教化

先秦的孟、荀、韩三人论性较为完备，对汉朝影响各有不同。董仲舒言性与善承孟子较多，而《白虎通》虽受董氏之说影响，却更多秉承荀子之说。荀子说：

> 凡性者，天之就也。不可学，不可事。礼义者，圣人之所生也，人之所学而能，所事而成者也。不可学，不可事而在人者，谓之性。可学而能，可事而成在人者，谓之伪。是性伪之分也。（《荀子·性恶》）

《白虎通》则说：

> 性情者何谓也？性者阳之施，情者阴之化也。……阳气者仁，阴气者贪，故情有利欲，性有仁义也。(《白虎通德论》卷八《性情》)

荀子论性以自然为质，乃天就，并非人事所能成者。《白虎通》论性则以阴阳附释性情，性也涵隐着自然之质。但以仁贪二气论性，贪仁质性则源于董仲舒。荀子言礼义为圣人所制，这是《白虎通》所着力宣扬的。其文曰：

> 人情有五性，怀五常，不能自成，是以圣人象天五常之道而明之，以教人成其德也。(《白虎通德论》卷八《五经》)

这里虽未明说以礼义教化，实质却是如此。而《五经》教化的功用，《白虎通》则是承继《礼记·经解》之义，其文曰：

> 温柔宽厚，《诗》教也；疏通知远，《书》教也；广博易良，《乐》教也；洁净精微，《易》教也；恭俭庄敬，《礼》教也；属辞比事，《春秋》教也。(同上)

如此，圣人不仅负担着如同教化祖师一样的责任，圣人著成的典籍也成为教化的依据。《诗》《书》《礼》《易》《乐》《春秋》各担其道，合而教之，则可成其德性。这样，儒家六经便成为官方的道德教科书，也成为整个现实社会的文化源头。正因为此，《白虎通》言人何以怡情养性，进行道德涵养时，提出“学”这一途径，其论说：

> 学之为言觉也，以觉悟所不知也。故学以治性，虑以变情。故玉不琢不成器，人不学不知道。(《白虎通德论》卷四《辟雍》)

很显然，这样的“学以成人”，是承续《荀子·劝学》与《礼记·学记》之义而来。其主旨在于：觉悟未知之道，涵养性之仁质，纠正情之邪偏，均由学经而来。因为经为道之载体，德之居所，学而觉之，则自成其器，自悟其道，从而性之仁质得以显现，情之邪恶获正，这也有董仲舒所论“圣人之善”的意味。这从另一意义上论证了儒者不仅要成为帝王师，还应成为“平民师”。

# 第四章　汉末魏晋南北朝隋唐时期儒家伦理思想的危机与复兴

自武帝采纳董仲舒之策，黜百家尊儒术，以《春秋》为轴心，尊儒学为一统后，儒学与政权开始联姻，后经石渠阁、白虎观会议，使儒家思想定型并渐趋僵化。东汉时，党锢祸起，黄巾起义军蜂突，汉政权随之也危如累卵。而依附这政权的儒学，也衰而不振。在此过程中，清议横起，蔚然成风，及至魏晋，清议变而为清谈，则名理之学遂兴于麈尾风流。至何、王述天人新义，阮、嵇承续老庄幽旨，向、郭注《庄》，而使玄学成为时代主流思潮。史书谓之“儒墨之迹见鄙，道家之学遂盛焉”（《晋书·郭象传》）。

天竺（古印度）佛理自西汉末潜进东土，后经安世高、支娄迦谶译传佛经，佛学精义遂广播于中土，之后，朱士行西行求法，道安弘法，罗什译经，般若之学由此而渐兴于魏晋。及至僧肇著成《肇论》，标志着佛法中国化的伟业已有所成。此间，般若空宗契合玄理，玄佛合流以至勃兴，实乃时势使然。

南北朝时，从印度传来的佛教和中国本土的道教都得到了长足的发展，及至隋唐，佛道两教走上兴盛之途。此时儒家为了应对这种冲击，抗衡佛道两教，挽回自己的颓势，前有南朝的颜之推，后有隋朝的王通，起来提倡儒学，揭起了振兴儒业的大旗。安史之乱后，韩愈、李翱等复兴儒学已成必然之势，进而开创了振兴儒学的新局面，为宋明儒学的复兴打下了一定的思想基础。

## 第一节　汉末魏晋南北朝玄、佛思想的兴盛与儒家伦理的危机

东汉以降，汉朝政体渐已支离，加上宦官、外戚自为其利，玩弄权术，以致政局混乱，民怨载道。直至张角言“黄天当立，岁在甲子”，发

动了黄巾起义，之后三国鼎立，后由司马氏夺权，建西晋王朝统一了中国。与世变相随，中华思想于此背景中亦有了较大变化。

## 一、玄学的兴起

玄学思想的源头虽在先秦道家，其兴起却与清议有关。东汉时，官员选拔以征辟、察举为法，依据即在于乡闾宗党的评议。侯外庐等先生称此评议为“公论”，亦即“清议”。据史实所载，清议以名教为依归，但党锢祸后，清议大变，史家认为：

> 与政治上的党锢同时，思想上也有了“清议”的“禁锢”。禁锢了的清议，不得不开始转向，另求出路，其结果是清议转而为清谈。从是非臧否，到“发言玄远，口不臧否人物”（《晋书·阮籍传》）；从空洞无物的纲常名教，到纲常名教的否定而“叛散五经，灭弃《风》《雅》”（《后汉书·仲长统传》），以至圣人（孔子）与老庄“将无同”，流为纯概念的游戏。其间转向的契机，实应从郭林宗讲起。①

郭林宗即郭泰，史载：

> （宋仲）劝林宗仕，泰曰：“不然也。吾夜观乾象，昼察人事，天之所废，不可支也。方今卦在明夷，爻直勿用之象；潜居利贞之秋也。独恐沧海横流，吾其鱼也。吾将岩栖归神，咀爵元气以修伯阳、彭祖之术，为优哉游哉，聊以卒岁者。”（《后汉书》卷二十三《灵帝纪》）

由此看来，郭林宗对《周易》精通无疑，并且以《周易》为生活之指导，而以其追求的生活理想来看，则尤尚老庄。因而说郭林宗兼融儒道似不为过。至正始间，何、王秉承其道，始兴玄学（新的老庄学）。史载正始年间，王弼、何晏开一代之风，其文曰：

> 魏正始中，何晏、王弼等祖述《老》《庄》，立论以为天地万物皆以无为为本，无也者，开物成务，无往不存者也。阴阳恃以化生，万物恃以成形……后进之士，莫不景慕放效，选举登朝，皆以为称首，

① 侯外庐：《中国思想通史》第二卷，第404页，人民出版社1957年版。

矜高浮诞，遂成风俗焉。(《晋书》卷四十三《王衍传》)

此言王、何祖述《老》《庄》，阐贵无之学，清谈、谈玄成了时代风尚。《世说新语》也记载说：

何晏为吏部尚书，有位望，时谈客盈坐。王弼未弱冠，往见之。晏闻弼名，因条向者胜理，语弼曰："此理仆以为极，可得复难不?"弼便作难，一坐人便以为屈，于是弼自为客主数番，皆一坐所不及。(《世说新语》卷二《文学》)

尚书府中，谈客盈坐，可见清谈盛况，而王弼反客为主，阐幽发微，综述玄理，众皆不及，也说明王弼玄思超拔于众人之外。《世说新语》又载：

何晏注《老子》未毕，见王弼自说注《老子》旨，何意多所短，不复得作声，但应诺诺。遂不复注，因作《道德论》。(同上)

何注《老子》，王亦注之。据史载，何、王注释典籍重在《老》《易》《论语》，儒道兼综。这也从侧面说明汉时"清议"之士，如郭林宗等对玄学家之影响。

何、王虽兼综儒道，却尤重老庄，所以《文心雕龙》评论说：

迄至正始，务欲守文，何晏之徒，始盛玄论，于是聃、周（即老子、庄子——引注）当路，与尼父（即孔子）争涂矣。(《文心雕龙·论说篇》)

此言何晏之旨，已离儒学而归于老庄。其实，何、王之学意在兼融儒道，而以道为主。至阮籍、嵇康等人，方可说渐远儒术，倾心玄理。高平陵事变后，何晏被诛，夏侯玄、李丰诸贤也无善终，名士少有全者。在这种背景下，玄学家的人生追求有了转向，以阮籍、嵇康为代表的竹林贤士们汹涌于玄流中。阮籍作《大人先生传》讥讽腐儒礼士，又作《达庄论》明其崇《庄》之意，嵇康以其才情横溢的《养生论》《答向子期难养生论》《难自然好学论》等独标于竹林。这类名士著作均以自然对抗名教，以自然为宗论述社会人生，批评时世腐乱。在社会现实生活中，他们则与儒家纲常决裂，阮籍、刘伶纵酒，嵇康弹琴，余者亦各有所好。其于名教之外，求超世旷达境界，期望社会之和谐。及至西晋，裴頠深患时俗放荡，乃著《崇有论》以抨击时风，史书记载说：

> 頠深患时俗放荡，不尊儒术，何晏、阮籍素有高名于世，口谈浮虚，不遵礼法，尸禄耽宠，仕不事事。至王衍之徒，声誉太盛，位高势重，不以物务自婴，遂相放效，风教陵迟，乃著《崇有》之论，以释其蔽。(《晋书》卷三十五《裴頠传》)

这说明裴頠作《崇有论》的原由，以及表明裴頠不同意贵无论，并阐明崇有说的道理。如果说贵无论重在理想层面立论，那么，裴頠崇有说则更为注重从现实的社会秩序上述理，这种倾向在以后郭象《庄子注》中更为明显。

郭象注《庄》，从哲学思想上看，有综合贵无、崇有的倾向，但其落脚点是社会现实。他说：

> 夫小大虽殊，而放于自得之场，则物任其性，事称其能。各当其分，逍遥一也，岂容胜负于其间哉。(《庄子·逍遥游》注)

此为注《庄》宗旨。郭象要破除世人胜负之心，开启自性圆满。而所谓自得之场，即现实社会，是郭象所谓的"逍遥"之域。他期望世人能在现实中实现生命的理想。故说：

> 夫神人即今所谓圣人也。夫圣人虽在庙堂之上，然其心无异于山林之中，世岂识之哉！(同上)

理想的神人即是现实的圣人，能在庙堂之上立身行事，而其心无异于山林之中悠游。

综上所述，贵无论者接续先秦道家的理想主义，援儒入道，虽批判现实，却以理性态度汲取儒道营养，成其贵无之说。而竹林贤士因其高扬《庄》旨，承续《庄子》中自然主义与浪漫情怀，期望超越现实而达人生旷达之境，是其理想主义表现。及至郭象，以理性眼光审视社会现实，倡适性之说，以缓释现实社会的紧张心灵，期望以自然主义去消解人生与社会的紧张关系。郭象注《庄》其实是以理想主义与自然主义并行，以至于玄流高峰。

### 二、佛教之兴起

佛法自西汉传入东土，当时未能得以弘大。之后东汉的安世高、支谶译经，取经中诸说，即译即讲，佛教开始在中土传播。安世高之学重在小乘禅学，而支谶、支谦则重在大乘般若空学。“汉魏法（佛法）微，晋代始盛”。佛教在西晋时期才得以昌盛起来，其时有功于佛教昌盛的当首推道安法师。汤用彤先生说：

> 综自汉以来，佛学有二大系，一为禅法，一为般若。安公实集二系之大成……①

此亦见道安对弘扬佛法的贡献之大。及至道安去世，鸠摩罗什东来，于长安译经300余卷，佛教又得到了进一步的发展。汤用彤先生说：

> 什公对于《大品》，三译五校，且平日宗旨特重《般若》《三论》，其于译此诸经论时必大弘其义也。②

由此可见，佛法东来，有其艰辛历程，经过一二百年的努力，终于在中华大地上开出了鲜艳的花朵，结出了硕果。

“六家七宗”即为佛法东播硕果，其中影响较大者有“本无宗”“心无宗”“即色宗”，分别以道安、支愍度、支道林为代表。吉藏论道安本无义说：

> 释道安明本无义，谓无在万化之前，空为众形之始，夫人之所滞，滞在未有。若宅心本无，则异想便息。安公明本无者，一切诸法，本性空寂，故云本无。（《中论疏·因缘品》）

此论与贵无派有相通处。

至于心无之义，即空心不空色，空心者即心无，不空境色者，万物未尝为无。慧达《肇论疏》说：

> 竺法温法师《心无论》云，夫有，有形者也，无，无象者也。有象不可言无，无形不可言有。而经称色无者，但内止其心，不空外色。但停其心，令不想外色，即色想废矣。

竺法温为支愍度传人，其论承师说甚明。汤用彤先生评论心无宗曰：

> 其宗旨在辩有无。谓有者，有形；无者，无象。然若象是有，不

①② 汤用彤：《汉魏两晋南北朝佛教史》，第227、297页。

可曰无；若形是无，不能曰有。因此有形之有，应为实有，而色为真色矣。色既为真色，而经所谓色空，必仅系内止其心，不滞外色。并非色形真无也。据此则其义，为空心不空境甚明也。①

而吕澂先生认为：

（支愍度）只是把般若智慧（佛智）与玄学搞在一起，运用了玄学的“至人之心”的说法。②

此可见心无宗与玄学的契合关系，亦见心无宗依然属般若空宗一系。

另一支颇有影响的宗派，即是以支道林为代表的“即色宗”。汤用彤先生评论说：

支法师即色宗理，盖为般若本无下一注解，以即色证明其本无之旨，盖支公宗旨所在，因为本无也。③

而其本无之论，即色空理如何呢？慧达《肇论疏》说：

支道林法师《即色论》云，吾以为即色是空，非色灭空，此言至矣。何者？夫色之性，色不自色，虽色而空。如知不自知，虽知恒寂也。

这些话的意思近于般若学“缘起性空”，只不过，此派重于“色之性，色不自色，虽色而空”。

对于以上三家，僧肇在《不真空论》中有精详批判。而对于僧肇的批判，吕澂和汤用彤两先生均有详述，可参阅。④

与僧肇同时，尚有慧远，稍后有竺道生。慧远的佛教思想，依许抗生先生所论，乃是大乘龙树中观学、小乘有部思想及本无宗思想的综合。⑤其中心在于法性不变论，其言“至极以不变为性，得性以体极为宗”（《高僧传》卷六《慧远传》）即是。而竺道生则提出：

---

① 同上书，271 页。

② 吕澂：《中国佛学源流略讲》，第 48 页，中华书局 2011 年版。

③ 汤用彤：《汉魏两晋南北朝佛教史》，第 261 页。

④ 参见吕澂《中国佛学源流略讲》，第 50—52 页及汤用彤《汉魏两晋南北朝佛教史》，第 238—272 页和第 334—338 页。

⑤ 参见许抗生《三国两晋玄佛道简论》，第 297—299 页，齐鲁书社 1991 年版。

"顿悟成佛"说，认为"人人皆可成佛"，"一阐提人皆得成佛。"其说前期为般若三论学，后期为涅槃学。他为中国佛学史上涅槃学说之祖。

其实，以上诸人的佛教思想是经由"格义"之途而渐渐发展起来的，亦是玄佛合流的结果。对于玄佛关系，汤用彤先生以为玄学未受佛学影响，而佛学却借玄学而立足于东土。① 而且汤先生认为：

> 魏晋玄学者，乃本体之学也，周秦诸子之谈本体者，要以儒道二家为大宗。《老子》以道为万物之母，无为天地之根。天地万物与道之关系，盖以"有""无"诠释。"无"为母，而"有"为子。"无"为本而"有"为末。本末之别，即后世所谓体用之判。魏正始中，何晏、王弼祖述《老》《庄》，其立论以为天地万物皆以"无"为本。及至晋世，兹风尤甚。士大夫竞尚空无。凡立言籍于虚无，则谓之玄妙。遂大倡贵无之议，而建贱有之论。"本无""末有"，实为所谓玄学者之中心问题。学者既群趋有无之论，而中国思想遂显然以本体论为骨干。至若佛教义学自汉末以来，已渐与道家合流。般若诸经，盛言"本无"，乃"真如"之古译。而本末者，实即"真""俗"二谛之异辞。真如为真，为本；万物为俗，为末。则在根本理想上，佛家哲学已被引而与中国玄学相关合。《安般守意经》曰："有者谓万物，无者为空。"释道安曰："无在万化之前，空为众形之始。"本无一辞，疑即般若实相学之别名。于是六家七宗，爰延十二，其所立论枢纽，均不出本末有无之辨，而且亦均即真俗二谛之论也。六家者，均在谈无说空……
>
> 中国言本体者，盖可谓未尝离于人生也。所谓不离人生者，即言以本性之实现为第一要义，实现本性者，即所谓反本。……所谓成佛，亦即顺乎自然；顺乎自然，亦即归真反本之意也。按汉代佛法之返本，在探心识之源，魏晋玄学之反本，乃在辨本无末有之理，此中变迁之关键，依乎道术与玄学性质之不同，又按反本之说，即今日所谓之实现人生，人以心灵为主，故汉代以来佛徒说色空者多，而主心

① 参见《汤用彤学术论文集》，第301—304页，中华书局1983年版。

空者极少。①

综上所述，既见玄佛之关系，亦明佛法何以能于魏晋大兴，弘法之僧于其中所起的作用，至关重要。此类论说可参见侯外庐等著《中国思想通史》第三卷相关章节。

### 三、儒家伦理之危机

玄佛既盛，则儒学潜隐，而其伦理亦衰。按史书记载，儒家伦理危机始于汉末。公元 133 年，李固于对策中已言及此点，他说：

> 夫化以职成，官由能理。古之进者，有德有命；今之进者，唯财与力。伏闻诏书务求宽博，疾恶严暴。而今长吏多杀伐致声名者，必加迁赏；其存宽和无党援者，辄见斥逐，是以淳厚之风不宣，雕薄之俗未革。虽繁刑重禁，何能有益？（《后汉书》卷五十三《李杜列传》）

又说：

> 本朝号令，岂可蹉跌？间隙一开，则邪人动心；利竞暂启，则仁义道塞。刑罚不能复禁，化导以之浸坏。此天下之纪纲，当今之急务。陛下宜开石室，陈图书，招会群儒，引问失得，指擿变象，以求天意。（同上）

这里，一是说封赏不均，升迁无道，以致政体腐坏，伦理衰败。二是说君主治国，应以教化治世，辅以刑法。三是说招贤纳智，广开进言渠道，扶举儒业，以通达天意。在李固看来，无论是政权或是伦理，都废弛已久，扶儒理政已成急务。而皇甫规在对策中陈述得更为沉重。他说：

> 伏惟孝顺皇帝，初勤王政，纪纲四方，几以获安。后遭奸伪，威分近习，畜货聚马，戏谑是闻；又因缘嬖倖，受赂卖爵，轻使宾客，交错其间，天下扰扰，从乱如归。故每有征战，鲜不挫伤，官民并竭，上下穷虚。（《后汉书》卷六十五《皇甫张段列传》）

按此所言，国家乱甚！一则朝政混乱，奸人当道，政无宁日。二则指

① 汤用彤，《汉魏两晋南北朝佛教史》，第 273—275 页。

出乱政结果是"官民并竭，上下穷虚"。如此，国将不国！对此，皇甫规痛心疾首：

> 凡诸宿猾、酒徒、戏客，皆耳纳邪声，口出谄言，甘心逸游，倡造不义。亦宜贬斥，以惩不轨。……又在位素餐，尚书怠职，有司依违，莫肯纠察，故使陛下专受谄谀之言，不闻户牖之外。臣诚知阿谀有福，深言近祸，岂敢隐心以避诛责乎？（同上）

由此可见，皇甫规深谙政权与伦理体制双双败坏的各种态势与因由，更见其忧国忧民的沉痛心情。就伦理层面而言，汉末之时，体制已乱，教化之功废弃良久，道德主体因此而异化变质。范晔精辟指出：

> 章句渐疏，而多以浮华相尚，儒者之风盖衰矣！（《后汉书》卷七十九上《儒林列传序》）

这里虽以学理立论，但儒学衰弱之势已是不争的事实。

及至魏晋，玄佛渐兴，儒道潜隐。由何、王之清谈，至竹林诸贤对儒家的口诛笔伐，又有佛理盛行，则礼教之衰已为必然！葛洪深识儒家伦理衰败，亦见玄学放达之状，《抱朴子》中对此多有论说，其文曰：

> 士有颜貌修丽，风表闲雅，望之溢目，接之适意，威仪如龙虎，盘旋成规矩，然心蔽神否，才无所堪……士有机变清锐，巧言绮粲，揽引譬喻，渊涌风厉，然而口之所谈，身不能行，长于识古，短于理今；为政政乱，牧民民怨……（《抱朴子外篇》卷二十二《行品》）

在此，葛洪指责玄士们废现实之行，而专一己之乐，理今之才短，识古而不化用于今，致使政乱民怨，是非混淆，进而导致伦常失调，道德颓废。南北朝的颜之推与葛洪一样，对社会现实深怀忧虑，抨击时弊，更为直接：

> 彼诸人者（即指何、王及七贤——引注），并其领袖、玄宗所归，其余桎梏尘滓之中，颠仆名利之下者，岂可备言乎？直取其清谈雅论，辞锋理窟，剖玄析微，妙得入神，宾主往复，娱心悦耳，然而济世成俗，终非急务。（《颜氏家训·勉学》）

在这里，颜氏虽然认为玄思妙理、清言雅述能娱心悦耳，但这些相对于治世的社会教化而言，则非急务。由此可见，颜氏对玄士们于现实社会所造成的副作用，已有所认识，进而为儒道伦常的失落担忧。另一方面，他又更明确地批评炽盛玄风惑心乱理，使浮艳相竞。他说：

> 今世相承，趋末弃本，率多浮艳，辞与理竞，辞胜而理伏；事与才争，事繁而才损。放逸者流宕而忘归；穿凿者补缀而不足，时俗如此，安能独违？（《颜氏家训·文章》）

如此学风之中，儒者除了顺应之外，别无他途。这说明魏晋时载道文章衰而不振（以儒家文章之业观之），伦理教化也无从着落。在史家撰述中，对儒家伦理的危机，也有所论，如初唐魏徵等修史时评述说：

> 有晋始自中朝，迄于江左，莫不崇饰华竞，祖述虚玄。摈阙里之典经，习正始之余论，指礼法为流俗，目纵诞以清高。遂使宪章弛废，名教颓毁，五胡乘间而竞逐，二京继踵以沦胥，运极道消，可为长叹息者矣。（《晋书》卷九十一《儒林传序》）

这里，不仅“宪章废弛，名教颓毁”是因玄风所致，国破民徙的责任也由玄者承负。言论虽偏激，却也由此更见魏晋时儒道沦丧、伦理凋落的程度之深。

综合起来说，儒家伦理之所以在魏晋时发生危机，一是由于汉代经学，章句繁琐，谶纬丛生，导致儒学自身僵化褊狭，失去其开放性与包容性。二是因为玄佛兴盛，其时文化基质已经有所改变，儒道由于自身在汉时渐渐消息，只能隐忍。三则世乱横起，民族矛盾加剧，宽和平静的政治文化氛围被破坏。因而，儒家伦常无法于这种复杂背景中发挥其效用。从学理角度来看，儒家伦常是为治世准备的，并不是治乱世的有效理论，它若发挥良性效用，则需要一种相对和平宽松的社会氛围作为依托。

不过，魏至隋期间，有两种倾向值得注意。一为北齐颜之推著成《颜氏家训》，期望从家教层面复兴儒家伦常。二为陈、隋间的王通，所著《文中子》从道统及政体诸多层面，阐扬儒道。这表明，儒家危机发生时，自有一批儒者慨然弘道，为儒家下一次复兴作铺垫。其实，颜、王著作中所体现的儒家伦理，是儒学危机时儒家伦理的异态。及至唐代，儒学复兴已呈必然之势，儒家伦理也有了新的内容注入。

# 第二节　隋代王通《文中子》的复兴儒学及其伦理思想

王通，字仲淹，山西万荣县人，生于公元580年，卒于617年，家有儒学渊源。据杨炯《王勃集序》说：

> 通，隋秀才高第，蜀郡司户书佐，蜀王侍读。大业末，退讲艺于龙门。

大业为隋炀帝杨广年号。王通退隐后，不再为官，专事著述与讲学。死后门人私谥为“文中子”。其著甚丰，今存有阮逸注《文中子中说》。

## 一、忧道与志道

王通一生以明王道为己任，希望复兴孔学，振奋儒业。对于现实社会状况，王通以史的眼光来看待，他认为：

> 吾视迁、固而下，述作何其纷纷乎？帝王之道其暗而不明乎？……制理者参而不一乎？陈事者乱而无续乎？（《文中子中说》卷一《王道》）

对纷乱中建立的隋朝，及其社会文化的混乱和伦理的衰败，王通慨然而叹：

> 古之为政者先德而后刑，故其人悦以恕；今人为政者任刑而弃德，故其人怨以作。（《文中子中说》卷三《事君》）
>
> 古之仕也以行其道，今之仕也以逞其欲。难矣乎？（同上）
>
> 古之从仕者养人，今之从仕者养己。（同上）

这即是说，政者无其德，仕者逞其欲，为官在养己。这种自上而下均无慨然弘道的德行和义气的现实，令王通忧心忡忡。于是他又感叹说：

> 悠悠素餐者，天下皆是，王道从何而兴乎？（《文中子中说》卷一《王道》）

尸位素餐者无所事事，王道复兴希望渺茫，王通决定隐而志于道，以振兴儒业，其述志说：

道之不胜时，久矣。吾将若之何？（同上）

上失其道，民散久矣。苟非君子，焉能固穷？（《文中子中说》卷三《事君》）

王通既以为道不胜时也久，甘愿为固穷之君子，以兴王道，可何以兴道呢？他对董常说：

吾欲修《元经》①，稽诸史论，不足征也，吾得《皇极谠义》焉；吾欲续《诗》，考诸集记，不足征也，吾得《时变论》焉；吾欲续《书》，按诸载录，不足征也，吾得《政大论》焉。（同上）

王通欲续著六经，以为兴道途径，但所集著者都不能如愿，便转而以其先辈著作为根据：《皇极谠义》为其祖父王一所著，《时变论》为其六世祖王玄所著，《政大论》为其四世祖王虬所著。此亦见其家学渊源之宏富。王通又说：

反一无迹，庸非藏乎？因贰以济，能无彰乎？如有用我者，当处于泰山矣。（同上卷七《述史》）

孔子曾言："用之则行，舍之则藏。"（《论语·述而》）王通认为当世为无道之时，更应彰显圣人功用，而他以兴道为己任，因而说如果得用于斯世，则将如泰山一样坚定地推行王道。如此还不够，他又以孔子慕效周公的心境说：

如有用我者，吾其为周公所为乎？

周公行王道峻毅不拔，而其治世亦公，王通以周公为榜样，可见其志愿宏大！故朱熹评论说：

文中子他当时要为伊、周事业，见道不行，急急地要做孔子。他要学伊、周，其志甚不卑。（《朱子语类》卷一三七）

此论甚切，朱子也以兴儒为己任，深味王通之意，但又认为：

（通）不能胜其好高自大欲速之心，反有所累。（同上）

这是说王通弘道之心过于迫切，但才力不足。王通对于后人的影响，由此

① 《元经》即《春秋》。阮逸注曰："《元经》，《春秋》异名也，义包五始，故曰《元经》。"

可见一斑。

王通的忧道与志道虽为其心愿，但时世并未采纳其意，这更促使他希望以仁政行王道，复归于汉时崇儒治国。他追慕前贤往圣，以至于对孔子、《春秋》寄予莫大期望。他说：

仲尼之述广大悉备，历千载而不用，悲夫！(《文中子中说》卷十《关朗》)

吾视千载而下，未有若仲尼焉，其道则一，而述作大明，后之修文者有所折中矣。(《文中子中说》卷二《天地》)

这表明王通极为注重经典的治世效用，一方面哀痛其失落，另一方面又表明其道并未真的消失。在王通看来，由孔子编作载道的《春秋》尚在，可为后人所效法。所以他说：

汝（指弟子叔恬）为《春秋》《元经》乎?《春秋》《元经》于王道，是轻重之权衡，曲直之绳墨也。失则无所取衷矣。(《文中子中说》卷三《事君》)

《春秋》，一国之书也。其以天下有国而王室不尊乎? 故约诸侯以尊王室，以明天命未改。此《春秋》之事也。《元经》，天下之书也。其以无定国而帝位不明乎? 征天命以正帝位，以明神器之有归。此《元经》之事也。(《文中子中说》卷八《魏相》)

其以《元经》代《春秋》之名①，亦见其修《元经》之旨，即立权衡王道之标准，"征天命以正帝位"，而"明神器之有归"。由此可见，王通所注重的是，先恢复政治伦常体制，以治天下。从政治伦常的承继关系来看，王通无疑是接董仲舒之说，只是董氏以天人相应为终极依据，而王通则以王道为指归。

### 二、仁义与利欲

王通思想之宗旨在明王道，因而在论仁义与利欲时，以德为根据，他认为：

---

① 据阮逸所注："天命不改，则周室以一国为《春秋》；天命有归，则晋、宋、魏、周、隋合天下为《元经》，文体虽殊，其志一也。"

至德，其道之本乎？要道，其德之行乎？《礼》不云乎：至德为道本；《易》不云乎：显道神德行。(《文中子中说》卷一《王道》)

君子之学进于道，小人之学进于利。(《文中子中说》卷二《天地》)

古之好古者聚道，今之好古者聚财。(《文中子中说》卷四《周公》)

道者，因德而行，因德而现，道之于德，体用是也。故君子之业，志于道，据于德，依于仁，如此，才能游艺而乐，所以说：

美哉乎，艺也！古君子志于道，据于德，依于仁，而后艺可游也。(《文中子中说》卷三《事君》)

依此，则君子之德，据于道内，而外发于仁行，不为名利所污，所以说：

爱名尚利，小人哉！未见仁者而好名利者也。(《文中子中说》卷五《问易》)

与爱名尚利的小人相对，君子之举必以义行，他说：

君子服人之心，不服人之言；服人之言，不服人之身。服人之身，力加之也。君子以义，小人以力，难矣夫！(《文中子中说》卷九《立命》)

志道据德依仁的君子，令人心服、信服，而不是以力使人屈服，因而君子之行是义行。他说：

学者，博诵云乎哉？必也贯于道；文者，苟作云乎哉？必也济乎义。(《文中子中说》卷二《天地》)

仁以为己任。小人任智而背仁为贼，君子任智而背仁为乱。(同上)

学者之事不仅应诵读经书，也应贯之以道。文章之业，也不是随想而作，而必以载道为本，济之以义而弘道。如此，则智之所为，为仁义之辅，最终通向弘道的坦途。

综上观之，王通并没有对仁义这个范畴作义理上的发挥，相反，他只是承继了儒家伦理的固有涵蕴。不过，在论及仁义与五常关系时，却是以仁、性与道共释五常之要，《述史》中载：

> 薛收问仁，子曰："五常之始也。"问性，子曰："五常之本也。"问道，子曰："五常一也。"

仁、义、礼、智、信发乎仁端，以性为本，以道为统纪，似为前世儒者所未发。前世儒者多以善恶论性，而王通未置可否。这里，王通以善为性的本质，确定性为五常之本，无非是要说明五常的功用，只是性的外化呈现而已，仁的作用与价值，也因此得以显现。而道于此过程中发挥的则是统纪作用，所说"五常一也"，"一"就是统一于道。

王通所论的仁义与利欲之辨由来已久，而在伦理思想史上，解决仁义与利欲关系问题本是道德学说中的一个重要方面，王通只是想继续阐明这一内容。其学说对宋明的义利之辨颇有影响。

### 三、诚慎与尽性

《尚书·大禹谟》说："人心惟危，道心惟微，惟精惟一，允执厥中。"由此而生出"人心"与"道心"之争，这也是中国伦理思想史上有关善恶根源说的源头。王通撇开了善恶之辨，而直接论说二者关系，认为人心对道心的显现有着巨大影响。他认为：

> 人心惟危，道心惟微，言道之难进也。故君子思过而预防之，所以在诚也。(《文中子中说》卷五《问易》)

人心之危往往阻碍道心的获得与显现，因此应思过以诚防修养的偏差，以保证道心的纯正。《立命》中记载：

> 董常叹曰："善乎！颜子之心也，三月不违仁矣。"子闻之，曰："仁亦不远，姑虑而行之，尔无苟美焉。惟精惟一，诞先登于岸。"

惟精惟一，指行仁能专一精诚，道心就可朗现，以免在欲海中泅渡而无登岸之期。这里"惟精惟一"是就行仁的态度与心理状态而说，至于行仁过程中何以"惟精惟一"，"诚"是也。王通说：

> 诚，其至矣乎？古之明王敬慎所未见，悚惧所未闻，刻于盘盂，勒于几杖，居有常念，动无过事，其诚之功乎？(《文中子中说》卷六

《礼乐》)

"明王"之所以为圣者，"诚"的功用不小。王通所说的"诚"是指修养功夫的心理情态，"精""一"指对修养对象的一贯心理。即应居有常念，这样才能"动无过事"；动无过事，自然能行仁义。很显然，"诚"的思想源流来自《中庸》。《中庸》首章说：

道也者，不可须臾离也，可离非道也。是故君子戒慎乎其所不睹，恐惧乎其所不闻。

君子于"道"常存敬畏之心，不可须臾忽离，方可与道俱行，循道而动。王通的思想即本于此。

如果说王通的行仁说是就道德主体的外在行动与其心理态势相结合上来讲的，那么他的"穷理尽性""思过"及"寡欲"思想则是就其道德主体内在精神之修养上而言的。他说：

静以思道，可矣。(《文中子中说》卷四《周公》)

子谓周公之道，曲而当，和而怨，其穷理尽性以至于命乎？(同上)

乐天知命，吾何忧？穷理尽性，吾何疑？(《文中子中说》卷五《问易》)

王通以断然语气坚信其"志于道"的道即"仁道"，而仁道即周公之道。实现周公之道的途径，在于"穷理尽性"而已。王通又说：

晋而下何其纷纷多主也。吾视惠、怀伤之，舍三国将安取志乎？三国何其孜孜多虞乎？吾视桓、灵伤之，舍两汉将安取乎？(《文中子中说》卷五《问易》)

王通一退再退，只有退至两汉之制才为其治世之理想。然治此乱世，并非仅以仁义之政即可，还须用礼作制。他论证礼的重要性说：

冠礼废，天下无成人矣；昏礼废，天下无家道矣；丧礼废，天下遗其亲矣；祭礼废，天下忘其祖矣。呜呼！吾未如之何也矣！(《文中子中说》卷六《礼乐》)

吾于礼乐，正失而已。(同上)

王通于礼乐，曾制《礼论》十卷二十五篇，《乐论》十卷二十篇①。希望以此作为其道德伦理体制的辅助。王通又说：

礼，其皇极之门乎？圣人所以向明而节天下也，其得中道乎？故能辨上下，定民志。(《文中子中说》卷六《礼乐》)

礼之于政，在于“辨上下”的尊卑，“定民志”而安民，故曰“节天下”。而礼对道德主体而言，则可防躁而进于道。他说：

先王法服，不其涂乎！为冠所以庄其首也；为履所以重其足也；衣裳珮如，剑佩锵如，皆所以防其躁也。故曰：俨然，人望而畏之。以此防民，犹有疾驱于道者。(《文中子中说》卷四《周公》)

冠履整其貌，衣裳剑佩则防躁，如此，可俨然肃己，亦可畏人。更进一层，守礼而行者，民安其位，则王道可行。这就是所谓修其身而进于道。然而，道德主体又如何守礼呢？王通说：

真尔心，俨尔形，动思恭，静思正。(《文中子中说》卷八《魏相》)

如此，则言行动作莫不合礼，道自存于礼中。《关朗》载：

(杜淹)又问道之旨，子曰：“非礼勿动，非礼勿视，非礼勿听。”淹曰：“此仁者之目也。”子曰：“道在其中矣。”

礼以载道，功莫大矣，而礼之本为何?《周公》载：

凌敬问礼乐之本，子曰：“无邪”。无邪为礼之本。

这里的“无邪”，其实与其修养说（如“思过”“寡欲”）是相对的。

以另一角度观之，复礼又为社会政治伦理体制所必须。王通以为，礼乐仁政乃为君主所必行，《述史》载：

温大雅问：“如之何可使为政?”子曰：“仁以行之，宽以居之，深识礼乐之情。”

这里强调，君主行宽仁之道的同时，对于礼乐也必须能深识。这在王

① 参见尹协理、魏明《王通论》，第74—75页，中国社会科学出版社1984年版。

通看来，其实是有其经典依据的：

> 二帝三王，吾不得而见也。舍两汉将安之乎？大哉！七制之主。其以仁义公恕统天下乎？其役简，其刑清，君子乐其道，小人怀其生。四百年间天下无二志，其有以结人心乎？络之以礼乐，则三王之举也。（《文中子中说》卷二《天地》）

这经典依据，即是汉时自高祖及文帝、武帝、宣帝，至东汉光武帝、明帝、章帝七代君主，均行仁政、崇礼乐，更不用说周公了。前述贾谊论礼时，即已明汉时建制崇尚《春秋》之礼，这里王通所言，似承其意。

## 第三节　唐代韩愈、李翱的复兴儒学及其伦理学说

韩愈、李翱在古代文学与儒学的演进史上，具有明显的转折性作用，此为常识。而韩、李于中国古代伦理思想史而言，亦有承前启后作用。

韩愈，字退之，河南南阳人，生于公元768年，卒于824年。三岁而孤，由兄嫂育养成人，25岁及第，官至吏部侍郎。今存《韩昌黎集》。

李翱，字习之，甘肃秦安人，生于公元772年，卒于841年。26岁及第，官至山南东道节度使。今存《李文公集》。

韩、李二人自公元796年于汴州相识后，过从甚密，既有侄婿之亲，亦有师友之谊。二者政见相近，于儒学复兴志同道合。

### 一、复兴儒学

儒学自汉盛后，经魏晋南北朝时玄、佛的冲击。至隋唐已失去了汉时的优势，一直未能得到较大的振兴。唐代宗时宰相杨绾说：

> 今试学者，以贴字为精通，不穷旨义，岂能知“迁怒”“贰过”乎？考文者以声病为是非，岂能知移风易俗化天下乎？是以上失其源，下袭其流，先王之道，莫能行也。（《新唐书》卷四十四《选举志上》）

> 夫先王之道消，则小人之道长。乱臣贼子由是生焉！（同上）

杨绾之言，一则说选拔官员制度已僵化，二则痛惜王道失却已久，三则批评文章已失去载道的功能。韩、李便是在这种文化背景中成长起来

的，深味儒学衰败的痛楚。

当时的士大夫们，已违背了文以载道传统。对此，重新提倡儒家典籍已成时代的需要。于是便有古文运动与春秋学之复起①。韩、李即是古文运动的主将。韩、李之前，古文运动先导人物梁肃认为：

> 文章之道，与政通矣。世教之污崇，人风之厚薄，与立言立事者邪正臧否，皆在焉。（《全唐文》卷517《秘书监包府君集序》）

为文之道，不仅干系政事，亦与儒道兴盛紧密相联。故古文运动另一先驱柳冕说：

> 君子之儒，必有其道。有其道，必有其文。道不及文则德胜，文不知道则气衰。文多道寡，斯为艺矣。（《全唐文》卷527《答荆南裴尚书论文书》）

柳冕由《论语·雍也》中“文质彬彬，然后君子”之义作引申，认为“文”与“质”均应有所注重，偏于一面，则无以为弘道君子。韩、李承其旨，尤其是韩愈，进一步明确君子之文与道的关系，他说：

> 君子居其位，则思死其官；未得位，则思修其辞，以明其道。我将以明道也。（《韩昌黎文集校注》卷二《争臣论》）

“修其辞”即在明其道，所以韩愈又说：

> 愈之志于古者，不惟其辞之好，好其道焉尔。（同上卷三《答李秀才书》）

韩愈读书著文既为“尧舜之道”（《上宰相书》），则其于古籍亦有所取舍。他说：

> 其所读皆圣人之书，杨、墨、释、老之学无所入于其心；其所著皆约六经之旨以成文，抑邪与正，辨时俗之所惑。（同上卷三《上宰相书》）

很明确，韩愈所求索弘扬的就是孔孟之道。其实，古文运动的宗旨即

---

① 关于唐时春秋学之复起，参见张跃著《唐代后期儒学》，第37—43页，上海人民出版社1994年版

在于此。

李翱承韩愈之意，说得更为明确：

> 吾所以不协于时而学古文者，悦古人之行也；悦古人之行者，爱古人之道也。教学其言不可以不行其行；行其行不可以不重其道。(《李文公集》卷六《答朱载言书》)

这是说道是行与文的根据，而文之所成，必以理义相配而行。所以他说：

> 义虽深，理虽当，词不工者，不成文，宜不能传也。文理义三者兼并，乃能独立于一时，而不泯灭于后代，能必传也。(同上)

可见，李翱所论更重于文理义的合一，希望以理义涵蕴文中，而成传道载道之大任。

以此，韩、李以文为载道、明道、传道的途径和工具，希望通过文章之学而振兴儒学大业。为了振兴儒学，韩、李还提出道统说，以与佛、道抗衡。

韩愈于《原道》中对道统有明确说明：

> 斯吾所谓道也，非向所谓老与佛之道也。尧以是传之舜，舜以是传之禹，禹以是传之汤，汤以是传之文武、周公，文、武、周公传之孔子，孔子传之孟轲，轲之死，不得其传焉。

这段话主旨在于：一是此道乃儒者之道，非佛老之道，二是此道在传承过程中，有载道者，即儒家圣人。韩愈在《原道》中进一步说明道的涵蕴：

> 夫所谓先王之教者，何也？博爱之谓仁；行而宜之谓之义；由是而之焉之谓道。

道的核心内容为仁、义，由仁义而成之道，即“先王之教”的内容，而所谓先王，即上引文中所指的儒家圣贤。《原道》中所论，载道的典籍是《诗》《书》《易》《春秋》，载道的规范体制是礼乐刑政。因此，韩愈所言的道由其传承而成道统，由其载体与规范而成道统体制。由此可见，儒家道统说在韩愈那里得到了相对完备的表述。

纵观韩愈的思想轨迹，其复兴儒学之举，即是排佛之业，而其排佛乃

是维护儒道所必需。但何以排佛?《原道》中进一步说出了原因:

周道衰，孔子没，火于秦，黄老于汉，佛于晋、魏、梁、隋之间。其言道德仁义者，不入于杨，则入于墨;不入于老，则入于佛。入于彼，必出于此，入者主之，出者奴之;入者附之，出者污之。

秦始皇焚书，以致经籍灭绝，故有黄老、杨、墨、佛的兴起。而这类“出”与“入”，扰乱了儒家的道德仁义主道。更有甚者，时人不行道德仁义之说，而迎佛骨于朝廷供奉，更是乱中加乱。韩愈因此而力辟崇佛时尚，他说:

夫佛本夷狄之人，与中国言语不通，衣服殊制，口不言先王之法言，身不服先王法服，不知君臣之义，父子之情。(《韩昌黎文集校注》卷八《论佛骨表》)

这是以本土之道斥外来之佛，以佛教之说不合道统为由，拒迎佛骨。李翱亦说:

舍圣人之道，则祸流于将来也无穷矣!佛法之所言者，列御寇、庄周言所详矣，其余皆戎狄之道也。使佛生于中国，则其为作也必异于是，况驱中国之人举行其术也。君臣、父子、夫妇、兄弟、朋友，存有所养，死有所归，生物有道，费之有节，自伏羲至于仲尼，虽百代圣人不能革也。可使天下举而行之无弊者，此圣人之道。所谓君臣、父子、夫妇、兄弟、朋友而养之，以道德仁义之谓也。(《李文公集》卷四《去佛斋》)

李翱以佛法为戎狄之道，认为传统中列子、庄子书中已有佛法义理，不必外求。而且圣人之道以道德仁义治世怡人，足可使天下无弊，无须行佛法之术而乱国人之心。以此，李翱以圣人之道对抗佛法，与韩愈相同，这是韩、李并肩复兴儒学之必然。

合而言之，韩、李复兴儒学是以古文运动为契机，排斥佛老为手段，进而较为详细地阐论其儒学思想，表现在伦理层面，则为其仁义论、性情说等。

## 二、德与仁、义

韩愈在《原道》中说:

博爱之谓仁，行而宜之之谓义；由是而之焉之谓道，足乎己，无待于外之谓德。仁与义，为定名；道与德，为虚位。故道有君子小人，而德有凶有吉。

以博爱释“仁”，似有重其社会性伦理意味，而以行仁有度释义，则是就实现仁的社会伦理之效果与方式言。“博爱”即“爱众”“无私”之谓。而义即为行此博爱之仁时，有其适当的方式与途径。依此而行之，则可谓之道。韩愈说：

古之所谓公而无私者，其取舍进退无择于亲疏远迩，惟其宜可焉。(《韩昌黎文集校注》卷四《送齐嗥下第序》)

这可作为“仁”与“义”的注脚，《原道》中以博爱释仁义，即为爱而“公”，由仁义行，即为“道”。而其言“德”，以为仁义足于己，且不依持外物即可。这里的“足于己”是说道德主体应自觉地行仁义，而非外界强迫所致。从仁、义与道、德为伦理范畴上看，韩愈以为仁、义是具有确定内涵的概念，而道与德在不同的思想体系中有其不同的涵蕴。因此，依据“道”而观，即能分别出君子小人，按照“德”的践履进程和结果看，其间有吉凶的分别。不难看出，韩愈依然以传统儒学关于道、德、仁、义的涵义，来审视相应的概念，只不过他说得更为有条理了。

从伦理范畴的演进角度看，韩愈关于仁、义内涵依然沿着孔孟所确定的方向去理解。区别在于：孔孟所论的仁义侧重于道德主体的内在精神，而韩愈所言仁义则侧重于其外在效用，这与韩愈所注重的社会现实有关。

### 三、性情说

韩、李论性情时颇有不同，韩愈承董仲舒较多，而李翱受佛教影响较大。韩愈认为：

性也者，与生俱生也；情也者，接于物而生也。性之品有三，而其所以为性者五；情之品有三，而其所以为情者七。(《韩昌黎文集校注》卷一《原性》)

这里性由禀赋而生（与生俱生），情则不同，情是主体与外界应对时而产生的。即性与情有先天生成与后天应接之别。同时性情的内容也各有不同，情之三品依性之三品而成。

韩愈认为：

> 性之品有上中下三，上焉者，善焉而已矣；中焉者，可导而上下也；下焉者，恶焉而已矣。其所以为性者五：曰仁、曰礼、曰信、曰义、曰智。上焉者之于五也，主于一而行于四；中焉者之于五也，一不少有焉，则少反焉，其于四也混；下焉者之于五也，反于一而悖于四。性之于情视其品。情之品有上中下三，其所以为情者七：曰喜、曰怒、曰哀、曰惧、曰爱、曰恶、曰欲。上焉者之于七也，动而处其中；中焉者之于七也，有所甚，有所亡，然而求合其中者也；下焉者之于七也，亡与甚，直情而行者也。情之于性视其品。（同上）

这里的主旨是讲性为情之依据，情之所发，依性之品而定其优劣。性分上中下三品，秉承董仲舒之说。而其以仁、义、礼、智、信为性之根据、性之内容，其实是以性之外在表现作为性之本质，虽然在孔孟乃至董仲舒那里，仁为人之内在质地，但韩愈以"博爱"释仁，即已使仁的内涵由内在良知、爱心等的修持与呈现，转变为道德主体对外界的施爱过程。所以，韩愈论性注重人之所以为人的后天修养与德行，而并没有如董仲舒那样以"气"定性。至于论上、中、下三者与仁、义、礼、智、信的关系，则为其论性品的详说而已。不过，这里体现出韩愈性论中的一个矛盾，即：既以此五者为性的内容，则道德主体就应该早已有所涵蕴，因为性与生俱生。这样，又何以言性有三品之分，何言以下者"反于一而悖于四"，莫非仁、义、礼、智、信与人俱生时已有变异？此断不可能。因而，韩愈论情时，其上、中、下之分自然也就涵隐此种矛盾。

从另一角度看，韩愈以其性三品说批评孟子之性善说、荀子之性恶说和扬雄之性善恶混说，他认为：

> 夫始善而进恶，与始恶而进善，与始也混而今善恶，皆举其中而遗其上下者也，得其一而失其二者也。（同上）

这是批评孟、荀、扬三者均未全面论性，而只言性之中品。韩愈进而举例认为：

> 尧之朱，舜之均，文王之管蔡，习非不善也，而卒为奸；瞽叟之舜，鲧之禹，习非不恶也，而卒为圣；人之性善恶果混乎？故曰：三子之言性也，举其中而遗其上下者也，得其一而失其二者也。曰：

“然则性上下者，其终不可移乎？”曰：“上之性就学而愈明；下之性畏威而寡罪；是故上者可教，而下者可制也。其品则孔子谓不移也。”（同上）

朱、均与管蔡虽处圣人所造的氛围中（即习非不善），然终以奸亡，而舜、禹亦曾处恶之习境中，终而为圣。之所以如此，正在于教化之功。然而这里韩愈犯了一个逻辑错误，即以上善下恶为标准，规定朱、均与管蔡为恶，即性处下品，尧、舜、禹为圣为善，即上品，然此不移之性品既已不移，则其品中人无须考虑于何种情境中方可成其性品，即性品与习染之境无关。若此论成立，无疑是说圣人的道德教化（仁、义、礼、智、信）不具备教化功能，那么，韩愈于《原道》中所力辟的一切均无意义。此种错误是其未注重理论思维，而只重历史与现实效用的必然产物。也正是基于韩愈思想中的这种悖论，至宋明时，理学家在论性情、理气等思想时，才有比较一贯完整的体系，从而力图避免类似两难。

李翱的性情说，与韩愈不同。他认为：

人之所以为圣人者，性也；人之所以惑其性者，情也。喜怒哀惧爱恶欲七者，皆情之所为也。情既昏，性斯匿矣，非性之过也。（《李文公集》卷二《复性书》）

此中言性，即明性之地位：性是圣者之根本。性之效用无偏邪，偏邪之情惑性。然此性为何物？他说：

性者，天之命也，圣人得之而不惑者也。（同上）

性者，天之合也。（同上）

这里说性之质地，即合于天者，由天命之所受。此中之“天”无论以儒家或道家的一贯理解，都有自然意味。所以，李翱所说的性之质地，也涵蕴自然义。其引《中庸》第二十二章说：

能尽其性，则能尽人之性；能尽人之性，则能尽物之性；能尽物之性，则可以赞天地之化育；可以赞天地之化育，则可以与天地参矣。（同上）

《中庸》之语的主旨是，尽性者与天地相参，而助长万物生化。李翱引《中庸》之语，大概是要重申古老的人为万物之一种的“万物并育而不相害”义。然而，李翱所注重的，更在于此性与成圣及情的关系，并非如道家所倡导的性之自然。他认为：

> 百姓之性与圣人之性弗差也。虽然，情之所昏，交相攻伐，未始有穷，故虽终身而不睹其性焉。
>
> 百骸之中有心焉，与圣人无异也。嚣然不复其性惑矣哉道。其心弗可以庶几于圣人者，自弃其性者也。（同上卷四《学可进》）

这里所强调的圣凡之性无差等，异于前世及韩愈的性三品说，在李翱看来，圣凡之别是因情之昏昧而惑性。对道德主体而言，任情惑性即自弃其性，而圣人得性不惑。故说：

> 性与情不相无也。虽然，无性则情无所生矣，是情由性而生。情不自情，因性而情；性不自性，由情以明。性者，天之命也，圣人得之而不惑者也。情者，性之动也，百姓溺之而不能知其本者也。（同上卷二《复性书》上）

性情的关系从总体上说是“不可相无”。分而言之，则性是情之依据；情用以明其性。对道德主体修养而言，情之作用很大，若溺于情而不知复性，则为凡人，知性而不溺情则为圣人。溺于情而不拔，是凡人之为凡人的根本原因。李翱认为：

> 情者，妄也，邪也。（同上卷二《复性书》中）

情之内涵为“喜怒哀惧爱恶欲七者”，其质为妄与邪，此颇似佛家所说的“无明”。而妄邪之情作用于道德主体所呈现的状态，即为昏，所以说：

> 七者循环而交来，故性不能充也。
>
> 情之所昏，交相攻伐，未始有穷，故虽终身而不睹其性焉。（同上）

单纯的情用则昏，昏者，令人不识其性之本然。于性而言，则性匿于情中而不得显明。然则何以息情复性而至性之本然？李翱说：

> 弗思弗虑，情则不生；情既不生，乃为正思。正思者，无虑无思也。

心寂不动，邪思自息。惟性明照，邪何所生。（同上）

由此看来，李翱认为思虑是情之生发的源头，故要“正思”“心寂”。“正思”，则“心寂不动”，“心寂不动”，则性之本然朗现。由此，李翱以息情灭邪为复性之方，这并非由外在强制力量使然，而是道德主体自正其思的主观努力，这与佛教修行论有关联处。①

不过，从李翱性情说的逻辑结构看，有几点脱节处，其一，其言情由性而成，然情为邪妄，性为本善，则由本善之性何以成就邪妄之情，李翱未明二者转变的过程。其二，其言情以明性，则邪妄之情何以明本善之性，本善之性何以不能自在呈现，此亦未明。其三，其言昏昧之情交相伐攻，此为动态，而性之于情是动是静，性本身状态又如何，亦未明。如此，李翱与韩愈相似，他并没有一个完整的思想体系，其伦理思想之表述也只停留于感性与理性之间，并未上升至较完整的理性剖析。况且，韩、李之说，过于注重现实功用，这与其复兴儒学宗旨有关。也正是由于其说中留下许多空白与矛盾，方使宋明相类思想的兴盛成为可能。

## 四、修养说

韩愈在道德修养方面论说不多，而李翱在论性的思想中，谈到了道德修养。李翱论修养工夫，重在“诚”：

> 何谓“天命之谓性”？曰：“人生而静，天之性也。”性者，天之合也。
>
> “率性之谓道”何谓也？曰：“率，循也；循其源而反其性者，道也。”道也者，至诚也；至诚者，天之道也。诚者，定也，不动也。“修道之谓教”何谓也？曰：“诚之者，人之道也”，“诚之者，择善而固执者也”。修是道而归其本者，明也；教也者，则可以教天下矣。（同上）

这段所论，李翱借托《中庸》之句立论，亦承《中庸》之意而来，其

① 此类相关论述参见赖永海《佛学与儒学》，第85—91页，浙江人民出版社1992年版。

以“至诚”释“道”，是《中庸》本意，[①] 然其以“定”与“不动”释“诚”，则与《中庸》有所不同。此“诚”不仅含有真实无妄意，更已成为道德主体修养的目的与境界，故曰“诚之者，择善而固执者也”。此“固执”之意即道德主体正心诚意，也是道德主体无思无虑的斋戒过程。其文曰：

> 方静之时，知心无思者，是斋戒也。知本无有思，动静皆离，寂然不动，是至诚也。（同上）

此言诚之旨在“寂然不动”。即是说，道德主体所应求至之域乃为“寂然不动”之“至诚”。从另一面看，“至诚”是复性的结果，也即是其修养的结果。所以说：

> 是故诚者，圣人性之也。寂然不动，广大清明，照乎天地，感而遂通天下之故，行止语默无不处于极也。复其性者，贤人循之而不已者也，不已则能归其源矣。（同上）

由此可明：诚之“照乎天地”，感通天下，不再是与道德主体无关，而是主体体认后所成就的。而于复性者来看，此诚也是复性的根据。循之不断则归于性之本然，则道德主体达于至诚之境。

李翱以“诚”为修养依据，是就修养者主观努力的方向上说的，而论方法时，又以“致知在格物”[②] 为出发点，他说：

> 物者，万物也；格者，来也，至也。物至之时，其心昭昭然明辨焉，而不应于物者，是致知也，是知之至也。知至故意诚，意诚故心正，心正故身修，身修而家齐，家齐而国理，国理而天下平。此所以参天地者也。（同上）

这段所论，以昭昭之心明辨万物，而无累于物者，即为致知。李翱此意是注重道德主体心境，而非知性获取。故其下引述《大学》之意，以明道德主体修养与天下国家关系。而从社会伦理的教化及其体制来看，李翱则认为：

---

① 参见张岱年《中国哲学大纲》，第328—337页，中国社会科学出版社1982年版。

② 此语出自《大学》首章，李翱下文所阐发者亦借《大学》中“意诚而后心正，心正而后身修，身修而后家齐，家齐而后国治，国治而后天下平”之蕴含。

> 圣人知人之性皆善，可以循之不息而至于圣也，故制礼以节之，作乐以和之。安于和乐，乐之本也；动而中礼，礼之本也。……视听言行，循礼而动，所以教人忘嗜欲而归性命之道也。(同上)

此中所言，因人性皆善，故可教民以成其善。何以教？一为循诚而修养，一为礼乐教化。由此可见，李翱循思孟学派的理路立论，期望通过礼乐之教化而致政宁民安。这也表明，韩、李二人复兴儒学之旨归而为一。

# 第五章　宋明新儒学伦理思想的兴起与昌盛

宋明理学的兴起，是对隋唐以来佛、道兴盛的反思，也是对五代以来的道德沦丧、政治黑暗的反思。释老思想的成熟，为儒学的振兴提供了足够的精神资源。随着历史的发展，中国传统思想已达到足以消化佛学的程度。道教在建立之始，就没有反对过汉代确立的儒学的伦理观念，有着强烈关注政治、伦理的传统，常处于入世出世的矛盾之中。佛教因其出世主张，始终不能纳入中国伦理社会的主流中来。禅宗宣扬担水砍柴，无非妙道。宋儒则接着讲，忠君孝亲自然也是妙道，这就无需出家。中国文化中儒释道三教鼎立的形势形成于六朝，但整个来说，魏晋以至五代，儒学理论上的成就，实不足道。因此，宋王朝建立伊始，面临着经济、政治、思想的重建工作，理学也顺应这一历史潮流而诞生。理学的先驱人物范仲淹、欧阳修、石介、孙复、胡瑗诸人，他们共同开启了这一新风。

初期理学建立的代表人物是周敦颐、张载、程颢、程颐、邵雍、司马光诸人，尤以二程为正统。其实，这些人都是以后不同的思想发展的开创者。张载建立了气学派，以至以后的王廷相、王夫之继承了这一系统。程颢是否为心学的创始人，研究者有不同意见，但就其方法论主张而言，这一说法也不无根据。之后南宋的陆象山奠定了心学基础，至明代的王阳明及其后学而光大，这是心学派的基本走向。周敦颐、程颐、朱熹、吴澂等，为理学派，这是影响最大的一派，在历史上产生了深远影响。特别是朱熹，其思想代表了古典世界可能达到的水平。邵雍是象数派，后继者有南宋的刘敀等人，这一派与自然科学有较多的关系，惜乎影响不像前几人广泛，且他们同道教始终有剪不断理还乱的复杂关系。司马光则代表了理学观念影响下的史学传统。除理学之外，北宋王安石开创了“新学”，南宋时期的叶适、陈亮，有强调事功的主张，直至明清的实学思潮，如颜元、李塨等，代表了儒学内部关注社会民生的传统，作为对程朱一系的反对派。由此来看，宋明理学的确是丰富异常。

宋明以来儒家坚持对释老的批判态度，但改变了如韩愈人身迫害和政治镇压的主张，承认释老的理论亦有高妙处。宋明儒学的立场，在于通过吸收释老的心性论、本体论、方法论等的精神成果，在坚持道不离人伦日用，人伦日用即道的前提下，把儒学宣扬的纲常伦理加以哲学论证，使其成为普遍永恒的法则。同时宋明儒学还强调，在对纲常伦理的实践中，不仅可以实现人格的完美，价值理想升华，而且还可达到天下大治。这就使本自道家的内圣外王之道，通过一系列的转换工作，成为儒学的终极关怀的目标。因此，不论是心学还是理学，或气学，都以不同的方法来论证儒家伦理的合理性与可能性、必然性。尊德性与道问学之争，本质上是方法论的差异，而非根本思想上的对立。

如果说，不论先秦还是两汉以至隋唐，儒学在哲学上的成就从整体上不及道家道教，也不及东汉开始传入我国的佛教，我们必须承认这一事实，那么，儒学在伦理上的成就，则为其他各派所望尘莫及。可以这样说，对伦理道德理想的重视关心，是儒学一以贯之的传统。中国人的道德理想，主要是儒家建立的。而宋明理学的理论成就，更是其最高水平。由于充分吸收消化了佛道的精深思辨成果，宋明理学达到了空前的深度。其深度主要表现在道德的形上学（本体论）、心性学、道德修养论、伦理价值观和道德境界说诸多方面都得到了前所未有的发展，建立了较系统严密的伦理学思想体系，从而把儒家伦理学说，乃至整个中国古代伦理思想，推进到了发展的最高峰。

## 第一节　周敦颐的伦理思想

周敦颐（1017—1073），字茂叔，道州营道（今湖南道县）人。宋明理学的创立者之一，著名哲学家程颢、程颐兄弟少年时的老师。主要著作有《太极图说》与《通书》，其全部诗文及资料的合集为《周敦颐集》。

### 一、“诚”——最高的哲学范畴和最高的道德规范

周敦颐的哲学体系，最高的哲学范畴为诚，诚也是最高的道德规范。他认为，诚是《周易》的中心思想。

周敦颐指出，“诚者，圣人之本”（《通书·诚上第一》）。圣人的品格不是别的，就在于实有此诚，故说“圣，诚而已矣。诚，五常之本，百行

之源也”（《诚下第二》）。从宇宙论的角度看，天地万物，诚为本源，万物不是虚妄的存在，因诚而使其如此，从而具有自身独特的价值。他认为前者即《易》所谓“大哉乾元，万物资始”，后者则为“乾道变化，各正性命”的本义。周敦颐还认为，诚本身“至易而行难”（同上），达到此诚，即是孔子所谓“一日克己复礼，天下归仁焉”的意义。这个仁，即是宇宙的本原诚在人的反映。诚必须以仁者的社会实践活动来体现其永恒的价值。

周敦颐的哲学，兼含生成与本体两方面的意义。他在《太极图说》中所言“太极动而生阳”“静而生阴”的说法，显然是一种生成论的说明。但《通书》有所不同，既讲生成，又讲本体。周敦颐以为，真实无妄之诚，是对宇宙存在状态的最好概括。“五常百行，非诚，非也”（《诚下第二》），周敦颐认为，诚的本质为无为，就宇宙全体而言，万物万事所呈现的和谐，无不是此诚的作用，若以寂然不动与感而遂通看，皆是如此，但不能直言其为有为无，而只能说是亦有亦无，这就是“几”。

### 二、主静寡欲的修养方法和重师贵友的道德教化

周敦颐在道德修养学说上，主张主静寡欲说。周敦颐认为，二气五行生化万物，万物变化无穷，但“惟人也，得其秀而最灵”，故“圣人定之以中正仁义，而主静（自注：无欲故静）”（《太极图说》）。周敦颐的这套主张，追溯其思想渊源，与道家道教所论甚为一致。

周敦颐还把无欲故静的思想与学以致圣的思想结合在一起。他说：

> 圣可学乎？曰：可。曰：有要乎？曰：有。请闻焉。曰：一为要。一者无欲也，无欲则静虚、动直。静虚则明，明则通；动直则公，公则溥。明通公溥，庶矣乎！（《圣学第二十》）

圣可学致，是传统的观点，但对如何达到圣人目标，论述显然各不相同。周敦颐提供的方法，即是以无欲一以贯之。在他看来，如果能无欲，就能够“静虚动直”。静虚指心灵的清明，心灵清明即可无往不适。动直则指行为公正无私，行为公正无私即可普天下公平。这是内圣外王的思想，是由内圣决定着外王。

对于学以致圣，周敦颐强调的是智慧明觉和道德的完善。他认为，学

习不可无师，他对师教，非常重视。“天地间，至尊者道，至贵者德而已矣。至难得者人，人而至难得者，道德有于身而已矣。求人至难得者有于身，非师友，则不可得也已”（《师友上第二十四》）。“至难得者人”即“惟人得其秀而最灵”之意，但仅有一个不自觉的躯体，不足以表现人的价值，真正的人在于拥有道德，即人对于仁义礼智的自觉。师友的可贵在于：“人生而蒙，长无师友则愚，是道义由师友有之，而得贵且尊”（《师友下第二十五》）。周敦颐否认了生而知之的圣人存在，师友的可贵首先在于“人生而蒙”，若无师友的教诲切磋，就会愚昧无知，师友的作用，体现于引导受教者培养以仁义礼智为中心的道德的完善。所以说，“纯其心而已矣。仁、义、礼、智四者，动静、言貌、视听无违之谓纯”（《治第十二》）。教化的次序为先礼后乐。理由是，“礼，理也；乐，和也。阴阳理而后和，君君、臣臣、父父、子子、兄兄、弟弟、夫夫、妇妇，万物各得其理，然后和。故礼先而乐后”（《礼乐第十三》）。以礼为理的思想，后为程颐所继承。理在周敦颐这里有两义，一为条理，二为事物存在的依据。在他看来，礼的出现是本诸理而存在，有其必然性，万物各得其理，整个宇宙就会呈现出和谐的状态，圣人制礼的目的，就是为了达到天下和顺的局面，如果君臣父子各尽其责，那么，天下无有不治，则表达自己愉快满足的心情的乐，就应运而生。

周敦颐进而指出，师的作用在于启发人本来就具有的认识能力。他认为，“不思，则不能通微；不睿，则不能无不通。是则无不通，生于通微，通微，生于思。故思者，圣功之本，而吉凶之几也”（《思第九》）。寂然不动之心是认识活动的决定者，能通达于礼乐以及万物，是心体思的作用的表现，不经过深入的思考，不能认识到事物的本质，没有智慧，就不能使自己的行为合度。圣人之为圣，就在于思之致极。在常人来说，思有正邪之分，因此，思就成为吉凶祸福产生的关键。使思能处正位，必须以礼乐来节制自己，而不能情欲流荡。处于正位，就是中的要义。周敦颐说：“惟中也者，和也，中节也，天下之达道也，圣人之事也。故圣人立教，俾人自易其恶，自至其中而止矣。故先觉觉后觉，暗者求于明，而师道立矣。师道立，则善人多；善人多，则朝廷正，而天下治矣。”（《师第七》）所谓师就是先觉者，先觉之觉悟愚蒙，不过在于使人“自易其恶”，所易者就是思想的不正，如果能够达到仁义中正，师教的任务就完成了。这是说，达到仁义中正的人生目标，从外部环境看，师的作用仅在扶持引导。而关键还在于每一社会成员，自己奋斗不懈，克恶迁善。

周敦颐认为，学以致圣是士、贤、圣三者之间转辗相学而达到的。“圣希天，贤希圣，士希贤”（《志学第十》）。贤人向往着圣人的境界，努力向圣人靠拢，而士则以贤为楷模，这样，圣德在社会中得以传递。因此，每一个有自觉可能的众生，须“志伊尹之所志，学颜子之所学”（同上），像商的贤相伊尹一样，以自己的君长不为尧舜为耻，恐天下人不得其所，与颜子“三月不违仁”，“不迁怒，不贰过”同德，来实现自己的社会责任感和历史使命感。而改过迁善，其关键即在于寡欲养心，使心清明纯粹。周敦颐说：

> 孟子曰：“养心莫善于寡欲。其为人也寡欲，虽有不存焉者，寡矣；其为人也多欲，虽有存焉者，寡矣。”
>
> 予谓养心不止于寡焉而存耳，盖寡焉以至于无。无则诚立、明通。诚立，贤也；明通，圣也。是圣贤非性生，必养心而至之。善心之善有大焉如此，存乎其人而已。（《养心亭说》）

周敦颐对孟子的提法有所修正。他认为，寡欲不及无欲，只有无欲才可诚立明通。诚立明通大致相当于孟子的圣人“仁且智”的提法。周敦颐认为，圣贤的差别不在有无诚心，诚心乃性中本有，使诚心显现的则为贤，凡夫乃不能自觉，圣则无欲而使诚心皆现，具有最高的智慧。所以说，“圣贤非性生，必养心而至之”。所谓养心，表现为无欲，无欲则由寡欲达到，则寡欲的起点即在于思之偏正。保证思的纯洁，一是礼，一是乐。礼以检迹，乐以和心，前进不懈，臻乎至善。

在道德修养上，周敦颐十分强调人的自强不息的精神。他认为，“君子乾乾，不息于诚，然必息忿窒欲，迁善改过而后至。乾之用其善是，损益之大莫是过”（《乾损益动第三十一》）。达到诚的境界，就修养言，是从息忿窒欲、改过迁善做起，不论是日常的家庭生活，还是对社会人事的态度，皆是如此，朝夕不懈，以至于行为完全合乎礼义的要求。如果这样，就达到了诚。他以为，化成天下的根本就在于修身齐家，通过个人的诚心的修养，推广至家庭，以至社会。他认为，“治天下观于家，治家观身而已矣。身端，心诚之谓也。诚心，复其不善之动而已矣。不善之动，妄也；妄复，则无妄矣；无妄，则诚矣”（《家人·睽·复·无妄第三十二》）。因此，行为的合度，乃是心诚的表现，使心达到诚，并不是心外有诚，而是归复于原初的本善即为诚，诚是本心所有。本心能够自然发育流露出来，自可无往不适。周敦颐的思想是对《大学》与《中庸》的发挥。周敦颐还告诫世人，不可为文辞名利之学，获取名利乃是名胜，而道德的充实为实胜。不能像小人一样伪善，而是要“进德修业，孳孳不息”（《务实第十四》）。

周敦颐无欲主静的修养方法论的提出，虽与释老有关，但与释老的主张有相当的不同。在周敦颐思想中，欲是人心，诚为道心，他认为，通过对人心的生理欲望的克制，即能回复道心的纯洁，这种回复，是以儒学所坚持的个人对社会的责任感和使命感为基本的前提，故不需要栖息山林，而是在具体的人伦日用中，加以实现。虽然他的整个表述仅为纲领式的概括，但同释老相比，具有儒学传统的强烈价值取向。

### 三、孔颜乐处——道德的理想境界

周敦颐在中国伦理学说史上的一个重要贡献，是他提出的“寻孔颜乐处”的思想，并开启了一代新风。之后“孔颜乐处”成为整个宋明儒学的一大核心问题，影响巨大。

程颢曾说，“昔受学于周茂叔，每令寻仲尼、颜子乐处，所乐何事”。可见，孔颜乐处是周敦颐经常涉及的话题。

周敦颐非常推崇颜渊的品格，他在《通书》中数及之。《颜子第二十三》这样说：

> 颜子“一箪食，一瓢饮，在陋巷，人不堪其忧，而不改其乐”。夫富贵，人所爱也。颜子不爱不求，而乐乎贫者，独何心哉？天地间有至贵至爱可求，而异乎彼者，见其大、而忘其小焉尔。见其大则心泰，心泰则无不足。无不足则富贵贫贱处之一也。处之一则能化而齐。故颜子亚圣。

周敦颐认为，贫贱本身并无可乐，但颜子处于这种环境下，却能不改其乐，更体现了其乐的价值和可贵。富贵乃人所向往，为什么颜子对此不爱不求，原因是比富贵更可贵的在于人生真谛的觉悟，因为颜子觉悟了这个道理，故寿夭穷达就不会干扰自己的心灵，浑然不觉富贵贫贱的存在。周敦颐以为，由于具有高度的觉悟，故能在生活中不论环境如何，均能心安理得，没有任何事物动摇其平静的心灵。颜渊既已达到了如此高的修养境地，故可称为亚圣。周敦颐认为，是由于颜子的品格，同孔子只有一息之间的差距，故称之为亚圣。也由于颜子的存在，才使孔子的盛德为世人了解。所谓“圣人之蕴，微颜子殆不可见。发圣人之蕴，教万世无穷者，颜子也”（《圣蕴第二十九》）。

周敦颐对孔子的德行，有这样的赞叹，“道德高厚，教化无穷，实与天地参而四时同，其惟孔子乎”（《孔子下第三十九》）。这即是说，仁义中正的圣人之道，在孔子身上体现得最为完善充分。“天道行而万物顺，圣德修而万民化。大顺大化，不见其迹，莫知其然之谓神。故天下之众，本在一人。”（《顺化第十一》）“本在一人”的说法反映了周敦颐强烈的以儒学的价值追求治理天下的道统意识，化成天下不是成佛与成仙，而是能像儒学所向往的，使天下人无一不得其所。

窒欲息忿虽指明了成贤成圣、孔颜乐处道德修养的基本方向，但周敦颐意识到，这是一个理想目标，实现起来有相当的难度。从相反的意义上说，正因为其难，才显示了圣人的伟大精神。因此，儒学揭示的这种道德楷模与人格理想，如果在现实生活中找不到这样的范例，就会落空。北宋诸儒之所以吸引后人之处，不仅在于从理论思想的角度深刻揭示了其价值，同时，也以人的高尚情操为后学所向往。我们说，唐代的韩愈、李翱不仅在思想上达不到这样的水平，而且在个人生活上也远不及周敦颐等儒者，正在于此。周敦颐个人修养所表现出的强烈人格感染力，却为后世儒者与同代人所推崇。程颢言，“自再见周茂叔后，吟风弄月以归，有吾与点也之意”。黄庭坚称赞他“胸怀洒落，如光风霁月”。他的传诵千古的名文《爱莲说》，则体现了他的这一精神。

## 第二节　张载的伦理思想

张载（1020—1077），字子厚，凤翔县（今陕西眉县）横渠镇人。学者惯称之为横渠先生，宋明理学的奠基人之一。主要著作为《正蒙》《经学理窟》《易说》等。其著作今集为《张载集》。

## 一、破斥释老，建立儒学伦理的气本论哲学基础

张载的哲学思想，是直接针对佛、道的虚诞而建立的。他对佛、道的批评，表现在本体论上的气本论主张和伦理价值观上的对儒学纲常伦理的坚持两方面。

张载是宋明理学的气学派的代表。其气论主张，从内容上看，多继承了前代的思想，尤其是唐代的道教理论成就。同时，他又对佛、道两教提出了猛烈的批评。张载说：

> 知虚空即气，则有无、隐显、神化、性命通一无二，顾聚散、出入、形不形，能推本所从来，则深于《易》者也。若谓虚能生气，则虚无穷，气有限，体用殊绝，入老氏“有生于无”自然之论，不识所谓有无混一之常；若谓万象为太虚中所见之物，则物与虚不相资，形自形，性自性，形性、天人不相待而有，陷于浮屠以山河大地为见病之说。此道不明，正由懵者略知体虚空为性，不知本天道为用，反以人见之小因缘天地。明有不尽，则诬世界乾坤为幻化。幽明不能举其要，遂躐等妄意而然。不悟一阴一阳范围天地、通乎昼夜、三极大中之矩，遂使儒、佛、老、庄混然一途。语天道性命者，不罔于恍惚梦幻，则定以“有生于无”为穷高极微之论。入德之途，不知择术而求，多见其蔽于诐而陷于淫矣。(《正蒙·太和篇第一》)

张载认为，老子的“有生于无”的错误在于使体用割裂。这里的“老氏”，恐怕多半是指道教。张载认为，如果无形质的虚能生成有形质的具体事物，那么，体用二者是不统一的，就不能明白“有无混一之常”。对佛学的性空幻有说，张载以为其错误是认为事物与事物各自独立自存，进而认为山河大地为虚幻不实的存在。在张载看来，“有无混一之常”才是唯一正确的见解。因为虚空不过是气的特殊存在形态，明确了这一点，事物之隐显、动静、有无等具体的表现，皆是一而非二，两者不可分。这些内容，即所谓“有无混一之常”，这即是“体虚空为性”须建立在“本天道为用”上。这就是说，认识者不能因自己认识的错误，从万物变迁不息而得出山河大地虚假不实的结论。其实，阴阳之气无处不在，变化正是天道的本质。

朱熹对此评论云，横渠“本要说形而上，反成形而下，最是于此处不分明”。其理由是，“纵指理为虚，亦如何夹气作一处”（《张子语录·后录下》）。张载以为理在气中，气外无理，事物之存在及状态，正是以气为依据。而朱熹强调理在气先，理为逻辑的在先，且理气不离，但以理为绝对的超越者。因此，朱熹突出形上形下之别，而张载则着眼于统一。

张载上述对气论的说明，不够细致清晰，不过，他在其他方面的论述，可以对此作一补充。“气之聚散于太虚，犹冰凝释于水，知太虚即气，则无无。”（《正蒙·太和篇第一》）张载的学说是对先秦以来元气自然论的继承和发挥。“一物两体，气也；一故神（原注：两在故不测），两故化（原注：推行于一），此天之所以参也。”（同上）他对释老的批判，正是建立在元气本体的哲学思考之上。他的伦理学说，也正以此为基点展开。

张载不仅在本体论上批判了释老的主张，而且从社会政治价值观上对其进行了抨击，从而发挥儒学的政治伦理思想，寄托了他对社会问题的高度关注。

张载对释老的虚无主义人生观，有如是的评论：“释氏语实际，乃知道者所谓诚也，天德也。其语到实际，则以人生为幻妄，以有为为疣赘，以世界为阴浊，遂厌而不有，遗而弗存。就使得之，乃诚而恶明者也。”（《易说·系辞上》）他认为，儒学的精神与之不同（“儒者则因明致诚，因诚致明，故天人合一，致学而可以成圣，得天而未始遗人，《易》所谓不遗、不流、不过者也。故语虽似是，观其发本要归，与吾儒二本殊归”）（同上）。张载指出，佛学所说的实际，即是儒学所说之诚。但佛学对实际的认识，则流于以人生为虚幻的消极道路，结果导致妄图离开现实，达到解脱。儒学不同，是以个体认识的明觉来达到诚的天德，是以天道之诚来发挥本心的价值，因此能够天人合一，学以致圣。天人合一，则天与人不遗，学以致圣，故积极奋发。因此，释老对实际，“徒能语之而已，未始心解也”（《正蒙·乾称篇第十七》）。

张载立论的依据是《易》与《周礼》。对于前者来说，是他建立气本论的经典依据，而《周礼》则是通过对古典资源的发掘，为现实生活找到治理社会的政治伦理思想和经济方略。他说：“《大易》不言有无，言有无，诸子之陋也。”（《正蒙·大易篇第十四》）张载看到了《易传》不言有无的特点，却以为言有无是诸子见道不明。在张载看来，圣人并不讲有无问题而是讨论天人合一的问题，圣人之所以异于佛学的离弃人世的遁世立场，在于圣人感而通物。“有两则须有感，然天之感有何思虑？莫非自然。圣人则能用感，何谓用感？凡教化设施，皆是用感也，作于此化于彼者，皆感之道，圣人以神道设教是也。”（《横渠易说·上经·观》）圣人制作礼乐来教化万民，这是圣人感天之应得其诚明的具体表现，也就是说，圣人不仅有完美的人格，而且使天下人享受到现实生活的幸福。释老的遁迹修行，显然背离了这一根本原则。因此，圣人成性必以礼来达人。张载指出：

圣人亦必知礼成性，然后道义从此出，譬之天地设位则造化行乎其中。知则务崇，礼则惟欲乎卑，成性须是知礼，存存则是长存。知礼亦如天地设位。(《横渠易说·系辞上》)

盖圣人“见天下之动，而观其会通”，故能法天效地，因地制宜。张载强调指出，制礼须时中，因为“言不足以尽天下之事，守礼亦未为失”，只是“行其礼而不达会通者，则有非时中者矣”（同上)。这是既有原则的坚定性，又有策略的灵活性。张载通过对历史发展的过程加以总结指出：“鸿荒之世，食足而用未备，尧舜而下，通其变而教之也。神而化之，使民不知所以然，运之无形以通其变，不顿革之，欲民宜之也。大抵立法须是过人者乃能之，若常人安能立法。”（同上）张载把制作礼乐称为“立法”，认为这是常人所不能为，圣人之立法，源于生活中的“用不备”，这种解释有其合理性。他认为，“礼成教备，养道足，而后刑可行，政可明，明而不疑”（《易说·系辞下》)，天下同心、万民安乐的理想境界即可实现。

在北宋诸儒中，张载是对《周礼》尤为用功的思想家。他认为周代的根本精神不过“均平”二字，他试图恢复井田制，以解决当时的民生问题，这不免流于幻想，而失“时中”之义了。张载指出：“礼所以持性，盖本出于性，持性，反本也。凡未成性，须礼以持之，能守礼已不畔道矣。”又说：“礼非止著见于外，亦有无体之礼。盖礼之原在心，礼者圣人之成法也，除了礼天下更无道矣。”但张载天真地以为，“欲养民当自井田始，治民则教化刑罚俱不出于礼外”（《经学理窟·礼乐》)。

把礼推至性的高度，显然是一不可证伪的形上命题，在张载看来，这却是天经地义的。他认为，通过对礼的持守，即可达到性。张载认为，礼有两方面的表现，一是视听言动的具体行为规范，一是以心为判断基础的“无体之礼”。这即是说，由于具体环境的制约，有时不能按正常的方式行礼，但只要有此行礼之心，亦不失礼的要求，这就是时中的体现。张载还指出，“学者行礼时，人不过以为迂。彼以为迂，在我乃是径捷，此则从吾所好。文则要密察，心则要洪放，如天地自然，从容中礼者盛德之至也”（同上）。从张载所论可以看出，以《周礼》体现的儒学伦理道德观念，在当时社会已式微甚久，以守礼为迂阔殆为共有的认识，复兴儒学对当时的儒家思想家，是一艰巨的任务。张载认为，因礼本原于心，故行礼乃成道的捷径。如果能从有意持守，达到如同天地交化般自然，从容中节，那就是盛德之至了。由此，也反映了儒、佛、道之间的根本不同点。

综上所述，可知张载的元气论体系为其伦理思想的形上学基础，重视礼乐教化，则是反映了他的内圣外王之道的根本内容的。外王就是以礼治天下，内圣即是他的心性论。下面我们就来讨论他的内圣问题。

### 二、心统性情的道德学说

心性论学说，佛、道较儒学成熟要早数百年，在隋唐以来佛、道两教心性学说的影响下，张载通过发掘先秦儒学经典中的精神资源，为儒学的发展作出了划时代的贡献。心性学说的提出，为儒学的人性学说及成圣的理想目标，提供了形上的基础。

人有凡、圣之别，圣人是理想人格的代表。圣人问题的讨论一向为儒家所重视。若要达到人皆可成圣的目标，就必须回答圣人与普通人何以不同的问题，解决社会生活中圣贤、凡夫差别的难题。在魏晋玄学与早期的道教理论中，有圣不可学致的观点，佛学中也有善根断尽的人不能成佛的说法。但是，从东晋以后，这种观点逐渐式微了。成圣成为每一个人的最终目标，认为每人本质上都有成圣的可能，而现实中往往又缺乏圣者的存在，那么，这种两难困境的根源又何在呢？张载提出了天地之性与气质之性的主张，以弥补本体与心性关系学说上的儒学历史中的缺陷。

依张载看来，每一事物的存在，既有同一性，又有差别性，是同一性与差别性的统一。而每一事物本然具备天地之性与气质之性，这是共同的。天地之性即为事物何以存在的根据，气质之性决定了每一事物与他事物相区分的特殊性。从本体论的角度看，这种说法似较为圆满地回答了世界的统一性与差别性问题。

我们知道，张载曾经说过，“太和所谓道，中涵浮沉、升降、动静、相感之性，是生絪缊、相荡、胜负、屈伸之始”（《正蒙·太和篇第一》）。张载又说：“天地之气，虽聚散、攻取百途，然其为理也顺而不妄。气之为物，散入无形，适得吾体；聚为有象，不失吾常。太虚不能无气，气不能不聚而为万物，万物不能不散而为太虚。循是出入，是皆不得已而然也。”（同上）张载的道指太和，太和是指整个宇宙的和谐有序，它本身具有浮沉、升降、动静、相感诸属性，因而能够表现出各种变化形式。在唐代道士成玄英那里，已认识到元气不变，道与元气不可分割的思想，但他又有道生元气的说法，张载较之前进了一步。张载从元气本体论出发，改造道教思想的缺陷，这就排除了道生元气的生成论因素。在张载看来，天地之气虽然运动变化极为复杂，但其表现并非杂乱无章，而是有规律性和确定性的，是顺而不妄的。元气凝聚为万物，万物又转化为元气，正是其必然性的体现。

对于人的心与性的问题，张载指出：“由太虚，有天之名；由气化，有道之名；合虚与气，有性之名；合性与知觉，有心之名。”（同上）意思是，太虚之气即为天，元气的运动变化即是道，太虚无形之气与具体有形之气统一在一起即产生出性。心是指性与知觉的统一。这样，张载明确地解决了物质存在形式与精神活动既统一又不同的关系。

上述的说法，张载明确概括为天地之性与气质之性。张载指出：“形而后有气质之性，善反之则天地之性存焉。故气质之性，君子有弗性者焉。”（《正蒙·诚明篇第六》）天地之性是纯善的，形而后有的气质之性是有善有恶的。善返于天地之性的纯善，是为圣人，而君子则因有气质之性未至纯善而称君子。天地之性与气质之性为儒学克己复礼的道德修养学说提供了理论依据，这种理论为后天善恶对立的现实存在，确定了形上学的根源。这也说明，现实的人之善恶，有其历史的必然性，“善返”则从人心的觉悟得到证明。与张载同时稍早的道教理论家张伯端，在《玉清金笥青华秘文金宝内炼丹诀》中指出，“夫神者，有元神焉，有欲神焉。元神者，乃先天以来一点灵光也。欲神者，气质之性也。形而后有气质之性，善反之，则天地之性存焉。自为气质之性所蔽之后，如云掩日，气质之性虽定，先天之性则无有”。令人惊讶的是，张载与张伯端二人所论如出一辙。张伯端长张载38岁，而晚卒五年，两人之间是谁影响谁，实难确定。近来有学者注意到此，并认为张载及宋儒天地之性、气质之性说来自道教，这不失为极富启发性的见解。由于提供了天道人心统一的理论模式，善返天地之性就有了可能，为此张载有心统性情的主张。

朱熹称赞“性、情、心惟孟子、横渠说得好”（《张子语录·后录下》）。好在何处？在朱熹看来，“心统性情”说明“性情皆因心而后见，心是体，发于外谓之用”（同上）。天地之性与气质之性落实于心体，决定了每一个体的普遍性与特殊性，而这两者又统一于心。张载指出：“心所以万殊者，感外物为不一也，天大无外，其为感者絪缊二端而已焉。物之所以相感者，利用出入，莫知其乡，一万物之妙者与。”（《正蒙·太和篇第一》）心之万殊指对外界各种不同对象的容摄，因客观事物纷纭复杂，故所感不同。而“一万物之妙者”则为心从万殊的现象中又可以把握其一贯之理。认识这种统一性就是从事物运动变化的现象，来达到对其存在的规律性、统一性的深刻了悟，即对道的觉解，心的根本妙用即指此。因此张载认为：“徇物丧心，人化物而灭天理者乎！存神过化，忘物累而顺性命者乎！”（《正蒙·神化篇第四》）心不能为外物所诱，如果“人化物”就丧失了天理。相反，保持自己的天赋本能，超越了事物的制约，那么就会浑然不觉有何外物可限制自我的行为，也就实现了个体的存在意义。

“心能尽性”（《正蒙·诚明篇第六》）肯定了主体自觉在心的明觉，自觉的内容和价值是“尽性”，所谓与天地合。张载区分了普通的认识和道德培养的不同。他称之为见闻之知与德性所知。

> 大其心则能体天下之物，物有未体，则心为有外。世人之心，止于闻见之狭。圣人尽性，不以见闻梏其心，其视天下无一物非我，孟子谓尽心则知性知天以此。天大无外，故有外之心不足以合天心。见闻之知，乃物交而知，非德性所知；德性所知，不萌于见闻。（正蒙·大心篇第七）

心有内外是心未尽体物的产物，若心体物不遗，则“天下无一物非我”。无一物非我是大心的表现，其大以至尽性知天知命的程度，才会有这样的结果。世人误以为现象界的知识为至极，故桎梏了其清明的心灵。

而为闻见所制约的心灵却是有外之心，这就不能与天地合德。见闻之知指感性知识，德性所知乃是不依赖于感性知识的本然天理。由此可见，他的见闻之知与德性之知的提出，也是与他的天地之性与气质之性的区分学说分不开的。所谓德性之知，则是尽天地之性而已。

从儒学的传统来看，关心人与人的关系远超过对人与自然关系的重视，人与自然的关系被置于很淡漠的位置，因此，不论张载的见闻之知还是德性所知，主要的内容依然在于儒学的社会道德价值学说，而非对自然的探求。他希望通过对心灵的养育发掘，来达到破除生理欲望的干扰，实现与天地同流的目的。他说："成心忘然后可与进于道（原注：成心者，私意也）。"又说："无成心者，时中而已矣。"（《正蒙·大心篇第七》）张载认为，德性所知之所以不蔽于见闻，在于见闻之知还是有意所为的结果，如果能够忘掉这种私意，就会无时不中。他指出："正已而正物，犹不免有意之累也。有意为善，利之也，假之也；无意为善，性之也，由之也。"（《正蒙·中正篇第八》）只有"由之"，即行为完全是心灵自由的流露，方乃无假。所以说，"感而通，诚也；计度而知，昏也；不思而得，素也"（同上）。可见，德性所知就是要自然感通，计度而知则为闻见之狭，不思而得实乃心本具天地之性。

依照"心统性情"的原则看，之所以不以见闻之知等同于德性所知，是因为见闻之知乃心之用，是情是意，而"性何尝有意"？因此，须"无常心，无所倚也，倚者，有所偏而系着处也，率性之谓道则无意也"（《张子语录·语录中》）。这样，心统性情即与气质之性与天地之性的善恶本原沟通，并以破除小我的私意，来克制气质之性于己的不足，如此，则所穷之理，所尽之性，与以至之命，就是以心统性情所依据的先天价值本原与方法为根本内容。张载批评释氏不知穷理，盖因释氏之理本非为儒学的纲常伦理，而他的所谓"万物皆有理，若不知穷理，如梦过一生"（同上）的万物之理，不过主要还是以儒学为代表的社会伦理关怀而已。

## 三、变化气质的道德修养方法

人因气质之性而有局限，为此就得超越气质之性的局限，其关键在于使气质之性趋于纯粹。

张载认为，"为学大益，在自能求变化气质，不尔皆为人之弊，卒无所发明，不得见圣人之奥。故学者先须变化气质，变化气质与虚心相表里”(《经学理窟・义理》)。虚心即所谓大心，使心灵无不容纳，至清至明。变化气质有使人性情中和、风度气象超然的含义，同认识心的明觉和道德意识的纯粹，当然是互为表里了。这两者，张载又称为合内外之道。

> 修持之道，既须虚心，又须得礼，内外发明，此合内外之道也。当是畏圣人之言，考前言往行以畜其德，度义择善而行之。致文于事业而能尽义者，只是要学，晓夕参详比较，所以尽义。惟博学然后有可得以参较琢磨，学博则转密察，钻之弥笃，于实处转为笃实，转诚转信。故只是要博学，学愈博则义愈精微。舜好问，好察迩言，皆所以尽精微也。(《经学理窟・气质》)

学以致圣离不开对礼的修持，礼作为外在的行为准则，来检束自己，从而使行为的合度变为自觉的流露。这就是由博学到笃实的学习道路。博学的目的是为了处理繁纷的社会事务，如果学之不博，于礼不明，就不能仁民而化物。学礼当以尽义为极，如此学愈博而义愈精微。

张载指出，穷理尽性以至于命，表明了修学的阶段性，变化气质也以此为基本的内容。他认为，“天道即性也，故思知人者不可不知天，能知天斯能知人矣。知天知人，与穷理尽性以至于命同意”(《横渠易说・说卦》)。他指出儒释之别在于，“释氏元无用，故不取理。彼以有为无，吾儒以参为性，故先穷理而后尽性”(同上)。这即是说，一天人合内外之道，本由其贯通无二。因此说，变化气质就在于通过体察其奥义，来达到人性的完善。[“居仁由义，自然心和而体正。更要约时，但拂去旧日所为，使动作皆中礼，则气质自然全好。”“大抵有诸中者必形诸外，故君子心和则气和，心正则气正。”(《经学理窟・气质》)] 变化气质指明了两方面的要求：一是行礼而保障自身的行为适宜，这是外在的尺度；二是本心的纯和而形之于外，则礼由心生，由此气质自然全好。前者感物有之，乃性情之用，后者则是心地本具天地的至正。张载认为，“天之生物便有尊卑大小之象，人顺之而已，此所以为礼也”(《经学理窟・礼乐》)，而“礼本天之自然”(同上)。礼本自天然，是取法天象的自然存在，这就给社会人为的礼乐，披上了自然的外衣。他认为，返本至善就在于体现了这种自然。这也即下学上达。

张载指出："克己，下学上达交相养也，下学则必达，达则必上，盖不行则终何以成德？明则诚矣，诚则明矣，克己要当以理义战退私己，盖理乃天德，克己者必有刚强壮健之德乃胜己。"（《横渠易说·下经·大壮》）。礼作为克己的外在方法，转化为心体纯熟的自然流露，这是理义战胜私己的表现，战胜了小我，自会与天地同德。但战胜自己除了修学之外，别无他途。在修学的过程中，张载特别强调刚强健壮之德。"有志于学者，都更不论气之美恶，只看志如何"（《张子语录·语录中》），他要求"上达则乐天，乐天则不怨；下学则治己，治己则无尤"（《正蒙·至当篇第九》）。他鼓励世人奋勇勤学，不中途废止。

宋儒的道德修养学说以及所依据的形上理论，决定了自律原则与他律的协调统一，不过，本质上还是一个自律的体系。他律——以礼为内容的外在行为规范，终究要以个体的自觉程度来表现其适当的范围，并加以取舍，在更高的意义上，把他律换位为自律的良知，由此鉴别超越的程度。

### 四、"民胞物与"的人格理想

民胞物与是天人合一理想的具体说明，张载的这一道德理想，不仅包括个体的自我价值，又有对社会存在的深切关注。

张载对圣人的论述，有两方面的内容：一是正面的说明，一是对先圣的评论。颜子、孟子虽同为亚圣，但具有不同的风采，在张载看来，他们都代表了圣人的一个特性，而且又有各自的不足。这对我们了解他理想中的人格，具有启发性。

对于颜、孟有无优劣，张载这样说："颜子用舍与圣人同，孟子辩伯夷、伊尹而愿学孔子，较其趋固无异矣。考孟子之言，其出处固已立于无过之地。颜子于仁三月不违，于过不贰，如有望而未至者，由不幸短命故欤！"（《张子语录·语录上》）这是说，颜、孟同学为圣人，可惜的是由于颜子短命早死，没有成为完人。颜子三月不违仁，不贰过，尚有出入，其根源在于"颜子未至于圣人处，犹是心粗"（《经学理窟·义理》）。可见，心之粗细，是检验圣人与否的唯一标准。他认为孟子的言行是一致的，而且达到了没有过失的程度。

张载还认为，颜、孟之别，还有潜见的不同。"颜渊从师，进德于孔子之门；孟子命世，修业于战国之际，此所以潜见不同。"（《正蒙·三十篇第十一》)。时代环境的不同，决定了颜、孟不同的历史使命。孟子拒杨墨、辟邪说，不得不然，故处于显现的特征。而颜渊只是从师进德于孔子之门，这即是潜见之不同。

与圣人的讨论相联系，在北宋诸儒中，张载更为明确自觉地提出了儒学向往的人格理论。他在《正蒙·乾称篇第十七》中提出的民胞物与思想得到了同时代人及后人的高度称赞。程颢曾云："《西铭》(即《乾称篇》首段)颢得此意，只是须得他子厚有如此笔力，他人无缘做得。孟子已后未有人及此文字，省多少言语。且教他人读书，要之仁孝之理备于此，须臾而不于此，则便不仁不孝也。"(《张子语录·后录上》)

为什么说《乾称》道尽仁孝之理，这是一值得考察的问题。我们看一下张载的说法：

> 乾称父，坤称母；子兹藐焉，乃混然中处。故天地之塞，吾其体；天地之帅，吾其性。民吾同胞，物吾与也。大君者，吾父母宗子；其大臣，宗子之家相也。尊高年，所以长其长；慈孤弱，所以幼吾幼。圣其合德，贤其秀也。凡天下疲癃残疾、惸独鳏寡，皆吾兄弟之颠连而无告者也。于时保之，子之翼之；乐且不忧，纯乎孝者也。违曰悖德，害仁曰贼；济恶者不才，其践形，唯肖者也。知化则善述其事，穷神则善继其志。不愧屋漏为无忝，存心养性为匪懈。恶旨酒，崇伯子之顾养；育英才，颍封人之锡类。不弛劳而底豫，舜其功也；无所逃而待烹，申生其恭也。体其受而归全者，参乎！勇于从而顺令者，伯奇也。富贵福泽，将厚吾之生也；贫贱忧戚，庸玉女于成也。存，吾顺事；没，吾宁也。

张载指出，天地是人类的父母，人类生存于天地之间，天地赋予了我的形体相貌与本性，人民是我的同胞，万物乃是我的伴侣，君、臣、民之间的关系是家长、管家、兄弟的关系。因此，尊重长者，慈爱幼小，抚恤生活中不幸的人们，是亲情的真正体现。那么，就应该时刻保持这种与生俱来的人性，落实于行动中，安时顺命。如果违背了这一原则，即是不肖。努力尽到自己的职责，一切艰难困苦，富贵安乐，就会从容应付，无所愧心。历史上的贤人崇伯子等人，正是在不同的方面反映了这种天地之性，而成为圣人，就在于在生活中发扬人本有的自然禀赋，不是外在于我的存在。

这是儒学真切的人道主义。只是这种以血缘亲情来类比人类的社会关系，把复杂的社会生活归于道德的修养，来达到有似幸福家庭的融洽和谐，无疑是思想家的一厢情愿，过于理想化、简单化。但也不容否认，它否定了视人为工具的非人性观念，重视了人的存在。张载更多地表达了自己的人生理想，他曾有“为天地立心，为生民立命，为往圣继绝学，为万世开太平”（《张子语录·语录中》）的气魄和胸怀。张载的人格理想，勿庸置疑是十分高尚的，是人类的完美理想，但只是以宗族亲情的思想来实现，则是不可能的，也就只能是一种理想而已。

张载的伦理学说具有较为丰富的内容，他较多地论述了道德主体、道德意识、道德实践、理想人格的多方面内容及相互关系，在许多内容上，他较二程为早确定自己的理论系统，对宋明理学的伦理学起到了重要的影响。

## 第三节　王安石的新学伦理思想

王安石（1021—1086），字介甫。抚州临川（今属江西）人。他是北宋时期一位著名的社会改革家。其著作集有《临川先生文集》和《王文公文集》。

作为宋代伟大的政治家和文学家，王安石早已为人所知，但对其哲学思想和伦理思想的研究，还显得非常不够，有待我们作深入的研究。王安石的思想呈现出调和儒道的特点。在道德伦理学说方面，具有较明显的儒学传统，而在基本哲学观方面，受道家道教的影响较深。他在人性论上，吸收了告子的一些思想，而在道德修养理伦上，对礼乐的教化作用，又予以了高度的肯定。

### 一、新学的哲学基础

王安石认为：“道有体有用。体者，元气之不动。用者，冲气运行于天地之间。其冲气至虚而一，在天则为天五，在地则为地六。盖冲气为元气之所生，既至虚而一则或如不盈。”（见容肇祖《王安石老子注辑本》，以下凡引此书不再出注）意思是，道包括体用两方面，道之体是寂然不动的元气，而元气变化流布于天地之间为冲气，即是道的功用的表现。万物统一于至虚的元气。但冲气则在天有五（天五指土）在地有六（地六指水）的结果。相对于元气而言，冲气是由元气生成出来的，但又因其都是一气所化，本质又是同一的。王安石对道作了唯物论的解释。这是他对道的总的理解。

王安石同时认为，“道有本有末。本者，万物之所以生也。末者，万物之所以成也。本者，出之自然，故不假乎人之力而万物以生也。末者，涉乎形器，故待人力而后万物以成也”（释“三十辐，共一毂”）。道与万物的存在是自然的，非关人力安排，不是造物主意志的产物。道是事物存在的依据，所以是本，万物是由道而有的具体存在，所以是末。对于本而言，其为自然的客观的存在，不是人力安排的。对于末而言，形器等具体事物，又离不开人力的努力。王安石在强调天道自然的同时，又肯定了人为的积极意义。

王安石通过名实与有无的关系，进一步阐发了他的哲学观。他指出，道是一恒常的存在，对道体是不可言说描述的，所言说者是其末，是其迹，只有通过形器来把握道体，而形器又是可区别判断的，这就是有名与无名、常道与非常道的关系。他说：“常者，庄子谓无古无今，无终无始也。道本不可道，若其可道，则是其迹也。有其迹，则非吾之常道也。”（释“道可道，非常道。名可名，非常名”）王安石有这样的推论：

无，所以名天地之始；有，所以名其终，故曰万物之母。

无者，形之上者也。自太初至于太始，自太始至于太极。太始生天地，此名天地之始。有，形之下者也。有天地然后生万物，此名万物之母，母者，生之谓也。无名者，太始也，故为天地之父。有名者，太极也，故为万物之母。天地，万物之合。万物，天地之离。于父言天地，则万物可知矣。于母言万物，则天地亦可知矣。（释“无名天地之始，有名万物之母”）

道，无体也，无方也，以冲和之气鼓动于天地之间，而生养万物，如橐籥虚而不屈，动而愈出。（释“天地之间，其犹橐籥乎”）

王安石把生成论与本体论不同的问题结合起来考虑，不够严谨。生成问题，是宇宙论所讨论的内容，而迹与所以迹，体与用是本体论问题。以宇宙生成论论证道为本体，这是六朝以来道教的传统，似乎与王安石良好的佛学修养不相称。

把无称为形之上者，把有称为形之下者，同把无称作天地之始的名称，有作为天地之终的名称，存在着逻辑的跳跃。如果以不动之元气为本体道，冲气流行为道之用，则无也是有，是一特殊的有，则此为本体的元气有什么内容，又缺乏具体的规定，在认识上来说也有不明晰之处。如果以元气为道之体，冲气为道之用，则此道之本即所以生，此道之用为所以成，又具有了本然之理与当然之则的关系。即是说，如果承认道为元气未分的本然状态，是形之上者，是无名，那么，就可得出结论，道即元气，元气即道，元气具有动静之理，是有所以生与所以成的功用，这所以生所以成的过程所呈现的秩序，就是规律性必然性的意义。总之王安石哲学有许多矛盾的地方。但总的来说，王安石的哲学思想是气一元论。他的哲学主张，与张载有近似之处。而王安石本人与同时代的著名道教学者陈景元交往颇深，或有得于陈氏之启发。

王安石进一步指出："道则自本自根，未有天地，自古以固存，无所法也。无法者，自然而已，故曰'道法自然'。此章言混成之道，先天地生，其体则卓然独立，其用则周流六虚，不可称道，强以大名。虽二仪之高厚，王者之至尊，咸法于道。夫道者，自本自根，无所因而自然也。"（释"道法自然"）自然并非凌驾于道之上的存在，道法自然，是指道的本性即是自然，自然是道的本质属性。因为，"盖自然者，犹免乎有因有缘矣。非因非缘，亦非自然"（同上）。自然既不能说它有条件性，也不能说它没有条件性，而是其内在的矛盾统一，构成其存在的价值。王安石强调了道的绝对意义，认为一切事物及存在过程，都是其必然性的体现。

王安石认为，"道，一也，而为说有二。所谓二者何也？有、无是也。无则道之本，而所谓妙者也。有则道之末，所谓徼者也。故道之本，出于冲虚杳渺之际；而其末也，散于形名度数之间。是二者其为道一也。而世之蔽者常以为异，何也？盖冲虚杳渺者，常存于无；而言形名度数者，常存乎有。有无不能以并存，此所以蔽而不能自全也。夫无者，名天地之始，而有者，名万物之母，此为名则异，而未尝不相为用也。盖有无者，若东西之相反而不可以相无。故非有则无以见无，而无无则无以出有。有无之变，更出迭入，而未离乎道，此则圣人之所谓神者矣"（释"故常无，欲以观其妙；常有，欲以观其徼”）。王安石对有无的认识充满了辩证思维的特色，他批评割裂有无相互关系使之绝对化的观点，指出，冲虚杳渺的元气虽不可见，但是不能否认其存在，此冲虚杳渺之气聚散而有可测度的具体事物，由于万物都从元气生化，而元气又不同于具体事物之可测度，故称无，而可测度的具体事物则称之为有，所以把无表示为天地之始，而就其生万物而言，又可把气称作为“有”和作为万物之母，故说道是一，是有无的统一。这个变化的过程及其内在的机制，就是圣人所谓的妙与神。

王安石认为，由于老子讨论的皆是形上者，其结论在不见利欲，了悟大道之旷达，而不以私利己。孟子则不同，是通过对可欲之善，“积而充之，至于神。及其至于神，则不见可欲矣”（释“不见可欲，使民心不乱”）。这是说，老子是讨论穷神知化的结果与依据，孟子在说明达到穷神知化的过程和手段，二者立言虽有不同，但终极目标一致。王安石有调和儒道的倾向。他的结论是：“孟子，立本者也；老子，反本者也。故言之所以异。”（释“专气致柔，能如婴儿乎”）

从以上讨论，我们可以看出，王安石建立了自己的一套哲学体系，而其论，于二程、张载、周敦颐不大相同，具有自己的特点。

## 二、人性论

王安石在人性问题上的看法，与同时的其他几位哲学家，既有相当的一致性，又有根本不同点。

他批评“性善情恶”的观点是“徒知性情之名而不知性情之实”，主张“性情一也”。为什么如此？他认为，“喜、怒、哀、乐、好、恶、欲未发于外而存于心，性也；喜、怒、哀、乐、好、恶、欲发于外而见于行，情也。性者情之本，情者性之用，故吾曰性情一也”（《王文公文集·性情》，上海人民出版社，下同）。王安石认为，性情之所以为一，原因在于性情皆统于心，若存而未发，则为性，若发则为用则为情。但性是情之本，情是性之用，则有此性才会有此情，情是性的反映。这与理学诸师近似。

在《原性》一文中，王安石对孟子、荀子、扬雄、韩愈的人性论主张提出了批评。他认为，“夫太极者，五行之所由生，而五行非太极也。性者，五常之太极也，而五常不可以谓之性”。本原与表现不能相混，对性情而言，韩愈的性三品说，只能推出有些人的五常皆恶。依孟子的理论，恻隐之心皆仁，那么怨毒之心就不会有，但事实并非如此。荀子则相反，因怨毒之心反推性恶，那么，又否认了恻隐之心的存在。因此，王安石认为，上述四子所言“皆吾所谓情也，习也，非性也”。他的结论是“性生乎情，有情然后善恶形焉，而性不可以善恶言也”（《王文公文集·原性》）。（释“明白四达，能无知乎”）。这即是说，性是形而上者，性根本无所谓善恶，性情统一于心，从已发未发的角度考察，凡未发的性是不能论其善恶的，只有已发的情才可论其善恶。则善恶的讨论必须与其实际情况相联系。孔子所谓的“性相近”，即是指人性本来是无所谓善恶的，这是相近的，而这是人的根本特质。所谓“习相远”，人的善恶是后天习染而成的，表现出明显的差别。

王安石认为，凡是说情恶的，都是看到七情流于恶，但不知其本于性。由于七情乃“人生而有之，接于物而后动焉。动而当于理，则圣也、贤也；不当于理，则小人也”（《王文公文集·性情》）。人本身具有七情，这是感物而动的结果，如果使其达于理，即是圣贤，反之则为小人。但不能说性善情恶。因为圣人之性善，是由情当而入于善的，性情二者相互为用，“如其废情，则性虽善，何以自明哉？诚如今论者之说，无情者善，则是若木石者尚矣。是以知性情之相须，犹弓矢之相待而用，若夫善恶，则犹中与不中也”（同上）。王安石此论非常深刻。善恶是行为的结果，其直接起因在于情感物而动，而心是认识的主体，能否知情当于理，乃是心的明觉的判断决定作用，但离开了情之感发，那么，心的作用也不能表现，所谓的性也就不能得到证实，若以无情为善，这就如同称道木石为上一样。性情的依赖，如同弓与箭表现于外，指向具体的对象，才有中与不中，情也才有善恶之分。

王安石的性情论的缺点，在于他对心的问题论述较少。这就是说，心、性、情三者的逻辑关系，显得不够严格细致。但他的认识，以今天的哲学观点看，有很大的启发性。在《礼乐论》中，他有这样的说法：

气之所禀命者，心也。视之能必见，听之能必闻，行之能必至，思之能必得，是诚之所至也。不听而聪，不视而明，不思而得，不行而至，是性之所固有，而神之所自生者也，尽心尽诚者之所至也。故

> 诚之所以能不测者，性也。贤者，尽诚以立性者也；圣人，尽性以至诚者也。神生于性，性生于诚，诚生于心，心生于气，气生于形。形者，有生之本。故养生在于保形，充形在于育气，养气在于宁心，宁心在于致诚，养诚在于尽性，不尽性不足以养生。能尽性者，至诚者也；能至诚者，宁心者也；能宁心者，养气者也；能养气者，保形者也；能保形者，养生者也；不养生不足以尽性也。生与性之相因循，志之与气相为表里也。生浑则蔽性，性浑则蔽生，犹志一则动气，气一则动志也。(《王文公文集·礼乐论》)

《礼乐论》中论述了心、性、诚、气、神诸关系。令人感到困惑的是，王安石对各概念没有明确的界说，这为分析他的思想增加了许多困难。诚在这里指真实无妄，这是对心体的描述。形指身形，人的形体。王安石认为，心来源于气、视、听、行、思的认识活动，能够达到自己的预期目标，是心体真实无妄的反映。如果并非专意于视、听、行、思而能莫不中节，这是天赋的性所本有，由此产生的奇妙不测的思想变化，称之为神。而贤人能诚心建立而实现其本然的性，圣人则是因其本性完全显现而真实不虚。在这里，王安石排除了人有天赋道德的说法，而强调人有天赋认识能力。就此而言，他的说法更近于道家道教，而不同于儒学。

对于“养生”“尽诚”的论述，明显是儒道的综合。基本意思是，养生是保形、充气与宁心的统一，保形指不可丧失各机体的功能，而充气是造就其生命活力的源泉与动力，宁心则指心灵处于中和状态，心的中和来自本心的真实，实现真实的心体则以完全发挥人本有的天赋本能为根据，“不养生不足以尽性”，“生与性之相因循，志之与气相为表里”。这说明王安石既重视道家传统的主张，又继承了孟子持志养气的思想。

从王安石的人性论来看，他的人性学说，是一种人性自然论，与其本体论元气自然观念是一致的，是本体学说的必然展开。他否认了历史上有代表性的孟子、荀子、扬雄、韩愈的人性论，而主张情善则性善，情恶则性不善，然性不是天赋的道德意识，也不是程朱的天理，而是决定人存在的心的本然状态。心感物未发为性，发而为情，性通过情表现出来，性本身无所谓善恶，检验情善恶与否的尺度，看其是否处于正位，现实的尺度即在礼乐的调和。因此，他的道德修养方法立足于礼乐的教化与陶冶作用。由此，我们说，王安石的人性论，实可概括为人性自然论。

### 三、道德修养论

王安石分析了凡圣之别的原因，他认为，常人由于总是把美丑、善恶、是非绝对化，胶着于一方，故不能因任自然。他承认美丑、善恶是相对而言的“物理之常”，但“惟圣人乃无对于万物”（释“天下皆知美之为美，斯恶已”）。无对于万物是因唯有圣人“能兼忘”对立，能兼忘“则可以入神。可以入神，则无对于天地之间矣”（释“故有无相生，难易相成”）。

王安石又认为，众生尚贤贵货，而尚贤贵货之欲，乃“起于心之所欲”，圣人不见可欲，故能“使心不乱”（释“不见可欲，使民心不乱”）。为什么能够如此？

> 盖见素然后可以守素，抱朴然后可以返朴，少私然后可以无私，寡欲则致于不见所欲者也。
>
> 见素，则见性之质而物不能杂。抱朴，则抱性之全而物不能亏。（释“见素抱朴，少私寡欲”）

兼忘是指心灵的无所滞碍，因其无所滞碍，故可以无有专注，而于物平等划一。无私无欲的心灵，正是圣人的特点。

王安石指出，“朴者，道之本而未散者也”（释“道常无名。朴虽小，天下莫能臣也”）。见素、抱朴、少私、寡欲皆是主体自觉的表现，能达到这样的高度，就可在行为上与认识上，与道同体。但王安石又说，“道之妙，不可以智索，不可以形求”（释“明道若昧，进道若退”）。这无疑是说，只能通过涵养本心具有的纯和，来实现自觉的人生目的。

王安石认为，人有认识的能力，但不能太用与不用，“夫人莫不有视、听、思。目之能视，耳之能听，心之能思，皆天也。然视而使之明，听而使之聪，思而使之正，皆人也。然形不可太劳，精不可太用。太劳则竭，太用则瘦。惟能啬之而不使至于太劳、太用，则能尽性。尽性则至于命”（释“治人、事天莫若啬”）。作为养生原则，这当然是不言而喻的。但作为修身立命的思想则又是另一回事了。

王安石指出：“语道之序，则先精义而后崇德，及喻人以修之之道，则先崇德而后精义，盖道之序则自精而至粗，学之之道则自粗而至精，此不易之理也。”（《王文公文集·致一论》）前者精义至崇德，后者则是崇德而至精义，因此说，“为学者，穷理也。为道者，尽性也。性在物谓之理，则天下之理无不得，故曰‘日益’。天下之理，宜存之于无，故曰‘日损’。穷理尽性必至于复命，故‘损之又损之，以至于无为’者，复命也”（释“为学日益，为道日损”）。因此他说，“无为而无不为”即是通过穷理尽性复命的返本过程，所获得的最后结果。

王安石还认为涵养性情须要靠礼乐的作用。生成万物是道之本然，但礼乐刑政则是假人力而成。对于礼乐刑政，圣人就不能无为无言。先王“体天下之性而为之礼，和天下之性而为之乐。礼者，天下之中经；乐者，天下之中和。礼乐者，先王所以养人之神，正人之气而归正性也。是故大礼之极，简而无文；大乐之极，易而希声。简易者，先王建礼乐之本意也”（《王文公文集·礼乐论》）。王安石认为，礼乐的出现是圣人为使众生归返正性而提出的，他认为，“养生以为仁，保气以为义，去情却欲以尽天下之性，修神致明以趋圣人之域”（同上）。他认为，仁义礼乐只是手段，通过它，目的是要“趋圣人之域”。其结论是：“去情却欲而神明生矣，修神致明而物自成矣，是故君子之道鲜矣。齐明其心，清明其德，则天地之间所有之物皆自至矣。君子之守至约，而其至也广；其取至近，而其应也远。”（同上）王安石认为，人性的中和，是情欲不生的状态。礼乐有助于养成这种品格，其功效的发挥正表现为对人的精神活动的调节，这样，气正而性正，性正而神明自备，那么，万物莫非已，孟子所谓的“万物皆备于我”，正是此意，这即为最高的境界。

王安石与老庄不同，是十分推尊礼乐的。但王安石又指出，礼乐刑政固然为现实所不可缺，但不能过繁，以简易为上，后世的礼却违反了这一点，之所以称“清静为天下正”，即在于唯如此才可与道同一。

在具体的修养方法上，王安石还十分强调诚意。他说：“意诚而心正，则无所为而不正。”“忠足以尽已，恕足以尽物。”（《答韩求仁书·文集卷七》）王安石认为，孔子的根本主张就在于此。王安石以为，这样的行为表现为正已正物两方面，而这两方面是统一的，老庄的不足在于无治人之道，真正的做法当为“物正焉者，使物取正乎我而后能正，非使之自正也”（《王文公文集·答王深甫书》）。

王安石的道德理想是成为圣人。圣人之所以能为圣人，是因为“圣人能体是（指有无、有名无名、有欲无欲）以神明其德，故存乎无则足以见其妙，存乎有则足以知其徼，而卒离乎有、无之名也。其上有以知天地之本，下焉足以应万物之治者，凡以此”（释“此两者同出而异名，同谓之玄”）。中心意思是内圣外王之道。王安石认为，圣人具有这样的品德，关键在于其因任自然。他在解释“绵绵若存，用之不勤”时说：“绵绵者，远而不绝之词。天道之体虽绵绵若存，故圣人用其道，未尝勤于力也，而皆出于自然。”自然而然的品格，来自于本有的纯和之气，“和之为用，则常而不变”（释“知和曰常”）。正因为有了这样的纯和之气，故能使心体本有的明觉发挥至极。王安石认为，养生有利于和气的饱满，这就不难理解他对养生的重视。由于他不承认有天赋道德，而把道德的体现者礼乐刑政，看作是历史发展的产物，故对圣人的理想并不体现在道德上，而更重视在智慧上。仁民爱物，不过是化物的应有表现，他说老庄近道，就是在强调与道同体的智慧这一点上立论的。他认为，“圣人则与道一”，“与道为一，则所谓微妙玄通，深不可识”（释“古之善为士者，微妙玄通，深不可识”）。与道为一不是道教的长生不死，也不是佛学的涅槃寂灭，而是认识上默契道体，是精神觉悟的表现。

从各方面看，王安石的哲学伦理观念，还是有很多足以引人深思之处的。作为一个哲学家来说，他的最大缺陷在于，没有对各主要概念间的逻辑关系及具体内涵加以明确区分。虽如此，他的思想仍不失为有价值的精神遗产。

王安石与周敦颐、程颢等人有过交往，而且是洛学的首领司马光的政敌，虽如此，却保持着个人间的友谊，为人所称赞。王安石的学术成就，也得到了程颐的肯定。可见，他们在思想上是有共同之处的。而他对道的论说，非常具有特色。这恰是气学派的一环，对心的认识，某些方面也是理学不曾言及的。

## 第四节　程颢的理学伦理思想

程颢（1032—1085），字伯淳，洛阳（今属河南）人。学者称为明道先生，北宋著名哲学家，程颐胞兄。与弟合称为二程。一生不曾专门从事著述，其诗文及语录，与弟程颐的作品，合集为《二程集》。二程是理学的奠基人。程颢的哲学特点是强调道德境界对个人和社会的意义，重视通过在人伦日用和自然山水中体会宇宙人生之真谛，故而在方法论上，强调内省而非外求格物。

## 一、理本论哲学基础

程颢是一位后世极为推崇的哲学家，他建立了一套以天理为中心范畴的哲学体系。虽然这仅是一种纲领性的表达，但他不无自得地说："吾学虽有所受，天理二字却是自家体贴出来。"（外集）有所受即指从学于周敦颐，不能否认他与其师在思想上的继承性，夸大他同周敦颐的差别是不恰当的。他体贴出的天理则又表明，他对周敦颐的思想有所推进、有所发展，体现出不固守师说的革新态度。

程颢的哲学思想也是在批判佛老的基础上形成的。程颢反对佛学以山河大地为幻见空虚的说法。他认为，"物生死成坏，自有此理"（《遗书》卷第一），因此，生死成坏表现出的是天地万物生生不息的法则，决不是徒具虚空。他同样认为庄子所谓"游方之内"与"游方之外"的说法，犯了割裂世界的统一性的错误。所以说，"盖上下、本末、内外，都是一理也，方是道"（同上）。程颢指出：

> 《系辞》曰："形而上者谓之道，形而下者谓之器。"又曰："立天之道曰阴与阳，立地之道曰柔与刚，立人之道曰仁与义。"又曰："一阴一阳之谓道。"阴阳亦形而下者也，而曰道者，惟此语截得上下最分明，元来只此是道，要在人默而识之也。（同上）

"惟此语截得上下最分明"是指"形而上者谓之道，形而下者谓之器"一语。程颢认为，阴阳虽然是形而下者，同形而上者之道不同，但不存在脱离形下而有形上之道，对道的体悟，正是通过形而下的阴阳来把握，故说"要在人默而识之也"。这也即是说，形上之道贯通于上下、内外、本末，道一而已，绝不会有在阴阳之外悬隔的本体的存在。因此，他批评佛教的错误在于以山河大地为幻见，否定了万物的存在性。同时他也批评张载说："以清虚一大为天道，则乃以器言而非道也。"（同上）

同周敦颐、张载相比较，程颢对形上形下的重视是显而易见的。程颢认为，宇宙是一生命流行的整体，事物的发展变化，都是这整体生命的一个环节或局部的表现，观赏并达到与这种不息的生命源泉同一，是人生最大的幸福。他指出：

> “天地之大德曰生”，“天地絪缊，万物化醇”，“生之谓性，（原注：告子此言是，而谓犬之性犹牛之性，牛之性犹人之性，则非也）万物之生意最可观，此元者善之长也，斯所谓仁也。人与天地一物也，而人特自小之，何耶？”（同上）

程颢对“仁”非常偏爱，他不仅把宇宙的存在状态表达为“仁”，而且认为仁代表了宇宙的永恒精神。“仁”的根本含义为“生”，与之相对是顽，麻痹，缺乏生命力。

程氏的高足谢显道，回忆中写下了一段给他留下深刻印象的老师的教诲：

> “鸢飞戾天，鱼跃于渊，言其上下察也”。此一段子思吃紧为人处，与“必有事焉而勿正心”之意同，活泼泼地。会得时，活泼泼地；不会得时，只是弄精神。（《遗书》卷三）

在程颢看来，生意表现于存在的各个方面，这是事物的本质的表现，认识的根本目的就在于领会这种活泼泼的生命意蕴，如果不能领会活泼泼的生命价值，那么，作为认识主体的任何行为，只是播弄精神。

程颢认为，万物之生意表现的形式极为丰富多样，但从本质上看，只是一气化的结果。因此，事物表现形态的复杂多样，正说明了变化的神妙和决定这种变化的机制的难以测度。他说：“气外无神，神外无气。或者谓清者神，则浊者非神乎？”（《遗书》卷十一）故清浊、刚柔、动静等，皆是气化的不同侧面，不能将其割裂对立。他指出变化的存在，来自事物本身具有的矛盾性。“天地万物之理，无独必有对，皆自然而然，非有安排也。每中夜以思，不知手之舞之，足之蹈之也。”（同上）这位勤奋不倦的思想家，为自己能发现到事物发展变化的绝对性和内在决定力量而欢欣鼓舞。因此他认为，有无与动静必须统一起来，才能得到全面的认识，克服片面性。“言有无，则多有字；言无无，则多无字。有无与动静同。如冬至之前天地闭，可谓静矣；而日月星辰亦自运行不息，谓之无动可乎？但人不识有无动静尔。”（同上）“有无与动静同”是一重要的认识，它一方面否定了绝对存在的有无，而认为凡言有无，一定是在运动静止的相互关系中揭示才成为可能。他认为老子所谓有生于无的说法，是“窃弄阖辟者也”（同上）。

在对本体的认识上，程颢并没有留下系统的论述，因为他是在师友的交流中表达自己的哲学观点，没有写过专门的著作。禅宗讲不立文字，结果在程颢这里实现了。程颢对宇宙的统一性，有这样的见解。

> “一阴一阳之谓道”，自然之道也。“继之者善也”，出道则有用，“元者善之长”也。“成之者”却只是性，“各正性命”者也。故曰：“仁者见之谓之仁，知者见之谓之知，百姓日用而不知，故君子之道鲜矣。”如此，则亦无始，亦无终，亦无因甚有，亦无因甚无，亦无有处有，亦无无处无。(《遗书》卷十二)

这是说，自然之道不过一阴一阳而已，因阴阳而有所表现，即是所谓“元者善之长”。具体事物之所以如此而不是别样，是由决定事物存在的性所决定的，事物所表现的差别性，却是其必然性的体现。因此说，宇宙事物不过是一阴一阳的聚散，没有绝对的有无终始，不能将有无绝对化。程颢说，“道有冲漠之气象”（《遗书》卷十一)。需要从其气象中，了悟道体。

程颢批评佛教说：“释氏说道，譬之以管窥天，只务直上去，惟见一偏，不见四旁，故皆不能处事。圣人之道，则如在平野之中，四方莫不见也。”（《遗书》卷十三）程颢没有完全否认佛学的价值，只是认为“惟见一偏”，导致“不能处事”的结果。佛教的出世主张、放弃自己的社会责任，这是与儒学在终极关怀上的区别。“惟见一偏”则说明佛学以山河大地为幻见的认识，只见到变化，还不能把握永恒存在的天理为变化之本。

程颢对释老的批评，从本体论到方法论，皆有涉及。在对方法论的评论中，有如斯语：“佛氏言印证者，岂自得也？其自得者，虽甚人言，亦不动。待人之言为是，何自得之有?”（《遗书》卷十一)佛学的印证一说，程颢认为并非自得，如果自得，是不需要别人说觉悟而自己才觉悟，觉悟是自己的事，不劳旁人证明。所以说，“释氏无实”（《遗书》卷十三）。

从整体上看，程颢对佛学的批判，主要是在社会人生观方面。他屡次说，“佛学只是以生死恐动人”。(《遗书》卷一）还说：“若尽为佛，则是无伦类，天下却都没人去理；然自亦以天下国家为不足治，要逃世网，其说至于不可穷处，佗又有一个鬼神为说”（《遗书》卷二上）。程颢认为，佛学的轮回之说，只是以生死来恐吓百姓，虽说希望使天下人都能成佛，但这是不可能之事。因为这样就否认了觉悟与不觉悟的差别，同时，人人出家，则破坏了整个正常的社会生活，是极为荒谬有害的。他又说：

> 释氏本怖死生，为利岂是公道？唯务上达而无下学，然则其上达处，岂有是也？元不相连属，但有间断，非道也。孟子曰：“尽其心者，知其性也。”若“存心养性”一段事则无矣。彼固曰出家独善，便于道体自不足。或曰：“释氏地狱之类，皆是为下根之人设此怖，令为善。”先生曰：“至诚贯天地，人尚有不化，岂有立伪教而人可化乎？（《遗书》卷十三）

这是程颢全面评论佛学不足的议论。程颢认为，佛学中只有高妙的理想，其所谓“识心见性”，本意上与孟子的“尽心知性”是同一层次的。但却缺乏下学的功夫，没有“存心养性”的手段作为实现识心见性的保障，以致使下学上达之间不能贯通。而儒学所强调和坚持的，正是把握至诚的天理，因此，佛学的出家与地狱之说，皆无正心诚意的真实，走上以生死利害引诱人的伪教之路。

程颢对佛学的批评，从本体论上划清了儒学同佛学的界线：“佛氏不识阴阳昼夜死生古今，安得谓形而上者与圣人同乎？”（《遗书》卷十四）可见，承认不承认宇宙万有的真实，并使自己融汇于这种生命之流中，是成佛与成圣的根本不同的内容。而成圣则因“圣人致公，心尽天地万物之理，各当其分。佛氏总为一己之私，是安得同乎？圣人循理，故平直而易行。异端造作，大小大费力，非自然也，故失之远”。（同上）致公与为私，循理与造作，皆不可混为一谈。因此必须划清儒、佛的界线。

在程颢所处的年代，儒学的复兴成为那一时代不少知识分子的共同心声，如果说周敦颐身上过多的仙风道气引发了程氏兄弟的不满，这种不满来自他们认为仙风道气不能在生活上划清与释老的界限。那么，二程与张载等儒者，多少为同时代人或后代人提供了现实的理想人格形象的典型。有一点是十分清楚的，不曾专门从事哲学创作的程颢，在整个宋明儒学中，得到了积极评价。可以认为，这种评价的根据，不完全在于理论成就，而是程颢较为完满地贯彻了他所觉解的圣人情怀的生活样式，更简明地说，他的生活方式因人们认为近乎圣人风范而为后世提供了切实的样板。

## 二、人性论与“一天人”说

“天只是以生为道”是程颢对宇宙存在的总看法，即《易》所谓“生生之谓易”。可见天地之性是至善的，然人性善恶对立之源，乃天命流行的产物，是人生气禀而成的。而人不能与天地同流，只因“人只为自私，将自家躯壳上头起意，故看得道理小了佗底”。然而人有天赋认识本能，“人则能推，物则气昏，推不得”（同上）。人与物的根本不同就在于人能自觉推及天地之性，达到天人合一。

在朱熹所谓“明道论性说”一章中，程颢对此有详细的说明：

> “生之谓性”，性即气，气即性，生之谓也。人生气禀，理有善恶，然不是性中元有此两物相对而生也。有自幼而善，有自幼而恶（原注：后稷之克岐克嶷，子越椒始生，人知其必灭敖氏之类），是气禀有然也。善固性也，然恶亦不可不谓性也。盖“生之谓性”“人生而静”以上不容说，才说性时，便已不是性也。凡人说性，只是说“继之者善”也，孟子言人性善是也。夫所谓“继之者善”也者，犹水流而就下也。皆水也，有流而至海，终无所污，此何烦人力之为也？有流而未远，固已渐浊；有出而甚远，方有所浊。有浊之多者，有浊之少者。清浊虽不同，然不可以浊者不为水也。如此，则人不可以不加澄治之功。故用力敏勇则疾清，用力缓怠则迟清，及其清也，则却只是元初水也。亦不是将清来换却浊，亦不是取出浊来置在一隅也。水之清，则性善之谓也。故不是善与恶在性中为两物相对，各自出来。此理，天命也。顺而循之，则道也。循此而修之，各得其分，则教也。自天命以至于教，我无加损焉，此舜有天下而不与焉者也。（《遗书》卷一）

毫不夸张地说，此章为明道人性论与修养理论的最成熟的见解。从程颢的论述，可以看出，他有这样几层主要的意思。第一，生之谓性即性气不离，性即气，气即性，元无善恶之对立，这就是所谓“人生而静”以上不容说所指。这里的性指天地之性而言。第二，由于人禀气而生，故构成人存在的气当然有清浊刚柔诸品格存在其间。“理有善恶”即是指气质的资质有高下的不同。作为形下之气，才必然具有善恶的不同。因此所谓善亦性，恶亦不能不谓之性。这里的性指气质之性。第三，程颢从逻辑上肯定了天生的圣人存在的可能，而且指明圣、贤、凡、恶不同的人的存在的合理性及根源，同是禀气清浊的结果。这是从后天的行为表现得到确认的。在他看来，后稷当为天生的圣人，即水流至海而无所污者。水有所污的比喻，指出了人随年龄的增长，在自家躯壳上起意成为干扰人性清明的主要障碍。第四，从方法上看，主观努力是成就后天品德的决定力量。人性中本有刚柔清浊存在，克制自我的私欲，就是澄治的过程，澄治之功，连舜这样的圣人也不例外。

程颢还多次说过，穷理尽性以至于命，“三事一时并了，元无次序，不可将穷理作知之事。若实穷得理，即性命亦可了”（《遗书》卷二上）。张载和程颐以及朱熹等人，皆认为这是不同的修学过程。但程颢并不这么认为。在他看来，如果把穷理尽性以至于命划分为虽然有联系但又有分别的阶段，无疑是把穷理等作为知识来看待。这也就割裂了生命之流的浑然整体，造成人我的对立。理一不可分，正基于这种考虑。所以他要“学者识得仁体”（同上），而分别阶次的主张，显然不能识得仁体。当然，程颢并非以为不需要渐进和克己功夫，如他说，“孟子才高，学之无可依据。学者当学颜子入圣人为近，有用力处”（同上）。孟子要养浩然之气，要守放心，确实是他人无法仿效的。而学颜子之所以有用力处，正在于颜子克己复礼，以克己复礼作为陶冶自己的工夫，以至达到三月不违仁的境界。所以在程颢的主要方法中，得到程颐与朱熹认同的格物致知说，根本没有引起他的兴趣。他屡屡强调的是“体”“默识”“观”等，而这些恰皆是存心守约的必要工夫。

程颢反对天人二本，主张“合内外之道”，他的论证基础即在于“天人无间断”（《遗书》卷十一）一语。“天人无间断”的内容，就是我们所看到的人性论中对性气的论述。程颢认为，它是一切价值的源泉和行为的总则。这是程颢之所以可以称为心学代表人物的主要依据。程颢如是言：

实有诸己，便可言诚，诚便合内外之道。今看得不一，只是心生。除了身只是理，便说合天人。合天人，已是为不知者引而致之。天人无间。夫不充塞则不能化育，言赞化育，已是离人而言之。（《遗

书》卷二上）

从各方面的情况看，程颢承认天理不在我心之外的命题，只是他不曾这样明确表达。“实有诸己，便可言诚，诚便合内外道”，即具有上述的意思。这样一来，任何为儒学所尊崇的道德理想、规范、行为皆可以说本是天道之诚反映于人心的结果，所谓化育乃心体之化育，所以说，人只能说化育，而不能说“赞化育”，言赞化育，已是离人而言了。

当二程的高足韩持国为持守工夫面临的难题向程颢请教时，程颢有这样的说法：韩持国以为，持守工夫类似于道教的“存三守一”的修炼，程颢则认为，“此三者，人终食之顷未有不离者，其要只在收放心”（《遗书》卷一）。可见，程颢十分重视“收放心”的修养功夫。因此，经典中“正己而物正”的说法，就被程颢引申为真正的方法，他以为这是“大人之事，学须如此”（《遗书》卷十一）。程颢存三守一的守放心说，反映了他对道教方法论的吸收，而他对唐代道教大师司马承祯《坐忘论》的思想，又有谓之坐驰的批评。可见，他对道教既有吸取，又有批评。

## 三、与物同体的圣人境界

张载曾说过，二程十四五岁时就锐意学做圣人。这真是令人叹为观止的人性自觉。周公、孔子作为往古的圣人，离现实毕竟太遥远，而且经过程颢所说的后来非醇儒的多年的歪曲，以致使他不得不提出要重新塑造圣人形象的问题。而对于这一点，早在他20多岁时所作的《答横渠张子厚先生书》即《定性书》中已有所阐明。在《定性书》中，年轻的程颢写下了这样的名言：“夫天地之常，以其心普万物而无心；圣人之常，以其情顺万物而无情。故君子之学，莫若廓然而大公，物来而顺应。”又说：“圣人之喜，以物之当喜；圣人之怒，以物之当怒。是圣人之喜怒，不系于心而系于物也。”（《文集》卷二）这是程颢对圣人气象的较早的描绘。我们很容易发现，程颢所论，重心在于，他把天地之常与圣人之常等同起来，而且解释了圣人之常在于廓然大公，这是学以致圣的根本入手点。无论如何，这些说法脱不去浓烈的老庄色彩。

晚年的程颢，有了更符合儒学精神的表达。在被后人称为《识仁篇》的一段语录中，他是这样表达自己的思想的：

学者须先识仁。仁者，浑然与物同体。义、礼、知、信皆仁也。识得此理，以诚敬存之而已，不须防检，不须穷索。若心懈则有防，心苟不懈，何防之有？理有未得，故须穷索。存久自明，安待穷索？此道与物无对，大不足以名之，天地之用皆我之用。孟子言“万物皆备于我”，须反身而诚，乃为大乐。若反身未诚，则犹是二物有对，以己合彼，终未有之，又安得乐？《订顽》意思，乃备言此体。以此意存之，更有何事？“必有事焉而勿正，心勿忘，勿助长”，未尝致纤毫之力，此其存之之道。若存得，便合有得。盖良知良能元不丧失，以昔日习心未除，却须存习此心，久则可夺旧习。此理至约，惟患不能守。既能体之而乐，亦不患不能守也。(《遗书》卷二上)

如果把“观天地生物气象”看作是对宇宙存在的表述，那么不妨把“学者须先识仁”作为社会人事的行为基础。仁与宇宙的生息本质上是一回事，而社会原则的义礼等，皆是仁的不同表现，因此皆为仁。认识的最终目的和人生的意义，就在于体悟这种同一。而达到这种同一的唯一手段是道德的诚敬原则，只要用这一原则来养育自我的本性明觉纯粹的心灵，任何外在的努力皆无所损益其价值。如果具有了这种仁的精神，就会获得真正的快乐和满足，它是绝对无二的最高的生命源泉。在这样的精神状态下，所有的存在者会呈现为我的同胞与伴侣的关系。程颢认为，孟子的“万物皆备于我”就是指人的理性自觉达到了天道与人心的一致。他也高度评价了张载的《订顽》(即《西铭》)，完全表达了同样的精神。在程颢看来，人的良知良能天然存在于人的心中，达到浑然与物同体的境界，既不能改变心体什么，也不能有意地为其增添何种内容，从而使其自然而然地达到本有的状态。这样，心体中固有的认识能力和道德意识，就会足以克服后天的一切染习，进而实现学以致圣的目的。学以至圣的秘密仅此而已，困难的是人们不能以诚敬持守此心。

同《识仁篇》互为表里的另一段语录，对圣人境界亦有很好的说明。

仁者，以天地万物为一体，莫非己也。认得为己，何所不至？若不有诸己，自不与己相干。如手足不仁，气已不贯，皆不属己。故“博施济众”，乃圣之功用，仁至难言，故止曰“己欲立而立人，己欲达而达人，能近取譬，可谓仁之方也已”。欲令如是观仁，可以得仁

之体。(《遗书》卷二上)

程颢为“得仁之体”提供了一个最简单的途径。他认为，仁的存在，如同人的生命力与手足机能的关系一样，能够体会到天人本是一体，那么，就不会有天人的对立，任何存在都像血气贯通的肢体，听从于我心的支配，道德意识以及价值的显现，无不是心灵的自然表露，这样就能做到“博施于民”而成圣人。

## 第五节 程颐理学的伦理思想

程颐（1033—1107），字正叔，人称伊川先生。他是程颢的胞弟，宋明理学的主要奠基人之一。《程氏易传》为其主要著作，在哲学史上广受推崇。他的著作，同程颢的诗文、语录一起集为《二程集》。程颐与胞兄程颢的哲学主张有所不同，这主要表现在他的格物致知的方法不同于程颢的反省内求的主张，冯友兰先生据此分别大小程为心学与理学。程颐的思想较为系统严密，我们所说的程朱理学，即主要指程颐与朱熹一系。

### 一、理本论哲学基础

同周敦颐、张载、程颢比，程颐思想的完整性，是其最显著的特点。伊川的思想，多有借鉴吸收濂溪、横渠、明道处。他的主要特点在于，严格区分了形上形下问题。程颐云：“道非阴阳也，所以一阴一阳道也。”(《遗书》卷三）程颐对此有详细的说明：

> “一阴一阳之谓道”，此理固深，说则无可说。所以阴阳者道，既曰气，则便是二。言开阖，已是感，既二则便有感。所以开阖者道，开阖便是阴阳。老氏言虚而生气，非也。阴阳开阖，本无先后，不可道今日有阴，明日有阳。如人有形影，盖形影一时，不可言今日有形，明日有影，有便齐有。(《遗书》卷十五)

阴阳是事物存在的形式，它有动静开阖等具体的表现，而决定其如此而非别样，正是道的作用。程颐反对道器割裂的观点，主张二者的存在并无先后之分，是对立的统一体。在这里，程颐尚无朱熹道在气先的逻辑在先的说法。道器的问题，即体用问题。程颐《易传序》所谓“体用一源，显微无间”，这是对体用问题的重大发展。

形上问题的探讨，最终落实在人的心性问题上，离开了它，成圣就会缺乏基础。为此，程颐有这样的主张：

> 孟子曰：“尽其心，知其性。”心即性也。在天为命，在人为性，论其所主为心，其实只是一个道。苟能通之以道，又岂有限量？天下更无性外之物。若云有限量，除是性外有物始得。(《遗书》卷十八)

这是程颐对弟子“心有限量否”提问的答疑。程颐否认性外有物，故肯定了心无限量，其意是人的认识能力能够把握整个客观世界。当然，这种认识不主要是追寻世界的规律，而是人如何达到与宇宙的同一。天地人物为气化的结果，有理必有气，反之，有气亦必有理。在天为命，命为禀赋，在人为性则是人的特质，其中也包括了每一个体存在的特殊的气质性格等等的内容，而决定每一个体的特殊价值的显现者即是心，其实皆只是一个道在里。程颐认为，性之善恶只能从气质上确定，不能说本体之理有善恶，本体之理只是善，“称性之善谓之道，道与性一也。以性之善如此，故谓之性善。性之本谓之命，性之自然者谓之天，自性之有形者谓之心，自性之有动者谓之情，凡此数者皆一也。圣人因事以制名，故不同若此”(《遗书》卷二十五)。由于明确了气与性的对立紧张与和谐统一的关系，程颐一方面肯定了圣人与凡俗既有本质的同一，同禀本体之理，又指出了差别的原因在于禀受的气的清纯驳杂本自不同，这就使他的论述具有很大的包容性与弹性。因而最终把能否致圣归结为心性问题，人的自觉的问题。考虑的重心自然发展为如何处理心的动静而引发的一系列问题。

程颐并非一味否定欲望的存在，主旨是要求使之处于正位，他对中和问题的高度关注，正体现了这一思考的必然结果。而这一问题又产生了他的后继者关于体验未发气象的讨论。程颐这样说：

> “喜怒哀乐之未发谓之中”。中也者，言寂然不动者也。故曰“天下之大本”。“发而皆中节谓之和”。和也者，言感而遂通者也，故曰“天下之达道”。(同上)

寂然不动指心的本然状态，而心的有感必发而皆中节则谓之和，中节即是说不能使情感流荡失真，破坏本然的平和，如此，即称天下之达道。程颐对《中庸》的解释，不仅深化了《中庸》的思想，而且为他找到了经典的依据。

从其形上本原来看，依然还是性气的对立统一造成这种局面。以前的儒学对此的讨论不够明确，在程颐等儒者这里，终于有了更高的自觉。“性出于天，才出于气，气清则才清，气浊则才浊。譬犹木焉，曲直者性也，可以为栋梁、可以为榱桷者才也。才则有善与不善，性则无不善。‘惟上智与下愚不移’，非谓不可移也，而有不移之理。所以不移者，只有两般：为自暴自弃，不肯学也。使其肯学，不自暴自弃，安不可移哉?”(《遗书》卷十九）性理与才质之分，即张载的天地之性与气质之性的说法。由于每一个体存在都是这两者的统一，且决定后天的人的善与不善取决于所禀真元之气的清浊。因此，不可移的只是所以然之理，而可移的则是气质好恶等。这就是说，从理论上看，气质本来是可移的，若不移，是由于不肯学习，自暴自弃，不努力发挥主体自身的自主性、能动性、创造性。只要肯学，气质是完全可以改变的。这就表明，任何人都可以学以致圣，而学以致圣的，必是改变了自己的气质之性，达到纯善的程度。而不肯学以致圣，不能说其没有人性，其人性依然存在，善质同样具备，只是被人欲所蒙蔽。善良的动机，必以克己复礼的实践才能体现出来。

## 二、格物致知的道德修养方法

佛、道的为学之方因有宗教性的超越内容存在其中，故主旨皆不脱离超生死得解脱的目标。由于其出世倾向的存在，把个人生死摆在了首要位置。儒学的终极关怀却非如此，而是要使个人的价值，在泽物济民的社会活动中得到实现，实现化成天下的目的。

如果说周敦颐、张载、程颢的修养方法论多少还不够具体细致的话，那么，这一缺点在程颐这里不复存在。当弟子问程颐进修之术何先时，他这样回答：

> 莫先于正心诚意。诚意在致知，“致知在格物”。格，至也，如“祖考来格”之格。凡一物上有一理，须是穷致其理。穷理亦多端；或读书，讲明义理；或论古今人物，别其是非；或应接事物而处其当，此皆穷理也。(《遗书》卷十八)

程颐把知识的获得和道德的涵养看作是一回事。或者可以说以道德的涵养淹没了求知。虽然道德也是一种知识，但道德的重心在于涵养，同一般的知识有着不同的要求。因此，格物、致知、正心、诚意的《大学》的进修之术，被程颐解释为以正心诚意来统帅格物致知，反映了儒学对探寻事物规律的自然科学的轻视倾向。程颐强调一物有一物之理，应该穷致其理，但儒学的传统强调道德优先的立场，首先考虑的不是知识的增长，而在于如何做人，如何成为圣人。他提出的理有义理知识、道德评价以及道德实践中的恰如其分三个方面，都是以道德为中心。程颐反对“只格一物而万理皆知”的说法，看到了道德修养的理论与实践之间的复杂关系，他认为格物“须是今日格一件，明日又格一件，积习既多，然后脱然自有贯通处”（同上）。从教育学的原理看，这是符合客观实际的认识。广泛地格物，循序渐进，至脱然贯通，也正是程颐曾多次强调的类推主张的具体化。他总结自己的修养方法论为“涵养须用敬，进学则在致知”（同上），成为日后朱熹思想的重要依据。

前面我们说过，程颐以为心体的中和状态本与天理同一，不过，这只是一种理论上的预设，更多考虑的是如何涵养本心，达到明觉。由于心的表现在于情欲、意志等活动形式，程颐以为，心体固然在本质上是清澈纯粹的，但由感而发的情欲，却破坏了它的宁静。虽然不能把欲望看作挣脱了心体的闯祸的魔鬼，但以情合性却是心灵平和的关键，涵养工夫即要求通过发明义理，来使性情处于中和。程颐认为，依据圣人留传的经典的圣训，体会其深切意蕴，不仅不会使心疲劳，反而可使心灵清明。他写下了自己真切的体会：“有谓因苦学而至失心者。学本是治心，岂有反为心害？某气本不盛，然而能不病、无倦怠者，只是一个慎。生不恣意，其于外事，思虑尽悠悠。”（《遗书》卷十五）程颐承认自己不是天分甚高、身体强健之人，但他虽苦学，却不因苦学导致心力劳损，他的经验是“慎生不恣意”。慎生不恣意其实就是不放纵感官欲望，这样就有“思虑尽悠悠”的从容不迫。

程颐又提出诚敬与忠恕是保障心体明觉的手段的思想。诚敬是指内向性的原则，忠恕则是外向的处事之方。“入道莫如敬，未有能致知而不在敬者。今人主心不定，视心如寇贼而不可制，不是事累心，乃是心累事。当知天下无一物是合少得者，不可恶也。”（《遗书》卷三）这讲的是诚敬的原则。诚敬主要指内心的警觉，同时还指容貌动作的严整恭顺。至于忠一般而言指对别人的尽心负责，恕则表明能容忍别人的不足，皆为普遍的道德准则。程颐看到了不可过于执持诚敬，而是只有忘敬之后才能无不敬，从而构成了诚敬与洒落的对立统一。程颐认为，常人对事的好恶，造成了以心累事的可怕结果，如能坦然处之，则可心地裕如。以诚敬而又洒落的态度应事，处于恒常，这即是人道的方法和根本要求。

程颐说："敬则无己可克，始则须绝四。"（《遗书》卷十五）克己复礼的修养路线，程颐以为是建立在毋"意、必、固、我"的方法主张中的，由于敬体现了仁的精神，因此，敬则无己可克则表明复礼过程的终结，即绝四是克己过程中必不可少的具体要求。相对而言，儒家由于不重视对自然的探寻，因此其穷理为"由经穷理"（同上），在内容上极为狭隘，程颐自己也指出了这一点。

> 古人有声音以养其耳，采色以养其目，舞蹈以养其血脉，威仪以养其四体。今之人只有理义以养心，又不知求。（《遗书》卷二十二上）

"今之人只有义理以养其心"的喟叹，道出了先秦儒门六艺传统的失落，因音乐、绘画、舞蹈、威仪尽数被佛、道收拢过去，他很不愿意再从佛、道那里拿过来为己所用。程颢曾见寺僧出入有节，感叹"三代威仪尽在此"，反映了儒学当时的不振形势。只有义理养心实在出于无奈。

把程颐的修养主张概括为穷理尽性以至于命，大体上不错。程颐认为性理命三者本来一致。他说："理也，性也，命也，三者未尝有异。穷理则尽性，尽性则知天命矣。天命犹天道也，以其用而言之则谓之命，命者造化之谓也。"（《遗书》卷二十一下）穷理尽性知命在内容上却有所分别。从为己与为人的区别看，穷理是通过经籍来明了自身的行为准则，尽性则要求将存于自身的价值充分发挥出来，知命表示主体的能动性发挥的最大限度。其理论的根据则是，"心，道之所在；微，道之体也。心与道，浑然一也。对放其良心者言之，则谓之道心；放其良心则危矣"。所以说惟精惟一是"所以行道也"（同上）。良心放者不能谓之无道心，只是放者危。因能收其放心，还是因为道在心，且浑然一体，以正心诚意、格物致知的克己功夫来对治放心之危，即是回复天理的过程，也是人性自觉的唯一途径。

## 三、“大中”的理想目标与处事方式

程颐的思想主张，落实在两方面：从个人来讲，学以致圣；从化成社会来讲，是要实现大中的清明政治。这两者是统一的，此即所谓内圣外王之道。非常值得注意的是同一时期的王安石与道教学者陈景元，也都有类似的主张。

程颐从存在论的高度论证了人的价值与特殊地位，“天地交而万物生于中，然后三才备，人为最灵，故为万物之首。凡生天地之中者，皆人道也”，“天地之气不交，则万物无生成之理。上下之义不交，则天下无邦国之道。建邦国所以为治也”（《易程传·泰》）。人生天地之间，为万物之灵，而有人群则必有上下分义所在，国家的建立与社会的安宁，正是其理的体现。

“天下之志万殊，理则一也。若子明理，故能通天下之志。圣人视亿兆之心犹一心者，通于理而已。文明则能烛理，故能明大同之义；刚健则能克己，故能尽大同之道，然后能中正合乎乾行也”（《易程传·同人》）。虽然天下人志向不同，其与致公之理则无二。仁人君子因其明理，故能表达天下人的共同理想向往。圣人能行化万民，也是这样。大同即是天下有道的政治局面与个人价值的充分发挥，而君子兆民不失其节，奋发努力，才有家给人足的结果。

程颐认为，贤人君子作为个体存在，其能力的发挥受到社会环境的制约，能者在位、贤者在职是正常的或理想的社会条件下的产物。如果不是，则是不偶于时，则应守其志节。程颐赞扬云：“不屈道以徇时，既不得施设于天下，则自善其身，尊高敦尚其事，守其志节而已。士之自高尚，亦非一道：有怀抱道德，不偶于时，而高洁自守者；有知止足之道，退而自保者；有量能度分，安于不求知者；有清介自守，不屑天下之事，独洁其身者。所处虽有得失小大之殊，皆自高尚其事者也。”（《易程传·蛊》）。时位失节的动乱年代，是检验个人节操的严峻关头，因理有固然，势有必至，既然个人的力量不足改变和挽回混乱的政治形势，那么，洁身自好而非助纣为虐，保持个人人格的独立与自尊，当然是可贵的。孟子所谓达则兼济天下，穷则独善其身是也。其前提即是明理、知所以止之之道，行无妄之行，不能有丝毫的错位。

程颐认为，一人之身，系天下人之身，动静言语，莫不与天下安危息息相通。他希望“观其象以养其身，慎言语以养其德，节饮食以养其体。不唯就口取养义，事之至近而所系至大者，莫过于言语饮食也。在身为言语，于天下则凡命令政教出于身者皆是，慎之则必当而无失；在身为饮食，于天下则凡货资财用养于人者皆是，节之则适宜而无伤。推养之道，养德养天下，莫不然也”（《易程传·颐》）。这是说，中为道体的原则，正为行为之宜，君上与臣下的交相养本来自天命。《易》中所谓饮食言语，具有丰富深刻的象征意义。虽然言语与饮食乃小道，它却表示了对一个君子的要求，政教命令以其言而验之于身，货资财用因利之于我而慎其度，使其各得其分，以养天下人之身，如此中和之善现矣。

能够实现交养之道，关键要克私无我。程颐认为，“夫人中虚而能受，实则不能入矣。虚中者，无我也。中无私主，则无感不通。以量而容之，择合而受之，非圣人有感必通之道也”（《易程传·咸》）。中虚无我与揣摸估量的计度之心是对立的，真正的无我是随感而应。圣人之所以能如此，因为他是真正无我的。

> 夫贞一则所感无不通，若往来憧憧然，用其私心以感物，则思之所及者有能感而动，所不及者不能感也，是其朋类则从其思也，以有系之私心，既主于一隅一事，岂能廓然无所不通乎？《系辞》曰：“天下何思何虑？天下同归而殊途，一致而百虑，天下何思何虑？”夫子因咸极论感通之道。夫以思虑之私心感物，所感狭矣。天下之理一也，途虽殊而其归则同，虑虽百而其致则一。虽物有万殊，事有万变，统之以一，则无能违也。故贞其意，则穷天下无不感通焉，故曰：“天下何思何虑？”用其思虑之私心，岂能无所不感也？（同上）

有系之心即私心，不是无我，无我是心与理一，感而必发，而非专注于某一对象。程颐以为，圣人之心如同天地交感生物一样，都是处于中正才可廓然无所不通。如果偏狭于一物，当然是感于此而失于彼。正因为有其本然之同，故途虽万殊，虑虽百发，但致一却理同虑合，所以无往而不通。因此说，“君子潜心精微之义，入于神妙，所以致其用也”（同上）。在程颐看来，掌握了无心的要义，即可“利其施用，安处其身，所以崇大其德业也”（同上）。圣人之所以为圣，完全在于“所为合理，则事正而身安，圣人能事尽于此矣”（同上）。他的结论是，“穷极至神之妙，知化育之道，德之至盛也，无加于此矣”（同上）。穷神知化概括了程颐对本体方法的最终要求。由于“体用一源，显微无间”保证了天道人心的统一，实现人心明觉格物致知，慎独诚敬的方法原则始终是以返归道心的努力才能落在实处。他讲“天地无心而成化，圣人有心而无为”，当然是这一认识的必然反映。从天地成化的生化历程，决定了人与本原一致且存在不同的理由，从圣人无心又揭示了如何学以致圣的内在根据与方法，两者不可偏废。在程颐的思想中，不论是对本体还是方法的讨论，最终是要指明道德实践的意义与价值的，以个人的刚健之行，顺乎无妄之真，其具体的实践才真正有意义。所以他说：“内积忠信，所以进德也，择言笃志，所以居业也。知至至之，致知也。求知所至而后致之，知之在先，故可与几，所谓‘始条理者知之事也’。知终终之，力行也。既知所终，则力进而终之，守之在后，故可与存义，所谓‘终条理者圣之事也’。此学之始终也。”（《易程传·乾》）后来朱熹把它简明地概括为“论先后，知为先，论轻重，行为重”的思想。

从宋明理学的整个倾向，我们说它是道德理想主义应该不过分。它的理论合理性与不足之处皆由此表现出来。修齐治平的理想设计，只能在君子身上有条件有可能得到贯彻，这固然承认人都不失为君子，高扬了人性。可现实生活的复杂，又如何保证人人皆能做到这一点，显然不易解决。程颐很自信，他以为，“夫有物必有则，父止于慈，子止于孝，君止于仁，臣止于敬，万物庶事莫不各有其所，得其所则安，失其所则悖。圣人所以能使天下顺治，非能为物作则也，唯止之各于其所而已”（《易程传·艮》）。圣人不为物作则当然是对的，但各止其分却都是单一的道德行为，从而切实保障人道原则，岂正心诚意所能及，道德理想主义空泛软弱的流弊由此可见。

考察宋儒的功绩，在于重新恢复了儒学的生命力，把民族文化光大起来。程颐以其50余年的理论创作，成为朱熹之前最丰富完整的思想体系。这是不能否认的。同样应该承认，他的伦理道德修养学说，至今还有许多方面具有现实的意义。他的理论成就，除了个人的努力，离不开他出入释老、广泛吸收的理论素养，与对儒学的认同感。我们认为，程颐的理学体系，许多的内容来自道教，也受到了佛学的很大影响。其关于真元之气、无我等论述，明显源自唐代道教哲学。在他的著作中，大量的是对老、庄、列等道家著作的评价，对佛学多集中在生死轮回的批判上，也可说明这一点。

## 第六节　朱熹的伦理学说

朱熹（1130—1200），字元晦，一字仲晦，号晦庵。祖籍徽州婺源（今属江西）。朱熹本人生于福建的尤溪，长期居住在崇安、建阳讲学，因此历史上称他的学派为“闽学”。朱熹是宋代理学的集大成者，在对后世的影响上与程颐齐名，因为他在思想上较多地承继了伊川的学说，所以后世将二者的学说并称为“程朱理学”。伦理学说是朱熹思想的重心所在，也是整个宋明理学的重心所在。

### 一、心性诸说

朱熹的心性学说是奠基于他的理气观之上的。他认为，一切事物都是理与气构成的，气是构成一切事物的材料，理是事物的本质和规则。他说：

> 天地之间，有理有气。理也者，形而上之道也，生物之本也。气也者，形而下之器也，生物之具也。是以人物之生，必禀此理然后有性；必禀此气然后有形。（《语类》九十五）

人物的本质都来源于天理。人性，究其本来面目，实际上就是天理。朱熹常以“太极”指称“天理”。他说：

> 盖合而言之，万物统体一太极；分而言之，一物各具一太极也。

一切事物的太极都是同一的、无差别的，而且每一事物的太极与作为整个宇宙本体的太极也是无差别的。这一太极即是人物之性。笼统地说，我们可以将朱子的性即理的思想阐说如上，但心性之间细微的辨析，还远不仅如此。

#### 1. 气质之性与天命之性

“性”这一概念在朱熹思想中有两种含义，一是指天命之性，一是指气质之性。

朱熹在自己的理气观的基础上，在人的本性与天理之间建立起了直接的联系。他认为，站在万物的立场上，人物之性是从天禀受而来的；而从天的角度看，则可以说是天赋与了万物的本性。在朱熹看来，天理被赋与到人物身上所成的性即是“天命之性”。

“天命之性”来源于天，是一切先天的善的品质的根源。对于恶的品质的来源，朱熹继承了程颐的思想，认为恶的品质同样有先天的根据。在人禀受的气质中，有清浊偏正的不同，所禀气质的昏浊偏塞是人的恶的品质的根源。

朱熹说：

> 程先生说性，有本然之性，有气质之性。人具此形体，便是气质之性。“才说性”，此性字是杂气质与本来性说。“便已不是性”，这性字却是本然性。(《语类》九十五)

一旦形气已具，理有安顿，这时现实人物表现出来的性由于受到气质之性的影响已经不是本然的性，而是杂气质之性与本然之性。这时的性反映出的，既有理的作用，也有气的作用。在理的作用下，人的行为是纯善无恶的；而在气的作用下，人的行为则可善可恶。受昏浊之气的支配，人便可能做出违背道德规范的行径。而为学的目的，即是“变化气质”。

在朱熹看来，区分了两种性的观念，历史上的人性争论就自然而然消除了。所谓性恶或性善恶混，讲的都是气质之性，而非天地之性，因天地之性即是理，是纯善的。

2. 性情之别

朱熹对性、情概念作了十分严格的区分，他说：

> 恻隐、羞恶、辞让、是非，情也。仁、义、礼、智，性也。心，统性情者也。端，绪也。因其情之发，而性之本然可得而见，犹有物在中而绪见于外也。(《孟子集注》卷三)

性是情的根本，情是性的发用。性隐而不显，需通过恻隐、羞恶、辞让、是非等情方能显发出来。性是不可见的内在本质，朱熹亦称之为“未发”；情是可见的外在表现，因而被称为“已发”。

朱熹以性体情用的方式解决性情的关系，虽然解释了普遍存在于人们心中的善的情感的来源，从而很好地继承了孟子的性善论。但事实上，人们除了恻隐、羞恶等善的情感外，还有喜怒哀乐等不完全是善的情感。中国传统哲学历来讲喜怒哀乐爱恶欲七情，这些情感显然不完全是“仁义礼智”之性的表现。这样一来，简单地以为性体情用，便会使不善的情感的来源变得无法解释。朱熹后来讲“四端是理之发，七情是气之发”（《语类》五十三），援用气质之性和天命之性的理论来解决这一矛盾，但这种解释未能产生大的影响，在朱子那里也未得到过多的强调。似乎朱子本人并没有意识到其中的问题。

3. 未发已发

“未发”“已发”两个概念源于《中庸》。《中庸》说：“喜怒哀乐未发谓之中，发而皆中节谓之和。”关于“未发”“已发”的讨论是中国哲学史上很重要的问题，这一问题习惯上亦称“中和问题”。围绕中和问题，朱熹曾发生过两次重要的思想转变，一次发生在乾道丙戌年，一次发生在己丑年。朱子的前后两次中和之悟，对于他的心性论学说以及道德修养理论都发生了极重大的影响。

朱熹早年师从李侗，从而获知“道南一派”（从杨时至李侗）的“体验未发”之旨。所谓“体验未发”，就是以为人有“喜怒哀乐”不曾发显的时候，此时人的任何情感皆处于隐而未显的状态，这种状态无所偏倚，因此被叫作“中”。杨时、李侗等人认为道德修养就是通过静坐体验这种未发的中的状态，一旦达到这种状态，就可以在应事接物中做到“发而皆中节”。朱熹对这种修养方法没有很深的体会。因此，在乾道丙戌年，他忽然悟道：

> 人自婴儿以至老死，虽语默动静之不同，然其大体莫非已发，特其未发者为未尝发耳。

在这次思想转变中，朱子否定了未发阶段的存在，而这实际上使他在道德修养方法上，抛却了静处的一段工夫。

丙戌之悟在很短的时间内便被推翻了。朱子在乾道己丑，“忽自疑斯理”，于是“亟以书报钦夫及尝同为此论者”。此书即《文集》六十四《与湖南诸公论中和第一书》。其文曰：

> 按《文集》《遗书》诸说，似皆以思虑未萌、事物未至之时为喜怒哀乐之未发。当此之时，即是此心寂然不动之体，而天命之性当体

具焉。以其无过不及、不偏不倚故谓之中。及其感而遂通天下之故，则喜怒哀乐之性发焉，而心之用可见。以其无不中节，无所乖戾，故谓之和。

未发体段的重新建立是已丑之悟的主要特点。

朱熹的已发未发说中，已发、未发实际上有两种含义：其一，以“未发”“已发”作为心理活动的不同状态和阶段。我们上面看到的丙戌、己丑两次思想较变中，“未发”“已发”都是在这样的意义上加以使用的；其二，以未发为性，已发为情。

4. 人心道心

朱熹认为，人的一切思维活动都是心之所发，出入无时，千思万虑，都是心的作用。人的所知所觉，按其内容可分为两种：

此心之灵，其觉于理者，道心也；其觉于欲者，人心也。（《文集》卷五十六）

合于道德原则的知觉是“道心”，以个人感性欲望为内容的便是“人心”。但“道心”“人心”之别，不同于“天理”“人欲”之别。

朱熹说：

人心亦不是全不好底，故不言凶咎，只言危。（《语类》七十八）

人心并不全恶，只是很容易流入恶的一边，因此是“危”。

而天理、人欲之别，则并不如此：

只是一心，合道理底是天理，徇情欲底是人欲。（同上）

“人欲”显然是与天理对立而必须去除的恶的欲念，而“人心”却并非如此。朱熹反对将“人心”与“人欲”等同，他说：“人心人欲也，此语有病，虽上智不能无此，岂可谓全不是。”（同上）。朱子认为，像饥饱寒暖这样的感性欲望，是人人皆有、发于天然的，并不违背道德规范，只是因为是从感性的欲望出发，倘若不加以节制，便会流于恶的一边。这里，我们可以看到，后世像戴震等人对理学的批判，虽然确有其事实上的根据和指向，但也不免有过激的嫌疑。事实上，后世理学的流弊所造成的危害，有它历史的原因，并不一定是因为理学本身便必然会引发这些弊端。这一点，是我们今日探讨和研究宋明理学时，应该特别注意的。

### 5. 心与理一

朱熹在很多场合下，都提到“心即理”。但另一方面他又经常说“心包万理”。这实在有判心、理为二物的嫌疑。而实际上，朱熹更加强调的是“心与理一”。

李侗很早即明确地提到“理与心为一，庶几洒落”，朱熹实际上也完全继承了这一思想。他临终时说：

> 为学之要，惟事事审求其是，决去其非，积集久之，心与理一，自然所发皆无私曲。(江永《考订朱子世家》)

朱子的“心与理一”显然不是陆王心学意义上的“心即理”。朱熹所强调的“心与理一”，实际上是经过长期道德涵养和实践，使一切行为都能毫不勉强的从容中道。朱熹说：“心与理一，不是理在前面为一物，理便在心之中。”这里所讲的心与理一，仍未完全摆脱“心包万理”的意味。后人多反对朱子判心、理为二物，这在一定程度上，也确是朱子学的问题所在。

## 二、修养方法诸说

宋明理学的心性学说甚为发达，这一点，无论理学还是心学都是如此。心性理论的探究，其目的在于确立修养的具体方法。朱子的心性学说也正是为他的涵养工夫做准备的。

朱子的为学工夫，与他的心性学说一样，也几经变迁。一直到乾道己丑的中和之悟以后，他才确立了一生的学问大旨，即“涵养需用敬，进学则在致知”。下面我们分别讨论朱熹的涵养工夫发展的几个阶段。

### 1. 体验未发

朱熹早年泛滥于佛老，后来师事李侗，承接了“道南一派”相传指诀——体验未发。

朱熹说：

> 余蚤从延平李先生学，受《中庸》之书，求喜怒哀乐未发之旨，未达而先生没。(《中和旧说序》)

而李侗所说的“体验未发”，据李侗自己所说，实际上也就是从静坐入手。李侗曾与朱熹书说：

> 某曩时从罗先生问学，终日相对静坐。只说文字，未尝一及杂语，先生极好静坐，某时未有知，退入堂中亦只静坐而已，先生令静中看喜怒哀乐未发谓之中，未发时作何气象。(《延平答问》庚辰五月八日书)

朱熹亦曾说：

> 李先生教人，大抵令于静中体认大本未发时气象分明，即处事应物自然中节，此乃龟山门下相传指诀。(《文集》四十，《答何叔高二》)

朱熹当时并未对体验未发的方法有很深的契悟，故在丙戌之悟时，将整个“体验未发”的手段完全推倒。然而李侗的教诲始终对他发生着影响，丙戌之悟后很短时间内，朱熹再次改变前说，回到注重未发体验的老路，实与这种影响有关。

朱熹在李侗生前死后都对“体验未发”做过很大的努力，但他始终未曾得到这种“体验”，这也是明显的事实。

2. 察识端倪

朱熹丙戌年发生的重大转变表明他彻底放弃了“体验未发”的努力。

朱熹乾道八年曾作《中和旧说序》，其文曰：

> 余蚤从延平李先生学，受《中庸》之书，求喜怒哀乐未发之旨，未达而先生没。
>
> 余窃自悼其不敏，若穷人之无归。闻张钦夫得衡山胡氏学，则往从而问焉。钦夫告予以所闻，余亦未之省也，退而沉思，殆忘寝食。一日喟然叹曰：“人自婴儿以至老死，虽语默动静之不同，然其大体莫非已发，特其未发者为未尝发耳。”(《文集》卷七十五)

在丙戌之悟中，朱熹开始认为心无未发之时，这使他的工夫论转向以察识为主。

朱子在《与湖南诸公论中和第一书》中说：

> 向来讲论思索，直以心为已发，而日用工夫亦止以察识端倪为最初下手处。

而所谓“察识端倪”，实即“随事省察，即物推明”。随时随地做此

“省察”工夫，是朱熹丙戌之后、己丑之前的主要工夫。

3. 主敬以立其本

丙戌之悟后不到三年时间，朱熹的思想又发生了一次重大转变，这就是己丑之春的中和之悟。

朱熹在《与湖南诸公论中和第一书》中如是说道：

> 然未发之前不可寻觅，已发之后不容安排，但平日庄敬涵养之功至而无人欲之私以乱之，则其未发也镜明水止，而其发也无不中节矣。此是日用本领工夫，至于随事省察，即物推明，亦必以是为本而于已发之际观之，则其具于未发之前者固可默识。……向来讲论思索，直以心为已发，而日用工夫亦止以察识端倪为最初下手处，以故缺却平日涵养一段工夫。

己丑之悟的最大特点在于朱子重新肯定了心的未发阶段的存在，从而确立了静处涵养的一段工夫。在朱子看来，“察识端倪”或“随事省察”作为道德修养的手段，并非完全没有效果。但既然心有一念不生的未发状态，且此状态又是使各种情感念虑“发而中节”的根本，那么体察和涵养这种未发状态，便显得更加重要。事实上，无论是静处涵养，还是随事省察，始终贯于其中的，是时时刻刻持敬勿失的心态。这样一来，我们可以看到，朱熹在己丑之后，虽然再次认识到静时“涵养一段工夫”的重要性，但他始终和“道南一派”体验未发的道路不相契合，己丑之悟，实际上使他回到了程颐理性主义的道路。

“持敬以立其本”，是朱子涵养工夫的最后定论。朱熹说：

> “敬”之一字，真圣门之纲领，存养之要法。(同上)

而要做到“敬”，就必须常常保持心的警醒的状态。《语类》卷十二载：

> 大抵学问须是警省。且如瑞岩和尚每日间常自问：“主人翁惺惺否?”又自答曰：“惺惺。”
>
> 心，只是一个心。非是以一个心治一个心。所谓“存”，所谓“收”，只是唤醒。

“主敬”在宋明理学，特别朱熹这里，常常被视作为一种戒慎恐惧的状态。朱熹说：

> 敬非是块然兀坐。……只是有所畏谨不敢放纵，如此，则身心收敛，如有所畏。（同上）

戒慎恐惧并非畏惧，是完全没有对象的一种警觉。“主敬”作为朱熹涵养德性的主要手段，一直受到他的高度重视，也是他教导弟子的重要教法之一。

4. 格物穷理

在朱熹看来，仅仅是持敬，还并非彻上彻下的根本手段，“敬”需济之以“义”，即“敬义夹持”。

《语类》卷十二载：

> 敬有死敬，有活敬。若只守着主一之敬，遇事不济之以义，辨其是非，则不活。若熟后，敬便有义，义便有敬。静则察其敬与不敬，动则察其义与不义。……须敬义夹持，循环无端，则内外透彻。

“义”即对是非的判断，这种判断与学识的深浅有关。朱子因而坚持在“主敬以立其本”的同时，需要“穷理以进其知”。事实上，在现实的社会中，对伦理仪节的认识是伦理实践不可缺少的一环，朱子在这一点上，确乎达到了极具洞见的结论。

朱熹的格物穷理学说，完全继承了程颐的思想并有所发展。

“格物”是《大学》八条目之一，历来有不同的解释，在朱熹的思想里，“格物”有三层含义：第一是“即物”，第二是“穷理”，第三是“至极”。格物思想的核心是穷理，但穷理不能离开具体事物，穷理又必须穷至其极。

朱熹说：

> 格，至也。物，犹事也。穷至事物之理，欲其极处无不到也。（《大学章句·释经》）

又说：

> 是以大学始教，必使学者即凡天下之物，莫不因其已知之理而益穷之，以求至乎其极。（《大学章句·补传》）

格物指努力穷究事物之理，而当人们通晓了事物之理以后，人的知识也就彻底完备了。而人对是非的判断，与其知识的完备程度是直接相关的。

格物并非一蹴而就的工作，它有着一个渐进和积累的过程，朱熹十分赞赏程颐的一段话："今日格一件，明日格一件，积习既多，然后脱然自有贯通处。"（《二程遗书》十八）朱熹在《大学章句》中也说：

> 是以大学始教，必使学者即凡天下之物，莫不因其已知之理而益穷之，以求至乎其极。至于用力之久，而一旦豁然贯通焉，则众物之表里精粗无不到，而吾心之全体大用无不明矣。

格物是一个积渐的过程，格物格得多了，自然会使人产生一种超然的领悟，从而达到豁然贯通的境地。

5. 致知与涵养

朱熹己丑之后回到程颐理性主义的老路上，从而确立了他一生的"学问大旨"即"主敬以立其本，穷理以进其知"。"主敬"是"涵养"手段，"穷理"是"致知"方法，二者作为基本的修养门径，是不能说有什么先后轻重之分的。

朱熹说：

> 涵养穷索二者不可废一，如车两轮，如鸟两翼。（《语类》卷九）

又说：

> 学者工夫唯在居敬穷理二事，此二事互相发，能穷理则居敬工夫日益进，能居敬则穷理工夫日益密。譬如人之两足，左足行则右足止，右足行则左足止。（《语类》卷九）

所谓"互相发"，是指涵养与致知两种工夫相互联系，相互促进。二者是相辅相成、缺一不可的。

朱熹的伦理学，在中国的伦理思想史上，占据着极为重要的地位。他承继了北宋理学家如二程、张载、邵雍等人的思想，而加以系统精密的整理，这使他的理论体系"博大"而"精深"，从而对后世产生了深远的影响。朱熹在一生中，克己力行，有着很高的道德和学术修养，他为中国文化所做出的贡献是永远不可磨灭的。

## 第七节 陆九渊心学的伦理学说

陆九渊（1139—1193），字子静，江西抚州金溪人。他曾于贵溪象山讲学，自称象山居士，故以象山先生名世。陆九渊是南宋著名的思想家，也是宋明理学中最具影响的人物之一。他的思想与程朱理学不同，因其最强调本心的作用，后人又将他的学说和明代思想家王守仁的学说并称为陆王心学。和朱熹一样，伦理本位也是陆象山哲学的基本特点，但二者对于心性的认识，以及道德修养方法的理解，都有很大的不同。

### 一、心即理

在陆九渊的论述中，“心”是最为重要的概念。对于陆九渊而言，“心”即是“本心”。

陆九渊说：

> 孟子曰：“所不虑而知者，其良知也。所不学而能者，其良能也。”此天之所与我者，我固有之，非由外铄我也，故曰：“万物皆备于我，反身而诚，乐莫大焉。”此吾之本心也。（《陆九渊集》卷一）

在陆九渊看来，任何人先天都有善的意念，这种善的意念是道德行为的基础和根据。这种先验的道德理性，陆九渊称之为本心。

从陆九渊的论述中，我们可以看到，陆九渊“本心”的概念根源于孟子。“本心”这一概念，无论是在孟子还是在陆九渊那里，指的都是人的先验的道德意识。这种说法强调道德意识是每个人心的本来状态，它存在于任何时代任何人身上，是永恒、普遍的。

任何人具有的本心都是相同的，他说：“心只是一个心，某之心，吾友之心，上而千百载圣贤之心，下而千百载复有一圣贤，其心亦只如此，心之体甚大。”（《陆九渊集》卷三十五）而宇宙的理也是唯一无二的。陆九渊说：“塞宇宙一理耳，学者之所以学，欲明此理耳。”（《陆九渊集》卷十二）既然万人一心，万物一理，此心此理实际上是合一的。他说：

> 盖心，一心也；理，一理也，至当归一，精义无二，此心此理实

不容有二。(《陆九渊集》卷一)

心即是理。由于陆九渊并未明确区分“心”与“本心”的异同，这样一来，“心即理”便造成这样的误解：陆九渊以为一切知觉活动都合乎理。这一误解，实在是由于陆九渊未能严格地使用概念造成的。

陆九渊的心即理说，强调人的内在道德准则与宇宙的普遍之理具有同一性，而不是以为宇宙的根源是人的本心，这一点是需要澄清的。

## 二、修养方法

整个宋明理学均奠基于孟子的“性善论”，人的本性的纯善无恶，是人能成圣成贤的根据。但每个人现成的意识还并非理想的状态，而要达到这一状态，就需要通过不断的道德修养。对修养方法的探讨是宋明理学的重要课题，陆九渊的心学思想也未能例外。

北宋以来的理学思潮，论及修养工夫时多诉诸《大学》的“格物”。程颐将格物解释为穷理，在当时的学术界影响很大。陆九渊对这一问题的讨论在很大程度上也受到这种影响。他说：

格，至也，与穷字、究字同义，皆研磨考索以求其至耳。(《陆九渊集》卷二十)

在训“格”为“至”，以为“格”即穷究至极这一点上，陆九渊与程朱是一致的，这与后来王阳明训“格”为“正”有极大的不同。

陆九渊认为“格物”为工夫的下手处。《语录》载：

先生云：“致知在格物，格物是下手处。”伯敏云：“如何样格物?”先生云：“研究物理。”伯敏云：“天下万物不胜其繁，如何尽研究得?”先生云：“万物皆备于我，只要明理。”(《陆九渊集》卷三十五)

粗看之下，似乎陆九渊在对格物的理解上与朱熹并无不同。但仔细推详，则朱陆在这一点上实在分歧很大。朱熹强调多读书识义理，强调经典传注，陆象山则反对这一点，以为于增进德行无益。他说：

且如“弟子入则孝，出则弟”，是分明说与你入便孝、出便弟，何须得传注？学者疲精神于此，是以担子越重。到某这里，只是与他减担，只此便是格物。

二者之所以有这样的差别，主要是陆九渊所谓“研究物理”，究其实质是发明本心，他说：“格物者，格此者也。”（同上）所谓“格此者也”就是格心，也即发明本心。既然此心万理悉备，那么，只要将遮蔽此心的恶念除去，本心自明，万理自备，实在不需向外寻求。因此“象山教人终日静坐以存心，无用许多辩说劳攘”。

静坐明心是象山修养方法的根本所在，据他的弟子记载：

先生谓曰：“学者能常闭目亦佳。”某因此无事则安坐瞑目，用力操存，夜以继日，如此者半月。一日下楼，忽觉此心已复澄莹中立。窃异之，遂见先生。先生目逆而视之曰：“此理已显也。”某问先生：“何处知之？”曰：“占之眸子而已。”（同上）

陆九渊静坐明心的方法，与道南一派体验未发实有相通之处。

## 三、鹅湖之会

鹅湖之会发生在淳熙二年（1175）。吕祖谦约陆九渊及其兄陆九龄至信州铅山鹅湖寺，与朱熹相会。会间对于治学方法展开了激烈的争论。据当时随陆九渊与会的朱亨道记述：

鹅湖之会论及教人，元晦之意欲令人泛观博览而后归之约，二陆之意欲先发明人之本心而后使之博览；朱以陆之教人为太简，陆以朱之教人为支离，此颇不合。

这一段记述对于鹅湖之会中，朱陆二人的争论和主要分歧，表述得相当准确。陆九渊在鹅湖会上作诗来表述对朱熹治学方法的反对，其诗曰：

墟墓兴衰宗庙钦，斯人千古不磨心；涓流积至沧溟水，拳石崇成泰华岑；易简工夫终久大，支离事业竟浮沉；欲知自下升高处，真伪先须辨只今。

陆九渊以为朱熹的方法支离琐碎，而自己提出的门径则是“易简工夫”。单就增进德性而言，陆九渊的方法确实简易直接，能够一以贯之。但在事实上，人们对道德仪节的认识程度，也确实是现实生活中道德践履的一个重要环节，相对而言，朱子的修养方法具有更多的现实意义，吕祖谦后来在一封信中，对这次争论的评价可为确论：

> 自春末为建宁之行，与朱元晦相聚四十余日。复同行至鹅湖，二陆及子澄清兄皆集，甚有讲诲之益。前书所论甚当，近已尝为子静言之。讲贯诵绎乃百代为学通法，学者缘此支离泛滥自是人病，非是法病，见此而欲尽废之，正是因噎废食。然学者苟徒能言其非而未能反己就实，泛泛汩汩，无所底止，是又适所以坚彼之自信也。(《吕东莱文集》卷四)

鹅湖之会是中国思想史上极为重要的一次事件，其中的讨论，对于今天的伦理学研究，仍有现实意义。

**四、义利之辨**

宋孝宗淳熙八年（1181）春，陆九渊到南康拜访朱熹。当时朱熹修复了庐山白鹿洞书院，陆九渊来访时，朱便请陆登讲席，为诸生讲《论语》中“君子喻于义，小人喻于利”一章。这次演讲极为成功，也是朱陆交往中，表现得最为和谐的一次。

陆九渊认为，决定一个人是否有道德的人，主要不在于他的表面行为，而在于他的内心动机。一个人行为再好，假如他的动机是为了追求私利，那他也不能被视作君子。

陆九渊对于义利的看法，是始终如一的。他的学生傅子渊、陈正己有一段对话，很能表现陆九渊在这个问题上的根本取向。陈正己问：“陆先生教人何先?”傅子渊曰：“辨志。”陈又问：“何辨?”傅子渊答曰：“义利之辨”。

一个人如果是君子，那么他的内在动机必须是从道德原则出发，只有从道德原则出发的，符合道德原则和道德规范的行为，才是道德的。在这个意义上，所谓义利之辨，“义”即道德动机，“利”即利己动机。在陆九渊看来，道德原则与利己主义完全对立。

义利之辨并非要排斥任何建功立业的行为，事实上，对儒家来说，富民强国本身是不被排斥的，所要排斥的只是利己主义的动机。

陆九渊作为心学的代表人物，他对后世的影响是很大的。他的学说，极具启发性，但因缺乏系统、精密的分析，使他在宋明理学中的地位，远不及朱熹，在对文化的继承和整理上，其成绩更无法与朱熹相比。他所提出的“心即理”的思想，后来被王阳明继承，发展成为笼罩一代的心学思潮。

## 第八节　陈亮、叶适的伦理思想及其对理学的批评

### 一、陈亮的伦理思想及其对理学的批评

陈亮（1143—1194），字同甫，学者称龙川先生，浙江永康人。因其讲学永康，故历史上多称他的学派为“永康学派”。陈亮一生坎坷，学无师承，他的伦理思想主要保存在他与朱熹往来抗辩的书信中。陈亮与朱熹的辩论，从淳熙十一年到淳熙十三年，历时三年，其主要焦点是所谓“王霸义利”之争。这一次辩论，触及了伦理学中的许多重要问题，在中国伦理思想发展史上有着重要的意义。

#### 1. 成人之道

与朱熹要作“以醇儒自律”的君子儒的理想不同，陈亮主张做人要尽力做“大有为”的“英雄豪杰”。他在给朱熹的信中说：

> 研究义理之精微，辨析古今之同异，原心于秒忽，较礼于分寸，以积累为功，以涵养为正，睟面盎背，则亮于诸儒诚有愧焉。至于堂堂之阵，正正之旗，风雨云雷交发而并至，龙蛇虎豹变见而出没，推倒一世之智勇，开拓万古之心胸，如世俗所谓粗块大脔，饱有余而文不足者，自谓差有一日之长。(《又甲辰秋书》)

在这里，陈亮表明他要做一个“推倒一世”“开拓万古”的“智勇”人物。这个“智勇”，是本于孟子的“浩然之气”，而与仁义“交出而并见”，只有两者相兼，才是“成人之道”。陈亮说：

> 夫人之所以与天地并立而为三者，以其有是气也。孟子终日言仁义，而与公孙丑论“勇”一段如此之详，又自发为“浩然之气”。盖担当开廓不去，则亦何有于仁义哉？气不足以充其所知，才不足以发其所能，守规矩准绳而不敢有一毫走作，传先民之说而后学有所持循，此子夏所以分出一门而谓之儒也。成人之道宜未尽于此。(同上)

“成人之道”并非只在遵守道德规范而已，还应该建立功业，能够有

所“担当开廓”。这里，陈亮的功利主义思想充分地表现出来。

在为学的目的上，陈亮说：

> 人生只是要做个人。……“学”者，所以学为人也，而岂必儒哉？……管仲尽合有商量处，其见笑于儒家亦多，毕竟总其大体，却是个人，当得世界轻重、有无，故孔子曰：“人也。”亮之不肖，于今儒者无能为役，其不足论甚矣，然亦自要做个人。(《又乙巳春书一》)

为学的目的是要成人，而非成儒，这样的思想，在朱熹等人看来，无疑是异端邪说。陈亮强调“谋其利”“计其功”，显然是针对儒者“正其谊”“不谋其利”而发的。在这里道德评价的“效果论”和“动机论”的格格不入，得到了极为充分的体现。事实上，就伦理学观念而言，朱熹强调“立心之初”的动机，无疑有着他学理和事实的依据，但将动机论推到极处，甚至片面地排斥事功，其现实意义便减弱了许多。陈亮强调事功，在现实生活中，自然有他的依据，但全然不顾及动机的善恶，在道德评价中也难免失之偏颇。

2. 王霸义利

在对汉唐与三代的评价上，陈亮站在功利主义立场上，对汉唐以智力把持天下，做了充分的肯定。他说：

> 竞智角力，卒无有及沛公者，而其德义又真足以君天下，故刘氏得以制天下之命。……彼其初心，未有以异于汤武也。……虽或急于天位，随事变迁，而终不失其初救民之心，则大功大德，固已暴著于天下矣。……使汉唐之义不足接三代之统绪，而谓三四百年之基业可以智力而把持者，皆后世儒者之论也。(《陈亮集》卷三)

陈亮认为汉高祖、唐太宗，以其救民的功业，与儒家所谓行王道的汤、武无异。陈亮将“竞智角力”说成德义，显然是其功利主义伦理观的表现。

陈亮强调“义利双行、王霸并用”的观点，为证明这一看法的正确性，他费了很大周折反驳朱熹所谓三代以天理行，汉唐以人欲行，从而汉唐不如三代的说法。他指出，三代王道之治，实际上正是通过霸道来实现的，没有所谓霸道，不可能凭空产生出王道来。他说：

> 禹、启始以天下为一家而自为之。有扈氏不以为是也，启大战而胜之。汤放桀于南巢而为商，武王伐纣取之而为周。武庚挟管、蔡之隙，求复故业，诸尝与武王共事者欲修德以待其自定，而周公违众议举兵而后胜之。……使若三皇五帝相与共安于无事，则安得有是纷纷乎？

陈亮的这一反驳，对于朱熹来说，是难以回答的。实际上，朱子等人对历史的看法，显然有自己理想的成分，不一定便是事实，但并不能因此便以为朱熹的动机论毫无道理。实际上，片面的功利主义和片面的动机论，并非学理上难以讲通，只是其现实意义较少罢了。陈亮在理学极盛之时，独树一帜，其见识和胆气都甚可嘉许。他的伦理学说，虽然不无偏失，但对后世的启迪是巨大的。

## 二、叶适的伦理思想及其对理学的批评

叶适（1150—1223），字正则，学者称水心先生，浙江永嘉人。叶适思想渊源于其永嘉先辈。永嘉之学最初也是承接二程统绪的，然而从薛季宣开始，其风气一变而转为重视事功，从而与伊洛学风相背离。叶适思想直接渊源于薛季宣等人。他的学说在当时影响很大，甚至有与朱陆二派鼎足而立的趋势。叶适思想的重心并不在伦理学，但他所讨论的问题却与伦理学有着密切的关系。

### 1. 反对性善观念

叶适首先批评了理学家所宣扬的道统论。他说：

> 道始于尧，次舜，次禹，次皋陶，次汤，次伊尹，次文王，次周公，次孔子，然后唐、虞三代之道，赖以有传。（《习学记言序目》卷四十九）

对孔子以前的道的传承，叶适并无异义。但他对孔子传曾子、曾子传子思、子思传孟子的道统说却表示怀疑。至于程朱遥接尧、舜、禹、汤、文武、周公、孔子之学的说法，叶适更从根本上反对。

对于孔子以下的曾子、子思、孟子，叶适作了不同程度的批评。其中对孟子的批评最多，也最为严厉。叶适以为孟子的学说“专以心性为主”，而与古人“内外交相成之道”相背。他说：

按《洪范》，耳目之官不思而为聪明，自外入以成其内也；思曰睿，自内出以成其外也。故聪入作哲，明入作谋，睿出作圣，貌言亦自内出而成于外，古人未有不内外交相成而至于圣贤，故尧、舜皆备诸德，而以聪明为首。……夫古人之耳目，安得不思而蔽于物？而思有是非邪正，心有人道危微，后人安能常官而得之？舍四从一，是谓不知天之所与，而非天之与此禁彼也。盖以心为官，出孔子之后；以性为善，自孟子始。然后学者尽废古人入德之条目，而专以心性为宗主，致虚意多，实力少，测知广，凝聚狭，而尧舜以来内外交相成之道废矣。(《习学记言序目》卷十四)

在这里，叶适强调思维的作用本身有是非邪正的不同，心也有道心、人心、隐微和危殆的差别，因此不可只运用“心”的思维能力，而舍弃了耳目之官的作用。叶适认为，自从孟子强调“以心为官”“以性为善”以来，学者便“专以心性为宗主”，其结果是导致学者“虚意多，实力少”。对于孟子的性善论，叶适则说：

告子谓“性犹杞柳，义犹桮棬”，犹是言其可以矫揉而善，尚不为恶性者，而孟子并非之，直言人性无不善，……以此接尧舜禹汤之统。虽论者乖离，或以为有善有不善，或以为无善无不善，或直以为恶，而人性之至善未尝不隐然见于博噬、紾夺之中，……余尝疑汤“若有恒性”，伊尹“习与性成”，孔子“性近习远”，乃言性之正，非止善字所能弘通。

叶适认为，无论是说善还是说恶，都不能准确地概括和说明人性。对于人性，应当如孔子所说“性近习远”，才是正确的。叶适因此而得出结论，“古人不以善恶论性，而所以至于圣人”。

2. 义理与功利统一

黄宗羲在《宋元学案》中说：

永嘉之学，教人就事上理会，步步着实，言之必使可行，足以开物成务。(《宋元学案》卷五十二《艮斋学案》)

这段话，对永嘉学风概括得极为准确。叶适在薛艮斋（季宣）的基础上，进一步发展成重视实事实功的思想。叶适反对片面强调“义理”，完全不讲“事功”的思想倾向，认为应该把“义理”和“功利”统一起来，他说：

> 今世议论胜而用力寡，大则制策，小则科举，……皆取于华辞耳，非当世之要言也。虽有精微深博之论，务使天下之义理不可逾越，然亦空言也。盖一代之好尚既如此矣，岂能尽天下之虑乎！（《水心别集》卷十）

上述言论，显然是针对理学家而发的。理学家，如朱熹、陆九渊在伦理立场上，反对从功利出发，无疑是有着他们的道理的。但其流弊却导致人们只谈心性义理，而完全忽略事功。对于这一倾向，叶适的主张无疑是有着积极意义的。

### 三、小结

陈亮、叶适的功利主义伦理思想，在南宋理学特盛的背景下，是极其独特的。他们的理论，对于理学末流的空谈性理、不事实践，有着矫挽的作用。但由于他们单纯强调功利，而忽视了对道德原则本身的独立价值的肯定和研究，使他们的伦理学说缺乏理论深度，对于后世的影响也不大。

## 第九节　王阳明心学的伦理学说

王守仁（1472—1529），字伯安，谥文成。祖籍浙江余姚，青年时随父迁至山阴，后结庐在会稽山阳明洞，故号阳明子，学者都称他为阳明先生，学界也习称王阳明。他是明代理学最具影响的思想家，也是明代“心学”运动的代表人物。王阳明颇富创造精神，他的思想一脱程朱理学的经院习气，充满了生机和活力。和其他理学家相比，王阳明的伦理学说更为极端，也更为纯粹。他的思想体系，是中国伦理思想史上光辉的一页。

### 一、人格理想

成圣是古代儒者的终极关怀。“圣”字本义为聪明之士，春秋以降，圣作为德性与智慧的最高代表，成了诸家学说不能忽视的观念。传统的圣人观中，作为理想人格的圣人主要具有两个方面的特质，《孟子》说“仁且智，夫子既圣矣”（《孟子·公孙丑上》），仁代表道德境界的完满；智则表示智慧和拥有知识的程度。在传统的理学当中，这两方面的内容是缺一不可的。与理学不同，心学传统中，更强调“仁”的性格，而对于“智”的方面，一般都不予特别的重视，王阳明更是如此。

阳明以为，人首先要有为圣人之志。《传习录》下载：

> 何廷仁、黄正之、李侯璧、汝中、德洪侍坐，先生顾而言曰：“汝辈学问不得长进，只是未立志。”侯璧起而对曰：“珙亦愿立志。”先生曰：“难说不立，未是必为圣人之志耳。”对曰：“愿立必为圣人之志。”先生曰：“你真有圣人之志，良知上更无不尽。良知上留得些子别念挂带，便非必为圣人立志矣。”洪初闻时，心若未服，听说到此，不觉悚汗。（《阳明全书》三）

既立为圣人之志，然后人必须明确“圣人之所以为圣人者安在”。他说：

> 圣人之所以为圣人，惟以其心之纯乎天理而无人欲。则我之欲为圣人，亦惟在此心之纯乎天理而无人欲耳。（《阳明全书》七《示弟立志说》）

这样一来，圣人完全变成为一个道德人格的标准。对于这一点，阳明更以成色与分两的比喻，进一步做了说明。《传习录》上载：

> 希渊问：“圣人可学而至。然伯夷、伊尹于孔子才力终不同，其同谓之圣者安在？”先生曰：“圣人之所以为圣，只是其心纯乎天理，而无人欲之杂。犹精金之所以为精，但以其成色足而无铜铅之杂也。人到纯乎天理方是圣，金到足色方是精。然圣人之才力，亦是大小不同，犹金之分两有轻重。尧舜犹有万镒，文王、孔子有九千镒，禹、汤、武王犹七八千镒，伯夷、伊尹犹四五千镒，才力不同而纯乎天理则同，皆可谓之圣人；犹分两虽不同，而足色则同，皆可谓之精金。以五千镒者而入于万镒之中，其足色同也；以夷、尹而厕之尧、孔之间，其纯乎天理同也。盖所以为精金者，在足色而不在分两；所以为圣者，在纯乎天理而不在才力也。”（《阳明全书》一）

阳明正是在这个意义上讲“人皆可以为尧舜”的，他说：“故凡人而肯为学使此心纯乎天理则亦可为圣人，犹一两之金比之万镒，分两虽悬绝，而其到足色处可以无愧，故曰人皆可以为尧舜。”（《阳明全书》一）既然人的才力大小与是否圣人无关，那圣人和凡民之间的距离也只是一念之差罢了，由此，阳明所宣扬的易简之道与他所追求的最高理想是一致的。

## 二、心即理说

王阳明早年曾对朱熹的格物说十分相信。《传习录》下记载阳明自叙早年“格竹”的故事：

> 先生曰：“众人只说格物要依晦翁，何曾把他的说去用，我着实曾用来。初年与钱友同论作圣贤，要格天下之物，如今安得这等大的力量，因指亭前竹子令去格看。钱子早夜去穷格竹子的道理，竭其心思，至于三日便致劳神成疾。当初说他这是精力不足，某因自去穷格，早夜不得其理，到七日亦以劳思致疾。遂相与叹‘圣贤是做不得的，无他大力量去格物了’。”（《阳明全书》三）

天下万物不可尽数，如何可以格尽天下万物之理，这一困惑一直缠绕着他。直到他被贬龙场，这个问题才在顿悟的方式下得到了解决。关于龙场顿悟，以《年谱》的记载最为详细：

> 先生自计得失荣辱皆能超脱，惟生死一念尚觉未化，乃为石椁自誓曰：吾惟俟命而已！日夜端居澄默，以求静一。……因念圣人处此更有何道，忽中夜大悟格物致知之旨，从者皆惊。始知圣人之道，吾性自足，向之求理于事物者，误也。（《阳明全书》三十二）

龙场悟道在形式上是一种神秘体验的获得，但却引导王阳明得到了一个实质的结论，这就是，理本来不是存在于外部事物，而完全地内在于我们的心中。

阳明说：

> 理也者，心之条理也。是理也，发之于亲则为孝，发之于君则为忠，发之于朋友则为信，千变万化至不可穷竭，而莫非发于吾之一心。（《阳明全书》卷八）

王阳明将理归本于心，首先是基于他把“理”了解为道德原理。阳明说：“于事事物物上求至善，却是义外也。至善者心之本体。”（《阳明全书》一）在阳明看来，人如果不失掉心之本体（指心的本来状态），那么，他在一切应事接物中都会自然地做到恰到好处，也即至善。这样一来，道德修养的任务就是要恢复此心的本来状态。

然而在儒家文化中，一方面伦理原则通过礼仪节文而被具体化，另一方面，社会生活的礼仪也需要被伦理原则认同。这样一来，即使是将“理”限制在道德领域内，“理”也不应仅指一般的伦理原则，还应包括根据不同情况制订的行为方式。而后者是极少具有先验性的。由于这一点，使阳明的心即理说受到很多人的怀疑。

实际上，对于阳明来说，心外无“理”主要强调心外无“善”。阳明说：

> 心外无物、心外无事、心外无理、心外无义、心外无善。吾心之处事物纯乎天理而无人伪之杂谓之善，非在事物之有定所之可求也。(《阳明全书》卷四)

善的动机是使行为具备道德意义的根源，因而善只能来自主体而不是外物。

## 三、教法几更

### 1. 格物致知

龙场悟道使阳明确定了内向性的思想取向。既然心外无理，去心外穷格物理，即“求理于心外”便毫无必要，同时也并无理论上的依据。阳明说：

> 格物如孟子“大人格君心”之格，是去其心之不正，以全其本体之正。但意念所在，即要去其不正以全其正，即无时无处不是天理，即是穷理，天理即是明德，穷理即是明明德。(《阳明全书》一)
>
> 问格物，先生曰：格者，正也。正其不正以归于正也。(同上)

与朱熹训“格”为“至”不同，阳明认为“格”即是“正”。对于格物的“物”字，阳明则曰：

> 意之所在便是物，如意在于事亲，即事亲便是一物；意在于事君，即事君便是一物；意在于仁民爱物，仁民爱物即是一物，意在于视听言动，即视听言动便是一物。(《阳明全书》三)

“意之所在便是物”即是所谓“四句理”中的一句。阳明对“心、意、知、物”等概念都做了界定，他说：“身之主宰便是心，心之所发便是意。意之本体便是知，意之所在便是物。”这四句话被习称为“四句理”。

既然意念根源于心，那么格念头也即格心。这样一来，阳明的格物便可与正心等同。后来湛甘泉（若水）与阳明论格物时，即以为阳明训“格物”为“正心”，那么《大学》八条目中，格物和正心形成重复。当然这是经典阐释上的困难。阳明旨在借古典来阐发自己的思想，完全是一种“六经注我”的态度，湛甘泉这一问题的提出，并不能影响阳明思想本身的价值。

2. 知行合一

知行合一与格物致知一样，是阳明龙场以来便一直坚持的主要教法。对于知行合一的了解，首先需明确阳明的立言宗旨。阳明说：

> 此须识我立言宗旨。今人学问只因知行分作两件，故有一念发动虽是不善，然却未曾行，便不去禁止。我今说个知行合一，正要人晓得一念发动处，便即是行了。发动处有不善，就将这不善的念克倒了，须要彻根彻底，不使那一念不善潜伏胸中，此是我立言宗旨。(《阳明全书》一)

阳明强调从人的心底深处将不善的念头彻底消除，回复一个纯粹至善的知行本体，这在道德修养上，无疑是穷本极源的根本手段。但“一念发动便即是行”的说法，也难免带来了一些负面效应。因为如果人们的善的念头发动，然未化为行动，这在伦理评价上显然不能算是已行了。王夫之后来指责阳明的知行合一是“销行归知”，这一指责产生的根源即在于此。

对于知行合一，阳明从不同的方面进行阐释，他说：

> 真知即所以为行，不行不足谓之知。(《阳明全书》二《答顾东桥书》)

在知行合一的学说中，对真知行的强调是其中最为重要的观念之一。阳明认为，“真知”必然地会转化为实际的践履，否则便不能算作“知”。这里隐含着一层更深的伦理学意义，即“真知”已不完全是纯粹理智上的认知，而是已经包含了道德情感在内的当下的一念觉解。在这种道德情感的支配下，此种觉解必然地化为实际行动，这种状态，用孟子的话说便是所谓“沛然若决江河”，是无法遏止的。

对于知行合一，阳明也常用这样的话加以表述：

> 某尝说知是行的主意，行是知的功夫。(《阳明全书》一)

在这里阳明更加注意将知行看作一个过程的两个方面，而非两个独立的过程。知行是对同样一个实际伦理过程的不同侧面的把握。

阳明晚年更多地提到知行合一的另一表述：

> 知之真切笃实处即是行，行之明觉精察处即是知……知行工夫，本不可离，只为后世学者分作两截用功，失却知行本体，故有合一并进之说。(《阳明全书》二)

在人们的伦理实践中，必然地伴随着对这一实践的反省，这种反省即是所谓“行之明觉精察处”。这样一来，阳明对知行合一的强调，便至少可以从两个层面来理解：其一，用此种学说来改变世人知而不能行的状况；其二，在实践的伦理过程中，知行也确实无法断然分开。

阳明的知行合一是他一生贯彻始终的学问宗旨，对后世影响极大。

3. 致良知

阳明晚年居越，倡致良知说，教化学者，致良知观念的提出，是阳明心学在其晚年更为成熟的一种形态。阳明自己曾说：

> 吾良知二字，自龙场以后，便已不出此意，只是点此二字不出，与学者言，费却多少辞说，今幸见出此意，一语之下，洞见全体，真是痛快。(《阳明全书》卷首《刻文录序说》)

良知的观念源于《孟子》，孟子说：“人之所不学而能者，其良能也。所不虑而知者，其良知也。”(《孟子·尽心上》)阳明继承了孟子的思想，他说：

> 心自然会知，见父自然知孝，见兄自然知弟，见孺子入井自然知

恻隐，此便是良知，不假外求。(《阳明全书》一)

良知实即是非之心，是每个人先验的是非准则，阳明对陈九川说：

尔那一点良知，是尔自家底准则。尔意念着处，他是便知是，非便知非，更瞒他一些不得。(《阳明全书》三)

良知是人人皆有的，纵使至恶之人，其良知亦不可泯灭，阳明说：

是非之心，知也，人皆有之。子无患其无知，惟患不肯知耳。……今执途之人而告之以凡为仁义之事，彼皆能知其为善也。告之以凡为不仁不义之事，彼皆能知其为不善也。(同上)

良知既然是人皆有之的，那么，只要依着良知所知的是非，实落做去，自然而然就会使自己的行为符合道德规范。

《传习录》下载阳明对陈九川说的话：

尔那一点良知是尔自家底准则，尔意念著处，他是便知是，非便知非，更瞒他一些不得。尔只不要欺他，实实落落依着他做去。(同上)

阳明倡致良知之说，始于正德末年。至其晚而居越，更以致良知之学接引门徒，四方学者靡然宗之。以至阳明的早年讲友黄绾亦称王学“简易直截，圣学无疑，先生真吾师也”，自此，“乃称门弟子”(《明儒学案》卷十三)。阳明的致良知学说，无论在当时还是后世，影响都是巨大的。

4. 四句教法

阳明在晚年更将自己的思想总结为四句话，传统上称之为四句教法。四句教法即：

无善无恶心之体，有善有恶意之动，知善知恶是良知，为善去恶是格物。(《阳明全书》三)

四句教法中，以“无善无恶心之体”一语最难索解。阳明所强调的“无善无恶”，实际上是指不着于善恶。阳明说：

心体上着不得一念留滞，就如眼着不得些尘沙。些子能得几多，满眼便昏天黑地了。又曰：这一念不但是私念产，便好的念头亦着不得些子，如眼中放些金玉屑，眼亦开不得了。(同上)

心体是一个念念相续的过程，所有念头应该一过即化，纤毫不留，方是心体的本来面目。

《年谱》中亦载：

> 有只是你自有，良知本体原来无有，本体只是太虚，太虚之中，日月星辰雨露风霜阴霾曀气，何物不有？而又何一物得为太虚之障？人心本体亦复如是，太虚无形，一过而化，亦何费纤毫气力？（《阳明全书》三十二）

“无善无恶心之体”所强调的既是一个真实的本体，又是一个虚灵的境界。阳明的四句教法，是他吸收佛老的无的境界，以儒家之有合佛老之无的充分体现。

### 四、小结

王阳明的伦理学说，首先是建立于对程朱理学的批判之上的，他的伦理思想，在一定程度上，也可以看作是陆象山心学思想的继续和发展。阳明充分肯定和吸收佛老的理论素材，使儒家的伦理思想更加丰富多彩。阳明的学说，充满了生存智慧，他本人，也确实是中国哲学史上极特殊的人物。

## 第十节　王门后学的伦理学说

阳明殁后，王门遂渐趋分化。阳明门下人物众多，如何对这些人的思想加以区分，学界目前尚无定论。黄宗羲在《明儒学案》中，主要按地域加以划分，即将王门区分为：浙中王门、江右王门、楚中王门、北方王门和粤闽王门，这种区分主要是为了叙述师生脉络的方便。

日本人冈田武彦按思想倾向的不同，将王门分为现成派（王龙溪）、修证派（钱德洪）、归寂派（聂双江）三大派，而将王龙溪与王心斋同归入现成派，并不恰当。牟宗三先生则分之为浙中派（王龙溪）、泰州派（王心斋）、江右派（邹东廓），在江右中又分聂双江为另一支，实际是四派。这种区分的弊病在于仍沿用地域名称，而未能彰显出学派的本质。上述这些分派方法，虽有种种不同，但对阳明身后王门代表人物的认识大体相同，差别主要根于把握和规定这些代表人物的思想特点之上。

阳明学一直延伸到明末，在这里我们无法作全面周详的讨论。我们将从对王门的分化起决定作用的几次辩论的分析中，彰显出王门后学在伦理学说中的主要思考。

**一、天泉证道**

《年谱》嘉靖六年丁亥“九月壬午发越中”条下详载：

> 是月初八日，德洪与畿访张元冲舟中，因论为学宗旨，畿曰：“先生说‘知善知恶是良知，为善去恶是格物’，此恐未是究竟话头。”德洪曰：“如何?”畿曰：“心体既是无善无恶，意亦是无善无恶，知亦是无善无恶，物亦是无善无恶。若说意有善恶，毕竟心亦未是无善无恶。”德洪曰：“心体原是无善无恶，今习染既久，觉心体上见有善恶在，为善去恶，正是复那本体功夫。若见得本体如此，只说无功夫可用，恐只是见耳。”畿曰：“明日先生启行，晚可同进请问。”
>
> 是日夜分客始散，先生将入内，闻德洪与畿候立庭下，先生复出，使宴天泉桥上。德洪举与畿论辩请问，先生喜曰：“正要二君有此一问，我今将行，朋友中更无论及此者。二君之见，正好相取，不可相病。汝中须用德洪功夫，德洪须透汝中本体。二君相取为益，吾学更无遗念矣。”(《阳明全书》三十四)

这就是著名的“四有”“四无”之辩。

王门的分化，实自天泉证道之时即已有所表现，钱德洪与王龙溪四有四无之争，阳明固然站在了持中的立场上，对二者都有所肯定，也有所批评，但在随后的严滩答问中，则已充分表现出阳明更倾向于四无的立场。据《龙溪文集》载：

> 文成至洪都，邹司成东廓及水洲，南野率同门三百余人来谒，请益，文成语之曰：“军旅匆匆，从何处说起，吾有向上一机，久未敢发，以待诸君自悟，近被王汝中指出，亦是天机该发泄时。吾虽出山，汝中与四方同志相守洞中，究竟此件事，诸君裹粮往浙相与质之，当有证也。”(《王龙溪先生文集·王龙溪先生传》)

阳明卒后，门人于其所谓“向上一机”之旨多有未达，钱德洪在追述

“严滩答问”时说：“洪于时尚未了达，数年用功，始信本体工夫合一”（《传习录》下，《阳明全书》三）。对此“向上一机”的追问和探寻，是导致王门进一步分化的直接原因。

## 二、严滩答问

《传习录》下曰：

> 先生起征思田，德洪与汝中追送严滩。汝中举佛家实相幻相之说，先生曰：“有心俱是实，无心俱是幻。无心俱是实，有心俱是幻。”汝中曰：“‘有心俱是实，无心俱是幻’，是本体上说工夫。‘无心俱是实，有心俱是幻’，是工夫上说本体。”先生然其言。洪于时尚未了达，数年用功，始信本体工夫合一。（《阳明全书》三）

这就是著名的“严滩答问”。此事载于《龙溪文集》中则说：

> 文成发舟，龙溪与绪山追送严滩，复叩问主旨，文成举佛家实相幻相之说诏之，龙溪从旁语曰：“心非有非无，相非实非幻，才著有无实幻，便落断常。辟之弄丸，不著一处，不离一处，是谓元机。”（《王龙溪先生文集·王龙溪先生传》）

以上二者显是同事异记。后者与前者略有不同，即前者主要着眼“本体工夫”为一，而后者则同时强调“无善无恶”的境界。“严滩答问”与“天泉证道”相比，问题又深化了一层。事实上，严滩答问颇令人费解。

阳明曾明言工夫与本体合一，他说：

> 便谓戒慎恐惧是本体，不睹不闻是功夫亦得。（《传习录》下，《阳明全书》三）

从龙溪的四无立场看，心意知物皆是不着善恶、不落有无的，龙溪尝以“辟之弄丸，不着一处、不离一处”来比喻心体一过即化、纤毫不留的境界。事实上，不论心体怎样地无倚着、不犯人力，但要使现实中的人具有这样的心的本真状态，必须经过某种有效的修持手段。另外，体认到了这种心的本然状态以后，仍需要持敬或戒慎恐惧这样的工夫，使这一状态保而不失。

实际上，格物与致知、敬与戒慎恐惧从功夫角度看无疑是“有”，但心体的“无”恰要这样“有”的工夫来达到和维持。这样一来，我们便可以得到对严滩答问的一种诠释。“有心俱是实，无心俱是幻”，指的是心的本真状态固然是“无”，而戒慎恐惧作为保持此心本然之体的工夫，实即心的一种警觉提起的状态，故而是有心；从“本体上说工夫”，有“戒慎恐惧”之心，即“有心”，才能使心体无滞，而无滞是心的最真实的存在状态，故是实；而如果无“戒慎恐惧”之心，即“无心”，心体便有滞碍，便是幻。“无心俱是实，有心俱是幻”，指的是戒慎恐惧之心虽有，但心仍是无牵挂、无倚着的无的状态，故而是无心；从“工夫上说本体”，此心一无所着，即无心，才是最真实的状态，才是实；而一旦心有所着，即有心，便失其本体，便是幻。前者是说，本体虽无，工夫却有；后者是说，工夫虽有，本体仍无。这样一来，严滩答问实际上比天泉证道更完整地揭示出阳明思想的真蕴。

## 三、格物之辩

聂双江从嘉靖十七年（1538）开始“有悟于本体虚寂之旨”，“企守平阳，作《大学古本臆说》（见《双江行状》，载《双江聂先生文集》卷末）嘉靖二十六年（1547），双江因事入狱，于狱中“闲久静极，而忽见此心真体”（见《明儒学案》卷十七）。双江自狱中出，乃以归寂之说号于同志。王龙溪、黄洛村、陈明水、刘两峰各致难端，由是引发了王门的一场大辩论。其中以双江与龙溪的辩论所涉及的理论问题为最多，也最富启发性。

### 1. 论辩的缘起

王龙溪答邹守益的信中，曾提及双江与念庵拈起寂然用功话头一事，说：“岁里于双江丈、念庵兄石莲洞所惠书，拈起寂然处用功一语作话头：孩提之爱敬，是良知发育流行处，须有未发为之根，见其中有物也。”（《王龙溪先生文集》卷九《答邹东廓》）这大概是对双江归寂说辩难的开始。

龙溪与双江在最初的几次书信往还之中，语意均颇委婉，于对方之宗旨亦皆能表示出一定的同情。这与双江和其他王门弟子的讨论并无大的区别。但这种温和态度，随后便被针锋相对的论辩所替代。据《龙溪文集》载：“徐生时举将督学敬所君之命，奉奠先师遗像于天真，因就予而问学。

临别，出双江、东廓、念庵三公所书赠言卷，祈予一言以证所学。”（《王龙溪先生文集》卷六《致知议略》）则论辩的真正发端在于双江书徐时举赠言卷。龙溪在双江赠言的刺激下，有针对性地提出了自己的观点，亦书于徐卷之中。双江随后将龙溪书于徐卷上的观点逐条予以驳难，名为“致知议略”（载《双江聂先生文集》卷十一），是为一辩。龙溪因答双江论难而有一书，亦名“致知议略”（载《王龙溪先生文集》卷六），此为二辩。双江因龙溪所答，复有所难，书名“致知抗议”（载《双江聂先生文集》卷十一），此为三辩。龙溪复双江书，亦名“致知抗议”（载《王龙溪先生文集》卷六），这是第四次辩论。

2. 格物与逐物

阳明曾有心无定体之说，曰：“目无体，以万物之色为体；耳无体，以万物之声为体；鼻无体，以万物之臭为体；口无体，以万物之味为体；心无体，以天地万物感应之是非为体。”（《传习录》下，《阳明全书》卷三）实际上，这里所指的“心无体”，从上下文义看，主要是指心的内容，并不具有体、用这样心性哲学范畴的意味。“心无体”这样一则思想材料，后来被王门弟子发展为“心无定体”之说。双江答欧阳德书中曾说：“近得明水一书，辩驳尤严，其谓‘心无定体’一语，其于心体疑失之远矣。”（《文集》卷八《答欧阳南野书》）陈明水此书，无从得见，故很难详其意旨。但由此引发的双江的一段讨论，却颇耐寻味，双江在答欧阳德书中对此辩驳说：“今不求易于太极，而求生生以为心；不求神于藏密，而求知来以为体，是皆即用以为体，由是而有心无定体之说，谓心不在内也，百体皆心也，万感皆心也。亦尝以是说求之，譬之追风逐电，瞬息万变，茫然无所措手，徒以乱吾之衷也。”（同上）

自阳明揭出“心即理”一说以来，在整个明中后期的心学思潮特别是王门后学之中，对朱子训至善为事理当然之极以及将格物理解为即物以穷其理，都颇为反对。陈九川在致双江的信中提及“心无定体”，实即以“百体万感”为心，也即说“心不在内”。双江之所以有此结论，首先因为心有“所知所觉”与“能知能觉”两个部分，所知所觉是心之内容，是随感出现的，若执此以为心体，一方面心的内容变幻莫测、无法把握；另一方面外在的感便成了心体的前提和根据，而心体反而成了外在的感的反映，这在双江看来，实际上也就等于说“心不在内”，“随物而在”了。以

“心无定体”为理论基础的工夫论，必然是支离的。在双江看来，心体是“炯然在中”，不为外物所牵的。一切情感变化皆自此心发显出来，只要涵养得完完全全的本心，一切感应变化自然合于规矩。而即具体的感应变化作为善去恶的工夫，则是不必要的。这是一个方面，另一方面，双江又说：“相寻于吾者无穷，而吾不能一其无穷者而贞之以一，则吾寂然之体，不几于憧憧矣乎。”（同上）“一”是指寂然的本心。而无穷无尽的情感念虑皆从此一本心发出。感应变化是无穷尽的，如果不能用易简工夫（在双江言即归寂工夫）来修持，而是在每一感应变化处做“正其不正以归于正”的格物之功，这实际上也就是逐物。

“究其受病之源，盖本于以知觉为良知，以心不在内，随物而在，故胶于此说也。”（《文集》卷八《寄刘两峰》）双江认为龙溪等人之所以坚持即感应变化之物而格之，主要是因为他们认为心不在内，随物而在。故此双江更进一步以为：自己反对龙溪等所坚持的随事格物，与阳明反对朱子的即物穷理具有同等意义。

当然，这样的指责，龙溪是不能接受的。龙溪在答双江书中说：

> 所谓致知在格物，格物正是致知实用力之地，不可以内外分者也。若谓工夫只是致知，而谓格物无工夫，其流之弊，便至于绝物，便是仙佛之学。徒知致知在格物，而不悟格物正是致其未发之知，其流之弊，便至于逐物，便是支离之学。（《王龙溪先生文集》卷九《答聂双江》）

龙溪认为格物是致知的手段，格物正是要致“未发之知”，未发之知亦即本体之明觉。此处王龙溪并非将良知分为未发、已发，而是认为本体之明觉与现实之明觉不可分离，本然之明即寓于当前之明中。龙溪《松原晤语》中曾反问：“曾谓昭昭之天与广大之天有差别否？”（《王龙溪先生文集》卷二）在王龙溪而言，依着现实明觉所知的是非实落做为善去恶的工夫，实际上还是要致其本然之明觉。如我们前面讨论的，致良知在龙溪那里更主要的是实行义，即物欲对心体本真之明的蒙蔽，并不能使良知丧失知是知非的能力，只要能不昧着这一点本心之明，实落去做，自然可以使人达到理想的道德境界。故而，以支离和逐物指责龙溪的格物说，是不能成立的。

### 3. 格物无工夫

双江反对随事而做格物的工夫，他认为，格物并非致知的手段，而恰恰是知致以后自然发生的作用。他在《幽居答述》中说：

> 若愚意窃谓知，良知也。虚灵不昧，天命之性也。致者充极虚灵之本体，而不以一毫意欲自蔽，而明德在我也，格物者，感而遂通天下之故，而修齐治平一以贯之，是谓明明德于天下也，正与知止而后有定一条脉落相应。知譬镜之明，致则磨镜，格则镜之照，妍媸在彼，随物应之而已，何与焉。是之谓格物。（《文集》卷十《答戴伯常》）

这里，格物实际上是致得完整无蔽的本心之后的自然结果，是本心的自然运用，基本上可以等同于物格。双江以为随事而格不仅在理论上难以讲通，在实践中，如果逐一去做为善去恶的工夫，亦有助长之嫌。他说："夫以知觉为良知，是以已发作未发，而以推行为致知，是以助长为养苗。"（《文集》卷八《答欧阳南野书》）在具体的事物上，推行自己的良知，实际上也就是指格物而说的。双江认为，如果遇一事物，不能够自然而然由心中发出符合道德的情感意念，便是意有不诚；如果不能自然而然做出符合道德的行为，不能"感而遂通天下，物各付物"，而要靠主体自觉地使行为合理，那在实质上就无异于"助长"。双江说："今世之学，其高者有二种，不落道理障而落格式障，其没落言说障。言说障者，言不顾行，行不顾言。格式、道理二障，乃模仿古人已行之迹，乃揣摩义理，袭取而用之，是皆言与行不得于心者。"（《文集》卷八《答戴伯常》）这里"格式障"指模仿古人的言行；"道理障"指揣摩道理认为应当如此，由此而生的道德行为不是"集义"的结果，而是"袭取"而成，所以都不是己心自然的流露，而有助长的成分包含其中了。

对这一责难，龙溪答曰："吾人今日之学，谓知识非良知则可，谓良知外于知觉则不可；格物正所以致知则可，谓在物上求正而遂以格物为义袭则不可。"（《文集》卷十一《答王龙溪》）

无论双江和龙溪如何强调不着善恶不落有无，但有一点他们是十分清楚的，即常人要达到理想的道德境界，着实用功是必不可少的。对于双江而言，唯有致知是可以真实用功的；而龙溪则认为格物才是致知的实功，亦即龙溪所说的："未发之功只在发上用，先天之功只在后天上用。"（同上）二者之所以有如此大的差别，归根到底，是缘于他们对良知的理解的差异。

双江的良知实质上是心之本体，是完全、无遮蔽的本然之心。心发而为知觉，这一知觉可以是完全的，也可以是不完全的，而这取决于心是否是本真之心。心如不是本真之体，那么知觉自然不能无所偏蔽，如果即此偏蔽的知觉而加以纠正，固然可以在行为上符合道德规范，但本体上的遮蔽却不能因此消除。故此只有从致知入手，才是彻上彻下、一以贯之的。而龙溪所理解的良知则主要着眼于本体之明，着眼于天理之灵昭明觉。龙溪相信每个人知是知非的能力都是见在具足、不犯做手的。人只要依着良知的指点为善去恶，信之不疑也就是了。

## 四、小结

王门后学之间的讨论所涉及的问题是复杂而深入的。由于问题越来越趋于精微，故常常因出发点的微小不同，即导致很大的分歧，如聂双江和王龙溪的辩论。后人提及王门弟子，往往会想到"狂禅"，以为很多王门后学都是主张不事修证的，但实际的情况并非如此。在诸多的阳明弟子中，真正强调不用修养的，只有泰州学派。黄宗羲在《明儒学案》中将"泰州学派"另立出来，不与其他王门后学放在一处，实际上是有这方面考虑的。

# 第六章　明清之际与清代儒家伦理思想的演变

明代中后期，东南沿海一带出现了近代商品经济的萌芽，随着市民社会的不断发展，代表这一阶层利益和要求的思想启蒙运动，同宗法封建社会的主要精神支柱宋明理学发生矛盾。同时，晚期封建社会里，政治不断走向专制和腐败，封建道德也日益沦丧，其禁锢人心的保守性、落后性便越来越多地受到质疑和批评。满族统治者于17世纪40年代入关为主，这更给了汉族知识分子以莫大的精神刺激，使他们深感必须对封建社会尤其是它的精神支柱宋明理学进行重新的考察、批评和改造。

明清之际，目睹了两个皇朝的更迭，并亲自加入抗清斗争的学者，著名的有黄宗羲、顾炎武和王夫之，他们被称为此一时期的三大家。尤其是黄宗羲和王夫之，代表了宋明理学发展史上的一个新阶段。黄宗羲有着较特殊的生活经历，较清楚地看到了封建专制政治的严重缺陷，于是提出了他那在专制时代具有振聋发聩意义的新的政治学说。与这种政治理论相适应，他全面整理宋明理学，遂有了一种崭新的政治伦理观。

王夫之也是一位有气节的爱国战士。他关注的不是封建文化的某一特殊部门，而是封建意识形态差不多所有的领域。在对待宋明理学方面，他出于改造末世的世道人心的需要，于理学中的气本派、理本派和心本派各有取舍，他所提出的伦理观虽有不够圆融的方面，却反映出理学诸派别走向融合的趋势。

稍后一些的颜元，在其少年时代也目击了明朝的覆亡。他痛感宋明理学在社会上所引起的空谈恶习。注重实践是颜元伦理观的显著特色。

戴震是第一个大声喊出封建社会官方的理学“以理杀人”的儒者，他的伦理学在很大程度上是要解决宋明理学所讨论的一大问题，即天理与人欲的关系问题，戴氏坚持认为：欲外无理，理存于欲，这种呐喊在封建社会末期，具有启蒙性，具有人道主义色彩。

总之，这一时期伦理思想的发展，始终把整理宋明理学、批评其流弊、注重现实的人心改造等作为自己的一贯主题；另外一个突出的地方，就是这些学者每常有直接重新发挥以先秦孔孟思想为理论依据的倾向。总的来说，这一时期是我国古代封建社会伦理思想的终结和新时代伦理思想萌芽的时期，是一个承前启后的重要思想转折时期。

## 第一节　黄宗羲的政治伦理观及其对君主专制主义伦理思想的抨击

黄宗羲，字太冲，号南雷，学者称梨洲先生，浙江余姚人。生于明万历三十八年（1610），卒于清康熙三十四年（1695）。

黄宗羲亲历了明清之际的社会大变动时期。他既同明朝的阉党势力形同水火，又组织过长期抗击满清的武装斗争。他是位极有热血的人，更是一个头脑清醒的思想家。他的思想既充溢着一代儒者的良知和理想，更饱含着鲜明的时代精神。

### 一、崭新的政治伦理观

概括言之，黄宗羲是属于传统的，因为他以阐明孔孟之道为己任；黄宗羲又是属于近代的，他对于许多传统观念的深入批判，以及对于具有真正近代色彩的政治、伦理观念的阐发，虽然在其身后未能化为现实，却无疑是黄宗羲思想中最光辉、卓越的部分。

黄宗羲之所以是属于近代的，无疑最集中地表现在他的政治伦理观中。

毫无疑义，“以民为本”“天下为公”等等，实为黄宗羲政治伦理学说的基石。黄宗羲说：“古者以天下为主，君为客，凡君之所毕世而经营者，天下也。”又说：“不以一己之利为利，而使天下受其利；不以一己之害为害，而以天下释其害。”（《明夷待访录·原君》，以下引此只注明篇名）依黄氏看来，君、臣、民都应把这些原则作为自己的出发点与归宿。

首先，黄宗羲严厉批判了“臣为君设”的观念。“世之为臣者昧于此义，以谓臣为君而设者也。君分臣以天下而后治之，君分臣以人民而后牧之，视天下人民为人君囊中之私物。”（《原臣》）这就是传统的君主专制家天下的思想而言。在观念上从天下为家“转至天下为公”，显然是市民社会自我意识进一步觉醒之后所发出的要求，黄宗羲在表述中虽然披上“回复三代”的外衣，却毕竟是这种新呼声的代言人。因此他在现实中则表现为对旧制度的要求改良，主张改良过程中的从政者，必须达成对这一思想的自觉。否则，便只能是站在“天下人民”的对立面，唯以君主一人的利害为转移。他们对于人民痛苦生活竟然能漠不关心，他们之所以要讲求治民之术，原不是为了富民、利民，而只是出于对人民实行统治的考虑。总之，在他们的心里装着帝王一家一姓的利益，在他们的眼中人民只不过是一群供他们任意驱使、有待他们加以驯化的刍狗、黔首而已。

臣之愚忠自然为独裁者所欣乐，故统治者大加提倡而不遗余力，此最为黄宗羲所深恶痛绝：“有人焉，视于无形，听于无声，以事其君，可谓之臣乎？曰：否！杀其身以事其君，可谓之臣乎？曰：否！”（同上）如此臣子，自然谈不上有任何人格上的独立性，千方百计地取悦于君主，满足君主个人的种种欲望，而自身甘愿为仆妾、奴才。对于这种人，黄宗羲不承认他们为“臣”，因为他们没有独立的人格。

黄宗羲认为，从政者应该明确自己的使命乃是在“天下为公”的原则下协助君主而成为“天下人民”的公仆，因此他说：“盖天下之治乱，不在一姓之存亡，而在万民之忧乐。”从如此为臣之道来看，可知黄氏绝非通常意义上的“补天派”，而实为“拆天派”，因为他否定了君主那神圣的独裁地位。

黄宗羲强调为臣者必须有其独立的人格和尊严。“我之出而仕也，为天下，非为君也；为万民，非为一姓也。吾以天下万民起见，非其道，即君以形声强我，未之敢从也，况于无形无声乎！非其道，即立身于其朝，未之敢许也，况于杀其身乎！”（同上）在形式上，臣乃对君负责，而究其实，臣乃是对天下万民负责。地位之高下不同于人格之尊卑，所以，为臣者万不应有“宦官宫妾之心”，而应该成为“君之师友”。

### 二、修心持敬的道德修养说

黄氏伦理学依其内容可分为政治的和个体的两种，实对应于传统儒家学说中的“内圣外王”之说。只是在传统的宋明儒家，外王一面被视为内圣一面的直接延伸，而外王本身在内容上往往显得模糊且贫乏。在黄宗羲，已如前述，外王具备了较明确且丰富的内涵，但这并不意味着黄氏有轻忽内圣之倾向。完全相反，黄宗羲仍然是把内圣问题视为政治和人生问题的根本所在。

同宋明以来的儒者一样，黄氏必须对人类道德的根源作出解说。“天以气化流行而生人物，纯是一团和气。人物禀之即为知觉，知觉之精者灵明而为人，知觉之粗者昏浊而为物。人之灵明，恻隐羞恶辞让是非，合下具足。”（同上）至此为止，都可说是所有气本论者的老生常谈。但是，黄宗羲并不停留在这点上，而是敢于面对时代的问题，他极力强调人类于万物中的至尊地位，直接目的就是要高扬主体性的无限力量，从而鼓舞人们的勇气。故而紧跟着又说：人的道德意识虽承之于天地之气，但它又是“不囿于形气之内”，“不为形气所全固”，从而提出了自己的心性修养学说。

在黄宗羲的道德本体论中，出现了气本论与心本论相杂糅的趋势。首先他用气本论来批评程朱派的理本论：“程子‘性即理也’之言，截得清楚，然极须理会，单为人性言之则可，欲以该万物之性则不可。即孟子之言性善，亦是据人性言之，不以此通于物也，若谓人物皆禀天地之理以为性，人得其全，物得其偏，便不是。夫所谓理者，仁义礼智是也。禽兽何尝有是……其（指人与禽兽）之不同先在乎气也。”（同上）认为人与兽类虽同生于天地之气，但气有精粗，则知依气而有之人物之性亦非一，从而否定了理本论。同时他为了强调人性的高贵和道德自觉心的伟大力量，又大谈起心本论思想来。黄宗羲一面认为“盈天地皆气也”，另一面又认为：“盈天地皆心也。因恻隐、羞恶、恭敬、是非之发，而名之为仁义礼智，离情无以见性，仁义礼智是后起之名，故曰仁义礼智根于心。若恻隐、羞恶、恭敬、是非之先，另有个源头为仁义礼智，则当云心根于仁义礼智矣。”（同上）依此，作为主体性的心，成为一切道德实践的终极根据，它无待于任何外在的“本体”，所以是无条件的。一讲气本，一讲心本，两相比照，似极矛盾，而在黄宗羲则未觉其有龃龉相抵触之处。责其实则可知，黄氏用气本论以破理本论，原是要反对把人的道德意识托之于外在的“天理”，而归结为人心之自觉，而所为道德行为只是主体自觉心的发用流行。至于气本论同心本论的内在冲突，黄氏似乎并不认为有详加辨析之必要，这大概是时代使命的迫切性使然吧。

道德意识的培养，亦是黄氏深为关注的问题。黄氏虽不满于程朱理学，却并非简单否定，而是批判地继承。“千圣相传者心也，心放他自由不得，程子提出‘敬’字，直是起死回生丹药……盖天地也只是个敬。”（同上）敬者敬何物？当然只能是心中的道德意识，以便使待人接物时合于道德原则。

持守住这个敬，一切道德践履将是从本心自然流淌出，而容不得有丝毫的利害计算。为了在践履中实行敬，黄氏进一步借孟子而提出了“赤子之心”说。“赤子之心……其视听言动，与心为一。”（同上）显而易见，其真实含义便是要求道德行为成为永远是自然流露的自觉行为。否则，道德行为即使实现，也不过是徒具形式而失却了真实本义：“眼前只见一义，应之自然合节，若待临取与生死，而后辨其可不可，总属意见用事，不能无伤矣。”（同上）并举实例以说明之：“我之为人子，或有天下人所不及处。只此一念横在于胸中，便是得罪于父母，而为父母所不爱。”（同上）不是自觉地自然地行孝，而是为“孝念”而行孝，那就不是真实的孝。

前已述及，黄氏学说最光彩夺目处乃是其政治伦理学，但在黄氏内心，实是把人的问题视为所有政治、社会问题的关键。所以他说：“人道之大，不在经纶参赞，而在空隙之虚明。”（同上）这种说法，实可比拟于五四时期的“改造国民性”口号，虽然前者带有浓厚的心学色彩，却不失其启蒙思想意味。

### 三、心的自觉与人生价值观

最后我们来看看黄宗羲关于人生境界之若干描述。“程子言心要在腔子里，腔子指身也，此操存之法。愚则反之曰‘腔子要在心里’。今人大概止用耳目，不曾用心，识得身在心中，则发肤经络，皆是虚明。佛氏有人识得心，大地无寸土，何处容其出入?”（同上）心既吞并了人之躯体，还包摄了大地山河，为了说明心体的无限广延性，黄氏不惜引佛教为同调、为佐证。其实，禅宗也好，心学也好，都是要极力强调人的理性和意志是人生的价值之源。所以黄宗羲明白道出：“无理之自觉，则禽兽矣。”（同上）一旦自觉了此“理”，则只须依理行事而不计得失，就可以随心而行，主观精神在这里得到了高度的发扬。

黄宗羲还认为道德意识之自觉与不断培植，其功用尚不止于给主体带来驾驭万品、自由自在般的内心愉悦，而且它最终是要解决生死这一终极关怀问题的。“凡人之学问，不着到生死，终是立脚不定。盖世间所最不可忍者，只有死之一路，功夫到此，都用不着。如欲从生死上研磨，终如峭壁，非人力攀援所及，唯有一义，能将生死抹去，死之威力，至此而穷，化险阻而为平易。”（同上）死亡乃自然之必然，无论如何也躲避不过去，问题是应解除死亡对于人类心灵的威慑，黄氏认为克治之方唯是一“义”。在这里，所谓义即是指主体价值的充分实现，亦是孟子所谓“夭寿不二，修身以俟之，所以事天也”。反之，依黄氏之见解，人若无人性之自觉，则无异于兽类，生死问题也就无意义可谈了。

## 第二节　颜元的道德实践说

颜元，字易直，又字浑然，号习斋，河北博野人，生于明崇祯八年（1635），卒于清康熙四十三年（1704）。与其弟子李塨开创儒学颜李一派，闻名于当时。

明亡清兴，是“天坍地坼”的历史事件，给汉族士人带来了巨大的心灵震撼和精神痛苦。颜元少年时目睹了这一巨变，青年时即开始对明王朝的历史进行思索，终于得出结论：明之覆亡，实由于宋明理学和科举制度对士人的毒化和禁锢，遂使天下无济时匡世之真俊彦、真雄才。于是，颜元以儒学的彻底改革者的姿态而出现于清初思想界。

### 一、反对空谈性理，力倡实学习行

颜元自称其学为“实学”，颜元学说最大的特点，可谓质朴无华。判定理学之大弊，确定儒者之使命，是颜元一生奋斗的目的。

颜元认为，程朱理学之“惑世诬民”、流毒于治道者，同时也最足以表明其阳儒阴佛之处，便是其“天命之性”与“气质之性”之划分。颜元指出：程朱理学把人性一分为二，这样就在理论上视人的血肉形躯为罪恶之源，并在实践中使人徒然戒惧持敬而遁入佛家之静坐功夫。这就完全违背了孔子的实学精神。所以颜元说：

> 程、朱当远宗孔子，近师安定，以六德、六行、六艺及兵农、钱谷、水火、工虞之类教门人。（《颜元集·存学编》）

> 圣贤但一坐便商确兵、农、礼、乐，但一行便商确富民、教民，所谓“行走坐卧，不忘苍生”，也是孔门师弟也。后世静坐、读书，居不习兵、农、礼、乐之业，出不建富民、教民之功，而云真儒！（《四书正误》）

颜元重实学实行，故自号“习斋”。其所重之学即为理学所视为“小学”之类的东西。但是，颜元于此“小学”之特殊重要性自有独见。“古人自能食能言便已教了，一岁有一岁工夫。到二十岁时，圣人资质已自有二三分”，“古人便都从小学中学了，所以大来都不费力。如礼、乐、射、御、书、数，大纲都学了，及至长大，也更不大段学，便只理会穷理致知功夫”（俱见《存学编》）。“穷理功夫”固不可废，但必须有“小学”的先行，两者合一方堪称为圣人之“实学”。依颜元之意，与其空谈性理，则不如专精一“艺”！若空谈性理，则太平时于政无补，动乱时则“愧无半策匡时难，惟余一死报君恩”，如此学者，终成为一“迂腐无用之儒”。

然则，儒者究应成为什么样的人？颜元取《论语》中孔子所自谓“三不能”之说以立言。“三者实非圣人不能，‘默而识’，即无言而四时行百物生也；‘学不厌’，即乾乾不息也；‘诲不倦’，万物一体也。”（《四书正误》）很明显，所谓“默而识之”，在颜元即相当于体天知仁之功夫；所谓“学而不厌”，便是致力于诸般“小学”；而所谓“诲而不倦”，即是传统儒家所坚守力行之治平经世、化民成德等使命。颜元既以光大先秦孔孟儒学为职志，今自其为儒者所定之努力方向言之，可谓甚合于圣人之迹。

颜元之斥理学，重心落在反对宋明儒者之“尊道退情”倾向上，所以他明确指出程朱理学把人性划分为“天命之性”与“气质之性”的错误。“先儒既开此论，遂以恶归之气质而求变化之，岂不思气质即二气四德所结聚者，乌得谓之恶！”颜元坚持气本论，认为有气斯有性，性在气质之中。气之理既为仁义道德，则气质之性便是纯一至善。不只气质是善，颜元进而借孟子所说而认为“才”与“情”亦为善。基于此，颜元嘲笑理学家所谓“呼人不至，声不加大”之类的拘谨、甚或虚伪的作风。“看圣人之心随物便动，只因是个活心，见可笑便喜，可怒便怒”，“食取精、脍取细，饮食之人既专贪悦口，矫情之士又故尚粗粝，而绝精腻”（同上），“仁人遇弟骂一句，较平人骂之更怒，但转眼便忘，不匿于怀也。当弟打一拳，较平人打之更怨，但转眼便释，不留于中也”。可见，株守“惩忿窒欲”之说，将徒使人性扭曲而不近人之常情。应当指出的是，颜元的崇尚真情主张，乃上承明代李贽的“童心说”，而下启清初的“性灵说”，故其意义不限于反对理学的禁欲主义，实体现了人性在更高层面上的觉醒。

颜元虽反对理学“性善情恶”之说，主张人之性、情、才无一不善，但是，颜元决不能无视现实生活中恶的存在。因而，恶究竟自何而有，颜元必作解说。“人之为不善，必引蔽、习染使之。”（同上）所谓“引蔽习染”即是孔子“习相远”之意。其实，人之为恶，乃在于外界“邪色淫声”引诱。颜元此种见解较之理学，高下如何，稍后再作分析。现在先来看颜元的除恶之道如何。“好仁恶不仁，便是用力于仁……人人具有此力，只不用耳。”（同上）大家都能“用力于仁”，都能做到“好仁而恶不仁”，这样就能达到除恶的目的。然而，如何才能使人人具有此力呢？其关键在于人人皆能依循唯一的“礼”行事而已。“礼乐制度谓之道矣”，何以如此？则因“礼乐乃古圣先贤所制作是也”。“耳目口体，发皆中节，一如未发之天则，天下之大本达道俱足于此。” （同上）此处之“节”显指“礼”，如此，遵礼而视听言动，既是儒者的功夫所必为，亦是儒者的社会功用及修道所臻之境界。尽管颜元亦言“不守古人之礼，而法古人之意”，但毕竟遮掩不住礼在颜元心目中的极端重要性。

## 二、习行说的现实主义进步性及其经验主义的局限性

总之，反对理学家空谈性命，反对去欲主静之禁欲主义，重视实学与济世，崇尚真情而严守礼法，颜元学说的大端盖在于此。

评价一种学说的意义，自当兼及历史实效和理论自身。颜元之学，原专为考明明朝政治之陵替及当代儒林之流弊而作。程朱理学加上科举考试，长相结合的结果，便是既害政又毁人。“一旦出仕，兵刑钱谷渺不知为何物，曾俗吏之不如，尚望其长民辅世耶!”（《存治编》）“况今天下兀坐书斋人，无一不脆弱，为武士、农夫所笑者，此岂男子态乎!”寥寥数语，点出末世士风之颓靡与可悲，诚为有深见。不仅于此，在理学被作为官方意识形态、其势甚盛的当时，敢于以布衣而痛施以针砭，的确需要良知与勇气：“宋儒，今之尧舜周孔也。韩愈辟佛，几至丧身，况敢议今世之尧舜周孔者乎！季友著书驳程、朱之说，发州决杖，况敢议及宋儒之学术、品诣者乎!”（同上）颜氏此言谅非故意骇人听闻，而正足见其关心治

道、不计个人得失的儒者心胸。颜元对自己的“实学”，身体力行之外，又能积极宣讲，得弟子李塨后在社会上掀起不大亦不小的波澜，因而发生了不容忽视的影响。

但是，颜元之学在理论上的诸般不足之处，确为不容隐讳。质言之，颜元力倡“实学”，只是要正“空谈性命”之类，其本人并无太多的理论兴趣。从颜元对于儒学基本问题的解说来看，则无疑是有不少偏颇局限之处的。

这首先表现在颜氏对于恶的理解上。前已述及，颜元确认人之性、才、情皆善，其为不善（恶）的原因，只是外界“邪色淫声”对于人的“引蔽习染”。依此而谈，则颜元虽屡陈佛老之有害于圣道，而其为善去恶之道又将归宿于老子的“不见可欲，使民心不乱”之教。突际上，颜氏虽力斥灭人欲而尚真情，却又要告诫人们安于本分、少欲知足。程朱理学虽自有其不能自圆其说之处，但单就理论来说，其关于“天命之性”和“气质之性”之探讨，目的是要把儒家的性善说客观化、本体化，并为儒者之修养提供一准则。颜氏单从理学末流在现实中的弊害着眼，故笼统地斥理学是禅学，而对自己性善观之论证，则只是简单地称引孟子的天赋道德观念说，而对于恶的看法则更是肤浅。

颜元对恶的定义，可列为一式子，外在性的引蔽习染 + 内在气质之性之不足 = 恶。另外又强调，气质之性虽有不足，却永不失其为善，所谓“竹节或多或少皆善也；惟节外生蛀乃恶也。然竹之生蛀，能自主哉?”（同上）由此，人之为恶虽无损其先天善性，但人之为恶与否，作为符合道德原则的善性似乎完全是无能为力。若说道德理性可以有什么作为的话，那便是所谓“明明德”，其效用即为“引蔽自不乘”。在颜元那里，“明明德”至少包含两处极大的矛盾。其一，不仅人类，举凡天地间万物，从气本论看来，则皆为“二气四德结聚而有”，何得谓有“邪色淫声”之存在？故而“明明德”之必要性大可怀疑。其二，人之“明明德”、不为恶，其动力自何而来？颜氏大约也自觉其“引蔽习染”使人为恶之说的欠通处，因为依此可推出恶之产生在于耳目视听之罪的结论，故起而纠正说：“耳听邪声，目视邪色，非耳目之罪也，亦非视听之罪也，皆误也，皆误用其情也。”（同上）问题是，既然人之性才情皆善，则“误用其情”者又是什么东西？总之，颜元不曾明确人之道德理性对于行为的指导意义，究其实质，乃是把社会效用作为道德评判之终极标准。因而可作出结论，颜元之“实学”理论，的确切中了理学末流之病，却未曾从理论上对程朱理学作出深刻有力的批判，其自力理论尚停留在经验论层面上，故其攻击理学时虽极多机智之语，而终不能从理论上真正扬弃之。

## 第三节　王夫之的伦理思想及其对宋明理学的修正

王夫之（1619—1692），字而农，号薑斋，湖南衡阳人。晚年居于衡阳西北之石船山下，故学者多称之为船山先生。与顾炎武、黄宗羲并称为明末清初三大家。

王夫之是一位极有民族气节的士人，同时，也是一位学识渊博的学者，平生著述甚多，其思想对宋明理学之诸派既有批评，亦多总结与吸收，并对中国古代文化差不多所有领域都进行过整理，是封建社会晚期一位真正百科全书式的人物。

宋明理学包括气本论、理本论和心本论三大派别，其共同探讨的乃是天人之际及道德意识起源等问题。在历史的展开过程中，各派理论既表现出不断深化的整体趋势，而且它们各自的理论失误亦日益暴露明显。王夫之浸润其间，力索深思，兼以摒除狭隘的门户之见，在吸取前人思想的基础上，建立了自己的伦理学理论。

### 一、性善论与“性日生而日成”说

今之学者多谓王夫之在哲学上所持的基本观点，乃是以张载为代表的气本论。此说自有其道理。他说：“天下岂别有所谓理，气得其理之谓理也。气原是有理底。”（《读四书大全说》卷十）“苟有其器矣，岂患无道哉?”“有形而后有形而上。”（《周易外传》）而且还说：“道者，天道精粹之用，与天地并行而未有先后者也。使先天地以生，则有有道而无天地之日矣，彼何寓哉? 而谁得‘字之曰道’?”（同上）很明显，在道与器、理与气的关系上，王夫之明确反对程朱派“理在气先”的理本论。

人性本善，乃宋明各派理学家之共同命题，而人性之善根源于何者，亦为重要的理论问题。王夫之则从其气本论出发，认为：“五行者，天以其化养民，民以其神为性者也。”（《尚书引义》）所谓阴阳五行之“神”，实是指阴阳五行之“道”。“道之用，不僭不吝以不偏，而相调。”（同上）据此，“道”也就相当于今之所谓规律。又说：“阴阳之相继也善，其未相继也不可谓之善。”（《周易外传》）可见，善便是规律之实现。至于人性则依于此“阴阳之相继”“成之而后性存焉，继之而后善著焉……性存而后仁、义、礼、知之实章焉”。（同上）到此为止，王夫之关于本善之性起源之解说，基本上遵循了张载的思想。但是，王夫之更进一步：“道大而善小，善大而性小。道生善，善生性。”（同上）这是什么意思呢？原来，阴阳五行之规律即是道，道实现了即是善，未实现自然不能称之为善，故说“道大而善小”，“性”指人之性，只是“善”中之一种，故说“善大而性小”。换言之，王夫之在这里明确表示，此段乃专论人之性，而不再泛论万物之性，所以王夫之指出：“善具其体而非能用之，抑具其用而无与为体，万汇各有其善，不相为知，而亦不相为一。”（同上）如此，万物之异于人，在于其虽有“善具其体”，却不能够运用它，这是指万物不能达到对于善之自觉，唯人能之。

理学三派围绕着道德意识之起源问题，建立了各自的本体论，不同的本体论体现出种种差异。但是，其理论归宿却又是殊途同归：人之善性乃人之所固有，而私欲则是恶的，故而“灭欲存理”是各派理学家的共同主张。在这里，佛教人性论的影响的确是显而易见的：善性本自具足，学者惟务返本还淳。也正是在这里，王夫之表现出其人性论之个性，这便是他的“性日生日成”说。

“性日生日成”说，其直接目的就在于反对人性不变论。王夫之既持气本论观点，且认为“天地之德不易，而天地之化日新”。人之性虽禀承于阴阳五行之理，但阴阳五行运行不息，既然自然界变化日新，人的身心亦“日非其故”，这样，人性也就不可能是凝固不变的：“性屡移而异”，“性也者，岂一受成型，不复损益也哉？”坚持“性日生而日成”的观点，从而否定了宋明理学家人性不变的“复性”主张。

### 二、知行观

在道德认识（知）与道德实践（行）的关系上，王夫之特重道德的实践，提出了“知以行为功”和“行可兼知”的思想。王夫之说：“知也者，固以行为功者也。……行焉可以得知之效。”（《尚书引义》）这是说，知是依赖行的，行可以得到知的功效。王夫之又说：“行可兼知，而知不可兼行，君子之学，未尝离行以为知也必矣。”（同上）这是说通过行可以获得知，行是根本的。以此他站在重行立场上，对宋明儒各大家提出尖锐批评。对于程朱理学派的“知先行后”说，王夫之认为“知非先，行非后，行有余力而求知，圣言决矣，而孰与易之乎?”（同上）对于陆王心学派的“知行合一”说，王夫之认为其实质乃是“销行以归知”而“离行以为知”，则可以综括两派之实质。它们作用于实际生活中，各自产生极严重的后果：“其卑者，则训诂之末流（指理学派），无异于词章之玩物而加陋焉；其高者，瞑目据悟，消心而绝物（心学派），得者或得，而失者遂叛道以流于恍惚之中。”（同上）可见，重“行”确为王夫之伦理学的显著特点之一，它暗合于孔孟“辙环天下”式的践履精神。

### 三、中行说

在道德实践上，王夫之更提出了颇具特色的“中行观”。“中行者，若不包裹着‘进取’与‘有所不为’在内，何以为中行? 进取者，进取乎斯道也；有所不为者，道之所不可为而不为也。中行者，进取而极至之，有所不为而可以有为也。”（《读四书大全说》）中行观所要求者，不合于道则断不可为之，而合于道者则不仅必须去为，而且必须全副身心地、永远不息地去为之。这里所谓“全副身心”，有二含义：一曰正心诚意。若心不正，意不诚，则“恻隐之心荡，而羞恶之心亦亡也。羞恶之心亡，故枵然自大，以为父母不足以子我，天地不足以人我，我之有生自无始以来而有之矣”（《尚书引义》）。以天地与父母并提，实是想指明人生活于世上，对于社会及自然界应该怀有感激并从而报答之情感，故而心必正而意必诚。二曰尽才性。“学者当专于尽性，勿恃才之有余，勿诿才之不足也。”（《张子正蒙注》）人之气禀才性有有余、有不足，但由于道德实践之无终止性（尽性），故而就具体个人来说，不论其才性之有余与不足，唯以尽之为务。道德实践之永远不息，反衬出人性的高贵：“禽兽母子之恩，嗢嗢麌麌，稍长而无以相识；夷狄君臣之分，炎炎赫赫，移时而旋以相戕。”（《周易外传》）人之异于禽兽者，大端即在于人类德性之自觉与恒常。

在王夫之的中行观里，所谓“道之所不可为”者，实亦有双重含义，它必须连同基于“道”之“进取”一起来理解。其一，曰反对纵欲和禁欲。“耳目无以为贞，而息机塞兑以免于役，如障水逆流，一旦溃下而不可止。志不得所贞，而逃虚择轻以利其妙，如鸷鸟踻足以求遂所搏。”(《尚书引义》)又说：“夫欲无色，则无如无目；欲无声，则无如无耳；欲无味，则无如无口；固将致忿疾夫父母所生之身，而移怨于父母。”(同上)因而，纵欲主义和禁欲主义都不可能真正地实行，而且明显地荒谬。其二，前已述及，在王夫之，道心（性）与人心（情）本为密不可分，纵欲与禁欲主义固已荒谬，而真正的善，只能是道心指导人心并使之合于“节”之结果，这样，人心（情）不但不是恶，反倒是道心（性）的独一无二的载体：“求诸色、声、味者，审知其品节而慎用之，则色、声、味皆威仪之章矣。”(同上)

由此引发出另一问题：道心如何能够指导人心以使之合于节而成为善？王夫之对此有两个基本主张：其一曰辨枉直：“盖人之难知，不在于贤不肖，而在于枉直。贤之无嫌于不肖，不肖之迥异于贤，亦粲然矣。特有枉者起焉，饰恶为善，矫非为是，于是乎欲与辨之而愈为所惑。今且不问其善恶是非之迹，而一以枉直为之断……此所谓知人之方也。以此通乎仁之爱人，近譬诸己，以为济施，先笃其亲，以及于民物，亦不患爱之无方矣。”(《读四书大全说》)明辨枉直，确立善恶之真正标准，然后由近及远地付诸实践，此即所谓“知人之方”与“仁爱之方”。

其二曰“通权变”。“已生以后，人既有权也，能自取而自用也。自取自用，则因乎习之所贯，为其情之所歆，于是而纯疵莫择矣。”(《尚书引义》)人有自取自用之权，乃谓人类意志之自由，道德理性彰显，则可使之向善；道德理性不明，此种自由意志便只堪成为“为恶的意志”。更进一步，王夫之又指出：“利义之际，其为别也大；利害之际，其相因也微。夫孰知义之必利，而利之非可以利者乎？夫孰知利之必害，而害之不足以害者乎？诚知之也，而可不谓大智乎？”(同上)在辨别利义及利害之关系时，人应当成为大智之人。其实，王夫之在这里提出了一个很深刻的问题：人生活于错综复杂的社会生活中，往往同时面对着多种情况，对于自己如何去舍利而取义，对于社会如何去趋利而避害，就不是那么单纯显明的问题了。在这里需要有“大智之人”，需要有理智才行。

由上可见，王夫之关于道德实践中权变观念的理解，的确是对于传统儒学的深化，包含着清醒的理性精神。另外，儒家往往训义为宜，而王夫之把义之原则包容于其权变思想之中。并借举鲧与禹父子治水故事来贯穿这一理性精神："天之生水也……义之润可以泽物，义之下可以运物……，而恶知其润下之过适以为害也哉？……于义不精而乘之，于害不审而撄之，于是乎爱尺寸之土……以与水朋虐于中原。"（同上）依王夫之的解说，鲧用堵塞洪水不使流溢乃是只见水之利而不见其害，其子禹使用疏浚方法乃是"循义所安而不贪其利，指利与水而不受其饵"（同上）。当然，鲧之贪利原非贪一己之利，而是谋天下之利，原始愿望不可指责，结果却使天下蒙其害，认识上的片面性乃致害之源。至于"细人乃颠倒昏瞀，自困于利之中以亟逢其害"，原因上有其类似性。

前面已提到，王夫之的权变说以行仁义之心为前提，否则，离开这一前提，则只能是权诈和无耻。"其为术也，乘机而数变者也，故盗跖随所遇而掠之，无固情也。"（同上）所谓"无固情"实在是另一种"固情"，即"唯利是图"，其手段便只能是"无所不用其极"。另有一种人，"当家邦之丧，而外附以免祸，是助逆也。……受仇仇之新命，行同犬豕而恩斩葛藟，亦安足列于人类哉！"（同上）王夫之的谴责所含之时代意义不言而自明，其一般意义亦在明"无固情"之使人堕落与无耻。

"君子有终生之忧"，当然，君子之忧，乃是忧道不忧贫。在王夫之看来，人的道德意识一旦觉醒，则求道践仁不只是他的终生使命，更是其最大幸福与最高境界之所在。故而说："道之未有诸己，仁之未复于礼，一事也发付不下，休说箪瓢陋巷，便有天下，也是憔悴。天理烂熟，则千条万歧，皆以不昧于当然，休说箪瓢陋巷，便白刃临头，正复优游自适。"（《读四书大全说》）所谓"当然"，自是指所应选择的道德行为，它只受命于天理（人之善性），而不计较任何利害得失，依于人情则为不可为，依于天理则必当为之，乐亦在其中矣。

## 第四节　戴震的伦理学说及其对宋明理学伦理思想的批评

戴震，字东原，安徽休宁人，生于雍正元年（1724），卒于乾隆四十二年（1777）。作为学问家，戴震对乾嘉之际经学考据学产生了直接的影响；作为儒者，戴震亦颇为当时儒林所重，而且随着清朝国运日颓，戴氏道德学说益受后世推崇。

## 一、理气、理欲之辩——对宋明理学的批评

戴震在中国伦理学史上的地位，首先集中体现于他那两段沉痛而深刻的话语中——它们曾经是那样反复为人征引、为人们所津津乐道：

> 人死于法，犹有怜之者；死于理，其谁怜之？呜呼！杂乎老、释之言以为言，其祸甚于申、韩如是也！（《孟子字义疏证》）
>
> 后儒不知情之至于纤微无憾是谓理，而其所谓理者，同于酷吏之所谓法。酷吏以法杀人，后儒以理杀人。（同上）

如此，戴震确乎是以“后儒”即宋明理学之否定者的姿态而卓立。他为自己设定的目标亦极明确：“于宋以来儒书之言，多辞而辟之。”何则？因为宋明儒学主流之“言之深入人心者，其祸于人而莫之能觉也；苟莫之能觉也，吾不知民受其祸之所终极”。（以上俱见《孟子字义疏证》）

那么，戴氏所破斥者为何？其所确立者又是什么？

程朱理学派认为其所谓理“若有物焉，得于天而具于心”，天理纯乎至善，而人欲只堪为恶，理欲不可两得，故而倡言“人欲尽处，天理流行”。陆王心学则认为“心外无理”，且视读书明理不过为“支离事业”，其后学末流更促成率性任意的“狂禅”之风。在戴震看来，程朱为不知“理”，而陆王为不解“学”。概而言之，则程朱陆王虽假孔孟以为言说，其共同实质则无异于老、佛。如果说，先秦真儒是“有欲而无私”，那么，后世伪儒便是“无欲而有私”。

为从根本上批判宋明儒者的僧侣主义、禁欲主义，戴震不惮词费地申说自己学说之大义。

戴震处处以私淑孟子而自处，以揭明孔孟真义为职志。但是，孟子独标“心性”，直接把“人皆可以为尧舜”的根据，道德价值的根源归之于道德本心的自觉上。而宋明儒之大宗，尤其是程朱一派，与孟子有所不同，以理作为宇宙的究极本体，并以此作为人性本为纯善的底据。又认为气就重要性方面虽居于理之后，却仍不失为真实存在，进而以人之气禀来解说恶之根源。理与气虽则浑沦一体，但彼此间毕竟是不相杂糅，“决定

是二物”。因而，程朱理学，落在道德践履层面上时，就必然教导人们惩忿窒欲、返本还淳。对此戴震是这样揭露他们的虚妄和徒劳的：“举凡饥寒愁怨、饮食男女、常情隐曲之感，则名之曰‘人欲’，故终其身见欲之难制；其所谓‘存理’，空有理之名，究不过绝情欲之感耳。”（同上）

为此戴震讨论了理气与理欲的问题。首先戴震明确提出了“气化即道”的思想，他说：“道犹行也。气化流行，生生不息，是故谓之道。”（同上）。道为气的流行，所以说：“由气化，有道之名”，决没有脱离气而有虚托之道。至于说理，即是“自然之条理”，生生不息的条理。事物的变化各有不同的条理，所以他说：“理者察之几微必区以别之名也，是故谓之分理。”（同上）由此可见，理是不可脱离气化及具体事物而独立存在的，以此纠正了程朱分理气为二物的错误。其次，在理欲关系上，戴震从人性本有自然情欲出发，提出了“理（义理）存于欲”的思想。戴氏说：“理也者，情之不爽失也。未有情不得而理得者也。”“今以情之不爽失为理，是理者存乎欲者也。”（同上）情感欲望适当满足就是理，所以理与欲不是绝然对立的，理即存在于人欲中。这明显是对宋明理学宣扬的“存天理，灭人欲”思想的否定。

理气、理欲关系既明，戴震进而讨论了人性的问题。他说：“人之生也，分于阴阳、五行以成性，而其得之也全。”（同上）就“分于阴阳五行以成性”而言，则人物之性同，其内容就是每一类生物各有其自己特殊的血气心知（即有欲、有情、有知）。然而人又不同于其他生物，人的知觉高出于一般生物，懂得礼义。以此他说：“人以有礼义异于禽兽，实人之知觉大远于物则然，此孟子所谓性善。”（同上）这就是所谓的“性善”。这也就是所谓“人之气也，……而其待之也气”，而禽兽不得其全，因此人类不同于禽兽而有心知，人的心知的内容则是理义：“理义者，人之心知，有思则通，能不惑乎所有也。……人之心知，于人伦日用，随在而知恻隐、知羞恶、知恭敬辞让、知是非、端绪可举，此之谓心善。于其知恻隐，则扩而充之，仁无不尽……于其知是非，扩而充之，智无不尽。”（同上）由此可见，只要扩充心知，即能明理义，做到仁义礼智无不尽，从而从感性之自然走向理性之必然。

戴震的伦理学说，的确贯穿着道德理性的自觉精神。

当戴震抨击后儒“以理杀人”，并称“人伦日用即道”的时候，颇易让人觉得他是在倡导“越名教而任自然”，甚或是放纵一己之情欲。其实大谬不然。因为果真如此，人则停留在“自然”的层面，尚无理由自称优越于飞潜动植之类。人的高贵全在于他具有“理义心知”，藉此他即可以由“自然”层面而达到基于社会性的主体性自觉，而不再成为感性身气的奴隶。

戴震说：

> 所谓恻隐，所谓仁者，非心知之外别“如有物焉藏于心”也。己知怀生而畏死，故怵惕于孺子之危，恻隐于孺子之死，使无怀生畏死之心，又焉有怵惕恻隐之心？（同上）

如此说来，所谓天赋道德观念论是空无实据之谈。人之道德理念，首先是依附于人之血气形躯，继之以自己之心度他人之心，所谓“己所不欲，勿施于人”是也。人之情欲大抵为“怀生畏死，饮食男女，与夫感于物而动者之皆不可脱然无之”（同上）。而所谓仁义礼智之属，不过是人们在道德实践中“恃人之心知异于禽兽，能不惑于所行”所实现的“懿德”。总之，道德的根源全在于人生之大欲，道德的功用即在于使人由感性的“自然”状态进至理性的“必然”境界，而决定道德善恶之根本则存在于人的“心知”，因为没有此“心知”，人即有如兽类，是无从谈起什么道德价值的。由此可见，戴氏伦理学所肯定的，仍然是一种自律道德。

人皆有此“心知”，这也是人之成为尧舜的内在根据，但这“心知”固非独立自足、纯然至善的现实性，而只是有待于“扩而充之”的潜在性。所以，它决非等同于宋明儒者的所谓“道心”。落实在实践领域，便不再是返璞还淳式的“复性”，而是不断扩充式的生长过程。由此，“为学”便在戴震伦理学说中占据一极重要地位。

### 二、达民情遂民欲的圣人观

当然，“为学者，乃谓学做圣人”。圣人之道使天下无不达之情，求遂其欲而天下治”，“古人之学在行事，在通民之欲，体民之情，故学成而民赖以生”。（同上）据此察之，则戴氏所谓圣人，倚重所谓“外王”与“事功”一层面，俨然有如圣君贤相之类的立法者。问题是，对于众庶之人如何实现“内圣”一层面，戴氏又给出何许教导呢？

第一曰确立“心知”的无上价值。“凡人行一事，有当于理义，其心气必畅然自得；悖于理义，心气必沮丧自失，以此见心之于礼义，一同乎血气于嗜欲，皆性使然耳。耳目鼻口之官，臣道也；心之官，君道也；臣效其能而君正其可否。”（《孟子私淑录》）此“心知”因依于五行阴阳遂具备客观现实性，且对于与其同于一身的“血气之性”具有优先性。可见，戴氏所谓“心知”，实含道德理性义蕴。这样，人在任何时候应对任何事，都必须记住自己是一个人，而不同于唯任自然的禽兽。持守住这“理义心知”，是做人的本分，也是做人的自信，更是做人的无上乐趣。

第二曰尽其“才性”。此“才性”则依据于“心知”的理性认识能力。“人之才，得天地之全能，通天地之全德”，“人皆有天德之知，根于心，‘自诚明’也；思中正而达天德，则不蔽，不蔽，则莫能引之以入于邪，‘自明诚’也”。（《原善》）所谓“自诚明”，是指“尽才”的可能性，所谓“自明诚”，则是指“尽才”的功夫。然而，“莫能引之以入于邪”云云者，尚是就其消极处着眼，“尽才”的积极意义，在于认识到“人伦日用即是道”，虽不可纵欲，但决不可灭绝情欲。与此相应，于仁义礼智等所谓德性，戴氏实最倚重于智。“举仁义礼可以赅智，智者，知此者也。”（《孟子字义疏证》）当然，这里所谓“智”，并非一般意义的认知理性，而实谓人们知天体物的禀赋。人能尽才尽智，自然能逐渐臻于圣人之境，做到“从心所欲而不逾矩”，对于“礼义三百，威仪三千”也就能自觉地去身体力行了，而不感觉到有丝毫的勉强。换言之，果能尽才尽智，百般德性均皆显露，并最终实现道德理性的自觉。

依托于“人皆有天德之知”，故而“人人皆可为尧舜”，但此只就理论上说。现实中为何总是君子少而小人多呢？戴震的回答是：“不尽其才”。个中原因有二：“曰私，曰蔽。私也者，其生于心为溺，发于政为党，成于行为慝，见于事为悖、为欺，其究为私己。蔽也者，其生于心为惑，发于政为偏，成于行为谬，见于事为凿、为愚，其究为蔽己。”（《原善》）私者似乎是有意为恶，而蔽者似乎是慧性鲁钝，但究极言之，曰皆未尽才尽智。

第三曰“循礼”。戴震力斥“后儒以礼杀人”，而观戴氏之书，“礼”在其伦理学中又无疑是格外显眼的一环节。这并不难于解释。“克己复礼”是儒学的本质特征，“礼者理也”也是所有儒者的共识。戴氏反宋明儒之“礼”，而自不能无“礼”，究极言之，乃是二者对理的解说相殊而致。“先王之以礼教，无非正大之情；君子之精义也，断乎亲疏上下，不爽几微”，“益之以礼，所以为仁至义尽也”。（《孟子字义疏证》）因为戴氏亦认为，礼就形态看固然表现为规范，具有外在性和人为性，且每每“违逆”人欲，但是，真正的礼则无不契合于“理”，所以说：“由其生生，有自然之条理，故于条理之秩然有序，可以知礼矣。”（同上）宋明儒所言之礼，之所以足以“杀人”，实由其所谓“理”同“人欲”的割裂与对立，因而不过是违反真正人性的“意见”罢了。

第四曰诚以持身。天生上智之至人本不可多得，常人因其才性的局限性，遂使现实中的成圣道路漫无止境，但决不可因之畏难而却步。人要想自强不息以达至目标，则唯有奉持诚敬之道。的确，宋明儒动辄言说“涵养须用敬”，并坚守《中庸》所言“戒慎”“恐惧”及“慎独”等等。但是，戴震的立言宗旨显然与之有别，此仍根源于各自本体论的旨趣迥异。后者的涵养功夫以去人欲之恶为主，故隐含着禁欲主义者所特有的“罪感”；前者则主要是针砭常人易于自我满足及自以为是之倾向。

前已述及，戴震以宋明儒学之否定者姿态而出现，其批判不限于源自现实社会生活中种种惨象而来的愤激之情，亦颇见理论深度。中国近代史上的启蒙者每多取资于戴氏伦理思想，亦可想见其人道主义及道德理性主义的进步性。

值得一提的是，戴震对宋明儒学的批判可谓釜底抽薪、击中了要害。但我们知道，宋明儒学历时数百年，经过多代学者的艰苦建设，其思想资料异常丰富。在戴震，大概限于时代使命，故而专攻其某些方面而难及其余，但仍让人不免觉得失之简单化。例如，在宋明儒学，关于人格理想及圣人境界方面的探求取得了不容抹煞的业绩，而在戴氏伦理学中，此方面的论述实在不多。由此似乎可以说，宋明儒学主流派别中，个体伦理学（指个人修养）的色彩浓于社会群体伦理学，那么，对于戴震则刚好相反，群体伦理学之色彩远浓于个体伦理学。就儒学于历史上在中国人心灵生活中所扮演的角度来看，这不能不说是戴震伦理学的遗憾了。与此直接相关联的是，在戴震伦理学中，道德主体在人与天及己与人等关系上，更多地体现出“迫不得已的”“不得不如此”的适应与顺遂，虽不能认为是消极无为，但其主体性未能得到充分的挺立与凸显，也是不争的事实。更进一步似乎可以说，在这里，基于终极关切意义上的道德激情以及道德理性愉悦，没有得到应有的价值。

# 下　篇

# 道、墨、法三家和佛、道两教的伦理学说

中国传统伦理思想，并不是单一的，而是多元的，内容十分丰富，决不能单纯地把儒家伦理当作中国传统道德的唯一代表。如果这样做的话，就会使中国传统道德思想失去其丰富多彩性。在中国文化的轴心时代，即春秋战国文化勃兴时代，思想界出现了百家争鸣的局面，其时处士横议、学派林立。汉代的司马谈把这些众多的学派结为六家，即儒家、墨家、名家、法家、阴阳五行家、道家。这六家皆有自己的伦理价值观点或伦理学说，但这六家中对后世产生较大影响的，则主要是儒家、道家、墨家、法家四家。名家“专决于名而失人情”，所以它对后世影响较小，同时也缺乏自己的伦理学说；阴阳五行家虽具有较大的影响，但它的思想为各派后来所吸纳，而缺乏自己完整的伦理学说。因此对后世产生影响较大的莫过于儒、道、墨、法四家的伦理学说了。同时自汉之后，外来的佛教的传入和在我国兴起，以及我国土地上自生的宗教——道教的建立，这样在儒、道、墨、法之外，又有了佛、道两教的伦理思想，从而更进一步地丰富了我国传统的伦理思想。中国传统伦理道德思想内容之丰富多彩，实为世界所仅见。本书上篇我们已经讨论了儒家，此篇为下篇，我们将重点讨论道、墨、法三家和佛、道两教的伦理学说，以进一步地阐明中国传统伦理道德学说的极其丰富多彩的内容。

道家，亦称为道德家，主要讨论的是道德形上学，认为道是宇宙的本原与法则，得“道”之谓“德”，德是指得到“道”后所形成的事物的本性，就人而言，就是指人的德性、品性、品德。道家认为，人的道德根源在于宇宙的本原道。道是素朴的、清静的、无为的、谦下的、不争的……，人们的美德也应该是素朴、清静、无为、谦下、不争……道家主张的是自然素朴的人性学说，主张保持人的自然素朴的真性，因此他反对违背真性的一切人为的造作，认为儒家所宣扬的礼义仁爱的教化，皆是束缚人的自然本性的东西。所以他们身上带有强烈的反儒思想倾向。当然这主要是先秦的老庄道家思想。至于在战国中期，从老子道家思想中演变而出的黄老之学，则与老庄有所不同。黄老学带有融合诸家思想的特色，它一方面继承和发挥了老子的思想，另一方面又融合吸取了儒、墨、名、法、阴阳诸家思想，尤其是吸取了儒家的礼义仁爱思想和法家的法治思想。黄老之学在战国中后期的学术界具有十分重要的影响，西汉初年曾经盛极一时，之后它的思想为《淮南子》、严遵、扬雄、王充等所继承和发扬，成为汉代除儒学之外的一股重要的思想潮流。又随着汉代儒学的隳坏，魏晋时期老庄学风行，魏晋玄学（亦称为新道家）成了主流思潮，笼罩了整个一代的思想界，道家思想发展到了鼎盛时期。从某种意义上说，魏晋玄学亦是儒道两家合流融学的产物，中国传统伦理思想的发展一直处于儒道两家互补的格局之中。东晋以降，道家与道教合流，道家思想为道教所继承和发展，一直影响着传统的中国社会。

墨家，在先秦时期曾与儒家一起处于“显学”的地位，影响甚大。墨家是以儒家反对派的面目出现的，他反对儒家亲亲有等的思想，提出了兼爱互利的伦理学说，同时又十分提倡节俭反对奢侈浪费的思想。当时墨家组成了自己的团体，上说下教，团体之中充满着义侠之气，因此人们把他们称为墨侠。他们的思想虽说带有不切实际的空想色彩，不能为上层社会所接受，不能成为实际治国的方略，但他们对兼爱互利理想生活的向往，以及他们的义侠之气，对当时的社会和后世下层民间生活皆产生有巨大的影响。这是我们在研讨墨家思想时所不可忽视的。

法家，在我国历史上，它是一个非道德主义学派。它在春秋战国时期，是以一个激进的社会革新派的面目出现的。它在战乱纷呈的年代里，主张用强有力的暴力手段来统一天下和治理天下，因此他们认为儒家的仁义说教是无用的、有害的。这种崇尚暴力的非道德主义思想，与带有泛道德主义的以德为政的儒家思想形成了鲜明的对照；儒家伦理自然也就成为法家所抨击的对象。但天下可马上得之，却不能靠马上治之。用暴力可在一时间统一天下，却不能治理和巩固好统一的天下。短短十多年强大的秦王朝的覆灭，就充分地说明了这一点。由此可见，单靠法家所主张的法治是不能巩固天下的，必须走儒法结合的道路，走礼义教化与法治相结合的路。这已是历史的结论。在先秦的法家中，也有一些有识之士已经看到了这一问题，这就是人们常说的齐法家的思想。齐法家确实不同于以商鞅、韩非为代表的晋法家。齐法家吸取了儒家的礼义教化思想，提出了“礼义廉耻，国之四维”的学说，主张礼义之教化与法治相结合，这就对晋法家的思想有了很大的修正，克服了晋法家的两面性。这种礼、法双行的思想，对战国末年的儒家大师荀子乃至尔后整个封建社会都产生了很大的影响。

中国传统宗教，在社会上影响最大的莫过于佛、道两教。道教是我国大地上自生的宗教，佛教乃是外来的宗教。道教是我国固有的文化传统的发展。佛教则是异域文化，它传入中土后，即与我国固有的传统文化（主要是儒、道两家文化）相结合，融合成为中国化的佛教，并与儒、道两家鼎足而三。自此儒、佛、道三教成为我国传统文化的三大组成部分。我国传统的伦理道德思想亦不例外，也是由这三教的道德思想所组成的。儒家伦理在整个漫长的封建社会中占着统治的主导的地位，而佛、道两教的伦理则处于左右两翼辅助的地位。它们三者之间，既有纷争又互相补充、互相促进着中国传统伦理思想的发展。

佛教最早产生于古印度，它的伦理思想带有古代印度文化的特质，宣扬的是一种出世主义的伦理学说。它把道德规范、道德修养仅看作达到出世主义（进入“涅槃”境界）的一种手段。这就与我国固有的传统文化，尤其是儒家重现实的入世思想相冲突。儒家伦理尤重孝道（孝敬父母）和忠道（忠君报国），重家庭国家，讲的是齐家治国平天下。而佛教讲离世出家，这就直接违背了儒家的忠孝之道。因此佛教要在中国赢得发展，首先就要解决这一矛盾问题。在我国历史上，曾经发生过沙门应不应致敬王者的争论，就是这一矛盾冲突的具体表现。对此东晋名僧慧远，以援儒入佛、调和儒佛的办法，从理论上较好地回答了这一问题。援儒入佛，把儒家的伦理思想吸纳到佛教中来，成为佛教中国化的一个重要内容。又大乘佛教空宗宣扬一切皆空的思想，为其出世主义作论证，这又与儒家的天赋道德观念的人性善学说相抵牾，因此印度佛学中讨论心性理论的真常唯心论一系（在我国尤以《大乘起信论》为代表），在中国得到了空前的发展，影响到了天台宗、华严宗、禅宗的产生。隋唐时期佛教心性论的繁荣，是与我国儒家重视人性论学说的讨论有着密切联系的。可见，佛教伦理之所以能在中国发展，是与佛儒两者伦理思想的融合分不开的。

道教与佛教不一样，它是在儒家成为统治思想之后的东汉末年产生的，所以它一开始就与儒家伦理有着密切的联系。尤其在东晋之后，寇谦之实行了天师道的改革，提出了“以礼度为首”，以及葛洪提出了“道本儒末”道儒不可分之后，儒家伦理成为道教伦理的主要内容，并把儒家的忠孝仁爱思想与道教的长生成仙思想结合了起来，提出了自己的长生学伦理学说。《抱朴子·对俗篇》说：“欲求仙者，要当以忠孝和顺仁信为本。若德行不修，而但务方术，皆不得长生也。”长生成仙要以儒家的道德修养为本，儒家道德成为道教成仙的要务。这就是道教的长生神仙学的伦理学。当然道教的形成与发展是与道家思想有着极其密切关系的，因此道教伦理思想除吸收了儒家伦理之外，还直接继承与发挥了先秦道家的素抱、谦逊、清静无为、不争等伦理思想，并把这些思想当作自己道教的清规戒律，同时还把这些原则与道教的内修相结合，并提出了内（道家修炼）外（儒家修养）相结合，实即儒道双修的思想。

# 道家的伦理思想

人们通常把中国文化的基本结构概括为“儒道互补”，也就是说，儒家文化和道家文化是中国文化的两翼。就文化和人格互为表里的关系而言，文化上“儒道互补”的双重结构具体地表现为人格上的双重性，就是说，所谓文化其实内在地存在于并表现为文化负命者的人格。既然中国传统文化具有“儒道互补”的两面性，那么，我们生于斯长于斯的先民们在受到儒家和道家文化滋育的同时，在宇宙观念、精神信仰和生活方式等方面也必然留下了儒家和道家文化的永久烙印，凝固为他们的双重文化人格。试举一例：诸葛亮在高卧隆中的时候，草庐、布衣、高逸、散淡、超脱名利、笑傲江湖，显示出一种典型的道家人格风范，这是他道家性格的一面。然而，当他作为刘备的股肱而运筹帷幄的时候，当他顾命辅国、“出师未捷身先死”的时候，当他誓言“鞠躬尽瘁，死而后已”的时候，在他夺人的人格魅力里闪烁着儒家思想的光华。其实，这样的例子举不胜举，足以证明“儒道互补”的文化结构塑造了一种文化意义上的双重人格。

如此，我们便不能苟同于那些过分简单化的老生常谈，如“道家栖思自然，儒家偏于伦理”，或者“儒家追求道德，道家诋毁道德”，因为这些论断既空洞无物又似是而非，何曾道着了中国传统伦理思想的一点边际？实际上，道家和儒家一样，关怀人的生命和生活，追求自我的精神自由和人性解放；那么，我们就没有任何理由不去正视道家伦理思想的贡献，重估它的价值和意义，尽管它的价值和意义长期以来被忽视了。

那么，道家伦理思想的实质、意义和价值究竟何在呢？我们不妨先直观地估计一下道家思想的伦理意义，特别是在塑造人格理想、人生态度和生命实践方面的作用和意义。

正如苏东坡所说，“人有悲欢离合，月有阴晴圆缺”，宇宙舞台上永远轮换着人生的悲剧和喜剧，“你方唱罢我登场”。这是人生的宿命。传统人格双重性就在这命运的流转中变幻着它的面相，即人生的际遇不同，文化人格的表现也不一样。传统士大夫大都怀有铭心刻骨的“治国平天下”的远大抱负（如青年陶渊明），然而，“人生不如意事常八九”：第一，就社会境况而言，“天下无道”的时代贯穿着整个中国历史过程（约占整个历史的一半时间），儒家理想无由实现，甚至遭到深刻的怀疑，如魏晋时期，这时候道家思想就会不期然地蔚为潮流，实际上，道家思想从来就是解剖现实、批判社会的重要源泉。第二，就个人命运而言，失意、挫折、不幸、悲怆、愤懑、落魄和潦倒等痛苦的人生经验也会使人遁入道家思想，寻求排遣和解脱。“只有心中拥有一个世界，才能真正面对一个世界”，道家创造了一个精神世界，生命的本质和生活的意义在此得到了新的阐明，人们寄托于此，聊以自慰，缓解哀痛，并直面惨淡的人生。可见，道家思想往往是生活意义的源头活水和人格重塑的强劲动力，宦海沉浮中的苏东坡就是这样一个著例。如此，道家思想在古代中国的道德观念、人格理想、人生态度和伦理实践诸方面留下了不可磨灭的印迹，对现实生活的影响极其深远。

然而，很不幸，以往我们或多或少地忽视了道家伦理思想，没有深入挖掘其价值和意义。个中的缘故当然比较复杂，最表面的原因也许是这样一种流俗的成见：伦理学说是关于价值理性和伦理规范的系统理论，它的核心和基础则是关于是非、善恶和对错的判别标准。由于道家深刻怀疑正统道德观念依附其上的礼乐制度的合法性，彻底批判经验性的是非判别标准，坚决反对束缚、戕害自然人性的种种伦理规范，并以此破坏性地解构了既往道德观念和伦理规范，所以被目为反伦理；殊不知“反伦理”本身也可能是一种伦理，一种另类伦理（有别于一般意义上的伦理，如儒家伦理）。事实上，历史各个时期的道家学说都曾系统地阐述了关于人的生命、生活、人格理想和人生态度甚至伦理规范的理论，如果我们能够从以往的偏狭思想中解放出来，循着道家思想的内在逻辑把握道家理论的话，就有可能重新理解老庄含混在自然哲学里的、黄老学派溶解在社会政治理论中的伦理思想，充实和深化我们对中国伦理思想的认识和把握。

大致上，道家可分为两个流派：老庄道家和黄老道家。在历史渊源上，他们（老庄和黄老）之间的关系十分复杂，在思想观念上，他们也纠结在一起，“剪不断，理还乱”。所谓道家思想，包括老庄思想和继踵而起的黄老思想。

我们先从老庄谈起。道家学术曾经被概括为“道德之意”，也就是说，道家思想的核心表现在“道”和“德”两个范畴里。然而，道家和儒家所说的“道德”迥然不同。儒家所言的“道德”，在很大程度上就是指“仁义”；而道家所言的“道”“德”却绝非仁义，在某种意义，它甚至是“仁义”的反面。那道家所标榜的“道德之意”究竟是什么意思呢？简单地说，它有两个方面：一是自然，一是无为。也就是说，道家（特别是老子和庄子）伦理思想的基本原则可以归结为“自然”和“无为”。道家所说的“自然”是相对于“人为”而言的，也就是说，“自然”和“人为”（所谓“伪”）是对立的。基于这种分野，道家认为人性是自然的，换言之，所谓人性乃是人得自先天的固有本质，素朴而纯粹，没有丝毫人为的东西（所谓“伪”）附着在上面。这种自然主义人性论预设了两个基本的价值判断：第一，“本来的”就是“最好的”，也就是说，本然性质和本然状态是最完善不过的性质和状态；第二，保持本来面目，固守本然性质和本然状态而不假人为，是“最好的”。可见，道家主张人的自然性，反对把文化性固定为人的本质属性，据此，道家以一种极端的方式坚决批判当时社会政治制度（礼乐）的消极性，坚决反对这种制度的思想基础（仁义），应该说，道家的批判是深刻而有力的，因为他们有见于文明进程中的负面影响，如尔虞我诈（所谓“知”）和人欲横流（所谓“欲”），这些都对人的本性（即自然性）造成了毁灭性的破坏，人被彻底地异化了：因此，要挽狂澜于既倒，“解民于倒悬”，或者说拯救自我，必须沿着相反的方向，即“无知”和“无欲”的方向提升和修养自己，这就是老子所说的“归根复命”和庄子所说的“反本复初”。

如果把“自然”仅仅理解为人的生物本能（如《列子·杨朱篇》），或者把“自然”规定为一切实存在本来具有的样态（如郭象《庄子注》），符合道家的思想吗？回答当然是否定的。因为道家在强调“自然”原则的同时，也强调“无为”原则，实际上，“无为”在配合着也制约着“自然”。道家的根本旨趣就是“无为”，所谓“以虚无为本”（因此支道林诠释《庄子》的时候，独标“无”）。“无为”也是道家自然人性论里面的固有内容，它是“大道”在人心上的投射与落实，同时也是人的道德修养的方法和内容。“无为”的两个最具体的表象就是“无知”和“无欲”，它意味着恬淡寂寞、虚极静笃的凝定心境，由此，人们能够“物物而不物于物”，摆脱外物的羁绊和束缚，“精神高于物外”，跃入自由逍遥的精神境界。因此，道家伦理学是追求心灵自由和人性解放，追求人的内在超越和精神境界的伦理学，而不是那种追求感官刺激和欲望满足的伦理学，也不是那种依傍于某种既得利益和某种政治制度而有所作为的伦理学。总之，道家所倡的理想——理想人格如“赤子婴儿”，理想社会如“小国寡民”——也许是一种缥缈而不切实际的乌托邦，但它却能够引领人们追求自我的人性解放，更重要的是，作为一种内在的精神境界，它不失为一种可能的世界。

其次，我们略谈一下黄老道家。历史地看，黄老思想的来源甚古，未必限于老庄，但毫无疑问，盛行于战国中叶至汉初的黄老思想却受惠于老庄，在这种意义上，战国中期以降的黄老可看作是老庄的延续和发展。正因为黄老思想是老庄思想的发展形态，所以他们之间有异有同，值得玩味。比如说，黄老道家极言“因循”，司马谈《论六家要旨》将黄老思想的宗旨概括为“以虚无为本，以因循为用”，在“虚无”（老庄所本）之外又加上“因循”，表明了黄老道家强烈的现实感，不像老庄那么超脱。与老庄道家推崇“大道”稍有不同，黄老道家更重视“人道”，尽管他们认为“人道”必须效法“天道”。此外，黄老道家注意吸收儒墨名法的思想（如“仁义”“形名”等）而为己用，不像老庄那样激烈地非毁仁义；黄老道家依据“形名”理论阐明了“天道”是宇宙和社会的“常法”和“定数”，这就是所谓的“理”，因此日用伦常也应符合“理”所规定的秩序，这样黄老道家便论证了“君臣上下”等级制度的合理性；黄老学派在强调“无为”的同时，还强调了“无不为”，此外，还把老庄道家的“无为”思想改造成“上无为而下有为”“主逸而臣劳”的“君人南面之术”，则此黄老道家发展出一套较为完善的、面向社会现实的政治理论和社会理论，丰富和发展了道家思想。概言之，黄老思想经过了由先秦到秦汉两个发展阶段，在黄老思想的发展过程中，关于人性、人的合理欲望、人的现实利益等方面的看法也有所改变：感性欲望（口腹耳目之欲）和人文理性（如仁义礼智）都被确认为人性的一部分，也就是说，是“性”之内的东西，显然这与老庄思想相去甚远。黄老思想的形成和发展与社会政治密切相关，特别是在汉初，黄老思想空前绝后地成为官方意识形态，而黄老道家倡行的“无为而治”政策为汉帝国的巩固及其社会繁荣起了推动作用。

今天，当我们困惑地面对充斥着喧哗与骚动的世界的时候，当我们在现代文明的不断的进程中日益迷失自我的时候，当我们痛苦地反思这一切并重新探求生活意义的时候，不妨静聆道家思想的悠远回响，唤起“存在的勇气”，并带着追求理想的莫名乡愁上路，去寻找可以安身立命的精神家园。

# 第一章　老子的伦理思想

老子是道家学派的创始人。据《史记》记载，老子姓李名耳，春秋末年楚国苦县（今河南鹿邑东）人，曾做过周朝的史官，后退隐不仕，不知所终。传世的《道德经》（亦称《老子》）被认为是代表了他的思想的著作，是中国思想史上取之不尽用之不竭的源头活水。然而，现存的《老子》版本不一，那么《老子》是老子的手著，还是出自他人之手？这就迫使我们辩证地理解老子和《老子》之间的关系：《老子》无疑保存了老子的思想，但也有许多内容是后人（大概是老子后学）的附益。即使早期的几种《老子》版本，恐怕也不是老子手定的著作，因此辨别《老子》里哪些是老子的思想，哪些是老子后学的思想，仍是一个不能不阙疑的问题；实际上，我们也没有必要纠缠于此。这里，我们掠过那些繁琐的争论，依据早期的《老子》版本来研究老子的伦理思想。

## 第一节　论“道”与“德”

老子之学被称为“道德”之学，《道德经》的主题是“言道、德之意”①。可见，老子哲学的旨趣正在于“道”“德”两概念，换言之，老子思想的精义也涵摄在“道”与“德”这两个概念之中。因此，我们先来探讨老子所谓“道”“德”的一般意味。

表面上看，老子所说的“道”“德”和我们今天所说的“道德”相去甚远，实际上，老子的“道”“德”和今天的“道德”既有联系又有区别。一般地说，今天我们所说的“道德”的含义，主要来源于儒家思想的影响。然而，老子的“道”“德”，与先秦儒家（孔、孟、荀）的“道”“德”大不相同，甚至相反。比如说，老子所说的“尊道贵德”（51 章）

① 参考《史记》。另，在《道德经》中，“道”“德”都还是单词概念，尚未连用为“道德”。（参考刘笑敢《庄子哲学及其演变》）

和孔子所说的“志于道，据于德”相去甚远，老子的“尊道贵德”表明了一种遵从自然天道的人生态度，而孔子的“志于道，据于德”则强调伦常人道的道德原则。

实际上，儒家所言的“道”，主要指“人道”。据说，孔子很少谈及“天道”，似乎像“敬鬼神而远之”一样，将“天道”悬置起来，存而不论。① 孟子更是全神贯注在“仁政”（“人道”）的主题上。深受稷下思想濡染的荀子虽承认“天道”，却更强调“人道”，他说：“道者，非天之道，非地之道，人之所以道也，君子之所道也。”（《荀子·儒效》）儒家所谓的“人道”，就是孔子艳羡的“先王之道”，乃是以周礼为基础的道德说教和伦理规范。

从“明德”“仁德”这样的儒家典型话语来看，“德”是指人的内在品德，它的主要内容是仁义忠信等儒家道德观念。② 在儒家看来，“仁”是道德生活的内在方面，而“礼”则是体现着“仁”的原则的社会规范，包括道德伦理规范；换言之，内在的“仁”必然借助于外在的“礼”得以表现，而合乎“礼”的行为则表现着“仁”。仁内而礼外，“礼”可以说是规范化了的“仁”。

儒道两家之间“道”“德”观念的分歧，后世儒者韩愈说得很清楚：“吾所谓道德云者，合仁与义言之也，天下之公言也；老子所谓道德云者，去仁与义之言也，一人之私言也。”（《原道》）在儒家看来，所谓“道德”意味着“仁义”，而道家则认为“仁义”是次生的东西，不及“道德”，“道德”是“无为”。由此可见，在“道德”与“仁义”的关系问题上，儒道两家的见解是对立的。老子竭力反对儒家的论点，否认将“道德”等同于“仁义礼乐”，他说：

> 大道废，有仁义；智慧出，有大伪；六亲不和，有孝慈；国家昏乱，有忠臣。（18章）

这里，老子明确地指出，“道”决非“仁义”，相反，仁义忠孝却正是

---

① 孔子的弟子子贡曾说：“夫子之言性与天道，不可得而闻也”（《论语·公冶长》），可见孔子注重人事而罕言“天道”。

② 孟子说：“《诗》云：‘既醉以酒，既饱以德’，言饱乎仁义也。”（《孟子·告子上》）可见，孟子认为“德”即仁义。

“道”“德”隳坏的根本原因，也是国家昏乱和人心浇薄的根源。于是，他又批评说：

> 绝圣弃智，民利百倍；绝仁弃义，民复孝慈，绝巧弃利，盗贼无有。(19 章)

老子把维系伦理体系的“仁义”和导致尔虞我诈的狡智相提并论，而且愤激地加以摒弃，最后遁入“清静自正，无为自化”的自然主义生存方式。老子指出的途径也许不那么可行，但是却不能因此抹杀老子的洞见；实际上，老子对“仁义”的批判是发人深省的，后来的庄子继承了老子的批判精神，更激进地批判作为儒家伦理思想核心的道德仁义。更重要的是，老子批判仁义并不是为了批判而批判，他对仁义的解构不是为了解构而解构，也就是说，他并不仅仅满足于“破而不立”；毋宁说，他攘弃仁义是基于这样深层的理由：他认为“道德”在价值上优先于“仁义”，据此他阐述了这样一种价值次第：

> 失道而后德，失德而后仁，失仁而后义，失义而后礼。失礼者，忠信之薄，乱之首也。(38 章)

显然，相对于原始的“道德”而言，“仁义”次于“道德”，“道德”高于“仁义”，也可以说，“仁义”是“道德”的堕落形态，“道德”是“仁义”的超越形态。这就是说，老子批判圣智，攘弃仁义，最终目的不过是为了扫“仁义”以显“道德”罢了。

那么，老子所言的“道”“德”究竟意味着什么呢？

老子所言的“道”，指“天道”，也指“人道”，同时也兼指“天道”“人道”两者。[①]“道”不仅是世界的本原，万物的本根，宇宙的普遍原理，而且还是人类价值的最深根源和社会行为的最高准则。大致说来，老子关于“道”的理论蕴涵了他的伦理思想的主要原则，也就是说，“道”与“德”规定着人的本质，引导着道家的生活和伦理的理想，支配着道家的伦理观念和道德实践。

---

① 《老子》(77、81 章) 分别了“天之道”“人之道”，但大多数情况下，老子所说的“道”是双关天道人道的；这与老子的思想特点有关，在老子的思想中，自然哲学和伦理学混融在一起，因此，老子常把自然与人事“混为一谈”。

“德”是指禀受于“道”并成为物（包括人）的本质的规定性，所谓“德者，得也”表明了这一点。既然如此，“德”便不能离开“道”，而是和“道”须臾不可分离；“德”还体现并遵从着“道”，所谓“孔德之容，惟道是从”（21 章）。“道”是无形的，而且是无名的，但是“道”和有形有名的万物不是割裂的，“道”无所不在，它就存在于万物之中；实际上，“道”通过“德”的中介来对有形有名的万事万物起作用：

> 道生之，德畜之，物形之，势成之。是以万物莫不尊道而贵德。道之尊，德之贵，夫莫之命而常自然。故道生之，德畜之；长之育之，亭之毒之，养之覆之。生而不有，为而不恃，长而不宰，是谓玄德。（51 章）

这里，“道生之”表明“道”是万物恃之以生的本原，“德畜之”表明“德”是畜养万物、使万物之为万物的内在基础，在某种意义上，“德”就是万物（包括人）的本质属性。简言之，“道”是万物的本原（根据），“德”是体现着“道”的万物（包括人）的本性。① 从伦理学的角度和范围来看，“德”意味着人的本然之性。

既然老子所言的“德”是人的本然之性，那么它有没有古代儒家及现代意义上的“德”（morals）的含义呢？我们推敲老子“不争之德”（68 章）和“报怨以德”（63 章）的辞例，可以知道这里所说的“德”接近于“善”（good），与我们今天所说的“德”没有什么本质上的差别。如此，《老子》里似乎存在着两种意义不同的“德”，一种是表示本然之性的德（arete），另一种是表示善或好的德（virtue）。其实，在老子那里，这两种“德”的涵义并不矛盾，而且它们从来没有分离过，换言之，老子所说的“德”兼有“本然之性”和“善”两种意义，它们是统一的而不是分离的。自然主义伦理思想的基本价值判断就是：自然的（与人为的对立）的东西，本来的东西，就是“好”（善）的东西。可见，老子的“德”（本性）并不是没有伦理意义的概念，恰恰相反，老子的“德”（本性—善）的概念里面复合着双重的意义结构，内在地蕴含着“绝对性善论”的观念，

① 高亨先生在《老子通说》中论证了《老子》的“德”就是“性”。（《老子正诂》重订本，古籍出版社 1956 年版）又案：《老子》中没有“性”字，但有相当于“性”的概念，比如说“朴”“素”。下详。

也就是说，“德”意味着绝对的善，本然之性就是绝对的善的东西，一切社会的规定（如仁义）和生物的规定（如趋利避害的欲望）都不在话下。

众所周知，在“人性论”的基础上阐发伦理思想是中国古代哲学的普遍特征，通过上面的分析和阐述，我们已经知道，老子也隐约有自己的人性论思想，只不过老子没有用“性”这个词而已。如上所述，老子所说的“德”就意味着后来所说的“性”，因而老子人性论的核心概念就是“德”，那么我们就不妨通过展开“德”的概念来领略老子的“人性”学说和伦理思想。

## 第二节　人性论

### 一、本然之性：朴（素）与婴儿（赤子）

我们知道，老子曾经从不同的侧面描述着“道”，比如说“希”“夷”“微”都可以看成是老子对“道”的若干种不同的表述。同样地，“德”也有若干种不同的表述，比如说“素”“朴”“婴儿”等。饶有趣味的是，“德”是一个抽象的概念，而“素”“朴”“婴儿”等却不是抽象概念，我们不妨把它们称为“具象概念”，因为老子赋予它们的含义已逸出了其“具象”，而具有“抽象”的意义。老子以这种特有的“具象”方式寄托着他的“抽象”观念，这种手法乃是一种去古未远的诗意手法，可见老子的思维尚残存着“诗性的时代”（维柯语）遗迹。老子说：

> 知其雄，守其雌，为天下谿。为天下谿，常德不离，复归于婴儿。……知其荣，守其辱，为天下谷。为天下谷，常德乃足，复归于朴。(28 章)

比照“德”与“婴儿”和“朴”之间的关系，既然说“常德不离，复归于婴儿”，又说“常德乃足，复归于朴”，据此，我们认为“婴儿”和“朴”这两个具象概念是表述“德”的概念。下面，我们通过其他佐证来加强该论点。老子屡言“复归”，如：“复归于无物”（14 章），“复归于无极”（28 章）；其实，“复归”蕴含强烈而深沉的价值判断意味，标明了他的思想的最终归宿。那么，在“复归于朴”“复归于婴儿”这样的命题中，代表老子最终价值归宿的“朴”和“婴儿”究竟意味着什么呢?

“朴”的本义是未斫的原木，老子借以表示事物的自然状态或本来面目；“朴”的反面就是加过人工的“器”，“朴散则为器”（28章）指斫毁原木的本来样态，加诸人工，制作成各式各样器物①，因此“器”代表着人为因素的加入，准确地说，是社会性因素的加入。总之，“朴”意味着没有被加之以斧斤（人为），没有制作成器物（为人、社会所用的）的原木的本然之性（本来面目），“朴”可以引申为人的本然之性——没有被欲望伤害过的也没被社会强制改造过的人的本然之性。② 因此，“朴”也可以表象“道”“德”的本质。③ 同样，“素”本来是未曾染着的素帛，能够表示物性或人性的“本来面目”，表示“道”“德”的某些特性。

同样地，“婴儿”含义与“朴、素”类似，无非是要隐喻人的本然之性，老子正是用赤子婴儿（人的初生状态）来说明人得之于先天的自然性乃是人的本质属性这一道理。在老子看来，“婴儿”象征着原始的、完整的人性，这种完整的人性不仅精气纯全，甚至无所不能：

> 含德之厚，比于赤子。毒虫不螫，猛兽不据，攫鸟不搏。骨弱筋柔而握固，未知牝牡之合而朘作，精之至也。终日号而不嗄，和之至也。（55章）

当然，这里描述的赤子之德未免有些夸张，但正是这种夸张反映出老子把自然人性当作自己的理想。至今，我们仍以“赤子之心”来比拟纯真的心灵，这种比拟滥觞于老子。老子所说的“赤子”或“婴儿”系指人的本来面目和原始状态，或者说人性的自然状态，因此“赤子婴儿”就不同于社会化了的人（特别是成人），他既不是君子，也不是小人，因为我们不能够用判别君子小人的方式来对他下判断。换言之，成人（无论是君子还是小人）都是社会文化塑造的，无不打上社会文化乃至阶级阶层的烙印；而赤子婴儿却“法天贵真”，纯任自然，他的本然之性尚未被社会文化所矫饰和损害，因此也不能由社会观点来定义。我们不难看出，赤子婴儿所表征的人的本然之性只是完全的自然性，没有沾染社会性，人的本然

---

①　按：王充《论衡·实知》云：“无刀斧之断者谓之朴。”其说可参。《玉篇》引《老子》曰：“璞散则为器。”璞乃玉石未理之状，可见，璞就是玉石未加琢磨的本来样态。

②　荀子有时也把“朴”解作“性”，其《礼论》云：“性者，本始材朴也；伪者，文理隆盛也。”

③　老子在形容“道”时说：“敦兮其若朴。”（15章）

之性是“非社会性”的。我们不妨借用一个比喻性的说法，说老子的“赤子婴儿”犹如“裸猿”，而儒家的“君子小人”则相当于“穿着裤子的猴子”，因为所谓的“君子小人”分别是社会文化的产物，而“文化人”（与“自然人”相对）不能不用“文化物”（比如裤子）来粉饰和遮羞，也不能不借助于“文化物”沟通彼此（人我），“礼尚往来”，并以此整合社会，谋取和维系群体认同。然而，过分的“文化”（过分看重文化标志，注重社会性）必然有流于矫饰乃至虚伪的危险，倘若“文化物”真的不幸地沦为伪饰人性的面具的话，社会性的人也就不免要沦为“衣冠禽兽”了。从这个意义上看，老子的“见素抱朴”命题不仅表明了他对人文社会的拒绝，也体现了他对人类文明进程的深刻忧虑，他是一个伟大的先知。

和老子的“见素抱朴”不同，孔子要求在“素”之上“增加”些东西。《论语·八佾》中有一段孔子与子夏的对话。

> 子夏问曰：“‘巧笑倩兮，美目盼兮，素以为绚兮。’何谓也？”
> 子曰：“绘事后素。”
> 曰：“后礼乎？”
> 子曰：“起予者商也！始可与言《诗》而已矣。”

“绘事后素”是什么意思？历来都是见仁见智，颇不相同。如果我们不求精确的话，似乎可以将“绘事后素”命题理解为：在“素”（“人的本然之性”）之上点染彩绘（如朱熹所说，加诸“礼”），使之成为绚美的文化之物；也就是说，“粉素”之上点染文彩，犹如人的自然本性之上施加礼乐。孔子是一位人文主义者，他倾心于“郁郁乎文哉”的周礼（文明和文化的代表），他所津津乐道的“文”就是体现人区别于禽兽（动物）的社会性符号，人类的本质特征由这些符号标明。先秦儒家的思想朴素而实际，他们尊重常识，没有否认人的“血气心知之性”，但是他们坚持认为人的“血气心知之性”可以而且必须通过仁义礼乐的节制才不至于淫乱；同时，礼乐教化也可以使人性有所附丽而增益其光辉。持“性恶说”的荀子主张“化性起伪而成美”，即借助于“隆礼”来限制、矫正和改造人的先天的劣根性，从而维系人的社会性；持“性善说”的孟子则主张“充实之谓美”，要求反诸内心，发扬人本身固有的内在善性（善端），以精进的道德修养提升自我，最终的正果则是达到只有尧舜等圣人才能达到的天人合一的人生境界。总之，儒家认为，仁义礼智能够提升人的道德生活，使人活得更有意义。在这一思想的支配下，把自然人改造成为具有文伪之美的社会人就成了儒家汲汲以求的目标。相反，道家却认为，本来如此（本然）、自然而已（自然）的人性才是道德伦理的原初起点，也是其最终目的。因此，老子主张"见素抱朴"而不是"绘事后素"，主张"复归于朴"而不是"化性起伪"；这是因为——用庄子的话来说——"素朴而天下莫能与之争美"（《天道》），自然的东西就是最好的东西，原初的状态就是最好的状态。

以上，我们揭示了老子用"朴（素）""婴儿（赤子）"拟喻的"德"（本性）是没有沾染社会性的自然之性，而沾染社会性则意味着自然之性的沦丧（所谓"失德"），就好像原木毁于斧斤的不幸悲剧一样。然而，仅此而言，"素朴"所象征的自然之性还似嫌空洞，缺乏具体的规定性；以下，我们将进一步挖掘"素朴"本性所包含的内容及其在人的心、身两方面的意义。

## 二、本然之心：无欲、无知

老了曰："道常无名：朴。"（32 章）这句话不容易理解，这里我们给出了它的新句读，并这样来理解它的意义："道"是无名的，"朴"是"道"的"无名"之"名"，正因为如此，"朴"又称作"无名之朴"（37 章）；另一方面，"无名之朴"意味着"朴"是"无名"的，也就是说，"朴"的实质内容往往不能用日常的"名言"来作正面的、肯定的表述，而只能以否定的、负面的方式来表述；实际上，老子正是从反面，以"无知""无欲"这种否定性的概念来诠释"素朴"的：

> 道常无为而无不为。侯王若能守，万物将自化。化而欲作，吾将镇之以无名之朴。无名之朴，亦将不欲，不欲以静，天下将自正。（37 章）
>
> 我无为而民自化；我好静而民自正；我无事而民自富；我无欲而民自朴。（57 章）

可见，"朴"的实质性内容意味着"无欲"，即返回纯粹的没有欲望的先天属性，此外，回归“朴”的道德实践还可以遏止人欲的横流，重建淳朴的理想社会。除此之外，“朴”尚有“无知”的意味。老子说：“见素抱朴，少思寡欲”①，这里所说的“思”指机心的活动，而机心则是智巧、私意和机诈的渊薮。有见于此，老子独标“反智”，企图通过“少思”荡涤胸中尘垢，挽救由于智巧开化引起的道德沦丧，归于“无心”“无知”的精神境界。总之，“无欲”和“无知”是人的素朴之性的实质内容。关于这一点，庄子说得更为明晰：“至德之世，同与禽兽居，族与万物并，恶乎知君子小人哉！同乎无知，其德不离；同乎无欲，是谓素朴。素朴而民性得矣。”（《马蹄》）当然，“朴”的实质内存归结为“无为”，因为“无欲”“无心”和“无知”都是“无为”题中应有之义。关于“无为”，我们暂且按下不表，留待以后详论，我们先来讨论“无欲”和“无知”。

在老子看来，骚动着的欲望（“欲”）是人世间罪恶的渊薮，他批评说：“罪莫大于可欲，祸莫大于不知足，咎莫大于欲得。”（46 章）如果人们被自己的欲望所牵而不能自拔，恣情纵欲，后果不堪设想，因为：

> 五色令人目盲，五言令人耳聋，五味令人口爽，驰骋田猎，令人心发狂；难得之货，令人行妨。（12 章）

感性欲望的泛滥不但会使人失去必要的节制，而且还会操刀割手，伤及自身。在反对纵欲的同时，老子也反对逞智，他的名句“民之难治，以其智多”从反面总结了在文明开化的社会里人欲横流和尔虞我诈的险恶事实，洞见了文明进程和价值观念之间的某种背反关系。他冷眼看出：

> 天下多忌讳，而民弥贫；民多利器，国家滋昏；人多伎巧，奇物滋起；法令滋章，盗贼多有。（57 章）

此处提到的“天下多忌讳”，大概是指繁复的礼制，因为礼仪不但规定了人们揖让周旋的生活方式，也不免限制了人的自由实践。老子在上面那段话里，将繁琐的礼制与“利器”“伎巧”和“法令”并列在一起，加

① 通行的王弼本“思”作“私”。然而，有的版本则作“思”，刘师培就认为，“私”当作“思”。韩非《解老》引《老子》即作“思”，《文选》李善注引老子曰“少思寡欲”，亦作“思”，另外还有其他多种《老子》版本作“思”，参朱谦之《老子校释》。其实，作“私”或作“思”，在义理上没有什么本质的区别，甚至可以相通，因为“私”即私心，而“私心”的活动则是“思”。

以诋毁，为什么？这是因为它们有某种相关性。根据上面的分析，我们知道，所谓“利器”乃是剖离“朴素”的原因，同时也引起了机心开化的恶劣后果：“伎巧”和“奇物”之间的关系亦复如此；依此类推，“法令”和“盗贼”之间也存在着“有无相生”“善恶相依”的辩证关系。老子企图说明，所有这一切都是理智膨胀的结果，而所谓“礼”正是这种理智膨胀的典型产物。《庄子·天地》里的一段话可以看作这种思想的注脚：

有机械者必有机事，有机事者必有机心。机心存于心中，则纯白不备，纯白不备，则神生不定，神生不定者，道之所不载也。”

所谓“机心”对应着外在的“机械”和“机事”，它们互为表里。然而，一旦“机心存于心中”，必然就会污染人心本来样态——“纯白”；如果人心本来的样态充斥着“机械”和“机事”，也就是说，被“机心”掩饰起来的话，那么人就会面临真正的、万劫不复的悲剧处境，那就是：疏离“道”的处境。

我们知道，“无欲”和“无知”针对的是“心”。老子说：“不见可欲，使心不乱。”又说：“是以圣人之治，虚其心，实其腹，弱其志，强其骨，常使民无知无欲。”由此可知，“无知”和“无欲”意味着人的心理的虚静状态。如果我们把人的本然之性（“朴”）中关于“心”的部分称之为“本然之心”的话，那么“本然之心”必须由“无知”和“无欲”来刻画，换言之，“无欲”和“无知”是本然之心的实质性内容。反之，“欲（望）”和“智（慧）”则是使“本然之心”蒙垢的瑕疵，是本然之心隳坏的原因和结果。老子说：“涤除玄览，能无疵乎？”所谓“玄览”就是“玄德”的一个重要侧面，即“本然之心”。

因为“无知”和“无欲”，“本然之心”清虚正静，思虑不起。这种清静之心映照出一种没有机心和智巧，没有阴谋和诈骗，没有物欲和忌讳的世界，老子用“小国寡民”的社会图景来表示它，使它具体化。如此，老子的救世之方不过是反求诸心，给出了一个心性层面上的解决方案，他说：

不欲以静，天下将自正。（37 章）

清静为天下正。（45 章）

“本然之心”和“本然之性”是一致的，实际上前者是后者的一部分。

老子说："夫物芸芸，各归其根。归根曰静，静曰复命"（16 章）。所谓"归根"就是返回原初的意思，"归根曰静"表明了人性复朴的归程首先经过了内心的凝静，抟心如一，无为复朴，这样才能够"复命"，亦即"复性"。① 可见，虚静无为之"心"（本然之心）和自然而然的"性"（本然之性）乃是"一枚硬币的两面"。当然，以"无为"为根本特征的本然之心不是平常的心，而是一种特殊的心理—意识状态，和理智的心理—意识状态不同，甚至相反：理智的心是"昭昭察察"，而虚静无为的心却是"闷闷昏昏"，表面上看，它犹如"愚人之心"（20 章）。

综上所述，我们似乎能够把老子的主要观念，特别是关于"本然之心"和"本然之性"的思想，提炼并概括成"本性自然"和"本心无心"两命题。"本然之心"意味着没有欲望、没有机心的纯白之心；这种纯白之心由于没有染着欲望和心思，因而也就是"无心"。这里所说的"无心"并不是指没有任何心理—意识活动的意思，而是指人的内在精神不粘不滞，从分别善与恶、是与非、好与坏的思维模式中解脱出来，从既定的文化模式中解放出来。具备了这样的反思性的思想性格，老子自然要提出下面的问题："善之与恶，相去何若?"这个问题看似平淡，却切中了问题的要害。在老子看来，伦理规范以及伴生的道德观念，尤其是他那个时代的伦理规范和价值观念——礼和仁义——并不具有必然性：如果从老子所谓的"道德"的观点看问题，仁义和礼乐根本不是什么绝对的价值，绝对的价值只能系于"道"和"德"，换言之，只能系于体现着"道""德"的本然之性和映现着道德的本然之心中，然而，从"本然之心"的世界里面，万物在本质上是齐一的，无所谓善恶，也无所谓美丑。老子说过这样耐人寻味的话：

> 圣人无常心，以百姓之心为心。善者，吾善之；不善者，吾亦善之。德善矣！信者，吾信之，不信者，吾亦信之。德信矣！（49 章）

这表明，在"无心"看来，善与不善、信与不信这样势如冰炭的对立面没有什么差别，或者说"无心"的穿透力能够使它们泯然无别；所谓"德善""德信"是指在"德"的精神高度上得出的超越善恶的结论。这

---

① 只不过"复命"更强调"自然"而已，参徐梵澄《老子臆解》。

种理论特征便是老子的“绝对性善说”的来源和根据。正如我们在上面的讨论中所看到的那样，老子“绝对性善论”的基础是本然之性和本然之心的超越性，即超越具体的善恶和是非，以“自然”和“无为”为本质。

至此，我们把老子伦理思想里关于“心”和“性”的思想概括如下：素朴的本然之性及虚静的本然之心洽然自足，无须附加任何外在的东西（如仁义）；而任何附加在自然人性之上的东西，都是多余的，而且是有害的，因而应予坚决地拒斥和摒弃。显然，这种思想和儒家的主张正好相反。在儒家正统思想里，人情系于人性，仁义礼乐加诸人性；老子坚决反对在自然人性上“加上”些什么，他所说的“去甚，去泰，去奢”当然是针对那些多于本性的“泰”“奢”而言的。可见，他还要求“减去”加在人的“本然之性”上的那些多余的、不必要的东西，因为老子认为“加上”去的那些东西不过是些“余食赘行”（24 章）罢了。下面，我们就来领略老子的“减法”。

首先，是“减去”礼法。传说老子是周朝的史官，当然熟悉历代的典章制度，据说孔子曾经问礼于老子，可知老子不仅博通掌故，还是一位礼制的专家；然而，老子却又是菲薄仁义、诋毁礼乐的第一人，那么他非毁仁义礼乐的理由就很值得玩味。老子认为，礼是导致世道浇薄、天下大乱的罪魁祸首，他说：“夫礼者，忠信之薄而乱之首”；又说：“是以大丈夫处其厚，不处其薄；居其实，不居其华。故去彼取此”（38 章）。相对于实实在在的生活本身来说，“礼”是浮华的、表面化的东西，老子倾心自然，主张过一种朴实无华的生活，所以他在礼与朴实的生活之间作出这样的取舍是可以理解的。

其次，是“减去”仁义和狡智。上面我们已经分析过，仁义、礼乐和狡智属于同一个文化系统的不同侧面，它们之间存在着深刻的内在联系，老子把它们并列起来加以批判，独具慧眼。前引《老子》57 章揭示了仁义和狡智所引发的灾难性后果，所以老子发出了这样的呐喊：“绝圣弃智，民利百倍；绝仁弃义，民复孝慈；绝巧弃利，盗贼无有。”（19 章）

再次，是“减去”那些身外之物，如“名”与“利”。老子设问道：“名与身孰亲？身与货孰多？”老子的答案是不言而喻的。贪夫殉财也好，烈士殉名也罢，本质上都是“离心（本心）离德（本性）”的可悲行径。

又次，是“减去”为外物所牵引的物欲。这种思想贯穿在老子的思想里，从“少思寡欲”（同上）到“常无欲”（34、57章）都表明了一种节制甚至禁欲的倾向，相反，老子反复强调“知足”的观念，以此熄灭欲望之火。

最后，是“减去”自身，把自己的“身家性命”置之度外，这是“减法”的最后一步，也是最难的一步；因为“身”是欲望、心思的栖所，一切身外之物（包括仁义礼乐）都是围绕着“身”而衍生出来的，如果能够将“身”彻底否定掉，那么仁义礼乐，物欲和意志都失却寄托的寓所，这样就可以釜底抽薪地彻底否定身外之物，以及“身”本身，为道德本质伸展开辟道路。老子下面一段话足以振聋发聩：

> 宠辱若惊，贵大患若身。何谓宠辱若惊？宠为上，辱为下，得之若惊，失之若惊，是谓宠辱若惊。何谓“贵大患若身？”吾所以有大患者，为吾有身；及吾无身，吾有何患？（13章）

这里，老子着重阐述了“无身”的观念，他所说的“无身”，也就是庄子所说的“无己”（《逍遥游》），意犹把生死的欢欣和恐惧之情抛掷在身后。老子以其独特的反向思维方法，指出“外其身（生理之身）而身存（本性之身）”（7章）的关系，可见“无身”所要抛却的“身”是寄寓着欲望、知觉、情感（如喜怒惊惧）的那部分“身”，而去掉纠缠着知、情、欲的“身”的部分之后，剩下的就是纯粹的“本然之性”和“本然之心”。因此“无身”并不是要消灭躯体，不是要“灰身灭智”；当然它也不是要“益生”（55章）、“生生”（厚待生理之身）（50章）和“贵生”（75章），毋宁说它相当于“摄生”（治生、修身的意思）①。既然“无身”意味着“摄生”，那么我们重新理解下面一段称讼千古的话：

> 盖闻善摄生者，陆行不遇兕虎，入军不被甲兵，则兕无所投其角，虎无所措其爪，兵无所容其刃。夫何故？以其无死地。（50章）

怡养生命的人，不过养其“形”而已，因为“形”终归有隳坏的一天，即使是长寿也不能超越生死，所以说养寿的人不可能没有“死地”。

① 而“摄生”的主要对象恐怕不是生理之身（如河上公及一些道流所说的那样），这一点老子在第50、75章言之凿凿；其实，“摄生”的对象正是“本然之性（心）”，抱一虚静、返璞归真等都是“摄生”的范围。

《庄子》讲的故事更能说明问题："鲁有单豹者，岩居而水饮，不与民共利，行年七十而犹有婴儿之色，不幸遇饿虎，饿虎杀而食之。"（《达生》）由此看来，老子所说"无死地"的可能解释是："本然之性（或心）"才是真正不可磨灭的东西，因此只有人性或人心的本质具有永恒意义，而不是肉体的长生不死，变化飞仙。①

经过次第的"减去"，我们看到，"减之又减"之后，并不就是绝对的空无，而是剩下了某些东西，这剩下的东西就是金刚不灭的"本然之性（或心）"。我们知道，"爱欲与文明"困扰着儒家伦理学，因为儒家思想一直在企图调和身心之间的矛盾；而在老子那里，由于"无身"（无欲、无知、无心）的彻底性，加强了自然人性和无为人心的绝对性，"爱欲"与"文明"之间的紧张自然消逝于无形。我们似乎可以说，老子的伦理思想具有某种彻底性，彻底地归属于自然人性。

至此，我们领略了老子的"人性论"，准确地说是"本然之性（心性）论"。它大致包括两个相互交融的方面：（1）以朴（素）、婴儿（赤子）所表征的"本然之性"；（2）以"无知无欲"（即"无心"）为内容的"本然之心"。老子用"素朴、婴儿赤子、小国寡民"（本然之性）和"无知、无欲、无为"（本心）来表达其道德思想、寄托其生活理想，"本然之性"和"本然之心"所构造、描述的是一种人的本真状态，这种本真状态是非社会性的。在这种本真状态中，没有无穷止的贪欲奢想，没有奔命于财货名利的追逐，也没有仁义礼法的桎梏，可以按照本性、本心来生活，适心率性地生活。老子痛感世道的浇漓，试图拒绝那种由于本性的失落所导致的普遍的沦丧。可见，老子是怀着强烈的理想主义真挚情感的，他对人的关怀并不下于儒墨。

## 第三节　伦理原则

通过上面的论证和阐述，我们有充分的理由认为，老子伦理思想集中体现在"自然""无为"和"反"的原则中，这三个原则支配着老子伦理

① 老子所说的"长生"（7、59章）、"长久"（43章）恐怕都是指"本然之性（心）"而不是生理之身。

观念的所有方面，也就是说，老子关于伦理原则以及道德实践的方法及原理都可以归结为这三个原则，并在其中找到根据。另外，“自然”“无为”和“反”三个原则彼此包融，相互依存，构成了一个相对完整的伦理学系统，而且它们和前面所讨论过的老子的道德思想以及“人性论”思想也是一致的，表里相依的。下面，我们就来依次阐述这些原则。

**一、自然原则**

老子所谓的“自然”，笼统地说是指“自然而然”，即所谓“道法自然”（25 章）。然而，深究起来，“自然”概念却包含着比较复杂的内容，至少，“自然”概念当中隐含着两种虽然相互关联却未必尽同的涵义：因自性之自然；因物性之自然。所谓“因自性之自然”意味着自己而然，自己如尔，不假外求；这种观念追求那种率性而行的生活，不必戴上社会性的面具（特别是假面具）。在老子看来，生活在别人的看法中的人，生活在他人、家庭和社会的期待里的人，把自己塑造成他人眼里的好人的人，或者是社会认为有出息的人，都是可悲的人。老子凸显了人的自然性，同时也脱落人的社会性，主张人应该从社会以及文化的种种规定、种种条条框框中解放出来，好比行云流水，行其当行、止其当止，出乎天真，纯任自然。所谓“因物性之自然”意味着顺物自然，因循无为，“舍己而以物为法”（《管子・心术上》），在这种观念的支配下，人倾向于遵从自然，回归自然的生活，而不是刻意掠夺自然，强制性地改造自然，老子说：“莫之命而常自然”（51 章），还说：“辅万物之自然而不敢为”（64 章），都包含着这样的深意。细味之，“因物性之自然”当中必然要求融有“无为”的内涵，“因物”（尊重物性或客观事实）和“舍己”（去除主观成见）是这一命题的两面，它们相互依存，相互包涵。

道家，特别是老子的伦理思想常被认为是一种“自然主义”①，然而“自然主义”一词即使在伦理学的范围内也是一个歧义纷呈的概念，那么什么是“老子的自然主义”呢？这是一个有待于我们精确阐明的问题。因为我们倘若不能精确阐明“老子的自然主义”意味着什么的话，那么把他的思想笼统地归诸“自然主义”，不过是无意义的呓语而已。上面我们分

① 参考《道德百科全书》。

析了“自然”概念里隐匿的意义，为精确理解“老子的自然主义”提供了相应的基础。据此，我们将“老子的自然主义”抽绎为以下两个方面：

一是“因自性之自然”的方面。由此出发，老子认为，人的本性（甚至更广泛，包囊宇宙万物的本性）及其自身自然流畅的直接展现（“行”），体现了“道”“德”的本质，也就是说，率性的生活就是道德的生活，就是所谓伦理生活的典范。

应该说，按照自然人性自由地生活，率性地生活，按照自己的本来面目生活则不是掩饰自己（也许、即使、尽管是所谓丑恶的自我），扭曲自己的本性，这种思想本身就焕发着理想的光辉。魏晋风流高唱“我与我周旋久，宁作我”，不正是这种思想的嗣响么？庄子则更加透辟地阐发了“率性自为”的思想，他说：

> 若性之自为，而民不知其所由然。若然者，岂兄尧、舜之教民，溟涬然弟之哉？欲同乎德而心居矣！（《天地》）

显然，这里所说的“性之自为”和老子所说的“百姓皆谓我自然”似曾相识，表示率性而行的伦理实践观念。但是，庄子在上面的论述里，于“性之自为”之后，加入了“无知”的话语，试图将“率性自为”的观念和“无知”的观念联系在一起；而“无知”属于“无为”的一个重要的方面，因此，庄子把“率性自为”和“无知无为”联系起来的企图，实质上是企图把“自然”和“无为”粘合在一起。

二是“因物性之自然”的方面。如上所述，包含着无为无欲和以天地自然为法式（或效法天地）这两层意思。下面，我们在“以天地为法式”这层意思上论证老子的自然主义，而把有关“无为”的内容留待以后讨论。

老子说：“人法地，地法天，天法道，道法自然。”（25 章）按照自然主义的主张，人的活动不能违背天道自然的规律，换言之，“人事”之合理性取决于它是否符合天道自然。自然和天道乃是“人事”的“楷式”，人的一切合理的、合适的行动都出于模仿天道、顺其自然的结果。这是《老子》着重阐述的思想（如 77 章）。发人深省的是，老子并不认为自然现象和宇宙过程中贯穿着的天道有什么伦理意义，至少，它没有那种仁义礼乐的因素在内，他说：

天地不仁，以万物为刍狗。圣人不仁，以百姓为刍狗。(5章)

的确，天地间万物的生灭不过是一个自然而然的过程而已，它的背后没有也不必有一个道德理性的冥冥主宰。天道的推移体现着铁的必然性，不理会也不体恤天地间万物“to be or not to be”的问题，在这个意义上，老子说“天地不仁，以万物为刍狗”；同样地，圣人按照天道的规律来看待人世的无常，唯有听从天道必然性的召唤，而不是悲天悯人地同情人世间的悲欢，所谓“圣人不仁，以百姓为刍狗”。总之，自然天道本身没有伦理或道德意义，比如说，春天催生万物和秋天敛藏万物本来就是一个自然的过程，与道德意味（仁或不仁）无涉，用一句和儒家的主张针锋相对的话来说，就是：春生不为仁，秋杀也不为不仁，不过是“自然”的过程而已。老子说“天地不仁”，又说“天道无亲”（79章），既然“天地不仁”，“天道无亲”，而“因物性之自然”的原理中又包含着效法天地的意思，所以又说“圣人不仁，以百姓为刍狗”。进而言之，天地（天道）是“无思无欲，无为无事”的，模仿“天地之道”的“圣人之道”也应该是“无思无欲，无为无事”的。

以我们今天的观点来看，老子所说的“天地不仁，圣人不仁”属于“非道德价值判断”①；换言之，“天地不仁，圣人不仁”的命题并不关涉道德意义上的善恶和是非②。一般而言，在“非道德价值判断”中，“善”是——

（1）好的、善的，是一个形容词。也就是说，“善”相当于“用形容词的善来说明的事物”。此外，“善”还是——

（2）目的，兼有名词和动词两种形式。这种意义的“善”显然包括了价值判断的立场。名词性的“善”意味着“善”本身，而动词性的“善”则意味着“善于”，它们之下都潜伏着价值判断的属性。下面我们看几个例子：

(A) 上善若水。水善利万物而不争，处众人之所恶，故几于道。

---

① 即of nonmoral value，参弗克纳《伦理学》。

② 尽管这种价值判断并不属于通常所说的伦理学或道德哲学的范畴，但它却的确包含着伦理的倾向和价值判断，因此也可以看作是一种伦理学。“老子的伦理学”其实就是一种反规范的伦理学，而反规范的伦理学本身也意味着一种特殊的伦理学。

居善地，心善渊，与善仁，言善信，政善治，事善能，动善时。(8 章)

(B) 善行，无辙迹；善言，无瑕谪；善数，不用筹策；善闭，无关楗而不可开；善结，无绳约而不可解。(27 章)

(C) 善有果而已，不敢以取强。(30 章)

(D) 善建者不拔，善抱者不脱。(54 章)

(E) 天之道，不争而善胜，不言而善应，不召而自来，繟然而善谋。(73 章)

(F) 善为士者不武，善战者不怒，善胜敌者不与，善用人者为之下，是谓不争之德。(68 章)

显然，在例（B）（D）（F）中，所谓的“善”是“善于”的意思；例（A）的“上善”可理解为“最高的善于”，其他的“善”也不外是“善于”的意思；例（C）中的“善”即为“目的”之意。从例（A）和例（E）可以看出，“善”接近于“天道”，或者说“善”体现着“天道”的特点。总之，老子所言的“善”，既有价值判断的意味，也有超越于一般意义上的价值判断的倾向，我们不妨把其中的一些倾向——基于“善于”和“目的”的“善”的涵义——概括为“非道德价值判断”，以此我们来详细讨论《老子》38 章：

上德不德，是以有德；下德不失德，是以无德。(38 章)

上述文字历来就众说纷纭，没有达诂。实际上，如何阐释《老子》上述文字，一直是各家各派纷争的焦点。我们相信，从“非道德价值判断”的角度和观点来看，或许能够得出一些别具会心的理解：“上德”意味着朴素的“本然之性”，因为这种朴素的本性是人和万物得之于道的最高且最后的本质属性，所以被称为最高的“德”（“上德”）。最高的“德”或“本然之性”乃是超越于仁义道德的东西，因此不能依据仁义的伦理观念；对它们下所谓的价值判断，同样也不能将它们绳之以规范；在以仁义为道德的价值标尺下，老子所谓的“德”或“本然之性”只能适用于“非道德价值判断”。据此，我们认为，“上德不德”命题和“天地不仁”“圣人不仁”命题之间存在着某种“家族类似”的关系，其根本含义不过是：得之于先天的“本然之性”（所谓“上德”）不能用一般意义上的是非、好坏——所谓“德”——来描述和衡量，这也是“广德若不足”的深刻含义。“下德不失德，是以无德”则意味着已经堕落的低级的“德”是建立在善恶分别以及伦常的是非概念基础上的相对的价值观念体系，这种相对的价值观念体系执着于好坏和是非的分别，瓦解了“本然之性”浑然一体的性质，当然也就不能真正体现最高意义上的“德”，换言之，依据仁义和是非来进行价值判断，必然会伤及本然之性，这一点我们在前面已经有过充分的论述：在道家看来，儒家用以建构社会秩序的仁义礼乐实质上是人类在自己的文明进程中的异化因素，是那种必然要给人类本身带来致命伤害的“伐性之斧”。

综上所述，“因己性之自然”和“因物性之自然”两方面构成了老子的“自然主义”的两翼。老子伦理学的自然原则也以这两方面为基础，不能偏废。所以，老子既主张“率性”，又主张“因物”（“以物为法”）。这种自然主义的观点和儒家主张的天地之间以人为贵的观点相佐。儒家以人事比附天道，把天地自然拟人化为有伦理意义的事物及其过程，认为春仁秋杀就是天道所昭示的善恶意味；老子却认为“天地不仁”，意即“天地自然”并没有什么伦理属性，而“人之道”的最高境界在于能够契合自然，超然于是非善恶之上，因此它的本质特征属于“非道德价值判断”（如“圣人不仁”和“上德不德”）。我们认为，儒家以人事比附天道的“春仁秋杀”之说未免迂腐，而道家以自然规范人事却是有失人之常情。

尽管我们不能说卢梭是老子的唱和者，但老子所主张的“因己性之自然”却正是卢梭的同心之言。由于“每种道德都有点反自然”（尼采《善恶的彼岸》183 节），所以老子和卢梭都在竭力反对既有的道德观点，以维护人的自然本然。

上面，我们把依据“自然原则”而形成的道德学说称作“老子的自然主义”，并且通过深入的分析而界定其精确意义。实际上，我们从自然原则的探讨中，特别是从关于“因物性之自然”的探讨中，发现其中融化着“无为”的意味，可见“自然”与“无为”乃是老子伦理思想里相辅相成而又不可剥离的两个方面，恰如鸟之两翼，车之两轮。下面，我们将接着这话头来讨论老子的“无为原则”。

## 二、无为原则

“无为”概念在老子哲学里居于核心的位置，同时它也是老子伦理学的中心概念；它的涵义丰富而复杂，有必要条分缕析之。

正如前面提到过的，“无为”是“本然之性”命题中的应有之义；实际上，“无为”包括了“无欲”和“无知”，或者说“无为”是“无欲”和“无知”的延长。

另外，老子所盛言的“玄德”，就其本质内容而言也不外是“无为”。老子说：“生而不有，为而不恃，长而不宰，是谓玄德”（10章），从若干侧面刻划了“玄德”；而在另外的地方他又把“生而不有，为而不恃，长而不宰”归纳为“无为”①。既然“无为”是指“万物作焉而不辞，生而不有，为而不恃，功成而不居”（3章），那么“无为”就可以解释成因物性之自然而放弃豫谋和筹划，所谓“不先物为”：

> 所谓无为者，不先物为也；所谓无不为者，因物之所为。（《淮南子·原道训》）
>
> 不为物先，不为物后，故能为万物主。（司马谈《论六家要旨》）

其实，这里所说的“不先物为”或“不为物先”有两方面的意思。第一，是指内在的方面，即内心虚静而不是耽于“前识”②。在老子看来，人的“本心”是虚极静笃、纤尘不染的清静心，执着意志心、智巧思虑心所产生的往往是“妄意”，他说：“自见者不明，自是者不彰，自伐者无功，自矜者不长。”据此，他得出了如下论断：“是以圣人抱一，为天下式。不自见，故明；不自足，故彰；不自伐，故有功；不自矜，故长。”（22章）上面反复出现的“自”，出自内心的成见和豫谋判断——“前识”。总之，人的一切智力和意志活动基本都可以称之为“前识”，这当然是老子思想的过激之处，不过，我们也由此可知，所谓“无为”的内在方面不外乎老子经常说的“无知无欲”而已，这一点和我们前面讨论过的老子人性学说

---

① 参见《老子》第3章。老子所谓的“无为之事”，乃是指“万物作焉而不辞，生而不有，为而不恃，功成而不居”。两下相较，根据文献本身相互印证的原则，我们可以认为，“玄德”同于“无为”。

② 韩非把《老子》的“前识”（38章）直接解释为“无缘而妄意度也”（《解老》）。另外，老子所不取的“以心使气”（参55章）似乎也是一个“前识”。

是一致的，相互呼应的。第二，是指外在的方面，即外在运用的方面，老子的用世原则是“为无为、事无事”（63 章），换言之，就是“处无力之事”（3 章），或者“以无事为事”。儒家忻忻于有所为①，“君子疾没世而名不称”，正是儒士对无所作为的担忧。老子却持相反的观点，主张“无为有益”，他感叹道：“无为之益，天下希及之!”（43 章）显然，老子相信“不为而成”（47 章），憧憬着垂手而天下治的政治太平理想，因此他把“取天下常以无事”（48 章）当作治国之术：

> 我无为，而民自化；我好静，而民自正；我无事，而民自富：我无欲，而民自朴。（57 章）

总之，“为无为，则无不治”（3 章），与此同时，老子还从历史经验中总结出“有事”和“有为”，非但不足以治天下，反而还是招致天下大乱的根本原因。他说：“民之难治，以其上有为。”（75 章）又说：“民之难治，以其智多。故以智治国，国之贼；不以智治国，国之福。”（65 章）所以，他主张无为而治，反对通过理性和道德的机械而治理天下。在他看来，如果消除了招致人我分别和利益分歧的智巧活动，依照无为的原则来生活的话，人们就会相安无事，自然也就没有人世间的纷争和倾轧，“故取天下常以无事；及其有事，不足以取天下”（48 章）。

“无为”是一个否定性概念，而正是由于这种否定性它才具有了普遍性；作为准则而不是严格意义上的“规范”的“无为”是无所不适的。孔子说教的目的在于建立一套伦理道德规范，如忠信、礼法等；相形之下，老子的“无为原理”之中却难以包含可操作的规范性的伦理纲常之条目。尽管如此，“无为原理”不可逃避地要与准则规范有所联系，实际上，老子的“无为原理”又确实可以视作某种“弱规范”。“为下”“不争”“柔弱”“守雌”等，就是缘“无为原理”而形成的准则，具有较弱的规范意义。老子大谈“为下”“处后”“不争”之类的处世准则：

> 牝常以静胜牡，以静为下。（61 章）
>
> 江海所以能为百谷王者，以其善下之，故能为百谷王。是以圣人

① 孔子说：“士不可以不弘毅，任重而道远”，贯彻着义无反顾的、坚毅的道德意志；墨子所推许的“任士”，也是一类怀抱着使命感的人。他们都不同于老子所追求的那种放弃意志和一般理性的“无为”，因此也就被老子之流的道家讥笑为“有为”。

欲上民，以其言下之；欲先人，以其身后之。是以圣人处上而民不重，处前而民不害。是以天下乐推而不厌。以其不争，故天下莫能与之争。(66 章)

古之善为士者不武，善战者不怒，善胜敌者不与，善用人者为之下，是谓不争之德。(68 章)

“为下”“处后”“不争”等处世原则和用事方法，属于“术”，它的依据却是“道”，具体地说，就是无为原则，这样老子就把人道的必然性建立在天道必然性的基础上，哲学地论证了伦理学的哲学—形而上学根据。在他看来，“天之道，不争而善胜”（73 章），那么模仿、模范“天之道”的“圣人之道”也应该是以“为而不争”（81 章）为特征的。他还以“水”来比喻“道”处下、不争的本质属性，认为“不争之德”近于“道”：

上善若水。水善利万物而不争，处众人之所恶，故几于道。(8 章)

如果追寻“争”的根源的话，那么老子所提供的答案就是：人类智巧的开化导致了人与人之间的纷争，由此不可避免地引起天下大乱。既然如此，老子在诊断文明弊病之后，开出了他救世的药方——“不争”，所谓“夫唯不争，故无尤（忧）”（8 章）。除“不争”“处下”而外，老子还屡言“柔弱”：

柔弱胜刚强。(36 章)

天下之至柔，驰骋天下之至坚。(43 章)

人之生也柔弱，其死也坚强。草木之生也柔弱，其死也枯槁。故坚强者死之徒，柔弱者生之徒。是以兵强则不胜，木强则折。强大处下，柔弱处上。(76 章)

天下莫柔弱于水，而攻坚强者莫之能胜，以其无以易之。弱之胜强，柔之胜刚，天下莫不知，莫能行。(78 章)

这里，老子得出了似乎与常识相违背的结论——“守柔曰强”。“为下”“贵柔”“不争”等用世之术都是以无为原则为根据的“道德之术”，通过这些“术”因时制宜和因地制宜的合理运用，能够化腐朽为神奇，变被动为主动，或者以退为进，“塞翁失马，安知非福”，把事物向相反的方面转化。老子深明福祸相依的道理，所以他所说的“不争”“柔弱”和

“处下”的实质性意图是“不争而胜”“柔弱而刚强”和“为下以处上”，所谓“是以圣人后其身而身先，外其身而身存”（7 章）。这种用世之术折射出老子明悟“相反相成”的道理而具有的处世智慧，一种独特的睿智。老子所说的“反”，兼有“返回”和“相反”两层意思，而这两层意思又是相统一的，也就是说，返乎反面（对立面）以消除对立、对待双方的差异，进而复归于“道德”的统一性，具体到人来说，就是“本然之性”。正是这种“反”的原则，提供了一种打破常规的精神意识，洞察到宇宙事物和人类生活中的矛盾状况，以及正反、善恶的不确定性和它们之间相互转化的可能性，如此，老子深信柔弱胜刚强、不争而善胜、处于下而反乎上的非常逻辑。

老子说：“道（《韩非子》引作“德”）常无为而无不为”（37 章），“无为”与“无不为”其实是同一个“道”的两个组成部分，它们密不可分。通过上面的分析，我们知道，“不争”“贵柔”“处下”等“无为”之术正是“无不为”（乃至于致天下以太平）得以实现的条件和基础。无为原则揭示了“无为”与“无不为”相互涵摄包容的实质，由于“无为”或多或少是诉诸内心的精神境界，因此，“无为”和“无不为”二者“鱼与熊掌可以兼得”的途径必然是“挫锐解纷和光同尘”（4、56 章）的内在精神超越。这种以“自然原则”和“无为原则”所论证的“挫锐解纷和光同尘”的境界，老子称之为“玄同”的境界，能够达到这种境界的“圣人”，就是那种“自知不自见”“披褐怀玉”（72、70 章）退隐而不离世间、大隐隐于市的智者。

### 三、“反”的原则

老子深知“相反相成”的道理，他说：“故有无相生，难易相成，长短相较，高下相倾，音声相和，前后相随。”（2 章）这就是说，一切有形之物、有名之事都表现为与其对立面相辅相成、相反相成的特点，它们都是生死变化的。但是，“道”是“独”而不是“偶”，也就是说，“道”独立为一，没有对立面（“偶”），永远不变。另一方面，宇宙万物林林总总，具有多样性，“道”是杂多里面的统一性，也就说，“道”是“一”，“物”是“多”。然而，如果我们透过物象的表面，从“道”（而不是物）的角度观照万物的话，就会在某种程度上同意老子的下列看法：“物”的“相反相成”性质不但有其客观性，还有其主观性，因为——

天下皆知美之为美，斯恶已；皆知善之为善，斯不善已。(2 章)

由此可见，美丑、善恶、是非并不是绝对的，而是相对的，它们产生人的判断，即“心”生分别。如果“心”（知识理性和道德理性）对具体的事物下判断，就要分别、分辨什么是对的，什么是错的，也就是说，在思想和意识上对宇宙事物和人类事务加以分类，这样一来，如果我们将某些东西当成好的和对的，即心上生出“善”，那么它的相反的东西（不善）就会如影随形，不期而至。在这个意义上，善恶、美丑、好坏“两极相通”，有见于此，老子总是把相反的东西、相反的方面加以对比，提示它们之间的必然联系：

祸兮福所倚，福兮祸所伏！孰知其极，其无正邪？正复为奇，善复为妖。(58 章)

甚爱必大费，多藏必厚亡。(44 章)

轻诺必寡信，多易必多难。(63 章)

既然正、反两方面相生相依，那么对反面的克服必然导致对本身（正面）的超越。实际上，老子在提出他的著名问题“善（付奕本作“美”）之与恶，相去何若？”(20 章）时，他的心中是有明确答案的：“善”“恶”无间，它们之间并无本质的不同。既然“善恶”“福祸”是相邻、相纠缠的，同样的道理，“多少”也相去不远，所以老子说“少则得，多则惑”(22 章)。又说：“曲则全，枉则直；洼则盈，敝则新。”（同上）“企者不立；跨者不行；自见者不明；自是者不彰；自伐者无功；自矜者不长。”(24 章）出于这种超乎常见的洞见，老子得出了“知足之足常足矣”（46 章）和柔弱不争这两个结论。

对于“知足”，老子论述道：“罪莫大于可欲，祸莫大于不知足，咎莫大于欲得。故知足之足，常足矣！”（同上）又说：“知足不辱，知止不殆，可以长久。”(44 章)

根据我们在前面所阐明的老子“人性论”，不难看出，老子的“知足”是对“内心”而发的，指的是“虚静不欲”之“心”。

至于“柔弱不争”，常带有一些处世之术的味道。老子说：

将欲歙之，必固张之；将欲弱之，必固强之；将欲废之，必固兴

之；将欲夺之，必固与之。(36 章)

其结论是“柔弱胜刚强”。显然，“柔弱胜刚强”与“曲则全”乃异曲同工；而“曲则全”云云，则可以归结为“夫唯不争，故天下莫能与之争”(参22 章，另66 章)。与“不争—天下莫能与争”类似，老子对“无为—无不为”(48 章)、“外其身（无身）—身存（无死地)”(7 章）之类津津乐道。我们可以从中归纳出一种规律性的表述，即“否定—否定之否定（肯定)”，这其实是老子的一个形式原则。这种形式原则在老子许多耐人寻味的格言中有所体现。如：

大成若缺，其用不弊。大盈若冲，其用不穷。大直若屈，大巧若拙，大辩若讷。(45 章)

上德若谷，大白若辱；广德若不足，建德若偷；质真若渝，大方无隅，大器晚成，大音希声，大象无形，道隐无名。(41 章)

对于那种有悖于常见的表述形式，老子称之为“正言若反”，而正是在这种“正言若反”的形式表述中，隐含了“以否定取肯定”“以消极求积极”的深邃思想。老子据此发挥道：

上善若水。水善利万物而不争，处众人之所恶，故几于道。(8 章)

人之所恶，惟孤、寡、不穀，而王公以为称。(42 章)

故贵以贱为本，高以下为基。是以侯王自谓孤、寡、不穀，此非以贱为本邪？(39 章)

受国之垢，是谓社稷主。受国之不祥，是谓天下王。(78 章)

至于“受国（或天下）之垢”，《庄子·天下篇》解释为“知其雄，守其雌”“知其白，守其辱”“人皆取先，己独取后”。依常情常理来忖度，蒙辱含垢、不争处下、卑贱谦让者是“人之所恶”，为人所弃。然而，老子却偏偏以此为策略，这反映了老子的冷静智慧和超常洞见。这一切都包含在“反”的观念里，综上所述，“反”的概念，包括“相反”的意思，而“相反相成”“两极相通”“正言若反”“以否定（消极）求取肯定（积极)”等可以归结为“反”的原理。

“反”的另一层意思是“返”，也就是“复”“复归”的意思。其实，“反”概念中“相反”和“反归”的意义是交融在一起的，老子在论述

“道”的运动特征时说：“大曰逝，逝曰远，远曰反。”（参25章）如此说来，“远”之“极”便是“返回”本初了。老子在谈“祸福相倚”时，问道：“孰知其极？”（58章）而“复归于无极”（28章）正是对该问题的回答。

返归之“反”的伦理意义是什么呢？请看：

致虚极，守静笃。万物并作，吾以观其复。

“夫物芸芸，各归其根。归根曰静，静曰复命。复命曰常，知常曰明。”（16章）通过“致虚守静”的途径达到的“归根复命”境界，正是“本然之性”。复命即复性，“复命曰常”正是“复命曰常德（性）”的意思。而且从“常德”的观点来看，“福祸”“善恶”“美丑”乃至“仁与不仁”“义与不义”“忠与奸”“孝与不肖”都没有一定的畛域，所谓“常德不忒，复归于无极”（28章）。

可见，“返归”之“反”是与“德”或“本然之性”相关的。对此，老子有更为明确的表述：“玄德深矣，远矣，与物反矣！然后乃至大顺。”（65章）

总之，“反”的概念包括“相反”和“返归”这两层意思，而这两层意思是相融的：在著名的“反者道之动”（40章）这一命题中，“反”兼有“反”和“复”两义。而“反”的原理也可以用“反者道之动，弱者道之用”来概括。

以上，我们分别论述了老子的“自然”“无为”和“反”这三个原则，其实，正如我们所强调过的，它们三者“不可致诘”，水乳交融地融合在一起，不能机械地加以分离。①

① 例如：

（1）“和光同尘”（4、56章）命题里，可以离析出“自然原理”和“无为原理”。

（2）在“上德不德”（38章）命题中，包含有“自然原理”和“反”的原理。

（3）“报怨以德”（63章）命题中，既可以用“无为”原理来解释，又可以用“反”的原理来解释。

诸例再一次证明了“自然”“无为”“反”诸概念是相通的、相融的，它们三者融合于“道、德”概念之中。这就是说，“道、德”概念中不仅包含着“本性（心）”的学说，还包含着“自然”“无为”“反”诸原理——它们构成了老子伦理学的两个部分，而这两个部分也是相互融通的。

# 第二章 《庄子》的伦理思想

庄子（约前369—前286），姓庄，名周，是继老子之后道家学派的最重要的代表人物。据记载，庄子是宋国蒙（今河南商丘东北）人，曾做过当地的小官僚——漆园吏；他生活清贫①，精神高蹈②，是一位“宏才命世”的哲人。庄子的许多思想都采自老子，正如司马迁所说，“其要本归于老子之言”，但有所创新，有所发展。据研究，现存《庄子》的某些篇什（如内篇的大部分）出自庄子的手笔，某些篇什则经过了庄子后学的增删损益：如果我们将《庄子》的写定（即经典化）看作是一个历史过程的话，那它既不是一人之作，也不是一时之作，因此，《庄子》可看作是庄子学派的论文汇集。下面，我们就以《庄子》为典据，研究庄子学派的伦理思想。

## 第一节 《庄子》的批判意识

道家思想最表面的特征之一就是非毁仁义，对古代社会（封建宗法社会）的价值基础予以批判。老子如此，庄子也如此。他们所处的时代，是一个“王纲解纽”“礼崩乐坏”的时代，也就是说，春秋末年到战国中期这一历史时期，正是西周确立的“德治”（王道）理想以及以此构筑的政治制度、社会秩序和价值观念摇摇欲坠的时期：面对社会动荡、民力凋弊的险恶现实，庄子发出了“方今之时，仅免刑焉”的感慨，选择了“终身不仕”的退隐生活方式，同时他也反思而且批判了与当时政治—社会制度互为表里的价值观念体系。如果说我们不否认庄子的思想折射着时代与社

---

① 《庄子·外物》记述了庄子的生活境况：穷闾恶巷，绳床瓦灶，家无炊粮，贫困潦倒。

② 《史记》和《庄子》都载有这样的故事：楚威王听说庄子的贤名，以重金礼聘他为相，却被庄子拒绝了。他说：“千金，重利；卿相，尊位也。子独不见郊祭之牲牛乎？养之数月，衣以文绣，以入太庙。当是之时，虽欲为孤豚，岂可得乎？子亟去！无污我！我宁游戏污渎之中自快，无为有国者所羁，终身不仕，以快吾志焉。”这一番话，一方面，显示出庄子“苟全性命于乱世”的退隐倾向；另一方面，也显示出他“精神高于物外”（陈抟语）的自由心灵境界。

会的影子的话，那么我们就能够体会到庄子之所以激烈或说激进地批判社会现实，诋毁仁义礼法，乃是出于不幸人生际遇的沉痛哀怨、不甘于人性沦丧的愤懑激情和追求自我精神解放的智慧觉悟。《庄子》批判的主要目标是仁义，而“仁义”则是儒家极力标榜并竭力维护的价值观念的基础，换言之，《庄子》企图瓦解维系着儒家伦理观念的核心——仁义，从而彻底否定儒家的“道德”（即“仁义”）①。《庄子》这种针对价值基础的釜底抽薪式的批判，似乎——如陈鼓应先生所说——可以和尼采“重估一切价值”相提并论。

**一、批判“仁义”**

老子断言：“大道废，有仁义”（18章），世道浇漓，儒墨所标榜的“仁义”难辞其咎，因此想要挽狂澜于既倒，必须“绝仁弃义”（19章），《庄子》继承了老子这种批判意识，对儒家所标榜的“仁义”大加挞伐：

> 夫尧既已黥汝以仁义，而劓汝以是非矣。（《大宗师》）
>
> 自虞氏招仁义以挠天下也，天下莫不奔命于仁义。（《骈拇》）
>
> 毁道德以为仁义，圣人之过也。（《马蹄》）
>
> 昔者黄帝始以仁义撄人之心。……天下脊脊大乱，罪在撄人心。（《在宥》）

儒家提倡“仁义礼乐”，这是他们的看家本领，《庄子》却说：“中国之民，明乎礼义而陋乎知人心。”显然，这是对儒家思想的针对性批判。在《庄子》看来，提倡“仁义”的儒家（也包括墨家）昧于心性虚静的根本道理，使人心沦陷于“仁义”的桎梏、“礼法”的束缚之中而不能自拔，从而不能回复其本然的虚静状态。在《庄子》看来，“仁义礼乐”苍白无力，既不能匡扶社会和拯救个人，又极端虚伪；这样一套价值观念和社会制度非但不能“救时之弊”，拨乱反正，实际上，“仁义礼乐”本身就是人心不古、天下大乱的根本原因。

进而，《庄子》借助于老子38章阐述的“道德高于仁义”的道家价值

① 我们知道，儒家的“道德”和道家的“道德”绝然不同，以下我们将用“道德”一词专指道家的“道德”概念，用“道德（Morals）”来指代儒家或一般意义上的“道德”。和《老子》一样，《庄子》也认为只有批判儒家的“道德”（仁义）才能达到道家的“道德”（真性）。

序次，论证了“仁义”既不是所谓的“德”（道家的“德”），也不是所谓的“常然”，以此，《庄子》在“宇宙伦理模式”的范式上彻底否定了“仁义”作为价值基础的地位。《庄子》说，“仁义”的推行直接导致了“道德”的堕落，所谓“毁道德以为仁义”，当然不足取。原因是，“仁义”加之于人，犹如“衡扼”加之于马，又如“黥劓”加之于“身”。这就是说，“仁义”不是人的自然本性，而是人的自然本性之外的、束缚且摧残自然人性的“多余”的东西。《庄子》把“仁义”比拟为“骈拇枝指”和“附赘悬疣”，既不是人所固有的“德”，也不是自然人性的“常然”，“仁义”所起的作用就像绳索和规矩一样，使自然人性就范于“礼乐”所规定的礼乐行为模式。殊不知“天下有常然。常然者，曲者不以钩，直者不以绳，圆者不以规，方者不以矩，附离不以胶漆，约束不以纆索”（《骈拇》）。显然，这里所说的“常然”就是自然本性，就是“德”（性），它们不能以“仁义礼乐”来限制和规范，“仁义礼乐”也不足以限制和规范它们。换言之，“仁义礼乐”就如“骈拇枝指”“附赘悬疣”一样，对于“德”和自然人性来说，乃是“多余”的、不必要的东西，因为这些东西不过是“无用之肉”“无用之指”罢了。

《庄子》并没有就此止步，而是进一步地批判了当时文明进程中的消极因素和负面影响。上面提到，“仁义礼乐”并不是自然人性所固有的东西，而是附加在自然人性之上的人为的东西。在《庄子》那里，自然人性就是人所固有的先天性，不假人为，这种自然人性称作“真”（详见下一节的论述）；与“真”相区别的是“伪”，就是说附加在自然人性之上的、人为的东西。在《庄子》看来，一切社会属性、一切文明产物和一切文化要素都是自然人性之外的东西，都属于“伪”的范畴。《庄子》主张返璞归真，从“伪”的世界里解放出来，回到那种理想的本源生活。所以，《庄子》对于一切和“素朴”相反的“文（伪）”都深恶痛绝。《庄子》的洞见是：“道德”（注意：不同于儒家所谓的“道德”）沦丧意味着“残淳散朴”，与“朴”被斫残、“素”被玷污的过程相伴随的就是文明的进步过程，而人恰恰在这种文明的开化、文化的发展过程中丧失了自我。当人们不得不戴上文化的面具，扮演其社会角色的时候，人的社会性和文化性必然要求重新塑造一个人，也必然会伤及人的自然性。这样，人（一部分人）就不免会有迷失自我的失落感，就像面临着一道无底的深渊一样。有见于此，《庄子》把文明进程中的实际情形和负面影响概括如下：

> 附之以文，益之以博。文灭质，博溺心，然后民始惑乱，无以反其性情而复其初。(《缮性》)

实际上，“仁义礼乐”也可以纳入“文（伪）”的范畴，比如说，“礼”也是“文”，所谓“信行容体而顺乎文，礼也”（《缮性》)。毫无疑问，《庄子》对文明进程中的消极因素和负面影响的深刻而清醒的批判是发人深思的，《庄子》的文化批判，如福永光司所说，是人类思想史上最早的反异化的旗帜。其实，在我们今天这个文明高度发展的社会里也存在着这种庄子所洞察到的问题，所以，庄子这种振聋发聩的批判声音对于那些“丧己于物”的现代人不啻一记“当头棒喝”。

## 二、揭示伦理的相对性

《庄子》曾提出这样一个尖锐的问题：“道恶乎隐而有真伪？言恶乎隐而有是非?”（《齐物论》）的确，日常生活中人们习焉不察的是非标准，其合理性的基础又是什么呢？在伦理学里，是非（对错）的标准问题往往是一个关键的问题，以至于可以这样说，某种伦理学实质上就是一套是非（对错、有意义无意义）的判定体系。古代的儒家和墨家就纠缠于此（是非问题）：人大是大非，不能不辨。然而，儒家之所“是”（肯定），恰恰是墨家之所“非”（否定）；墨家之所“是”，又是儒家之所“非”。[①] 那么，究竟什么是“是”，什么是“非”呢？《庄子》巧妙地利用儒家和墨家之相非，来揭示伦理观念的相对局限性，并且企图突破伦理相对性以论证“道德”的绝对性。

且看《庄子》是如何回答前面所提的问题的。《庄子》认为，由于“彼、是”相形，所以“是、非”两立。“是”或者“非”不是孤立的方面，有“是”就有“非”，有“非”就有“是”，“是”与“非”如影随形，是对立的，也是对待的（即有待的）。也就是说，甲认为是“对”的，乙却认为是错的；或者此时认为是对的，彼时却被认为是错的，这种“仁者见仁，智者见智”或者“此一时也，彼一时也”的情形，就是其相对

---

① 这里的“是非”有两层含义：“一是指真理和谬误，正确和错误：一是指善和恶，即以是为善，以非为恶。”（朱伯崑《先秦伦理思想概论》）

性。《庄子》正是通过揭示“是非”的相对性来论证“是非”的局限性，如《齐物论》所说：

> 毛嫱丽姬，人之所美也；鱼见之深入，鸟见之高飞，麋鹿见之决骤。四者孰知天下之正色哉？自我观之，仁义之端，是非之途，樊然淆乱，吾恶能知其辩。

由此可见，或“是”或“非”的判断乃是相对的，因此所谓“是非标准”并不具有必然性，也不具有普遍性。正是在这种意义上，《庄子》说：“可乎可，不可乎不可”；又说：“恶乎然？然于然。恶乎不然？不然于不然”（同上）。至于“孰是孰非”，没有也不可能有什么定准（客观标准）。所以，《庄子》说：“由此见之，争让之礼，尧桀之行，贵贱有时，未可以为常也。”（《秋水》）这里的“常”是指普遍性和必然性，而“是非”“贵贱”以及那些按照这些价值标准设计好的条条框框（如礼让）则不能算作“常”，也就是说，它们没有普遍性和必然性。我们认为，《庄子》对仁义道德的相对性揭示是深刻的，而依据这种“相对性”而对仁义礼法等规范性的道德伦常的批判也相当有力。事实上，每一种道德教化、伦理规范体系都因种族、地域、文化传统的不同而不同，即使在同一文化传统中道德伦理体系也会因时而异，这就是道德伦理规范的相对性。因此，休谟说，道德准则不能由理性得来（《人性论》第三卷）。儒家伦理哲学的第一个使命就是要论证“仁义礼法”的合理性，换言之，就是要在把“仁义礼法”这种规范性质的道德伦常安置在天道的基础上以论证其合理性，而有这样企图的儒家却难以有效地回应《庄子》对它的激烈批判。

《庄子》所谓“常”，乃普遍性和必然性的代名词，既然如此，“常”便不是相对的而是绝对的。其实，在《庄子》那里，“常”就是“一”，就是“道”。《齐物论》阐述的“道通为一”命题是破除“是非对待”的理论基础。纠缠在“是”与“非”的对偶关系里，永远也不可能从“二”（“是” + “非”）的矛盾中解脱出来，因此只有突破这种“是非”的对偶关系，才能摆脱相对性的“是非标准”。那么，怎样摆脱“是非”的对偶关系，或者说怎样把握“道通为一”的命题呢？《庄子》认为，“道通为一”命题可以诉诸“道枢”的观念：“彼是莫得其偶，谓之道枢。枢始得其环中，以应无穷。是亦一无穷，非亦一无穷也。”（《齐物论》）可见，

“道枢”意味着打破由于成见而造成的不堪推敲的“是非”观念（“彼是莫得其偶”），“环中”则意味着不落“是非”两边，双谴“是非”。这样一来，“是”则“是”，“非”则“非”，当“是”则“是”，当“非”则“非”，应变无穷，这种意义上的“是”与“非”才是普遍意义上的“是”与“非”。“道枢”的别一种表述是“天倪”和“两行”：

何谓和之以天倪？曰：是不是，然不然。(《齐物论》)

是以圣人和之以是非，而休乎天钧，是之谓两行。(同上)

《庄子》的论证彻底而有力。“是不是，然不然”，也就是说，以“不是”为“是”，以“不然”为“然”，乃是泯却了是、非（“不是”）分野的自然样态，即“天倪”或“天钧”。这种“是”亦是、“非”亦是和“是”亦非、“非”亦非的方法就是“两行”，就是《庄子》所倡导的“因”(因非因是)。据此，我们知道，“道枢”和“两行”超越于是非分别和善恶对待之外，其中包含了一种相对性之外、之上的绝对性，此“绝对性”就是“道”或“一”。

从绝对性的道的观点来看，“是”与“非”“善”与“恶”都是无差别的。换言之，从“道枢”或“环中”的观点看（“以道观物”的方式），是非善恶及由此孳生的仁义礼法都不足为据。“以道观物”不仅超越了“彼”与“此”“是”与“非”的对立，而且也超越了所有关于价值判断的争论。《秋水》云：“以道观之，物无贵贱；以物观之，自贵而相贱：以俗观之，贵贱不在己。”《庄子》区别了“以道观之”和“以物（俗）观之”这两种“观点”，“以道观之”的观点可以说是一种“绝对主义”观点，而“以物观之”的观点则可以说是一种“相对主义”的观点。“绝对主义”观点的视野（“道”）不囿于、同时超越于相对之物，《庄子》说：“以道观之，何贵何贱，是谓反衍。”“反衍”就是“反复”，即“贵贱”——可以推广至是非善否好恶等——可以相互转化。因此，固执于(相对待的)“是非、贵贱、善恶”就未免有背于大道，所以庄子说：“以趣观之，因其所然而然之，则万物莫不然；因其所非而非之，则万物莫不非；知尧桀之自然而相非，则趣操睹矣。”（《秋水》）在“道”（“一”）的视点上看问题，“彼”与“此”（“是”）之间的分别，“是”与“非”之间的对立，乃至“贵”与“贱”“善”与“恶”之间的纠葛和矛盾，都将迎刃而解：因非因是，也就是无所谓“是”，无所谓“非”，不过是“是其所是”“非其所非”而已。这样，在道的绝对性的视点上，《庄子》克服了系于“是”“非”判断（关系）的道德相对性，从而探入道德绝对性的新境界。

## 三、道德的谱系

以此，我们不能苟同那种把《庄子》的伦理思想贬斥为“相对主义”的老生常谈，尽管这种说法由来已久。如上所述，《庄子》巧妙地通过儒家和墨家之间的不相容，揭示出他们各自的相对性，从而并黜儒、墨两家。然而《庄子》的最终目的并不是将儒家和墨家各打五十大板了事，而是深入阐明经验的价值判断（如是非、美丑、善恶、好坏）的相对性及局限性，认为这些价值判断都不属于“常”的范畴，从而突出“常”（或“道”）的绝对性。《庄子》所谓的“常”就是其盛言的“道德”，它是人性和物性的自然性。可见道家的“道德”不同于儒家的“道德”：儒家所谓“道德”的实质是“仁义”，而道家所谓的“道德”，首先它不是指“仁义”（抑或是“仁义”的反面），其次它高于“仁义”。在某种意义上，可以说《庄子》的伦理思想不仅不是一种“相对主义”，相反，却是一种极端的绝对主义。实际上，《庄子》的伦理绝对主义和它以“道德”为怀的理想精神互为表里。因此，我们也同样不能苟同那种给《庄子》贴上“虚无主义”标签，鲁莽地认为《庄子》没有什么伦理思想的流俗见解。的确，《庄子》抨击仁义不遗余力，但“仁义”并不是、也不可能是人类社会道德观念的全部内容，它只不过是儒家和墨家道德观念的核心内容而已。

《庄子》批判仁义礼乐，旨在瓦解儒家（包括墨家）的道德观念（仁义），质疑儒家伦理规范（礼乐）的合理性，否认儒家的“道德”（仁义）是“道德”。这些激烈的甚或是极端的伦理批判，表面上看，是破坏性的，是“反伦理的”。确切地说，《庄子》的“反伦理”，“反”的是儒家的“伦理”，同时意味着一种与儒家道德观念以及伦理规范“相反”的道德观念。[①] 然而，一种伦理学的“反面”，可能是另一种伦理学，或者说，“反

---

① 这里，我们有必要在“反伦理”和“非伦理”之间加以区分。“反伦理”意味着彻底否定一切伦理规范和道德观念，“非伦理”则提示出另一种不同于主流伦理话语—观念—规范的伦理途径或范式。

伦理”或“非伦理”本身抑或就是另一种形式的道德观念、伦理态度。实际上，《庄子》虽然诋毁仁义，却不是一味地否定仁义，也就是说，《庄子》批判仁义并不尽是破坏性的一面，也有建设性的一面，换言之，《庄子》激烈地抨击仁义礼乐，不过是从反面来突出“常”，强烈地肯定“真”（“性”）而已。下一节里，我们将会论述《庄子》以“真”（“性”）的道德观念为依托，构筑起一套“苟全性命于乱世”的理论——关于生命本质、生活意义和精神解放的思想系统。

以此，《庄子》深深汲取老子的思想，从自我的原始生活体验出发，独辟蹊径，创立了有别于儒家伦理学的另一种形态的伦理学，在中国古代思想史上开出了新的生面，同时也丰富了伦理观念的样态以及道德实践的可能性，并形成了与儒家思想分流并峙、泾渭分明的“道德的谱系”（尼采语）。

## 第二节　《庄子》的真性论思想

实际上，《庄子》的批判性暗示着也引导着它的理想性。另一方面，《庄子》时而批判仁义礼乐，时而部分地肯定仁义礼乐，也是依托着、围绕着一个固定不变的内在核心，此即《庄子》伦理思想之理想性。也就是说，《庄子》伦理思想中的批判意识以其理想性为轴心，依归于理想性。

内在的“仁”与外在的“礼”的互动关系构成了儒家伦理思想的主要框架，换言之，儒家追求以仁义为怀、以礼乐设教以化成天下的伦理目标。相反，道家——特别是以《老》《庄》为经典的道家学派则攘弃仁义而皈依“道德”（真性之常），实际上，道家反对仁义和回归“道德”乃是同一个问题的两个方面，好像佛学中扫相以显实相之无相一样，《庄子》批判仁义的目的不是为了批判而批判，而是企图通过扫除仁义的遮蔽，显示比仁义更本质、更原始的价值渊源。《庄子》力图揭示的更本质、更原始的价值渊源构成了其伦理思想中理想性的一面，即自然主义人性论，这里的“自然人性”，用《庄子》本身的话来说，就是“真性”。在这种自然主义人性论的基础上，《庄子》发挥了滥觞于老子的“赤子婴儿”和“小国寡民”的主张，进而提出了“真人”的人格理想和“至德之世”的社会理想。

## 一、真性论

中国古代伦理思想中最重要的论式，恐怕就是人性论了，比如说孟子和荀子伦理思想的根本分歧就在于他们“性善”与“性恶”的不同主张。实际上，《庄子》伦理思想的基础也是它的人性思想。在《庄子》里，一切有形的事物都渊源于无形的道，人性和物性也是如此。然而，《庄子》关于“性”（人性和物性）的概念不仅仅是“性”字，其他如“德”“常然”“真”“性命”“性命之情”等词都是用来表示“性”之观念的概念，例如《庄子》内篇里就没有“性”字，但其中的“德”“真”诸概念相当于外杂篇里面的“性”。这样，我们可以从“德”与“道”的紧固关系里认识“道”与“性”之间的亲缘关系。由于道家思想里的“道”“德”是绝对性的东西，因此直接来源于“道”“德”的“性”（真性）也同样具有绝对性意义而不是相对性意义（如仁义那样）。

### 1.《庄子》“性”的概念

《庄子》云：“马，蹄可以践霜雪，毛可以御风寒，龁草饮水，翘足而陆，此马之真性也。”（《马蹄》）这里所说的“马之真性”显然是指马的天性，即马的自然性。“真”与“伪”相对且相反，比如说“牛马四足”就是动物真性，而“落马首，穿牛鼻”则不然，因为后者是人为（“伪”）的产物。（参考《秋水篇》）在《庄子》看来，马的自然性就是马的常然或常性，人也是如此。可以说，“真”意味着人、物的本来面目，是本真状态的自然性。①

此外，《庄子》还以“性命”这个有意味的词来规定“性”的概念。我们知道，《庄子》内篇言“命”不言“性”，也没有“性命”之说，外

① “真”也可以说是淳朴的本然之性。请看几个例证：（1）《秋水》云：“牛马四足，是谓天；落马首，穿牛鼻，是谓人。故曰：无以人灭天，无以故灭命，无以得殉名。谨守而勿失，是谓反其真。”其中，所谓的“反其真”就是“反其性情而复其初”（《缮性》）。可见，“真”相当于一种不假人为的自然性，而这种自性是人、物的本来面目，而不是戴上了社会性面具的、有所遮掩的“性”（如“仁义”）。郭象在“是谓反其真”句下注曰：“真在性分之内。”可知“真”就是“性”，就是本然之性。（2）成玄英在《山木》“见利而忘其真”句下疏曰：“真，性命也。”可见，“真”等同于“性（命）”。（3）《齐物论》云：“如求得其情与不得，无益损乎其真。”郭象《注》、成玄英《疏》都把“真”解释为“真性”。总而言之，“真”也就是“性”或“真性”。嵇康说：“夭性丧真”（《太师箴》），以“真”“性”并列，可知“真”与“性”是一致的。

杂篇才屡言“性命”和“性命之情”。其实，内篇中的“命”也有“性”的意味，而“性命”则是“性”的另一种表述。《庄子》外杂篇用“性”“命”复合而成的“性命”概念来进一步规定“性”的概念。《庄子》在“性”之上连缀了一个“命”，意味深长。这里所说的“命”类似于古希腊思想里的“命运”，透露出早期思想史上的“宇宙—社会模式”，即以宇宙普遍法则来说明人事规律。似乎一切都可以归之于命运，必然法则体现着命运的力量，偶然机缘表现着命运的捉弄，可理解的和不可理解的都可以归结为命运，“命”实在有一种莫可名状且不可捉摸的况味。因此，《庄子》言“命”，多有一种不得已又无可奈何的语气，他说：“知其不可奈何而安之若命，德之至也。”（《人间世》）又说：“不知其所以然而然，命也。”（《达生》）面对这种无可如何的“命”，古希腊产生了慷慨激越的伟大悲剧，而《庄子》却拈出了一个波澜不惊的“安命”，处之泰然。《庄子》主张“安命”，由于“性命”里嵌入了一个意味深长的“命”，因此“性命”也染上了“安之若命”的色彩，留下了宿命论的印迹。①

2. “真性”概念的一般涵义

从某种意义上说，《庄子》批判仁义的根本目的在于揭示被仁义遮蔽了的人性的本来面目——真性。具体地说，《庄子》的矛头所向，是掩盖了“真”的“伪”，是附加于“真性”之上的“多余者”，这些“多余者”出自人为（伪）而不是出于自然。和老子一样，《庄子》也认为这种“多余者”“多多不善”。他说：

> 而且说明邪？是淫于色也；说聪邪？是淫于声也；说仁邪？是乱于德也；说义邪？是悖于理也；说礼邪？是相于技也；说乐邪？是相淫也。

“淫”即过多，这里指泛滥其性。看来，与其“多”，不如“不多”②。这些“多余”的东西妨碍了本然之性（“乱于德”），由此可见，《庄子》所谓的“真性”乃是“不多不少”的自然状态。对于那些淫性乱德的

---

① 实际上，《庄子》每言“性命（之情）”，总有一种“安命（宿命）论”的基调。如《在宥》：“无为也，而后安其性命之情。”又如《天运》：“莫得安其性命之情者，而犹自以为圣人，不可耻乎？”再如《知北游》：“性命非汝有，足天地之委顺也。”

② 《秋水》云：“是故大人之行，不出乎害人，不多仁恩，动不为利，不贱门隶，货财弗争，不多辞让；事焉不借人，不多食乎力，不贱贪污，行殊乎俗，不多辟异……”（《在宥》）

“多余者”，毫不留情地“减去”又何妨？而减之又减，就可以扫除偶性、阐明本质，从而把握最原始的本然之性，即不可磨灭的常然。这是《庄子》伦理思想的基本理路。那么，这个“本然之性”又意味着什么呢？

“减去多余的东西”意味着摆脱人为的束缚，驱散遮蔽在本然之性之上的阴翳，澄清人之所以为人、物之所以为物的本质，回归原初的本来面目。这一过程，在老子那里，就是“损之又损，以至于无为”，就是“复归于朴”，因此老子所界定的人（包括物）的本然之性就是“无为”和“朴（素）”。现在，我们再来看看《庄子》对“本然之性”的理解。《庄子》说：

若夫益之而不加益，损之而不加损者，圣人之所保也。”（《知北游》）

“圣人”体现着人性的最高境界。那么，“圣人之所保”意味着不可损益因而不可磨灭的“常然”，也就是“本然之性”。问题是圣人“保”什么？《庄子》里常见的“葆真”“守真”似乎可以移植在这里，帮助我们理解圣人所“保”的东西就是“真”。换言之，本然之性（常然）就是“真”（真性）。所谓“真”等同于纯粹不杂，乃纯然没有人为染着的东西。《庄子》说：“能体纯素，谓之真人。”（《刻意》）意思是说“真人之性”纯然素朴，出自天然，了无人为的痕迹。《庄子》沿袭了老子“素朴”观念，把它们和人的本然之性联系起来，认为：

同乎无知，其德不离；同乎无欲，是谓素朴；素朴而民性得矣。（《马蹄》）

“素朴”乃是“德”的等价物，《庄子》用以表示人的未加染着、没有被损害的、纯粹的本真之性①。在下面一段话里，《庄子》集中论述了“真”的涵义：

真者，精诚之至也。……礼者，世俗之所为也；真者，所以受于天也，自然，不可易也。故圣人法天贵真，不拘于俗。（《渔父》）

对此，我们略加分析：（1）由“真者，精诚之至也”可知“真”是

① 此外，《庄子》还讲“纯朴”“纯素”“纯粹”（见于《马蹄》），其意蕴就是“真”。

“纯粹”的。成玄英《疏》曰：“精者不杂。”“精诚之至”的“精”就是纯粹不杂。以水为例，我们可以体味“水”的本然之性（真性）：“水之性，不杂则清，莫动则平；……故曰，纯粹而不杂，静一而不变，淡而无为，……纯素之道，惟神是守；守而勿失，与神为一；一之精通（郭象注曰：“精者，物之真也。”），合于天伦。……故素也者，谓其无所与杂也；纯也者，谓其不亏其神也。能体纯素，谓之真人。”（《刻意》）《庄子》用“清”“粹”“不杂”“纯素”，以至于“静”“莫动”等意象性概念来刻划“真”，无非是要表明“真”乃纯粹的、清寂的本然之性而已。（2）由“真者，所以受于天也”句，可知“真（性）”是得之于“天”的。这里的“天”是对应于“人”的范畴，表明了“真”的先天性。《大宗师》里的“真人”之所以是“真人”，是因为他“与天为徒”，而不是“与人为徒”。其实，“得之于天”与“精纯不杂”有着内在的联系。《庄子》说：“夫形全精复，与天为一”（《达生》），又说：“精而又精，反以相天。”①（3）由（真性）“自然，不可易也”可推知：“真性”还包括“自然”和“不可损益”这两个方面。试分述之：

A. “自然”。由上述可知，与“自然”相关联的要素至少有：(a)“天”,因为“以天合天”等于因性“自然”，这就是说“自然”与“真性”之间有着内在的联系。(b)“无为”，由于“淡而无为”，所以“真性”与“无为”（恬淡的心境）也有着内在的联系。

B. “常然”。上引《庄子》在描述“性”的时候，没有忘记加上一句“不可易也”，既然真性得之于天，它就是先天的且不能磨灭的②。儒家以为人性均能够加以提升和改造，比如说孟子主张“养浩然之气”以充实人性中固有的善端；荀子主张以“礼乐”来规范、疏导人欲，进而格除人性中潜伏的“恶”的劣根性。然而，作为人的本质属性的“真性”（本然之性）却不能为人力所改造，它不会因为人为的原因而有所改变，能够改造或通过人为的努力而有所改变的东西，不过是附着在人性之上的“伪”

① 另外，《庄子》中有一个“梓庆为鐻”的故事：“梓庆削木为鐻，鐻成，见者惊犹鬼神。”梓庆之所以能神乎其技，原因就在于“以天合天”（《达生》）。对于“以天合天”，郭象注曰：“不离其自然也。”成玄英疏曰：“机变虽加人工，本性常因自然，故以合天也。”可见“以天合天”就是因性自然。只要“精纯不杂”就可以“与天为一”。

② 《齐物论》所说的“无益损乎其真”和《天运》所说的“性不可易”可以佐证此说。

(偶性）而已。①

老子的“朴”是“少之又少”，《庄子》的“真性”却是“不多不少”，自然而已。老子是崇“不足”而抑“有余”，《庄子》既反对“淫其性”（《胠箧》），也反对“削其性”（《骈拇》），因为它们同样有违真性。综上所述，“真性”的一般涵义是：先天性的（“得之于天”）、精纯不杂的、不可损益的本然之性，可见“真性”以“自然”“无为”为最核心的意蕴。

## 二、真性论的理论意义

由上述可知，《庄子》明确反对“淫其性”和“削其性”，认为它们妨害了本然真性。因为“淫其性”（“侈于性”）意味着在“纯素”的“真性”上染着“非本然”的东西，比如污之以仁义礼乐等等，从而使“真性”遮蔽起来；而“削其性”则不能“全性葆真”，也就是说，不能“其性”或“壹其性”（《达生》）和“反其性”（《缮性》），从而妨害了真性的先天完整性。以此，《庄子》把战国时期影响最大的几个思想流派——儒家、墨家和杨朱——的人性论看作是真性论的对立面，并对他们分别加以批判。在这些批判中，《庄子》的真性论也得到了进一步的抽绎和展开。

### 1. 针对儒家的批判

在前一节里，我们已经叙述了《庄子》批判仁义的自觉意识，因为仁义是儒家和墨家共同的价值观念，所以我们也把《庄子》对仁义的批判看作是针对儒家和墨家道德观念的批判。在理论上，真正意义上的深刻批判有待于登堂入室，在人性论的层面上切磋，所以，真性论层面上的批判才是真正深入的批判，因为这样的批判最能见出他们之间的根本分歧。

儒家和道家争讼的焦点是，仁义是否是人的本性固有的东西？《庄子》通过一段寓言故事表明了儒家和道家的分歧所在：

> 老聃曰：“请问，仁义，人之性邪？”孔子曰：“然。君子不仁则不成，不义则不生。仁义，真人之性也，又将奚为矣？”老聃曰：“请

---

① 另一方面，《庄子》的“真性不可易”命题内在地要求“各安其性”，正如《则阳》所说：“人之安之亦无已，性也。”此故，《庄子》中“性”和“命”往往并举。“性命”和“性命之情”概念中都有某种安于其性的宿命含义。

问：何谓仁义?"孔子曰："中心物恺，兼爱无私，此仁义之情也。"老聃曰："意，几乎后言！夫兼爱，不亦迂乎！无私焉，乃私也。……夫子亦放德而行，遁道而趋，已至矣；又何偈偈乎揭仁义，若击鼓而求亡子焉？意，夫子乱人之性也。"（《天道》）

显然，上面对话的主题是："仁义"是不是人性？当然，孔子（代表儒家）主张仁义不出人性之外①，但托言老子的《庄子》却坚决反对把仁义当作人性，它的结论很明确："仁义"决非"性"（确切地说，本然之性），而且"仁义"非但不是"性"，反而有害于"性"，因为"仁义"所起的作用不过"撄人之心""乱人之性"。上引《在宥》表明了这样一种观点：对于真性来说，儒家主张的"仁义礼乐"都是"淫其性"的东西，也就是说，都是多余的、没有必要的东西。对此，《庄子》不惮词费，反复阐发，《天运》云：

商大宰荡问仁于庄子。庄子曰："虎狼，仁也。"曰："何谓也?"庄子曰："父子相亲，何为不仁?"曰："请问至仁。"庄子曰："至仁无亲。"大宰曰："荡闻之，无亲则不爱，不爱则不孝。谓至仁不孝，可乎?"庄子曰："不然。夫至仁尚矣，孝固不足以言之。……夫孝悌仁义，忠信贞廉，此皆自勉以役其德者也，不足多也。"

血缘纽带是古代仁爱观念最牢固不破的现实基础。《庄子》论辩的锋芒所向，正是血亲仁爱的流行观念。在上面的引文里，《庄子》首先用类比的方式质疑"仁"与"亲"之间的关系，击中了儒家思想的要害，尽管如此这般的论证并不符合逻辑。进而，《庄子》阐述了"仁亲"以及由"仁亲"衍生出来的"孝"不过是等而下之的东西，还不是"仁"的最高境界（"至仁"）。在《庄子》看来，"至仁"和"仁"是截然不同的两个范畴："仁"是"相亲"，而"至仁"却是"无亲"。这样，《庄子》就把儒家伦理思想的核心因素（如孝悌仁义忠信贞廉等）排除在"德"（本然之性）之外，同时又把"至仁"对应于"德"（真性），如此，《庄子》就可以自诩远胜儒家了。

① 一般而言，儒家思想家主张"仁义"是"性"本身之内固有的东西，如韩愈就认为"仁、义、礼、智、信五者谓之性"（王安石《原性》）。

### 2. 针对墨家的批判

在《天道》（上引）里，记载着老子把孔子称许的“兼爱”斥之为“迂”（腐迂）；我们知道，“兼爱”是墨家的主张，这样，《庄子》就在批判儒家的同时，把墨家也捎带上批判了。《天下篇》将墨子之说概括为“墨子泛爱兼利而非斗”，并且认为墨家“兼爱”的说教没有人性上的根据，因此《庄子》冷言讥讽说：“以此教人，恐不爱人，以此自行，固不爱己。”在庄子看来，墨家的“兼爱”说教实际上是一种既损人又不能利己的迂腐之谈。

墨家虽然讲“仁义”，但却反对儒家刻意于礼乐，力倡“非乐”“节用”。墨家把“仁义”的思想发挥到了极端的地步，这就是“兼爱”和“任”。所谓“任”，《墨经》解释道：“任，士损己而益所为也。”《经说》又补充道：“任，为身之所恶，以成人之所急。”显然，“任”出自“兼爱”。对于墨子这种“摩顶放踵利天下为之”（《孟子》）的高远理想和奉献精神，《庄子》不以为然，原因是《庄子》认为墨子的想法和做法损害了本然之性，它讥讽墨家“以自苦为极”“以绳墨自矫”，束缚了人性的自由，给人性套上了沉重的枷锁。《庄子》批评说：“反天下之心，天下不堪，墨子独能任，奈天下何!”由此可见，尽管《庄子》敬重墨子，但坚决反对墨子“自苦”，因为“自苦”不是人性的常然，如果把墨子的想法和做法施诸社会，那就会压抑更多人的本然之性，“使天下人不堪”。在庄子看来，“兼爱”也不过是忘已以济物，和儒家一样，都是“失性于俗”罢了。①

### 3. 针对杨朱的批判

《庄子》不但掊击儒家“仁义”不遗余力，而且也口诛笔伐杨、墨之说，这是因为杨、墨“皆外立其德而以爚乱天下者”，所以《庄子》要“钳杨、墨之口”而后快。② 那么，杨朱的主张是什么呢?

由于文献不足征的缘故，我们对杨朱学说的内容所知甚少，但从先秦诸子对杨朱的批评中可以窥知：杨朱之学以“为我”（《孟子》）、“贵己”（《吕氏春秋》）为旨要。此外，在《吕览》中也可以寻绎一些杨朱遗说的

---

① 《列子·杨朱篇》张湛注曰：“禹翟之教，忘已而济物也。”

② 《孟子》《韩非子》《荀子》等书都将杨、墨相提并论，可见他们都是当时的“显学”。

残篇（蒙文通说），而在《列子·杨朱篇》这只“新瓶”中，也装有杨朱之学的“旧酒”（严北溟说）。据此，我们拼合《吕氏春秋》《列子》诸书有关杨朱的思想碎片，勾勒杨朱的伦理思想。

蒙文通先生认为，《淮南子》所说的“全性保真，不以物累形”正是杨朱学派的“贵己”之说。[①]《韩非子》谈到的那些“不以天下大利易其胫一毛”的“轻物重生之士”也是杨朱一流的人（《显学》）。可见，杨朱的主要思想是“轻物重生”，即使是“天下大利”，杨朱也不为所动，他的主张是“拔一毛以利天下而不为”，极端地“重生”从而也极端地“轻物”。在《吕氏春秋》中也有这种“重生”思想的残迹。《吕氏春秋·贵生》引子华子之言曰：“全生为上，亏生次之，死次之，迫生为下。所谓尊生者，全生之谓，六欲皆得其宜也。”我们知道，杨朱思想的重要特征就是以情为性，把人的感性欲望当作是人的本质属性，从而把人生的幸福规定为欲望的极度满足。《贵生》所谓的“全生”，不过是“六欲皆得其宜”，也是把人的生命本质等同于欲望的满足，这也许是杨朱思想的回响。如果说《吕氏春秋·情欲篇》里有一些杨朱的遗说的话，那就可以证明杨朱曾把宣扬“天生人而使有贪有欲”（《吕氏春秋·情欲》），直接把人的贪欲当作人性；反之，如果“耳不乐声，目不乐色，口不乐味”，则“与死无择”（同上）。据此，可知杨朱不但不鄙弃人的自然欲望，还将自然欲望与“生”等量齐观，而杨朱所谓的自然欲望就是感官欲求。因而，可以说，杨朱“贵生”“重生”的精神实质就是“适欲”（感官欲求得以满足），唯“适欲”然后能“适心”。如《吕氏春秋》所述：

> 凡生之长也，顺之也。使生不顺者，欲也。故圣人必先适欲。（《重己》）
>
> 人之情，欲寿而恶夭，欲安而恶危，欲荣而恶辱，欲逸而恶劳。四欲得，四恶除，则心适矣。四欲之得也，在于胜理。胜理以治生则生全，生全则寿长。（《适音》）

杨朱的“适欲、适心”的思想和《列子·杨朱篇》的“从心而动，不违自然所好”“从性而游，不逆万物所好”可以说是“同心之言”。《列

---

① 蒙文通：《杨朱学派考》，《蒙文通文集》第一卷《古学甄微》。

子·杨朱篇》把“适欲适心”的观点发展成了一种较系统的享乐主义、利己主义伦理学。在中国古代伦理思想史上，杨朱一扫雷同，提出了一种基于感性要求的伦理学。

首先，杨朱痛感到人生的短促飘忽，颇有人生如寄的感慨，《杨朱篇》载：

> 杨朱曰：百年，寿之大齐。得百年者千无一焉。设有一者，孩抱以逮昏老，几居其半矣。夜眠之所弭，昼觉之所遗，又几居其半矣。痛疾哀苦，忘失忧惧，又几居其半矣。

面对“生之暂来，死之暂往”的短暂而无常的生命，杨朱发出了感伤的悲叹：“人之生也奚为哉？奚乐哉?”痛定思痛之后，杨朱从人生苦短的悲剧性现实抽身出来，把这些感慨逆转为及时行乐的人生主张，他把人生的目的、人生的快乐归结为“声色、美厚”之类的感官享乐，而不是追求“一时的虚誉”。在杨朱看来，“名乃苦其身，焦其心”，对人而言，不过是“重囚累梏”而已。人生的“至乐”就是“自肆”（其性），所以，杨朱说：

> 故从心而动，不违自然所好，当身之娱非所去也，故不为名所劝。从性而游，不逆万物所好，死后之名非所取也，故不为刑所及。肆之而已，勿壅勿阏。

对于“肆之而已，勿壅勿阏”，杨朱更进一步地阐释道：“恣耳之所欲听，恣目之所欲视，恣鼻之所欲向，恣口之所欲言，恣体之所欲安，恣意之所欲行。夫耳之所欲闻者音声，而不得听，谓之阏聪；目之所欲见者美色，而不得视，谓之阏明；鼻之所欲向者椒兰，而不得嗅，谓之阏颤，口之所道者是非，而不得言，谓之阏智；体之所欲安者美厚，而不得从，谓之阏适；意之所欲为者放逸，而不得行，谓之阏性。凡此诸阏，废虐之主。”由此可见，杨朱反对“阏性”、反对以礼义名法“矫情性”，追求“性安逸”。不过，杨朱所说的“性”，不同于庄子所说的“性”。杨朱之“性”，首先是“生之谓性”的自然本性，这是其最主要的内容。因此，杨朱的“尽性”，就意味着“恣欲肆情”，也就是放纵情欲。其次，杨朱之“性”也指“五常之性”，杨朱说：“人肖天地之类，怀五常之性，有生之最灵者也。”由此，杨朱还得出了“任智”的观点，但“任智”的意义还是在于“益生”，他说：“智之所贵，存我为贵。”在这一点上，杨朱类近于儒家。但《杨朱篇》的主导思想还是把“性”规定为“饮食男女”的“食色”之“性”，在“食色之性”之外的，都是“无厌之性”。

老子的“素、朴”和庄子的“真性”固然是自然之性，但都是虚极静笃、精纯不杂的本然之性。老子所说的“摄生”，决非那种使四体安逸、适欲肆情的“益生”或“生生”（参老子伦理学章）。庄子不但反对“益生”（参《刻意》），而且力主“虚无恬淡”，所谓“虚无恬淡”就是“心不忧乐”的不动心境界。这与杨朱所向往的平生之“乐”大相径庭。

如果说墨家倾向于“忍性”的话，那杨朱则可以说是倾向于“纵情”。《庄子》既不赞同“纵情”，也不首肯“忍性”，《在宥》说：“昔尧之治天下也，使天下欣欣焉人乐其性，是不恬也；桀之治天下也，使天下瘁瘁焉人苦其性，是不愉也。夫不恬不愉，非德也。”由此可见，《庄子》对“纵情”和“忍性”两种主张持同样的批判态度，因为它们或从压抑人性（合理的情）的方面或从放纵欲望的方面疏离了人的本然之性。《天地篇》中的一段议论也许就是针对杨朱或杨朱学派而发的：

> 且夫失性者有五：一曰五色乱目，使目不明；二曰五声乱耳，使耳不聪；三曰五臭薰鼻，困惾中颡；四曰五味浊口，使口厉爽；五曰趣舍滑心，使性飞扬。此五者，皆生之害也。而杨墨乃始离跂自以为得，非吾所谓得也。

老子曾提出“五色乱明”“五声乱听”“五味爽口”的说法，针对人的欲壑难填的感官追求提出批判，企图以“见素抱朴”的无为人性来矫正人欲泛滥的流弊；庄子继承了老子思想的衣钵，倡导以“恬淡寂寞”精神修养克制思想的涣散和欲望的骚动，回归无知、无欲（无己）的本然真性，逍遥物外，追求“自然”“无为”的可能生活。这样，《庄子》就不能同意杨朱的思想，也不能不批判杨朱的思想。《庄子》主张“无欲”而杨朱主张“纵欲”，他们的思想旨趣南辕北辙。《杨朱篇》宣扬“乐生逸身”，把不能满足声色、美服、厚味、放逸的享受视为“阏性”，其所谓“肆之而已，勿壅勿阏”也不外是恣肆人欲，任其泛滥。的确，人毕竟是一种动物，人的动物性使人不能免于感性逸乐（如好逸恶劳）的倾向，这种倾向是难以抑制的。但是，人性却不能因此而等同于动物性，人之为人自有超出动物性的本质规定性。杨朱把人性归结为感性，所以他主张“从（纵）心而动”“纵性而游”；《庄子》把人性理解为无知无欲的清静真性，所以《庄子》的“逍遥”完全不同于杨朱的“纵性”。由于存在如此深刻的分歧，《庄子》严厉地批判了那种“驰其形性”（《徐无鬼》）、“使性飞扬”（《天地》）的言行，也许是有感于那种粗俗恣欲的享乐主义伦理思想而发吧！

4. 有情无情：庄子与惠施的论辩

“真性”之所以被称为“纯素”，因为它一方面超乎善恶义利之外，另一方面还超乎喜怒哀乐之外。后一方面直接导致了《庄子》的“无情”思想。[①] 先看一段庄子与惠子的辩论：

> 惠子谓庄子曰：“人故无情乎？”庄子曰：“然。”惠子曰：“人而无情，何以谓之人？”庄子曰：“道与之貌，天与之形，恶得不谓之人？”惠子曰：“既谓之人，恶得无情？”庄子曰：“是非吾所谓情也。吾所谓无情者，言人之不以好恶内伤其身，常因自然而不益生也。”（《德充符》）

庄子和惠子辩论的主题是人究竟是“有情”呢，还是“无情”。细察庄惠之辨，不难看出：惠子所说的有情的人，指一般的人；而庄子所说的无情的人却是指圣人或真人。庄子推崇“无情”，其要在于“不以好恶内伤其身”，也就是不损伤其内在的“德（性）”。这种内在的“德”并不能完全等同于“情”；庄子所说的“情”指是非、好恶等心理情感，它并不是（圣）人的本质特征。因此，尽管“有人之形”，却可能“无人之情”。庄子把“无情”解释为“不以好恶内伤其身”，而“哀乐不能入也”（《大宗师》）、“喜怒哀乐不入于胸次”（《田子方》）等也是对“无情”的表述。可见庄子的“无情”意味着抑止情感（喜怒哀乐）和欲望。就此而言，《庄子》与儒家和杨朱都不同。儒家强调道德情感中的“乐”（愉悦）的因素，而《庄子》却说：“容动色理气意六者，谬心也。恶欲喜怒哀乐六者，累德也。”（《庚桑楚》）又说：“悲乐者，德之邪；喜怒者，道之过；

---

① 《庄子》中的“情”至少有三种含义：（1）情实，如《齐物论》：“有情而无形。”（2）情欲情感，如《养生主》：“是遁天倍情，忘其所爱，古者谓之遁天之刑。”（3）性。此义只见于外杂篇，如《天地》：“致命尽情”“万物复情”。这里只讨论“情感（欲）”意义上的“情”。

好恶者，德之失。故心不忧乐，德之至也；一而不变，静之至也；无所于忤，虚之至也；不与物交，淡之至也；无所于逆，粹之至也。”（《刻意》）。在《庄子》看来，喜怒哀乐等心理情感因素是负面的因素，比如说“容动色理气意”的骚动直接危及恬寂淡漠一尘不染的本真心境，而喜怒哀乐等七情六欲也直接损害了无欲无求的本然之性。因此，《庄子》所追求的不是大喜大悲的淋漓情感而是虚静淡泊如古潭止水般的“不动心”，也就是说，《庄子》追求一种“心不忧乐”从而“物莫之伤”的“无情”境界。这种“无情”的精神境界对应着“虚”“静”、恬淡”“纯粹”的心理状态，这种以“虚静恬淡纯粹”为特点的“无情”，在老子看来就是“圣人无心”（49 章），在《庄子》看来就是“圣人之心静”（《天道》），也就是“撄宁”（《大宗师》）。总之，唯其“无情”才能“解心之谬”，从而免于“倒悬之民”的苦况，获得自我表现心灵的真正解放。

此外，“情”不仅包含“情感”等诸心理因素，而且“是非”“仁义”等也属“情”的范围。《庄子》云：“知忘是非，心之适也。”（《达生》）这里，“心适”的状态等同于“其灵台一而不桎”（同上）的虚静凝神的“无情”状态。再者，《庄子》的“心斋”“坐忘”也是“无情”之心。所谓“坐忘”，就是忘却欲望、“仁义”“礼乐”之后的“同于大通”（《大宗师》）的体道状态。

总之，《庄子》追求一种“形若槁骸，心若死灰”（《知北游》）的无心无情之境界，这是精神逍遥、心灵解放的必由门径，因为只有“不动心”，才能不为外物所诱，才能使精神“高于物外”，超然自得。但是，追求高远的理想，往往要经历“造次必于是，颠沛必于是”的痛苦磨难，更不能避免感性逸乐和理性功利的诱惑。因此，唯有心如止水的无情，才能真正面对充斥着喧哗与骚动的世界，才能够“独与天地精神相往来”，而不至于心猿意马，“逐于万物而不反”。孔门高弟子夏说：“出见纷华盛丽而说，入闻夫子之道而乐，二者心战，未能自决。”（《史记·礼书》）以《庄子》的观点来看，子夏内心激烈的矛盾冲突（“心战”而“未能自决”）恐怕得归咎于他内心的骚动，也就是说，他尚未达乎孤寂无情的不动心境界。《庄子》把道德（morals）选择中的内心冲突描述成“言行之情悖战于胸中”（《盗跖》），都是大可不必的庸人自扰而已；一切情感的纠葛、欲望的煎熬以及意志的困境都可以诉诸“无情”迎刃而解。

## 三、道德理想和道德修养

### 1.《庄子》的道德理想国

《庄子》所构想的道德理想国，以及生活在道德理想国里的居民——理想人格，虽是一种理论或理想（idea）的构拟，并非现实的存在（真实的社会和人格现实），但这却不能抹杀理想的意义；换言之，《庄子》构拟的理想境界至少反映了《庄子》的热切向往，并给人的内在精神启示了追求的方向。

关于理想人格，老子有“赤子婴儿”之说，类似的，《庄子》中有“童子婴儿”的说法，例如《人间世》：

> 内直者，与天为徒。与天为徒者，知天子之与己，皆天之所子，而独以己言蕲乎而人善之，蕲乎而人不善之邪？若然者，人谓之童子，是之谓与天为徒。外曲者，与人之为徒也。

不难看出，《庄子》对“童子”的褒扬溢于言表，足以反映出它在价值判断上的倾向性。从上面的引文里，我们能够了解，“童子”的主要特征是“与天为徒”，也就是说，“与天为徒”意味着顺应自然、超然于善恶判断（一般意义的伦理判断）的人格境界；而“与人为徒”意味着屈服于世俗——或者更广义地，文化和社会——对人的本然之性的改造，任凭自己的本然之性被社会势力所扭曲。其实，《庄子》的理想人格还有真人、至人、神人、圣人等。这些理想人格的共同特点是返璞归真、独立物外又混同于俗。

《大宗师》系统阐述了理想人格（例如，真人）的特性，其曰：

> 何谓真人？古之真人，不逆寡，不雄成，不谟士。若然者，过而弗悔，当而不自得也。

可见，真人虚怀应物，其要在乎无为、无知（无善无不善）。

又说：

> 古之真人，其寝不梦，其觉无忧，其食不甘，其息深深。

看来，《庄子》笔下的理想人格——真人是那种“用心若镜”的人，既然以玄镜照知万物，所以他没有情虑意度，无思亦复无忧。而且“道之出口，淡乎其无味”（《老子》35 章），真人不以五味为甘，这是“无情”

的结论。又说：

> 古之真人，不知说生，不知恶死，……是之谓不以心捐道，不以人助天。

真人“无情”，所以他能够齐同死生，与化同体。可见，顺任自然的真人是那种“与天为徒”的人。又说：

> 古之真人，其状义而不朋，若不足而不承；与乎其觚而不坚也，张乎其虚而不华也，邴邴乎其似喜乎！

由此可知，真人峨然耸立，独与天地精神相往来；真人无情，故无喜怒哀乐，所以真人之“乐”仅仅是“似喜”而已，而这个“似喜”却正是真人的“至乐”。

综上所述，“真人”可以说是《庄子》“道德”的完全实现者和理想典范。如果说，“真人”是“全德”（德性纯全）的人，那么“真人”的反面便是道德的堕落者，《庄子》将那些标榜“仁义”以桎梏“真性”的道德堕落行为称为“支离其德”，把那些“支离其德”的人称作“天之戮民”或“倒置之民”。《庄子》认为，这种“支离其德”、迷失本性的“倒置之民”只有通过“安时而处顺，哀乐不能入也”的“道德”修养和伦理实践才能求得自我精神的真正解放。

《庄子》心目中的“理想国”就是其所艳称的“至德之世”。那么，什么是“至德之世”呢？先看《胠箧》：

> 子独不知至德之世乎？……当是时也，民结绳而用之，甘其食，美其服，乐其俗，安其居，邻国相望，鸡狗之音相闻，民至老死不相往来。若此之时，则至治已。

显然，《庄子》所描绘的“至德之世”是以老子的“小国寡民”为摹本的，那只是一个不容于现实的理想图景。在这个理想世界中，人们没有“机心”（结绳记事而不用智），没有对欲望、财货的追逐（安居乐业而知足常乐），也没有社会关系和人际交往，当然也没有由此而滋生的尔虞我诈和相互倾轧；实际上，“至德之世”中的人是被抽离了“社会性”的漂泊着的人。

《庄子》的这一思想贯彻始终，直接导致了其社会思想里返璞归真的自然主义特质。试看《马蹄》里的论述：

> 吾意善治天下者不然。彼民有常性，织而衣，耕而食，是谓同德；一而不党，命曰天放。故至德之世，其行填填，其视颠颠。当是时也，山无蹊隧，泽无舟梁；万物群生，连属其乡；禽兽成群，草木遂长。是故禽兽可系羁而游，乌鹊之巢可攀援而窥。夫至德之世，同与禽兽居，族与万物并，恶乎知君子小人哉！同乎无知，其德不离；同乎无欲，是谓素朴，素朴而民性得矣。

由此可见，《庄子》的“至德之世”就是其所认为的“至治”。在“至德之世”中，人们本性素朴，无知无欲，没有利益冲突，也没有相害之心；人们各安其性，各安其命，率性而动；在“至德之世”中，非但没有君子小人的分别，而且人与禽兽的差别也泯除了，这就是“同与禽兽居，族与万物并”或“与麋鹿共处”（《盗跖》）。和《庄子》相反，儒家一向严于人与禽兽之间的差别，孟子说：“人之所以异于禽兽者，几希！庶民去之，君子存之。”（《孟子·离娄下》）孟子的“几希”之叹包含了一种怵惕之心，因为在儒家看来，“人之所以异于禽兽者”就是人的类本质，应该竭力高扬而决不能放弃；而《庄子》却认为：人的本然之性（即真性）和物性（包括兽性）是一致的而非对立的，所以人与人之间、人与物（包括禽兽）之间、人与大自然之间在最高的意义上——即在道和本然真性的高度上——是和谐的、统一的。

此外，《庄子》还说：“至德之世，不尚贤，不使能；上如标枝，民如野鹿；端正而不知以为义，相爱而不知以为仁，实而不知以为忠，当而不知以为信。”（《天地》）又说：“南越有邑焉，名为建德之国。其民愚而朴，少私而寡欲；知作而不知藏，与人而不求报；不知义之所适，不知礼之所将；猖狂妄行，乃蹈乎大方。”（《山木》）可见，《庄子》的理想社会里，人们忘怀仁义，不辨是非，莫不率性而行，正如《马蹄》所说的“民居不知所为，行不知所之，含哺而熙，鼓腹而游”。这样的话，人们也就无须情意计度等种种妄想了，当然也无须什么是非善恶之类的区别了，《天地》说：“德人者，居无思，行无虑，不藏是非美恶。”

总之，《庄子》的“至德之世”，不过是对“真性”“至善”“无情”诸观念的延长和发挥而已，其核心仍然是“自然”“无为”“无欲”等价值原则。

2. 道德修养方法

《庄子》否定仁义道德（morals），此其一贯的立场。但并不能因此说《庄子》否定“道”“德”之道德（morals）价值，更不能因此说《庄子》否定了人的生命和生活。否则，我们就无法理解《庄子》中的“道”“德”修养方法。因为如果全然否定伦理生活的话，奢谈其修养方法又有何益！

《庄子》的修养方法主要有“忘”“心斋”“外”等。下面依次叙述之。

（1）忘。“忘”是关于“道德”修养的重要方法。《达生》云：“知忘是非，心之适也。”又说：“子独不闻夫至人之自行邪？忘其肝胆，遗其耳目，芒然彷徨乎尘垢之外，逍遥乎无事之业。”看起来，“忘”的旨趣是泯除是非差别并由此接近那同一而又无差别的“道”；《大宗师》说：“与其誉尧而非桀也，不如两忘而化其道。”

体现“忘”的特点，最集中的莫过于“坐忘”了。《大宗师》云：“颜回曰：回益矣。仲尼曰：何谓也？曰：回忘仁义矣。曰：可矣，犹未也。他日，复见，曰：回益矣。曰：何谓也？曰：回忘礼乐矣。曰：可矣，犹未也。他日，复见，曰：回益矣。曰：何谓也？曰：回坐忘矣。仲尼蹴然曰：何谓坐忘？颜回曰：堕肢体，黜聪明，离形去知，同于大通，此谓坐忘。”可见，所谓坐忘就是一个渐次过程，即通过“忘”却仁义礼乐而达到无己无知、与道为一的境界。“忘”的目的是泯除是非善恶，减去仁义礼乐，从而达到身心脱落的“无己”境界——亦即“吾丧我”的境界。“吾丧我”的意思是“荅焉似丧其耦”，“丧耦”则“遗世独立”，从而也就消除了相对待，也就“同于大道”了。

（2）心斋。庄子所说的“心斋”，不同于仪式化的“祭祀之斋”（参《人间世》），而是一种心性修养的方法。《人间世》说：“唯道集虚。虚者，心斋也。”[①] 由此可以认为，“心斋”的目标是“虚”。虚静之心，也就是“听止于耳，心止于符”之心，而“听止于耳，心止于符”意味着“徇耳目内通而外于心知”；换言之，虚静之心就是涤除感知和思虑的“无

① 案：这后一个“虚”不同于前一个“虚”，它是一个动词，即“使为虚”。

知心”。在庄子看来，只有这种“无知心”才能“以无知知”从而无所不知；这也是对老子的致虚守静、涤除玄览的发挥。在“心斋”状态下的“无知心”能够观照什么呢？庄子说：“瞻彼阕者，虚室生白。”这就是说，“心斋”的修养能使人观照到自己内心深处（“虚室”）的“（纯）白”，也就是“心性之纯素”，反观自照自己的本然之性。

（3）“外”。《大宗师》曰：“吾犹守而告之，参日而后能外天下；已外天下矣，吾守之，七日而后能外物；已外物矣，吾又守之，九日而后能外生；已外生矣，而后能朝彻，朝彻而后能见独；见独而后能无古今，无古今而后能入于不死不生。”实际上，《庄子》之所“外”（动词），就是其所“忘”。通过外天下、外物、外生的过程，然后“朝彻见独”入于“不生不死”，能达到“朝彻见独”“不生不死”境界的人，就可以称为“真人”“至人”“圣人”。

综上所述，无论是“忘”“外”，还是“心斋”，目的都是成为体道的“真人”；也就是说，道德修养的最终目的就是成为理想人格——“真人”。

## 第三节　《庄子》伦理思想的超越性

以上，我们勾勒了《庄子》道德思想的理想性侧面，以下，我们将探讨这种道德理想如何在现实生活里面得以实现，即自然主义的道德理想如何引导着现实人生的价值目标，而所谓道德生活是怎样超然于现实生活之上，展示为一种内在的精神境界的。

老子深明谦下卑弱的道理，他倡导过一种“挫其锐，解其纷，和其光，同其尘”的所谓“玄同”的生活（56章），这里面固然有一种退隐出世的倾向，却也表明了他混迹于江湖的处世之术——以“被褐怀玉”的方式调和道德与现实之间的张力。同样，《庄子》也曾面临着如何协调道德理想与现实生活之间矛盾的严峻问题。实际上，《庄子》思想里独特的“逍遥”和“游”的思想创作正是从上述问题里引发出来的，借“逍遥”和“游”的新概念之助，《庄子》把道德理想溶解于社会现实，在局促的现实生活中昭示精神自由的境界，从而使平淡的日常生活显示出非凡意义。在“逍遥”和“游”的思想创构里，《庄子》继承和发展了老子的思想遗产，突出了人的自由精神，通过内在超越的途径实现了将理想植入现实生活的企图，“乘道德而浮游”意味着道德理想和现实生活表里相依的自由实践。

表面上看，《庄子》鄙弃仁义礼法，其实并不尽然，因为《庄子》在某些时候也相对地承认仁义礼法的作用和意义；其实，《庄子》坚决反对并加以鄙弃的仁义礼法是掩盖且损害了“道德”的“仁义礼法”，在不违反或无损于“道德”的前提下，这些只具相对价值意义的“仁义礼法”颇能见容于《庄子》。一方面，《庄子》固执地将“道德”置于“仁义礼法”之上，“道德”（得之于天道的本然之性）乃是最高且绝对的价值意义，而“仁义礼法”只具有相对的且等而下之的价值意义，因此，当“仁义礼法”和“道德”不相容或发生冲突的时候，“仁义礼法”只能退而求其次，给“道德”让开道路。

## 一、逍遥论

人们常把《庄子》思想的主旨概括为“齐物”和“逍遥”两端，因为这两个概念支配着《庄子》的主要观念，体现着《庄子》不同于老子的新思想。就伦理思想而言，“逍遥”以及相关的“游”具有举足轻重的重要性；实际上，《庄子》的逍遥论企图将道德理想和生活现实两者糅合在一起，它们二者混融为一，彼此包容，也就是说，把道德理想的成分贯彻落实在日常生活里面，同时也使平淡的日常生活富有意义。应该说，《庄子》逍遥论所提示的生活方式，既不是愤世嫉俗以至于“出世”的极端理想主义，也不是随波逐流以“入世”的庸俗现实主义，而是那种“精神高于物外”的内心逍遥的自由境界，这种自由的境界既有超然物外的一面，同时也有寓于生活的一面。《庄子》所说的“游世”，超然于世而不游离于世，扎根于生活又无累于生活，追求不羁的自由的同时又顺天应人，混同于俗。《庄子》的逍遥论描摹并阐述了人性解放和自由实践的化境。

### （一）“逍遥”和“游”两概念的解析

这里，“逍遥”和“游”是关键的两个概念，可是以往我们不曾深入分析过这两个极端重要的概念，只是从直观上把握它们而已，现在我们立足文本，来推敲这两个概念的具体含义。

“逍遥游”乃《庄子》内篇里的一个篇名，《庄子》也曾分别使用过“逍遥”和“游”的概念，玩味它们的用法和含义，可知它们的含义相近，甚至相同。比如说《庄子·天运篇》就展示了“逍遥”和“游”之间的紧密关系，其云：

> 古之至人，假道于仁，托宿于义，以游逍遥之虚，食于苟简之田，立于不贷之圃。逍遥，无为也；苟简，易养也；不贷，无出也。古者谓是采真之游。

这里，除了直截了当地把“逍遥”规定为“无为”外，还提供了两个“游”的辞例：一个是动词“游逍遥之虚”的“游”，一个名词“采真之游”的“游”，这两个“游”自然是为了诠释“逍遥”而发，当然也就刻画了“逍遥”的某些规定性。从“游逍遥之虚”来看，“游”和“逍遥之虚”（按即无为）的关系不过是表里的关系而已，简单地说，“游”是“能”行①，“逍遥”是“所”行；所谓“采真之游”则囊括了“逍遥”和“无为”的全部意味。可见“逍遥”和“游”两概念是紧密联系在一起的对偶概念。下面，我们将分别讨论这两个相互联系、互相包容的概念。

首先，我们来分析一下“逍遥”概念。“逍遥”这个词，直到今天我们也还常用，但它的确切涵义是什么，却是一个不容易回答的问题，实际上，这一问题乃是困惑千古的难题。我们不妨抄录几段《庄子》如下：

> A. 今子有大树，患其无用，何不树之于无何有之乡，广莫之野，彷徨乎无为其侧，逍遥乎寝卧其下。(《逍遥游》)
>
> B. 芒然彷徨乎尘垢之外，逍遥乎无为之业。(《大宗师》)
>
> C. 子独不闻夫至人之自行邪？忘其肝胆，遗其耳目，芒然彷徨乎尘垢之外，逍遥乎无事之业，是谓为而不恃，长而不宰。(《达生》)

其实，《庄子》中“逍遥”一辞仅数见（凡六次），我们从这为数不多的辞例里，能够体会到“逍遥”概念和“自然”以及“无为”之间的亲缘关系。前引《天运》“逍遥，无为也”，表明了《庄子》用“无为”诠解“逍遥”的一贯思想，这一点自不待言；而上引（C段）“至人之自

---

① 《文选》潘仁安《秋兴赋》李善注引司马彪《庄子注》云：“言逍遥无为者能游大道也”，“逍遥无为”的内心修养是“能游”的根据；同时，“逍遥”也被用以表示“所游”的境界。

行”云云，确切地阐述了“自然”和“逍遥”之间的联系。再者，以“芒然彷徨乎尘垢之外”而论（B 段），“芒然彷徨”意味着虚无的心性，同时也有几分孑然独立、自己而然的意味，可见《庄子》的“自然”和“无为”之间自有曲径可以通幽。总之，“自然”和“无为”观念构成了“逍遥”概念的主要涵义，当然，这只是一种笼统的说法。下面，我们借助于具体的案例来进一步讨论此问题。

历史上，关于“逍遥”的解释有许多种，其中向秀、郭象的解释和支道林的解释是最著名的两种。

向、郭说的要点是“适性逍遥”或“足性逍遥”。向秀、郭象在《庄子注》里面发挥己意，主张：“夫大鸟一去半岁，至天池而息；小鸟一飞半朝，抢榆枋而止。此比所能则有闲矣，其于适性一也。”只要“适性”，就可以任意逍遥，如此，大鹏和小鸟又有什么区别呢？向秀、郭象《庄子注》透彻地阐述了其中的道理：“苟足于其性，则虽大鹏无以自贵于小鸟，小鸟无羡于天池，而荣愿有余矣。故小大虽殊，逍遥一也。”其实，“适性”和“足性”是一回事，向、郭此说强调“适性”和“足性”乃是“逍遥”的本质，也就是说，无论是“大鹏”还是“小鸟”，只要各自得其性分，都可以超越各自的差异而逍遥。如果深究向、郭说的本质，就可以知道，向、郭“适性”和“足性”的观念来自《庄子》本身固有的“自然（自己而然）”思想，换言之，向、郭用“自然”诠解并规定“逍遥”。应该说，向、郭的“逍遥”说立足于“自然”观念，从一个侧面阐发了《庄子》的思想，是对《庄子》思想的发展。

然而，支道林对向、郭“各适性以为逍遥”的说法很不以为然。他提出了一个尖锐的诘问：“夫桀跖以残害为性，若适性为得性者，彼亦逍遥矣。”支道林当然并不满足于提出问题，实际上，他在提出问题的时候就已经预设了问题的答案；换言之，支道林提出了一种关于“逍遥”的新解释，他说：

> 夫逍遥者，明至人之心也。庄生建言大道，而寄指鹏鷃。鹏以营生之路旷，故失适于体外；鷃以在近而笑远，有矜伐于心内。至人乘天正而高兴，游无穷于放浪，物物而不物于物，则遥然不我得，玄感不为，不疾而速，则逍然靡不适。此所以为逍遥也。若夫有欲当其所足，足于所足，快然有似天真。犹饥者一饱，渴者一盈，岂忘蒸尝于

糗粮，绝觞爵于醪醴哉？苟非至足，岂所以逍遥乎？

显然，支氏新解的特点是把“逍遥”归之于圣人之心的虚无境界。支氏指出，庄子借助于“大鹏”和“小鸟”的寓言隐喻关于“道”的真理，他独具慧心地提出一种与向、郭之说不同的观点：大鹏远举，未必“适性”；而“小鸟”自得，更是矜持不足道。总之，一个是执着，一个是矜伐，都是恬淡寂寞的本心的反面，因此，所谓“大鹏”和“小鸟”的故事不过是用以衬托圣人玄寂心境的寓言而已，而圣人玄寂的心境则无所谓“足”，也无所谓“不足”，只要“足于所足”，则无所不足。我们不难看出，支道林的“逍遥”新解，要在于“无为”，将“逍遥”的意味导向内向性的道路，专注于人的内心境界。“无为”概念是在老子的手里成为道家学术的核心概念的，《庄子》则把隐含在老子“无为”观念中的心性思想萌芽加以发挥，并且明确地阐述为理想人格的内在境界。这一点，与向、郭以“自然”解释“逍遥”的思想倾向有所不同。

在此，我们不拟评价以上两种说法孰是孰非，因为他们各有偏颇，各擅胜场。应该说，两说都能在《庄子》里挖掘到各自的理据，因为无论是“自然”的观念，还是“无为”的观念，实际上都是《庄子》固有的思想；据此，我们可以认为以上两说各自发展了庄子思想的一个重要侧面，都可以在庄子的思想中得到印证。然而，细味《庄子》，无论是将“逍遥”归之于“自然”，还是用“虚无”来诠解“逍遥”，都有意犹未尽之感；看来，《庄子》思想的丰富性决定了我们不能简单地在两说之间加以取舍，而是应该取法庄子“两行”的观念，并行不废而又无所依傍，以此来“得其环中”，证得“逍遥”概念的真谛。

另外，我们顺便就两说（向郭说和支氏说）与《庄子》之间的解释学关系稍加辨正。我们知道，向、郭的《庄子注》并不是随文敷衍，仅仅解释名物章句而已，向、郭许多注文乃借题发挥，牵合己意，阐述自己的观点和主张，未必尽合庄子原来的思想。《庄子》思想的丰富性意味着它可以沿着不止一个方向展开的可能性，向、郭《注》只是拓展了《庄子》思想的一个侧面而已。这样，支道林提出另一种新的解释，不仅是可以理解的，而且也是必然的了。同样，支道林的解释也是《庄子》思想的一个侧面，而非全部。再者，支道林提出的问题——“夫桀跖以残害为性，若适性为得性者，彼亦逍遥矣”，表面上看，切中了向、郭之说的要害，如此锐利的词锋，似乎难以回应，实际上，支氏的提问透露了他的误解，特别是对庄子关于“性”的误解。我们知道，《庄子》所谓“性”，是指人的本然之性，即“真性”，而支氏所谓桀、跖嗜血残杀之“性”却不能和庄子所谓的“性”的范畴混同，《庄子》绝不会把“残害为性”当作本然之性，而只能将它看成是本然之性的缺失或者是泛滥（所谓“淫”），抑或二者兼而有之（所谓“烂漫”）。

其次，我们推敲“游”的概念。尽管人们曾把《庄子》的思想主旨归纳为“齐物”和“逍遥”，但“逍遥”一词却并不多见，而和“逍遥”相关的“游”却俯拾即是。也许，我们能够借助于分析“游”，进而更加深入地把握“逍遥”的意义。考《庄子》里“游”的概念，根据其意义和用法，大致可分为以下三类：

A 类：以“游于……之外”等为特征。例如：

乘云气，御飞龙，而游乎四海之外。（《逍遥游》）

乘云气，骑日月，而游乎四海之外。（《齐物论》）

游乎尘垢之外。（《齐物论》）

又乘夫莽眇之鸟，以出六极之外，而游无何有之乡，以处圹埌之野。（《应帝王》）

故余将去女，入无穷之门，以游无极之野。（《在宥》）

吾愿君刳形去皮，洒心去欲，而游于无人之野。（《山木》）

上面几段话描述了“神人”“圣人”和“至人”（理想人格）的生活姿态和风采。在这里，游于“无何有之乡”“无极之野”，和游于“尘垢之外”“四海之外”数语透露出一种沛不可挡的超世之慨，我们可以从中真切地感受到《庄子》“遗物离人”的弃世态度和飘然远引的洒脱风姿。然而，《庄子》所津津乐道的只是一种虚幻而不切实际的、海市蜃楼般的理想么？仅此（以上数语）而言，似乎是这样。实际上，《庄子》把一种纯粹的道德理想寄寓在“游”的概念里，而且这种道德理想还是“游”不可溶解的内核；设若没有这种道德理想作为精神内核的话，《庄子》所谓的“游”将不成其为“游（世）”，而不如说是“混（世）”了。由此可知，那种讥讽《庄子》的思想是“滑头混世”的见解并不能让人信服，“积非”毕竟不能“成是”，因为诸如此类的妄说没有探入并正视《庄子》

中的道德理想。另一方面，“游”以“虚心”为自己的前提条件，也就是说，无知，无欲，“刳形去皮，洒心去欲”是“游（于无人之野）”的内在条件，比如说，“出六极之外，而游无何有之乡，以处圹埌之野”的前提是“乘莽眇之鸟”，而“乘莽眇之鸟”的意象说明了心性之虚无（无为）。细味“游于……之外”之类的话语，恍然有所憬悟：那种似乎强烈出世的倾向折射着纯粹理想的眩目光辉，而且这种纯粹的理想世界奠基在内在心性的基础上，就是说，以心之虚无、性之淡泊为基础。

B类：以“游世”为特征的。例如：

> 出入六合，游乎九州，独往独来，是谓独有。(《在宥》)
>
> 夫明白入素，无为复朴，体性抱神，以游世俗之间者……(《天地》)
>
> 人能虚己以游世，其孰能害之。(《山木》)
>
> 唯至人乃能游于世而不僻，顺人而不失己。(《外物》)

以上的例子和“游于……之外”有所不同，“游世”并不放弃世间，不放弃日常生活。然而，《庄子》的“游世”在不放弃人世生活的同时，仍然怀抱着高远的理想，追求逍遥的自由心境和智慧的精神解脱。由此，我们不难看出，“游世”和“游于……之外”这两条似乎分道扬镳的生活趣向当且仅当在“虚己无为”的精神世界里得以契合，并统一起来，才达到所谓“和”的境界。这就是说，所谓“游世”同样以“明白入素，无为复朴，体性抱神”的心性修养和境界为基础，换言之，如果说“游世”旨在融入现实人间的话，那么“游”的现实化并不能湮没其理想（idea）的内核。《庄子》云：

> 冉相氏得其环中以随成，与物无终无始，无几无时。夫圣人未始有天，未始有人，未始有始，未始有物，与世偕行而不替（按：替，废也。参成玄英《疏》）。

所谓“得其环中”就是顺应并依照“自然”“无为”的原则来处世，用《庄子》自己的话来说，就是“随成”，也就是随缘任化，“与世偕行”，“出入六合”。这就是《庄子》直面人间生活的现实主张，也就是《庄子》关于生命和生活的现实原则。应该强调的是，“游于世”并不能等同于“流于俗”，也不是“媚俗”；《庄子》在倡导“与世偕行”“游于世”

的同时，并未忘记自我的追求，其云“与世偕行而不替”，“游于世而不僻，顺人而不失己”，这些话语里面的“而”字的两边，既是生活趣向的企图，也是人生态度的两面，以此，一个小小的虚词“而”在这里意味着一种决定性的转折和递进关系；也就是说，所谓“游世”意味着在承认现实、认同社会的同时，切不能“丧己于物”，迷失自我（本性），被异己的力量——简单地说，即他人，或社会的力量——所支配和左右，以至于不能“独往独来”，自由逍遥。在《庄子》看来，人如果“丧己于物”，被外物奴役，或者按照他人或社会的期望来塑造自己，就免不了支离其性，那就是异化，这不是自我本质的悲剧性沉沦又是什么？在人的自然性和社会性的关系问题上，道家和儒家的主张可以说是南辕北辙。

C 类：以“游心”为特征的“游”。例如：

> 乘物以游心，托不得已以养中。（《人间世》）
>
> 游心乎德之和。（《德充符》）
>
> 游心于淡，合气于漠，顺物自然而无容私焉。（《应帝王》）
>
> 吾游心于物之初。（《田子方》）
>
> 胞有重阆，心有天游。（《外物》）

我们在讨论 B 类的“游”即“游世”时，已经知道“游世”的不可或缺的前提条件是“自然”“虚无”（无为）的心境，结合 C 类以“游心”为特征的例子，我们似乎可以由此深入领会《庄子》思想的内在逻辑：唯有精神超越和心灵自由才能够真正地掠过“物”（欲）的纷扰，固执本然之性，抟心道德，逍遥游世。上述“游世”概念里面必然包含着“游心”概念，因为《庄子》超脱的人生态度必然要以内心的超越境界为基础，实际上，《庄子》的“游心”概念牵涉到一个“心”“物”关系的问题，对此，《庄子》的主张有以下几个要点：

（1）“心”不离“物”，所谓的“游心”是“乘物以游心”；

（2）“心”恬淡、寂寞，因“物性”之自然，所谓“顺物自然而无容私焉”；

（3）“心”超越于“物”，不为“物”所拘缚，这就是“胞有重阆，心有天游”；

（4）“心”超于“物”，而以“物之初”“德之和”为归宿，即“游心乎德之和”“游心于物之初”。

如上所述，A 类的“游”旨在“游于……之外”，有超世之意；B 类的“游”却旨在“游于世俗之间”，即不离于世。A、B 两类“游”判若云泥，似乎风马牛不相及。那么，如此不同的两类“游”能否获致某种统一，尤其是在现实上的统一呢？事实上，“游心”便是“游于……之外”与“游于世俗之间”的结合点。“游心”的内在性使理想和现实得以调和，而且唯有如此，人才能身在世俗之内，心游尘垢之外（而不是“身在江海之上，心居乎魏阙之下”），才能“有人之形而无人之情”。“游心”概念提示了道德的内在超越性。上一节所说的“德不形”命题说明了道德内在超越之为可能，这里的“游心”概念则说明了“德”在现实生活中的具体操作是通过心性的提炼、精神的超越而达到的，实际上，《庄子》所凸显的那种超然物外而又不弃于物的高超境界和生活姿态，对于现代、后现代进程中的可悲的内心表面化，以及追逐于物的庸俗倾向，不无启示意义。

综上所述，“逍遥一游”和老子所创立的、庄子所发展的“自然无为”的思想互为表里，换言之，“逍遥一游”的本质就是“自然”和“无为”。“逍遥一游”意味着以超然的态度对待生活，也意味着内心的超越境界；而且这种生活态度以不离世间又超绝于世、顺应社会而又不丧失自我本性为特征，这种境界是以超然物外的虚静无为之心为特征的。据此，《庄子》旨在挖掘自然人性的纵深，在自然和精神（虚无）之间保持张力，追求个人和社会之间的和谐，由此，《庄子》提出了一种建设性的、关于内在超越的境界哲学。

### 二、乘道德而浮游：自由精神的实践准则

以上，我们通过对《庄子》“逍遥论”的分析和阐述，揭示了《庄子》伦理思想的核心方面，即人性解放和精神自由。《庄子》提示的“逍遥一游”的本质乃是人性自由的状态和内在精神的境界，借此，人能够把自己从外物的制约和束缚中解放出来，使自我免于“道德”（即本然之性）沦丧的可悲境况，超然物外，优游逍遥。可见，所谓“逍遥”首先是一种精神境界，其次它是一种生存或生命状态；虽然我们在上面曾提到过“逍遥”（精神和状态）和人生实践（本质是社会实践）之关系，但语焉不详，下面我们将着重分析《庄子》怎样把高远的理想植入人生实践、怎样

看待人与人之间的伦理关系等问题。这些问题的核心是物我关系问题。

那么，我们就先来研讨一下《庄子》是如何看待物我关系的。《庄子》言“外物”（《大宗师》），又言“外物不可必”（《外物》），似乎相互矛盾；主张“不拘于俗”，又主张“与世俗处”，更是彼此抵触，这些表面的混乱和矛盾之下是否深隐着一种整合的逻辑呢?《庄子》云：“独与天地精神往来而不敖睨于万物，不谴是非，以与世俗处”（《天下》），足以证明《庄子》既高扬了人的自由精神，也没有漠视外物（包括自然、他人和社会）的存在。实际上，人对外物的克服也只能是精神超越而已，依此，自我的精神自由和社会的伦理规范之间的调和就构成了物我关系的主题。我们知道，《庄子》是强调“和”的，上引“游心于德之和”以及“德者，成和之修也”（《德充符》）命题说明：所谓“道德”其实就是“和”。既然《庄子》拈出一个“和”来，那么它（“和”）所针对的问题就不是单方面的，而是双方面甚至是多方面的；更重要的是，“和”意味着双方面或多方面——如物与我，理想和现实，自由与规范，等等——的调和，也就是说，“和”就是克服物我对立和人我对立的最后形式。《庄子》通过“和”的概念阐述了物我关系和人我关系，至于更广泛、更一般的主题，诸如“生活的意义是什么”，“人究竟是不是应该选择自己的生存方式才不至于堕落为物”，“死，是否是人生的本质和意义的终结”等问题，《庄子》沿着“和”的概念所铺开的道路，建设性地提出了这样的命题：“乘道德而浮游”（《山木》），“乘物以游心”（《人间世》），以此确定了自由精神面向社会生活的实践原则。

“乘道德而浮游”命题在《庄子》里的表现形态和展开形式多种多样，不一而足，而且牵涉面颇广。这里，我们试图将它纳入下面的分析模式：以伦理规范为中心，把“乘道德而浮游”所涉及的自由精神的实践准则分析为两个环节，即规范问题和非规范问题。规范问题的范围主要是关于自由精神和伦理规范之间的矛盾关系，可以看作是自由实践触及社会实在的时候，与既有的社会—伦理规范达成（或应该达成）的关系。至于非规范问题，顾名思义，是规范问题之外的问题，它有以下几个组成部分：第一，伦理规范所不能——或许也不必——规范（限定）的方面，比如说，生活趣味，什么是幸福（即幸福类型的自我选择）等等；第二，超出伦理规范的东西，比如说，对某种特定的伦理规范体系（如儒家伦理）本身的反思，既有的伦理规范所不能寄托的价值理想等等，这一方面具有“反伦理”（准确地说，反某种既定的伦理规范）的外在特征，值得注意。下面，我们遵循《庄子》固有的思想展开逻辑，先来讨论非规范问题。

（一）自由实践的非规范原则

这里，我们仍就“乘道德而浮游”的论式（argument）切入自由实践的非规范问题。我们知道，“和”意味着对立双方的化解和消释，由此，道德理想和现实生活，自我和外物，彼此，是非，善恶，将彼此含摄，混融为一。例如，《庄子》内篇里阐述过的“两行”和“两忘”就是“乘道德而浮游”，特别是“和”的具体形式。

“两行”就是任由对立面的双方并行不废，我们也不应对此下是非对错之类的判断，尤其是价值判断，如《齐物论》所说：“是以圣人和之以是非而休乎天钧，是之谓两行。”据此，我们不妨把“两行”看作是体现着最高道德（至德）的“圣人”的自由实践，其要旨正如《齐物论》所说“和之以是非而休乎天钧”。“和之以是非”就是“是非之和”，即对是非判别标准的彻底瓦解[①]，如此，“是”与“非”对立的双方面才有可能通过包容对方从而克服对方，进而克服自己；至于“休乎天钧”则从另一方面制约着前者，“和之以是非”意味着取消对立的两面，而“休乎天钧”则意味着从“自然”的角度来看待对立和差别。换言之，“和”规定了无是无非（“和之以是非”）同时又不离是非（“休乎天钧”）。“和”的概念阐述了《庄子》在对立面之内而不是之外超越对立双方面的思想，这一思想为把道德理想导入现实生活提供了基础，开辟了道路。

与“两行”类似的是“两忘”。“两忘”概念来自于《大宗师》里面的著名寓言：

> 泉涸，鱼相与处于陆，相呴以湿，相濡以沫，不如相忘于江湖。与其誉尧而非桀也，不如两忘而化其道。……鱼相造乎水，人相造乎道。相造乎水者，穿池而养给；相造乎道者，无事而生定。故曰：鱼相忘乎江湖，人相忘乎道术。

这里，“两忘”是“相忘”的另外的说法。鱼水的关系颇似自我和社

---

① 如果我们记得《齐物论》的主题的话，就不难理解“和之以是非”的逻辑前提是对所谓的“是非”判别体系的质疑和批判，当然，它也和“因非因是”的主张有关。

会的关系：鱼优游于水，自由自在，这时候它并不知道水的存在，也就是说，自由是感觉不到的（或者说不能通过感觉而感知），能感觉的只是不自由，所以自由是由其反面（即不自由）而呈现自己，就像鱼一旦意识（忘的反面）到水——或者说意识到鱼水之间的分别和对立——的时候，鱼的处境也就危险了。深隐在这个寓言里的涵义是，仁义（犹相呴以湿，相濡以沫）的推行（犹“鱼相与处于陆”）并不能从根本上解决问题，因为它不得要领。显然，生活源泉的枯竭（“泉涸”）才是致命的无可挽回的损失，即使是“相呴以湿，相濡以沫”也无济于事；最根本的问题是不能和贯穿宇宙的“道”须臾分离，因为“道”（道德）之于人，犹“水”之于“鱼”。《庄子》在此阐述了这样的思想：不必在“人”和“道”之间加以分别，他们之间的正常关系也就是“鱼在江湖”的两忘关系；此外，人与人的关系也是这样，如果他们必须以仁义礼法来相互扶助，乃至于规范他们之间的种种关系，就像“鱼”和“鱼”之间“相呴以湿，相濡以沫”一样，则不能“两忘”，则不能超越物我的分别和对立，自然也就不能达到“玄同彼我”的理想境界。

实际上，“两行”和“两忘”的概念提示了自由精神在人间生活里的处境，换言之，“两行”和“两忘”乃是“游世”的方式，而“游世”则意味着自由精神的生活实践，当然，这种生活实践浸润着理想的光辉，是理想人格超然处世的见证，《外物》曰：

唯至人乃能游于世而不僻，顺人而不失己。

可见，“游世”乃怀抱着道德理想的生活方式，它不离于世却不沉沦于世，物我和人我之间的紧张关系在此全部融化和消解，顺人应物而不丧失真我是“游世”的真谛。《山木篇》更充分地阐述了这一思想：

若夫乘道德而浮游则不然。无誉无訾，一龙一蛇，与时俱化，而无肯专为；一上一下，以和为量，浮游乎万物之祖，物物而不物于物，则胡可得而累邪！

“乘道德而浮游”的表面含义是，在逝者如斯的人生河流中，渡尽劫波的舟楫终归是作为宇宙和人生本质的“道德”，以此，人才能够真正把握生命的本质和生活的意义，在人生河流的惊涛骇浪里任意东西，浮而游之，救渡自己。上面那段话里，《庄子》把“乘道德而浮游”的意义通过以下两方面予以阐述：第一，无为（无知，无欲）的心态，所谓“无誉无訾”，这样就可以摆脱既定价值观念的束缚，双遣是与非、善与恶的分别，从而由文化符号（比如说“名”）所构建的社会中解放自己，以“道德”观之，这些文化符号（诸如“龙”“蛇”之称）并非宇宙人生的本质，因此，倒不如超然无所拘执，顺应自然，“与时俱化”，这就是自由精神切入生活世界时全然投入的“陆沉”（《则阳》）思想。第二，那么“与时俱化”是否有丧己于物、沉湎于世俗生活而不能自拔的嫌疑呢？当然不是。《庄子》的处世原则毕竟是周旋物我，两不偏废，所谓“以和为量”，因此当《庄子》在倡导“与时俱化”时，还不失时机地再次高扬自由精神的价值，“物物而不物于物”从物我关系的角度重新阐述了“乘道德而浮游”命题，折射出《庄子》“我与我周旋久，宁作我”的思想倾向。

“和”的理念以及“乘道德而浮游”命题表达了《庄子》不离世间（生活）又超然物外，在世而超世的伦理思想；这种思想的直接后果则是瓦解了一切基于是非判断的伦理判断，因为《庄子》所追求的就是超越是非，泯除是非。如此，“和”的理念以及“乘道德而浮游”命题所表现出来的思想便突破了以伦理规范为中心的伦理学的范畴，因为伦理规范能够得以确立的基础就是不折不扣的是非（或善恶）标准，以及以此为前提的判断体系，而《庄子》却粉碎了诸如此类的标准和体系。我们知道，作为价值尺度的善恶观念和是非标准来自社会契约和群体意志，而不是个人的兴趣好恶；它指导并规范着人的社会行动，告诉人们什么是对什么是错，什么是正当的什么是不正当的，什么是有意义的什么是没有意义的。《庄子》本着自然人性论的立场，竭力反对强加在自然人性之上的社会规范（所谓“伪”），认为社会规范包括伦理规范不仅不是自然的产物，而且还是反自然的，因而是有害的东西。所以，“和”的理念以及“乘道德而浮游”命题并不能导致一套规范社会生活的伦理体系，或者为某种伦理规范体系作基础，相反它们在某种意义上却是反伦理规范的，此即自由精神的实践原则之非规范性。另一方面，《庄子》在提出“和”的理念以及“乘道德而浮游”命题的时候，其实也在表达着它自己的伦理主张和价值取向，也就是说，它们虽然并没有像某种社会制度下的伦理规范那样告诉人们什么是对什么是错（因而并非伦理规范），却可以就某种伦理规范是否具备合理的基础予以质疑和批判，即对伦理规范及其背后的价值观下判断，所以我们把以上所讨论的自由精神的生活实践原则（即“乘道德而浮游”）用“非规范性特征”来加以界定。以此“非规范性”为特征的生活实践原则旨在牵合物我和人我之间本质上的和谐关系，它是介于“道德”（自由精神）和生活实践（人间世）之间的一个环节。

应该说，“乘道德而浮游”命题具有两方面意义，一是人性自由，一是关注生活；实际上，《庄子》借助于该命题将这两面黏合在一起。据此，我们不能片面地根据《庄子》的某些言论，比如说艳称“无何有之乡”和“六合之外”，就断言《庄子》“遗物离人”，有厌世或出世的思想；同样，我们也不能把“入其俗，从其令”和“与世俗处”之类的话语孤立起来看，从而肯定《庄子》有“入世”或“媚世”的倾向。要之，《庄子》追求的是两方面的“和”，单纯的“入世”和单纯的“出世”只不过描摹了《庄子》的某一侧面而已，因此“入世说”未谛而“出世说”未达，它们都是片面之论。“乘道德而浮游”命题彻底回答了“出世”“入世”问题，这就是关于“游世”的思想；“游世”的特征是“超世”而不是“离世”，“即世”而不“入世”，这种“不即不离”的特质，不仅赋予“游世”以自由精神的超越性，也给它注入了生活实践的源头活水。此外，“乘物以游心”也强调了在生活实践中体现所谓道德的生活即本然生活的思想，这种既关注实际生活，同时又高扬内在精神的思想才是《庄子》伦理思想的真面目。

“乘道德而浮游”命题显示出一种内向发展的思想线索，即自由实践的内向性，具体地说，就是在个人生活范围内，在物我和人我的一般关系上，自由精神的实践表现为超脱和洒落的内心境界，对此，《庄子》极力高扬之：

> 藐姑射之山，有神人居焉，肌肤若冰雪，绰约若处子。不食五谷，吸风饮露。乘云气，御飞龙，而游乎四海之外。其神凝，使物不疵疠而年谷熟。……之人也，之德也，将旁礴万物以为一，世蕲乎乱，孰弊弊焉以天下为事！之人也，物莫之伤，大浸稽天而不溺，大旱金石流、土山焦而不热……（《逍遥游》）

“至人神矣！大泽焚而不能热，河汉冱而不能寒，疾雷破山、飘风振海而不能惊。若然者，乘云气，骑日月，而游乎四海之外。死生无变乎已，而况利害之端乎！”（《齐物论》）这当然是《庄子》用浓墨重彩描绘的理想世界，我们从《庄子》极尽华丽奔放的描绘中，可以窥见《庄子》的赤子之心和超逸襟怀。面对浩渺的宇宙，纷纭的人世，无情的历史，生死的命运，人是孱弱的，然而，他的自由精神却不可磨灭，尽管他终究迈不过死的门坎，虽然历史的“浪淘尽千古风流人物”，无论他是多么地孱弱和卑微。法国哲人帕斯卡尔（B. Passcal）说过，人是脆弱的，但精神却是不能磨灭的。这何尝不是《庄子》的同心之言？

我们知道，“自然”是《庄子》的看家本领；我们还知道，道家自然主义人性思想曾经对占主导地位的儒家伦理思想形成过强烈的冲击。实际上，自然人性思想一直就是既有社会秩序和体制化的伦理规范体系（如儒家伦理）潜在的“敌人”，因为自然人性思想里的实践原则——“率性”“任情”——不仅不能纳入任何伦理规范，而且还威胁着任何种类的伦理规范。据此，我们可以说，来源于自然人性思想的率任原则乃是非规范性的实践原则，它是自由精神的实践原则的一个组成部分。

《庄子》描绘理想世界的时候，以自然人性论者的笔触，以文化批判和道德诋毁者的口吻，写出了下面一段惊世骇俗的文字：

> 至德之世，不尚贤，不使能，上如标枝，民如野鹿。端正而不知以为义，相爱而不知以为仁，实而不知以为忠，当而不知以为信……是故行而无迹，事而无传。(《天地》)

这段话基于自然人性论的立场，粉碎了既往文明世界的若干基本构件，比如说“尚贤”和“使能”；更具震撼力的是，它把已经被确立为社会秩序和传统价值观念的“仁义忠信”贬得一钱不值。此外，它还暗示了在“仁义忠信”之外的道德理想世界，即仁义之外的“端正”和“相爱”，这也许是比“仁义忠信”更为本质的东西。这里所宣扬的观念和儒家所标榜的道德观念大相径庭：儒家重视仁义，而道家重视自然；儒家严于人和禽兽的分别，道家则向往“民如野鹿”的自然状态……我们从儒家和道家的分歧中可以更清楚地看出道家的自然人性思想支配下的人生态度和生活理想的特质，即非规范性的特质，下面是几个例子：

> 不知其所自来，不知其所从，行言自为而天下化。
>
> 毕见其情事而行其所为，行言自为而天下化。……德人者，居无

思，行无虑，不藏是非美恶。……财用有余而不知其所自来，饮食取足而不知其所从，此谓德人之容。

若性之自为，而民不知其所由然。

若夫人者，非其志不之，非其心不为。虽以天下誉之，得其所谓，謷然不顾；以天下非之，失其所谓，傥然不受。天下之非誉无益损焉，是谓全德之人哉！

可见《庄子》主张“不知”或“无思”的行动原则，该原则的实质就是“若性之自为”或“情莫若率”（《山木》），即放任自我的本性而行动的原则，这可以看作是自由精神的理想实践，以现实社会来衡量，未免太极端了。来自自然主义人性思想的实践原则是不为一切伦理规范所局限的，“率任”本身不是规范，也不能建构规范，它所描述的只是“泛若不系之舟”（《列御寇》）的自由实践状态。我们知道，自由精神植根于自然人性论，那么它必然而当然地表现着自然人性思想的实质内容，这里所说的“率性而行”的行动原则其实就是自由人性的实践原则。

（二）仁义礼法：自由实践的规范原则

以上，我们简要论述了《庄子》自由实践的非规范原则——主要是针对个人生活而言的原则，至于人与人之间，或者说个人和社会之间的伦理关系，则是非规范原则所不能解决的问题。换言之，自由精神的实践必然要体现在社会层面，因此自由实践原则不可能回避社会性的伦理规范。那么，试问《庄子》反对儒家伦理规范对自然人性的束缚，反对体制化了的生活秩序，是否就意味着它和一切伦理规范水火不容，把非规范和反伦理的倾向极端化，一条道走到黑呢？其实，《庄子》也并非一味地拒斥“仁义礼法”①，在某些时候，《庄子》有条件地承认“仁义礼法”的合理性，问题是，这些前提或条件究竟是什么呢？

张舜徽先生认为，周秦诸子之学的核心都是“主术”，庄子也是如此。②《庄子》说：“道之真以治身，其绪余以为国家。”（《让王》）治理国家不过是生命和生活本质的支流末节而已。司马谈《论六家要旨》以道

① 论者多所主张《庄子》的思想和儒家默契，甚至有人（童书业）说庄子本人也许就是儒门弟子。

② 参诸《周秦道论发微》。

（德）家统综儒、墨、名、法诸家，认为道家学术“采儒、墨之善，撮名、法之要”。司马谈所谓的道（德）家就是当时盛行一时的黄老道家。黄老学术的特点是把儒墨名法各家的思想兼容并蓄，融冶为一。其实，融会百家思想的努力在《庄子》外杂篇就显示出来了。我们知道，《庄子》批判儒墨，贬黜名法，同时又批判地吸取儒、墨、名、法各家的合理思想为自己所用，而《庄子》与百家交汇融合的地方往往就是那些关于“处世”（或“用世”）的问题，诸如此类的问题牵涉到自由实践在社会领域内的表现形式，更具体地说，牵涉到超越的自由精神和实际的伦理规范之间的关系。

笼统地说，古代的礼就是社会秩序和政治制度，包括伦理规范；至于“仁义”乃是镶嵌在社会秩序和政治制度（如礼法）中的道德观念和价值理性。实际上，制度和观念、伦理规范和价值理性之间的互动关系是普遍的，放之四海而皆准。因此，我们在考察《庄子》自由实践和社会规范的关系时，必须诉诸自由精神和社会制度的问题，或者说，“道德”和“礼法”的关系问题。老子在《道德经》38 章中阐述过的“德”“仁义”和“礼”的关系，在《庄子》里也有所发挥，其文曰：

> 是故古之明大道者，先明天而道德次之，道德已明而仁义次之，仁义已明而分守次之，分守已明而形名次之，形名已明而因任次之，因任已明而原省次之，原省已明而是非次之，是非已明而赏罚次之。赏罚已明而愚知处宜，贵贱履位，仁贤不肖袭情，必分其能，必由其名。以此事上，以此畜下，以此治物，以此修身，知谋不用，必归其天，此之谓大平，治之至也。（《天道》）

这段话的主题是讲“治道”，即“治物”“修身”以及“治大国若烹小鲜”的实践原则；在此，《庄子》扼要地提取了道家、儒家和法家的代表性主张，按自己拟设的价值序列排比如下：“刑名赏罚”（法家的主张）略逊“仁义尊卑”（儒家的主张）一筹，儒家之“仁义”又不及道家之“道德”，一言以蔽之，种种制度和规范——如“礼法度数，形名赏罚”——自有其局限性，“可用于天下，不足以用天下”。如果我们反其序次来推敲这段话，似乎可以这么说，《庄子》上述价值序列把百家（特别是儒家和法家）之说网罗在内，纳入以“道德之意”为核心的思想体系，并以此论证“仁义”和“礼法”都是出自于“道德”。①

某种伦理规范体系的形成乃是由于价值理性和社会制度之间的建构作用，因此它既有理念的成分，又有经验的成分；不过，某伦理规范确立之后，总是企图把自己的有限经验论证为无限理性，如此，所谓人道就俨然以亘古不变的天理自居，例如儒家标榜的仁义道德的本质是封建宗法制度的产物，即滋生在周礼基础上的伦理观念及规范，当然也是特定历史经验的社会实践的产物，然而，儒家却力图将“仁义”比拟天命（或后来所说的“天理”），以表明其必然且当然的价值合理性。事实上，任何伦理规范体系和道德说教都不是自足的，也不是绝对的，它们因时代、地域、历史和文化的不同而不同，也因时代、地域、历史和文化的变迁而变迁，伦理规范因其经验性而不能免于局限性。儒家从维护周礼的根本立场出发，通过类似“天不变道亦不变”的论式确证仁义的合理性，往往不能正视和适应社会变化导致的伦理危机；比较起来，道家和法家都显示出顺应时代潮流的灵活态度，强调“因时”和“因物”，反对以僵化的态度看待既有的伦理规范。《庄子》曾把儒家“仁义礼智”的说教比喻为“推舟于陆”（《天运》），事倍功半且不合时宜，因此，先王之法（“三皇五帝之礼义法度”）并非天道之真谛，它的合理性必须诉诸能否治国爱民的标尺来衡量。《庄子》说：“故礼义法度者，应时而变者也。”（《天运》）这样，《庄子》就通过时代的推移（“时变”）把“道德”的普遍原则即自由实践的原则和相对性的伦理规范，如仁义礼法联系起来，这也是吸取了儒家和法家思想的结果。《庄子》云：“性不可易，命不可变，时不可止，道不可壅。”（《天运》）这是说，性命（之情）是恒常不变的；在道的推动下，天地万物无时而不化，而万事万物的变化也体现了“道德性命”的流行，所以，庄子借孔子之口说道：“死生、存亡、穷达、贫富、贤与不肖、毁誉、饥渴、寒暑，是事之变、命之行也。”（《德充符》）《庄子》曾把生命的过程看成是“乘道德而浮游”的漂泊孤旅，“泛若不系之舟”，顺应或是偶然性或是必然性的宿命的推行（所谓“命之行”），“与物为春”同时逍遥物外，委蛇地

① 所谓“宇宙伦理模式”就是指这样一种把人间伦理奠基于天道自然的论式（argument），它是中国古代伦理思想的基本范式，儒家和道家都具有这样的理论特征。

实践着独立不改的自由精神。

老子说："修之身，其德乃真；修之家，其德乃余；修之乡，其德乃长；修之子国，其德乃丰；修之于天下，其德乃普。"（54 章）可见老子在追求抱道守真之外，并没有忘怀天下。《庄子》屡言"与世俗处"，"与世偕行"，表明了它直面人生、参与人世的实践勇气。既然如此，《庄子》又是怎样回应当时的伦理规范的呢？我们试作如下讨论。

（甲）道德为先，仁义次之：从上引《天道篇》可知，所谓"仁义"并非终极价值，而是次于作为终极价值的"道德"（或"性命之情"），这一论调显然和前此攘弃仁义的论调不同，透露出吸纳仁义的企图。实际上，《庄子》并没有彻底否弃仁义，而是把仁义纳入"道德"，等而下之，所以《庄子》的伦理思想不是那种虚无主义的伦理思想，而是战胜了虚无主义并把虚无主义抛诸在后的虚无伦理。以此，在不损害"道德"和自由精神的前提下，有条件地肯定了仁义，就是说，自由精神的实践并不绝对地排斥取善仁义礼法，这样一来，儒、墨、法诸家的社会伦理规范和礼法制度等就获得了某种合理性。

（乙）道德为本，仁义为末：上面，《庄子》把"道德"和"仁义"论证为价值序列上的先后关系，这里又进一步地论证为事理上的本末关系：

> 本在于上，末在于下；要在于主，详在于臣。三军五兵之运，德之末也；赏罚利害，五刑之辟，教之末也；礼法度数，形名比详，治之末也；钟鼓之音，羽旄之容，乐之末也；哭泣衰绖，隆杀之服，哀之末也。此五末者，须精神之运，心术之动，然后从之者也。（《天道》）

《庄子》以"本末"来取舍"道德"和"仁义"，显示出其价值判断的倾向性。我们可以看出，上述"五末"并非不足取，但它们只不过是些"枝叶"，而不是"根本"；此外，"五末"实际运用的必要前提则是"精神之运，心术之动"，归之于自由精神的驾驭。这就是自由实践的规范原则的具体体现。不仅如此，《庄子》还容忍并认可了封建宗法制度所规范的君臣、父子、夫妇的基本关系，即尊卑先后的关系（《天道》），这意味着《庄子》在某些条件下承认了儒家的伦理规范原则，当然这些条件就是自由精神的主导作用。

（丙）道德为上，仁义为下：刘笑敢先生说，《天道》篇有意排比了儒家、法家和道家的要旨，其先道、次儒、后法的序次颇有褒贬的意味。下面，我们把《庄子》叙述的道、儒、法三家的旨要概括如下：

道家：无为，真性

儒家：仁义，礼乐

法家：刑法，赏罚

我们知道，道家主张的“无为”和“真性”乃“道德”的实质，而儒家主张的“仁义、礼乐”和法家主张的“刑法、赏罚”都是“道德”的枝节和皮毛，也就是说，社会制度和伦理规范都不外是“道德”真理之下的东西，部分的东西。

实际上，自由实践的规范原则规定了自由精神在伦理规范体系内的核心地位和主导作用，一切经验的伦理规范之所以合理就是因为这些规范体现（而不是违背）自由实践的精神。这样，《庄子》的规范原则便具有一种高远的自由精神之视点，能够透彻地分辨伦理规范的合理性和局限性，《庄子》说：

> 以道观言而天下之君正，以道观分而君臣之义明，以道观能而天下之官治。（《天地》）

从“道”的观点（高远的自由精神视野）来看，物我齐、是非等、天人同……，本来就没有什么“是非”“彼此”的差别，一切的一切都是“自然”而已！也只有通过“以道观之”的方式，才能够真正把握“是非”“臧否”“彼此”的意义，判断社会规范和伦理观念的合理性和局限性。这就是说，自由实践着的精神才是伦理规范的价值源泉和真实基础。

《庄子》说：“古之至人，假道于仁，托宿于义，以游逍遥之虚。”（《天运》）“仁义”只不过是实践自由精神必不可免的中介而已，它本身并不具有绝对的价值意义，可见《庄子》肯定“仁义”，乃“醉翁之意不在酒”，目的是借仁义之助而达到自由逍遥的精神境界，仁义和赏罚一样，都是自由实践的规范原则，受制于更高的原则，所以《庄子》说：“仁义，先王之蘧庐也，只可一宿而不可久处。”（《天运》）这句话再明确不过地概括了《庄子》的自由实践的规范原则，同时，“仁义”和“礼法”经过批判性的反思被有条件地吸纳为自由实践的规范性原则。

# 第三章 黄老道家的伦理思想

从传世文献上看，战国中期以降，糅合儒墨名法思想而归宗老子的黄老之学颇有发展，迄至西汉初年，黄老之学蔚为潮流，一度成为反映统治者意志的主流意识形态。所谓“黄老”，顾名思义，是指“黄帝”和“老子”。自然地，黄老之学的主要内容包括：第一，反映在诸多“黄帝书”中的思想和法术；第二，《老子》道论，以及由此衍生的形名法术理论。根据《汉书·艺文志》的著录和流传至今的“黄帝书”来看，“黄帝书”的主体是方术（方技和数术）；而“黄老”之学是指道家“有生于无”的道论和“虚无为本”的人生哲学，以及由此派生出来的形名法术理论。①黄老思想和老子思想之间有着显而易见的亲缘关系，因此可以说，黄老道家乃道家之流裔。至于黄老道家的思想特点，司马谈的《论六家要旨》说得很清楚：

> 道家无为，又曰无不为，其实易行，其辞难知。其术以虚无为本，以因循为用。……有法无法，因时为业；有度无度，因以物合。故曰“圣人不朽，时变是守”。虚者道之常也，因者君之纲也。

司马谈所说的道家，其实就是指“黄老”道家。② 从司马谈的概括来看，黄老道家既追求内心的境界（虚无）又讲究现实的运用（因循），这样一来，黄老道家就克服了老庄思想里的偏颇，较为顺利地从内在心性领域拓展到社会政治领域，从而丰富和发展了道家的思想。具体地说，黄老道家特别注重“因循”（例如“因时”）。借助于“因”（如顺应和因时制宜），黄老道家把天道和人道联系起来，把社会政治制度（如名、法）奠

---

① 事实上，“黄老”之学中的“黄”对“黄老”之学中的“老”有很大的影响，例如：养生神仙之说就在黄老道家的心性论中若隐若现。然而，我们在研究黄老道家伦理学时可以将“黄老”之学中的“黄”及其影响存而不论，因为它不是思想史的对象。因此，我们这里所说的“黄老道家”是指“黄老学”的一个部分，其主要内容是“道论”（关于无形无名的“道”与无为无欲的“德”的哲理）和兼取名、法、阴阳诸家理论而后所形成的“形名法术”理论。

② 参考张舜徽《周秦道论发微》。

基在自然法（天地日月的运行）的基础上，把老子开创的哲学思想（如心性虚无）甚至流传民间的治身延年之术和治国方略统一起来。不过，黄老道家所说的“主术”或“君人南面之术”是以“心术”为核心的，所以《汉书》在评论道家（即黄老道家）时说：“知秉要执本，清虚以自守，卑弱以自持，此君人南面之术也。”其实我们在《老子》《庄子》里已略见“主术”的端倪，黄老道家抱着积极用世的态度，淋漓尽致地发挥了道家的政治—社会思想，丰富和充实了道家“内圣外王”（《庄子·天下》）的“外王”侧面。

## 第一节　先秦黄老道家的伦理思想

由于文献的缺略，我们现在能够根据可信文献来研究和描摹的先秦黄老道家不过两支：一是齐国的黄老道家，即稷下道家，《管子》四篇（《心术》上下、《内业》《白心》）是其代表作品；一是楚国的黄老道家，近年在马王堆出土的“黄老帛书”是其主要思想资料①。当然，这只不过是粗略地根据这些思想流派的产生和发生影响的地域而划分的，也是为了方便叙述而做的划分，实际上，他们之间的复杂关系还有待于澄清。下面，我们依次讨论之。

### 一、齐国黄老道家的伦理思想

我们知道，研究齐黄老伦理思想的典籍是《管子》四篇，既然如此，我们就不能离开《管子》来谈《管子》四篇。通常认为，《管子》一书是一部丛书，并非春秋时期的管仲所作：其中有些篇章记述了管仲的言行，有些篇章是托名管仲发挥己意，但大多数篇章乃是战国中期以来齐国法家和齐国黄老道家的作品。不言而喻，齐国黄老道家的思想中浸透着儒墨思想，尤其是齐法家的思想，据此，有的学者认为稷下道家的中心思想就是

---

①　马王堆出土的《老子》乙卷前的四种古逸书，一些学者认为它是《汉志》所载的《黄帝四经》（如唐兰先生《〈黄帝四经〉初探》，载《文物》1974 年第 10 期；又《马王堆出土〈老子〉乙本卷前古佚研究》，载《考古学报》1975 年第 1 期），由于我们还不能完全确定它是不是《黄帝四经》，不妨称之为“黄老帛书”。

“道法”①，然而，《管子》四篇与《管子》的其他篇章终究有所不同，这一点不容忽视。实际上，《管子》杂揉道法儒墨诸家思想，不能不辨。

首先我们来讨论《管子》思想的主要倾向。汉初的贾谊十分推许《管子》，他说：

> 夫立君臣，等上下，使父子有礼，六亲有纪，此非天之所为，(乃) 人之所设也。夫人之所设，不为不立，不植则僵，不修则坏。莞子（按即管子）曰：“礼义廉耻，是谓四维。四维不张，国乃灭亡。”(《汉书·贾谊传》)

从贾谊精当的概括中，我们可以知道：首先，“立君臣，等上下”的礼法纲纪（制度）是《管子》（齐法家）立论的中心；其次，“礼法纲纪”之制度属于“人道”（人之所设）的范畴，而不是“天道”（天之所设）的范畴，所以应当有所“修为” （就这一点而言，不同于道家的“无为”）；再次，作为管仲遗说的“礼义廉耻”之“四维”是典型的伦理原则，“礼义”是伦理规范，“廉耻”是道德情感。显然，《管子》思想和儒、墨两家的思想有不少共鸣之处。比如说，《管子》（齐法家）极为重视作为社会制度的礼义法度，并把礼义法度和道德纲纪、伦理规范联系在一起，如《五辅》所说：

> 德有六兴，义有七体，礼有八经，法有五务，权有三度。

以上，我们不难看出《管子》把道德纲纪、伦理规范的条目阐述得十分详明，例如“礼有七体”，《管子》解释说：

> 七体者何？曰：孝弟慈惠，以亲养戚；恭敬忠信，以事君上；中正比宜，以行礼节。

又如“礼有八经”，《管子》解释说：

> 八经者何？曰：上下有义，贵贱有分，长幼有等，贫富有度，凡此八者，礼之经也。

可见《管子》已详于制度②，换言之，《管子》已经注重道德观念的

① 陈鼓应：《道家文化研究》六。
② 《蒙文通学记》第15页。

制度化，在社会政治制度以至于日用纲常诸层面体现道德观念的建构作用，这一点不同于老庄。我们知道，老庄伦理思想的特点和缺点是奢谈内心境界，忽视伦理规范，以至于他们所倡导的伦理理念不能有效地切入社会制度，也很难和现实生活融为一体：这与《管子》津津乐道于道德规范的情况迥然不同。同样，《管子》四篇也具有“详于制度”的特点，《心术上》云：

> 君臣、父子，人间之事，谓之义。登降揖让，贵贱有等，亲疏之体，谓之礼。简物小未一道，杀僇禁诛谓之法。

据此，我们知道，齐国的黄老道家并不像《老》《庄》那样弃绝仁义礼法，也不像齐法家那样以“礼法”制度为核心，而是企图将“道德”和“礼义法度”联系起来，并把后者建立在前者的基础之上。齐黄老道家认为“法”出于“道”，因此“法”的根据在于“道”，《心术上》曰：

> 义者，谓各处其宜也。礼者，因人之情，缘义之理，而为之节文也。故礼者谓有理也。理也者，明分以谕义之意也。故礼出乎义，义出乎理，理因乎宜者也。法者，所以同出不得不然者也。故杀僇、禁诛以一之也。故事督乎法，法出乎权，权出乎道。

由此可见，齐黄老道家在取资法家思想的同时仍保留着自己的主张，因此他们也有别于法家。

例如，齐法家崇尚“任法”“去私”，以为“君臣、上下、贵贱皆从法，此之谓大治”。所以“尧之治也，善明法禁之令而已矣”，“黄帝之治也，置法而不变，使民安其法者也”。齐法家的中心思想是“法者，天下之至道也”，而“所谓仁义礼乐者，皆出于法”。依此，齐法家坚决反对“私”，认为它是“公”的反面，也就是“法”的反面。（以上引自《任法》）齐黄老道家也不免受到齐法家思想的濡染，重视“法”而反对“私”，《白心》云：

> 天下不为一物而枉其时，明君圣人也不为一物而枉其法。

《心术下》云：

> 是故圣人若天然，无私覆也；若地然，无私载也。私者，乱天下者也。

然而，齐法家的“任法”——也就是说运用刑罚奖赏（所谓的法治）来治国——也有其固有的局限性：严刑重罚虽然能够产生威慑作用，却并不能服人之心，因而还未能尽善。对于这一点，齐法家自己也很清楚，《牧民》曰：

> 刑罚不足以畏其意，杀戮不足以服其心，故刑罚繁而意不恐则令不行矣：杀戮众而心不服则上位危矣。

如果说出自齐法家之手的《牧民》仅仅反思了严刑峻法的政治局限性的话，齐国的黄老道家则在指出“赏不足以劝善，刑不足以惩过”（《内业》）的同时，还依据老子的天道观念予以彻底的批判，《心术下》说：“凡在有司执制者之利，非道也。”否定了严刑峻法的绝对合理性。这里，我们不妨比较一下齐法家和黄老道家各自的法哲学。齐法家致力于“法于法”，即以法为法（《任法》）的目标，认为法是社会生活的最高准则；黄老道家虽然不否认法的重要性，但是并不认为法是社会生活（即“人道”）的最高准则，在这个问题上，黄老继承了老子的辩证思维，把“法”的最高境界规定为“能法无法”，也就是说，以无法为法方为至法（《白心》）。可见，黄老道家在主张不废礼法的同时，还主张因循为用，超越礼法。黄老道家“法无法”的卓越思想，来自静因之道，同时也体现了道家“自然”“无为”的宗旨。下面，我们将详细分析它们之间的复杂关系。

首先，齐道家（黄老）的“无法之至法”指的是“静因之道”或“因之术”。那么，什么是“因”呢?《心术上》说：

> 其应非所设也，其动非所取也，此言因也。因也者，舍己而以物为法者也。感而后应，非所设也；缘理而动，非所取也。

既然“因”意味着“舍己而以物为法”，那么就必然在客观上“以物为法”，“因（物）性之自然”，而在主观上反诸内心，虚静不失。也就是说，一方面，“因”就是“无为之道”①，这也表明了“因”与内心虚静的关系；另一方面，“因也者，无益无损也”（同上），说明了“因”就是循着事物的本然（因物性之自然）的意思。以下，我们将分别讨论“静因之道”里的“静”和“因”两方面的含义。

---

① 《心术上》：“无为之道，因也。”

其一，“静因”中的“静”乃是齐国黄老道家“心性论”的主要概念，当然，这是《管子》四篇最核心的问题，也是讨论得最多以至于有些过多的问题。“虚静”是一个内在的问题，也就是说，是一个内心修养的问题。请看《内业》的一段论述：

夫道者，所以充形也，……卒乎乃在于心①，……心静气理，道乃可止。……彼道之情，恶音与声，修心静意，道乃可得。

在这里，齐黄老发挥了老子思想，在“道论”的基础上阐述心性问题。在齐黄老道家看来，“道”是“虚无无形”的②，然而，虚无无形的“道”却无所不在，当然它“与人也无间”（《心术上》），但是愚昧的人们却不能反求诸身，从隔膜于道的状态中解脱出来，“唯圣人得虚道”（同上），因此，“治心在中”就成了齐黄老道家孜孜以求的首要目标，因为——

得一之理③，治心在于中，治言出于口，治事加于人，然则天下治矣。（《内业》）

内固之一，可为长久。论而用之，可以为天下王。（《白心》）

执一之君子，执一而不失，能君万物。

心安，是国安也；心治，是国治也。治也者，心也。安也者，心也。治心在于中，治言出于口，治事加于民。

“（内心）正静不失，日新其德。昭知天下，通于四极。”（以上《心术下》）黄老思想的一个显著特点就是把治身和治国相提并论，认为“治国”是“治身”自然而当然的延长。上面几段话都阐述了“治心”在治国和治身双方面的重要性，可见“治心”乃是“内圣外王”之枢要。

与法家的主张不同，黄老道家一贯主张“人道”追随“天道”，“人道”以“天道”为依归④。然而，“天之道虚，地之道静。虚则不屈，静则不变”（《心术上》），可见“虚静”不仅是圣人之心境，也是天地之常道（自然法），或者说，圣人之虚无心境乃是天地虚静的映射。《管子》四

① 这句话的意思是：忽然如在己心之内。从马非百说。

② 《心术上》：“虚无无形之谓道。”

③ “一”就是“道”，下同。

④ 《白心》：“上之随天，其次随人。”

篇着重论述了作为“人道”的“虚静”，《心术上》还杂用“阴阳”观念来说明它和“主术”之间的关系：

人主立于阴。阴者静，故曰：动则失位。阴则能制阳矣，静则能制动矣，故曰：静乃自得。

因此，黄老道家倡言“以靖（静）为宗”，追求“虚静”的内心境界。所谓“治心”，就是要达到“内德”（或“中得”，即内心有所得）的境界，而“内德”（或“中得”）则意味着“无以物乱官，毋以官乱心”（《心术下》和《内业》）。具体地说，“治心”就是使内心达到虚静正平（类似《庄子》的“撄宁”）的境界，相反，“中（内心）不静，心不治”（《内业》）。

在齐道家看来，“虚静”意味着“无知无欲”，这就是说，要想达乎“虚静”的境界，必须无思无虑（知见）、无欲无求（欲望）。与齐法家“尚智”以至于极尽狡智不同，黄老道家认为知见和智谋有其局限性，因为“智不能尽谋”（《心术上》），所以“有道之君，其处也若无知，其应物也若偶之，静因之道也”（同上）。显然，所谓的“无知因物”就是用虚寂淡泊之心来待人接物，而“恬愉无为，去智与故”就是指内心的“虚素”，齐道家所说的“白心”（使心白）就是要使内心虚素的意思。不过，“无知”或“虚素”并不是“空空如也”，什么也不想，而是心念专注，如庄子所说“用志不分，乃凝于神”，也就是“专于意，一于心”的意思。“虚素”和“专心”当然包括了内心的“正、静、定、平”的状态，《内业》云：

天主正，地主平，人主安静。……能正能静，然后能定，定心在中，……可以为精舍①。

这里仍然是用人道法天道的方式来论证内心的“正静”，《管子》四篇中有许多关于“正静”（或“意气定”）的讨论，都是采用这种论证模式。扫除了内心的“知见”“私意”等对于虚素之心来说是“不洁”的东西之后，最高的、能够洞察宇宙和人生本质的大智慧便会不期而至，它就是虚

① 按：“精舍”就是“神明”的居所，详下。

无之心的深处油然而生的“神明”①。“神明”是反求诸心的正果，当然它也是心性修养的正果。这里所说的“神明”不是狭义的鬼神的含义，而是那种圣人（或人主）所具备的能知属性，因为在古人看来，鬼神（神明）比常人要聪明②，所以古人把鬼神的无所不知的能知属性用“神明”来表示③。在道家看来，“神明”较之理性，即以概念（名言）、推理（辩）和判断（是非）为特征的理性，更上层楼；较之依赖于上述理性元素而产生的思虑和工具理性（如技巧），更为本质。《内业》阐述了“思”和“神明”之间的关系，其云：

思之思之，又重思之，思之不通，鬼神将通之。

此处的“鬼神”意味着“神明”的慧见，因为“思”是无由达到“神明”的，所以“神明”超乎“思”④，此外它“莫知其极”而又“照知乎万物”（《内业》），显示出无所知而又无所不知的特性。以此，齐黄老道家和老子一样，似乎有一种“反智”的思想倾向，《心术上》云：

人皆欲智，而莫索其所以智乎！智乎智乎，投之海外无自夺，求之者不得处之者。

夫正人（应为圣人）无求之也，故能虚无。

这里，作为“所以智”的“神明”便具有了“无知”的表面特征，而我们知道，这种“无知”正是道家表述“无为”的惯用手法，所以上面那段话的末尾用“虚无”来做结，就理所当然了。另一方面，齐黄老道家还认为“内心之虚素”在于扫除欲望、节制情感，毋使泛滥。在齐黄老看来，泛滥欲望和放纵感性必然会导致不良后果，《心术上》说：

嗜欲充益（溢），目不见色，耳不闻声。故曰：上离其道，下离其事。

所以，《管子》四篇反复强调了“虚其欲”和“节其欲”，也就是说，必须克制过分的欲望，节制失衡的情感，为此，《管子》四篇取法儒家，

---

① 《管子》四篇也称之为“神”或“鬼神”。

② 参考《墨子》。

③ 这当然是反映了原始思维的残迹，即以部分（能知）代全体（神明本身）的思维方式。

④ 《内业》说它“莫之能思”。

提出了以“礼乐”节制喜乐哀怒的方法，《心术下》曰：

凡民之生也，必以正平；所以失之，必以喜乐哀怒。节怒莫若乐，节乐莫若礼，守礼莫若敬。外敬而内静者，必反其性。

《内业》所载，与此略同：

凡人之生也，必以平正。所以失之，必以喜怒忧患。是故止怒莫若诗，去忧莫若乐，节乐莫若礼，守礼莫若敬，守敬莫若静。内静外敬，能反其性，性将大定。

以上论述极其重要。首先，它阐述了“喜乐哀怒”会使虚静正平之心失衡；其次，它论述了应当用“礼乐”来节制欲望；最后它还谈到，谨守礼乐、虚静正平可以复反人的本性。这个“反其性”恐怕是齐黄老伦理思想的最终归宿。

《管子》四篇所说的“性”具有超“情感”的特质，而除了超情感的特质以外，还有超善恶的特点。《心术上》曰：

人迫（挟迫之意）于恶，则失其所好；怵（引诱之意）于好，则忘其所恶：非道也。故曰：不怵乎好，不迫乎恶。恶不失其理，欲不过其情。

《白心》则曰：

为善乎！毋提提（意即不要张扬）。为不善乎！将陷于刑。善、不善，取信而止矣。

人言善，亦勿听；人言恶，亦勿听。持而待之，空然勿两之。淑然自清，无以旁言为事成。……万物归之，美恶乃自见。（《白心》）

显然，上面两段话和庄子的思想类似。庄子所说的“上不敢为仁义之操，下不敢为淫僻之行”，以及“为善无近名，为恶无近刑”，都能在这里找到共鸣，而其中“空然勿两之”亦即《庄子》所说的“两行”或“决然无主，趣物而不两”的意思，也就是虚己而任物之自然的意思。可以说，齐国的黄老道家虽然颇采“形名法术”思想以立论，阐述自己关于社会和政治的理论观点，然而他的思想宗旨却归于道家（包括老庄）的基本理论。此外，《管子》四篇和老子一样，虽然主张不系于善恶，却仍然强调“善”的价值，例如《内业》：“善气迎人，亲如弟兄；恶气迎人，害于戎兵。”

值得注意的是，齐道家（黄老）的“（本）性”主要指的是“本心”，而《管子》四篇中令人费解的“心中之心”其实就是人的本性。关于这一点①，我们从《内业》中可以看得更清楚些：

> 凡心之刑（形），自充自盈，自生自成。其所以失之，必以忧、乐、喜、怒、欲、利。能去忧、乐、喜、怒、欲、利，心乃反济。

把“心乃反济”与上面讨论过的“必将反性”“能反其性，性将大定”相参较，就可以知道“性”的涵义等同于“心”，而“和以反中，形性相葆”（《白心》）又可以覆证之。这里的“心”也决非一般意义上的“心”，而是复归本然的“心中之心”即“本然之心”。这便是《管子》四篇所阐述的“心性论”。

在“心性”的问题上，我们不能忽略齐黄老道家与齐法家的差别。齐法家认为，“欲”与“利”是人的普遍本性，也可以说，趋利避害是人的本性。《禁藏》指出：

> 凡人之情，得所欲则乐，逢所恶则忧，此贵贱之所同也。近之不能勿欲，远之不能勿忘，人情皆然，而好恶不同，各行所欲而安危异也。

《侈靡》则说：“百姓无宝，以利为首。一上一下，唯利所处。利然后能通，通然后成国。”

这里的“凡人之情”就是指“人性”，“利”就是“得所欲”，而这些“欲利”都是根源于“道”，也就是说，有着先天合理的基础，如《枢言》所说：

> 爱之利之，益之安之，四者道之出。

可见，齐法家比较注重现实，能够直面人的利益和欲望。《管子》有一句名言：“仓廪实，则知礼节；衣食足，则知荣辱。”这是一个朴素而放之四海而皆准的命题。由此可见，齐法家把庶民的衣食温饱当作“礼义廉耻”的前提，只有前者的充分满足才谈得上道德和伦理，因此，治理国家

① 参考《蒙文通学记》。

的根本措施在于“顺民心”和“从民欲”，正如《牧民》所说：

政之所兴，在顺民心；政之所废，在逆民心。民恶忧劳，我佚乐之；民恶贫贱，我富贵之；民恶危坠，我存安之；民恶灭绝，我生育之。

实际上，齐法家的“顺民心”与黄老道家的“治心”大不相同。“治心”要求“节欲”“无知（思）”，追求一种“无利心”（《心术下》）；而齐法家却不否认人的“利（益）心”，要求“顺（民）心、从（民）欲”。齐法家的目的很明确，就是要“用民”，以求“天下治”；而齐道家的“治心”，却具有“内圣外王”的双重含义：一方面是要“无为而治”（外王），另一方面是要追求“虚素宁静”的内心境界。

其二，“静因”中的“因”涉及外物，即事物的客观方面。我们已经讨论了“静因之道”的主观方面（内心的虚静），下面我们接着讨论其客观的方面（因物）。实际上，黄老道家并没有将这两方面截然分离，《心术上》云：

君子之处也，若无知，言至虚也；其应物也，若偶之，言时适也。若影之象形，响之应声也。故物至则应，过则舍矣。舍矣者，言复所于虚也。

这说明，齐道家（黄老）所推许的“君子”就是那种能够“虚己以应物”的人，“因应”的反面是逆物自用，这是齐道家所反对的，因为“自用（自以为是）则不虚，不虚则仵于物矣”（《心术上》）。因此，只有“殊形异，不与万物异理”，才可以“为天下始（即为天下王）”。

具体地说，这种“因应”就是“因时”，也就是“随变断事”。所以，“因时”一方面是指“知时以为度”（《白心》），就是说，处事应物要合于时宜；另一方面是指“与时变而不化，因物而不移，日用之而不化”（《心术下》，另见《内业》），就是说，在随顺时世、外物的变化的同时，不丧失自己固有的本性，这正是庄子所说的“外化而内不化”。为什么要“因时”呢？因为万事万物都无一例外地在时间之流中穿行，可见所谓的“物”就是变化的迁流，所以要极变以应物①，如此“因物”便意味着

① 《心术下》：“极变者，所以应物也。”

"因时"。另外，天地间春夏秋冬的轮回流转乃是天道的作用，所谓"春秋冬夏，天之时也"（《内业》），既然如此，人的行动也应该以此为法则。此外，黄老学派还改造了老子的"天地不仁，以万物为刍狗；圣人不仁，以百姓为刍狗"的思想，认为"天行其所行，而万物被其利；圣人亦行其所行，而百姓被其利"（《白心》），这里"天行其所行"就是指"时变"，而"圣人亦行其所行"就是指"因时"。总之，"因"至少包括了应和天时与随缘人事两方面，《白心》有曰：

上之随天，其次随人。人不倡不和，天不始不随。

在道家包括黄老道家看来，和而不倡则事无不成，这就是"从事无事"，即以无事为事；"后天而奉天时"则所作所为无不宜，这就是《论六家要旨》所说的"圣人不朽，时反是守"。

如前所述，齐法家思想的核心在于"礼法伦常"，而"礼法伦常"属于"人之所设"的范畴，因此，齐法家合逻辑地追求"有为"，而不是像齐黄老那样追求"无为"。

以上，我们探讨了代表齐国黄老道家思想的《管子》四篇，特别是其中的"静因之道"。

黄老道家的"心性论"乃是它最核心的内容，也是黄老道家伦理思想的基本方面。所谓"道贵因"的命题集中反映了黄老道家的思想旨趣——"因"，黄老和老子思想之间的差别也由此可见一斑。众所周知，《管子》全书是以关注现实为风格的，《管子》四篇似乎沦于玄虚，不切实际；其实，《管子》四篇所讨论的是一些基本而又根本的问题，这掩盖了它的现实意义。以下，我们将试图揭示"静因之道"的伦理意义。先看一段《心术下》的阐述：

心安，是国安也；心治，是国治也。治也者，心也。治心在于中，治言出于口，治事加于民。故功作而民从，则百姓治矣。……执一之君子，执一而不失，能君万物。日月之与同光，天地之与同理。

显然，齐道家将能不能治理好国家、能不能驾驭万物及百姓，都归之于"治心"。《管子》四篇中还杂用了一些"形名"学说来论证"无为而治"的理想，《白心》曰：

是以圣人之治也，静身以待之。物至而名自治之。正名自治之，奇身名废。名正法备，则圣人无事。

总之，“治心”是有现实意义的，尽管《管子》四篇曾经夸大其意义，如《内业》所说：

凡人之生也，必以其欢。忧则失纪，怒则失端。忧悲喜怒，道乃无处。外欲静之，遇乱正之。勿引勿推，福将自归。

无论如何，我们可以宽容地把齐黄老道家（《管子》四篇）所阐述的“内圣外王”的理想图景视作一种“可能的世界”，而这种可能的理想世界还预设了一种幸福类型，这些都是取法于道家（老子）。“只有当你心中拥有一个世界，你才能真正面对这个世界”。的确，黄老道家从“治心”入手，通过神明的焕发和心性的虚无修养，旨在于人们的心中建构一个可能世界以对抗那个外面的世界。如此看来，黄老道家的伦理学就不仅仅是一种“君人南面术”，它还是人生苦海里的一叶轻舟，能够顺风顺水地渡人到彼岸，它还是超出这个永远充斥着“喧哗和骚动”的外部世界之外的一种“可能生活”。

另外，齐道家还杂用了一些“形名”的理论为自己张目，企图将“名、法、礼、义”的合理性建立在“天道”的基础上。如《心术上》就说：“物固有形，形固有名，名当谓之圣人。”依此，齐道家把外事外物看作是从无形的“道”产生出来的，这样“有形有名”的东西（事物）便有了它们存在的合理根据。因此，齐道家认为“姑形以形，以形务名，督言正名，故曰圣人”（同上），圣人是“因”物之名，以期治物（参《心术下》）。然而，齐道家所追求的最高境界却归于《老》《庄》的“无名”，所谓“无名”，具而言之，就是不著形迹，就是“法无法”（以无法为法），就是“弃名与功而还反无成”（《白心》），就是“美恶”自然分别，就是超乎“善与不善”，就是“教可存也，教可亡也”（同上）。总而言之，“无名”的世界是一个“无为而无不为”的世界。《白心》中的“反无名”，其实就是“反其性”“心乃反济”，也就是复反本性、本心的意思。这就是《管子》四篇中的形名学说，但它尚没有严整的系统，而在楚道家的黄老帛书中，形名学说发展得更充分些。

## 二、楚国黄老道家的伦理思想

考古发现往往给思想史的研究注入革命性的动力。马王堆汉墓出土的帛书就是这样的一个著例。在那些出土的帛书中，《老子》乙本卷前的四篇文章（即《经法》《十六经》《称》《道原》）更是令人瞩目。就这四篇文章的内容来看，它无疑就是一时之盛的“黄老之言”（如《史》《汉》所称的“黄老意”“黄老刑名之术”）：有的学者认为它就是“久已沉晦的《黄帝四经》”（如唐兰），有的学者即使不相信它就是《黄帝四经》，但也不否认它是黄老学派的作品（如裘锡圭），因此，我们把它称为“黄老帛书”。至于黄老帛书产生的地域，我们认为应当是楚、越，它是楚越黄老学派的作品。因为：（1）从文献本身来看，它与《国语·越语下》有不少相同或相近之处；（2）文献中有楚地方言的痕迹①，此其语言学之证据。这样，我们就可以将“黄老帛书”归之于楚越道家即楚越黄老派（或南方黄老派）。实际上，齐道家（稷下道家）与楚越道家“异中有同，同中有异”，有着密切的交流关系②。与齐道家即齐国的黄老学派相比，楚越的黄老派更注重“形名法术”思想结构，更具“主术”的特点。下面，我们就以楚越黄老学派的代表作“黄老帛书”为例来探讨楚越黄老学派的伦理学说。

黄老帛书的主要理论，可以按照黄老帛书本身固有的结构分为关于“天道”学说（宇宙论）和关于“人道”学说（政治经济、社会伦理学说）两大方面。具体地说，关于“天道”的学说就是以《老》《庄》的“道论”（“有生于无”）为基础，兼采阴阳五行学说和“形名”理论而形成的哲学系统；关于“人道”的学说就是以道家的“无为而无不为”思想为旨圭，融摄儒、墨、名、法诸家的政治主张和道德规范而形成的政治、道德学说。其伦理思想与上述两方面水乳交融，不分彼此。另外它也同样具有齐国黄老道家“详于制度”的特点。

### （一）黄老帛书的“（天）道论”

从黄老帛书的思想结构来看，它袭取了《老子》的“道论”作为自己立论的依据，《道原》篇集中地阐述了黄老帛书的宇宙观念，显示了和道家思想的一致性：

---

① 参见龙晦《马王堆帛书〈老子〉乙本卷前古佚书探源》，《考古学报》1975 年第2 期。

② 如稷下先生中的环渊原本就是楚人，而在稷下学宫“三为祭酒”“最为老师”的荀况却终老于楚。

恒先之初，迵（按：即通）同大（按：即太）虚。虚同为一，恒一而止。湿湿梦梦，未有明晦。……古（按：即故）无有刑（按：即形），大迵无名。

“恒先之初”的“太虚”不是别无所指，正是指“道”。“湿湿梦梦，未有明晦”乃是对“道体”的形容（描绘），犹《老子》的“恍惚”、《庄子》的“窈冥”。道家认为，“道”恍惚不可致诘，也就是说“道”是“无形、无名”的。然而，这个看不见摸不着的、“无形无名”的“道”既不可捉摸又无所不在：

天弗能复（按：即覆），地弗能载。小以成小，大以成大。盈四海之内，又包其外。

以上所说，与老子的“大道泛兮，其可左右”一脉相承，又与《管子·心术上》所说的“道在天地之间也，其大无外，其小无内，故曰不远而难及也”彼此相应，且与惠施的“至大无外，至小无内”（《庄子·天下篇》）可以参证。可见，黄老帛书其实是本于道家又兼取名家之说为已用，无怪乎“形名”学说弥漫其间了，我们随手就可以给出一个例子：

鸟得而蜚（飞），鱼得而流（游），兽得而走。万物得之以生，百事得之以成。人皆以（“以”即“用”的意思）之，莫知其名；人皆用之，莫知其刑（形）。

这简直就是“夫道者覆天载地，高不可际，深不可测，兽以之走，鸟以之飞，麟以之游，凤以之翔”（《淮南子·原道训》）的张本。这也是战国以来黄老学派的基本思想。“无形无名”的“道”却是“百姓日用而不知”的东西，它还是一切有形之物、有名之事的最终根源，老子所谓的“有生于无”就是“有形（有名）生于无形（无名）”的意思。这一观点为黄老学派所继承，《十六经》曰：“无刑（形）无名，先天地生”，说的正是“恒先之初”或“先天地生”的“道”，它是“无形无名”的。那么，“无形无名”的“道”如何派生出“有形有名”的事物？黄老帛书语焉不详，只是笼统地说：

虚无形，其冥冥，万物之所从生。……虚无有，秋毫成之，必有刑（形）名。（《经法·道法》）

但我们推敲黄老帛书，就不难发现它反复申论了“道”作为“恒常”的必然性，而且这种必然性可以通过有形有名的事物而把握，或者通过自然规律来把握：

天执一以明三：日信出信入，南北有极，【度之稽也。月信生信】死，进退有常，数之稽也。列星有数，而不失其行，信之稽也。（《经法·论》）

四时有度，天地之李（理）也；日月星晨（辰）有数，天地之纪也。三时成功，一时刑杀，天地之道也。四时时而定，不爽不代（忒），常有法式……（同上《论约》）

显然，黄老学派强调了“四时有度”“天地有纪”，这种有“度、数”可循，有“法式”可从的天地之“常”，也被称为“（天地之）理”。总之，理、法、度、数这些规律性的东西呈现在有形之物、有名之事（“天地”是其中的大者）之中，体现着它的本质属性。总之，有形有名的东西就叫作“物”，而“物”之中“恒常性”就叫作“理”（《经法·论》）。这样，通过“理法度数”这一中介环节，黄老学派论证了“有（形名）生于无（形名）”即“无（形名）主宰有（形名）”。在另一方面，“理”可以看作“道”的具体化（与韩非子的看法相互印证），“天地之道”也就是“人（事）之理”（《经法·四度》），这一点也贯彻了黄老道家“人道法天道”的基本思想。其实，黄老道家津津乐道于“天道”往往是关注“人道”的幌子或伏笔，实际上，黄老道家最关注的东西就是“人道”，只不过这“人道”必须通过“人道法天道”的论式，具体地说就是通过形名法术的话语论证其合理性。既然“天道”和“人道”是一致的（或者说应该是一致的），“天地之恒常”（理法度数）与“人事之伦常”就可以相提并论了。《经法·道法》指出：

天地有恒常，万民有恒事，贵贱有恒立（位），畜臣有恒道，使民有恒度。天地之恒常：四时、晦明、生杀、柔刚。万民之恒事：男农、女工。……

在黄老道家看来，天地既然有恒道，那么人间自然也就有“恒法”。这就是为什么《经法·道法》一开始就说“道生法。法者，引得失以绳，而明曲直者也”的缘故。这说明“道”是“法”的依据，而“法”也因此具有了某种必然性。当然，这都是针对有形有名的“人事”而言的，所以《道法》又说道：

> 是故天下有事，无不自为形名声号矣。形名已立，声号已建，则无所逃迹匿正矣。

以上，黄老帛书所言的“事”之“形名”，究其实就是“法度”“纲纪”“名分”之类的政治制度，其目的则是为了“正”（确立）“君臣上下”的关系。黄老学派所说的“三名”就是这样的一个例子：《经法·论》曰：“三名：一日正名，位而偃；二日倚（奇）名，法而乱；三日（无名），强主灭而无名。”“位而偃”指的是权位稳固，高枕无忧；“法而乱”指的是宪法废弛，国家昏乱；“强主灭而无名”指的是臣夺主位，国家灭亡。由此可见“名（实）”的重要性不容忽视，所以帛书反复申论了“察名”的重要性和必要性。并得出结论说：

> 名实相应则定，名实不相应则争。物自正也，名自命也，事自定也。三名察则尽知情伪而不惑矣。(《论》)

“名”的进一步具体化就是“法（度）”，“察名”乃是“法立而弗敢废”的前提。《经法·君正》指出：

> 法度者，正（政）之至也。而能以法度治者，不可乱也。精公无私而赏罚信，所以治也。

由此可见，黄老学派的“名法”理论实际上是融合“道、法”的结果，从而与《管子》所说的“正名自治，奇名自废”相通。法家的说法是：

> 道者，万物之始，是非之纪也。是以明君守始以知万物之源，治纪以知善败之端，故虚静以待令。令名自命也，令事自定也。虚则知实之情，静则知动者正。有言者自为名，有事者自为形。形名参同，君乃无事焉……（《韩非子·主道》）

韩非的见解，可以在“黄老帛书”及《管子》中找到根源，黄老道家“审察三名”就可以达到“物自正也，名自命也，事自定也”的治道，这就是所谓的“分之以分而万民不争；授之以名而万物自定”。它也是黄老道家所认为的“无为而治”，也就是韩非所言的“形名参同，君乃无事焉”。可见，黄老所谓的“无为”，不外乎察形名、立法度、别上下……”，严于规范而已。有的学者认为，这种对制度的强调就是黄老思想的专制与反理性的本质。[①]“黄老帛书”中反映出来的思想有着《汉书》所称“君人南面之术”的明显特征，它以天下国家为怀，不同于老子和庄子“以天下国家为道德之绪余”的思想倾向。在“黄老帛书”里，我们常能看到这样的告诫：如果逆道理而动，其后果不堪设想，《经法》的《四度》《亡论》《论约》《名理》诸篇论证了“审知顺逆”的问题：

故执道者之观于天下也，必审观事之所始起，审其形名。形名已定，逆顺有位，死生有分，……（《论约》）

对于“逆”理法数度而动的人或事，结果只能是身败名裂、丧家亡国，“黄老帛书”用一种几近恐吓的描述来论说其恶果。这充分表明，黄老思想的归宿是“主术”（即君人南面术），这使我们“触景生情”地想起尼采关于道德的两种类型：“奴隶道德”和“主人道德”。简单地讲，“主人道德”是统治者的道德而“奴隶道德”是被统治者的道德，仅仅在这个意义上，黄老学派的道德观念可以说是尼采所说的“主人道德”。更进一步说，黄老学派的“道德”其实就是“圣人的道德”，因为：

（道、理）显明弗能为名，广大弗能为刑（形）……。唯圣人能察无刑（形），能听无声。……知人之所不能知，服人之所不能得，是胃（谓）察稽知极。圣王用此，天下服。无好无亚（恶），上用□□而民不麋（迷）惑，上虚下静而道得其正。信能无欲，可为民命。上信无事，则万物周扁（遍）。分之以分而万民不争；授之以名而万物自定。夫为一而不化，得道之本；握少以知多，得事之要。操正以政（正）畸（奇）。……抱道执度，天下可一也。（《道原》）

只有“圣人（王）”才能“察稽知极”“执道循理”，对“道”“理”有所领会，对“法术”运用自如。黄老道家的宗旨可以归结为一句话：“抱道执度，天下可一也。”

---

① 余英时：《历史与思想》，1976年，台北。

以上，我们以《道原》为纲，以《经法》等篇为目，[①] 阐论了黄老道家以“道论”为核心的理论构造。下面我们将具体讨论“黄老帛书”的伦理思想。

### （二）“黄老帛书”的“人道论”：伦理准则

任何一种伦理学说都无一例外地以自由的行动为最终目标。而“自由行动”的目标，可以解析为两个方面的问题，或者说可以将“行”分成内、外两个方面（例如“知行”问题）：内在的方面，就是关于个人的内心修养问题：外在的方面，就是关于人的社会行为之“合理性”（或合法性），即如何有效地行动的问题。下面，我们将就内在和外在两个方面，探讨黄老道家以“道论”为理论基础的伦理准则。[②]

先看内在方面。在黄老道家看来，无论是“治身”还是“治世”，人的生理欲望（“欲”）是一个不能不考虑、不能不解决的问题。《经法·道法》说“生有害，曰欲，曰不知足”，似乎黄老学派的见解和老子的“无欲”相去不远。其实黄老学派关于“欲”的见解与老子的“无欲”不尽相同，黄老学派并不断然否定人的欲望，《称》云：

> 提正名以伐，得所欲而止。

这表明：一方面黄老学派对人的欲望有所肯定，主张使人们的欲望得以满足；另一方面，人们欲望的满足应在“名”（法度纲纪）的框架下实现。承认常人的合理欲望，就意味着“顺民心”（《经法·君正》），就像齐法家所主张的那样。而只有“顺民心”或“合于民心”，才能使“民无邪心”，从《君正》看来，黄老道家深明因人之情的道理，而这样的主张也比较能够“入世”，以此治理国家才不至于脱离实际。关于“争”“不争”的问题其实也和如何看待“人的欲望”有关。《十六经》曾反复申论：“作争者凶，（然而）不争亦无以成功。”

值得注意的是，黄老帛书在谈到“争于不争”时，正是以讨论能不能抒发欲望为话头的（参《五正》）。但是，黄老学派反对欲望的泛滥，反对纵欲，因为声色犬马之类放纵的欲望会使内心迷惑（参《经法·六分》），

---

① 这也是黄老帛书自身的理论构造，因为从理论上讲，黄老帛书以《道原》为经，《经法》为纬。

② 实际上，这里所说的“内”“外”也是从黄老帛书中概括出来的，参《称》。

还会使法纪遭到破坏——如《称》所言："驰欲伤法"，所以黄老学派竭力反对"放纵心欲"，把"放纵心欲"说成是遭祸患的"三凶"之一（参《亡论》），还把它说成是夺性命的"三死"之一（参《称》）。总之，"心欲是行，身危有殃"（《经法·国次》）。然而这只是问题的一个方面，在另一方面，黄老学派的核心思想是别君臣、立上下、分贵贱，倡言"君无事而臣有事""主逸而臣劳""上无为而下有为"，似乎还可以补充一句："圣人或圣王""无欲"而庸民"有欲"。进而言之，《经法·道法》曰：

故执道者之观于天下也，无执也，无为也，无处也，无私也。

《称》曰：

圣人不为始，不专己，不豫谋，不为得，不辞福，因天之则。

这里所谓的"观于天下"的"执道者"其实就是"圣人（王）"，而"圣人"的德行就是"无为"。这里的"无为"可以解释为：（1）"无私欲"，黄老帛书认为，唯"无私"然后能"公"，"去私而立公"（《经法·四度》）乃是与"礼序名法"互为表里，"精公无私"保证法度（制度）的有效实施（《君正》），《道原》篇所称的"无好无恶""信能无欲"也就成了对"人主"的要求；（2）"无为"还包含"静"的意思，但这个"静"并不能完全等同于老庄内心的"恬淡虚静"，黄老学派所说的"静"有"虚极静笃"的意思，如《论》所说："静则平，平则宁，宁则素，素则精，精则神"，但它主要是指"君臣当位"以后"圣王"的"无事"之"静"（《四度》）；（3）"无为"的中心意义，还是《十六经》中所说的："形恒自定，是我愈静；事恒自施，是我无为。"显然，"无为"系指名法制度有效运行之后的"君主"之"无事"，黄老学派的"无为"是以严整的制度为基础的。

黄老学派还把儒家的"仁义"、墨家的"兼爱"纳入自己的思想系统中来。《十六经·顺理》曰："体正信以仁，慈惠以爱人，端正勇，弗敢以先人"，这表明了黄老对儒家思想的吸收；《经法·君正》曰："兼爱无私，则民亲上"，这又体现出墨家对黄老思想的影响。然而，对黄老学派具有支配意义的影响还是道、法两家。如上所述，法家的"精公无私"其实是实施"法度"必要的、内在的条件，而老子的"柔弱守雌"也成为黄老帛书时常论及的一个主题。①

《淮南子》和《文子》也提到“雌节”（参两书的《道原》），但最早提及“雌节”的应是黄老帛书，《雌雄节》曰：

宪傲骄倨，是谓雄节；口口恭俭，是谓雌节。

这是说骄傲自满、盛气凌人便是“雄节”；而恭顺节俭便是“雌节”。《汉书·艺文志》在论述道家（其实就是黄老）之学时说：“（道家）卑弱以自持”，显然，“雌雄节”正反映了这种“卑弱”。帛书用它那种固有的诱导加恐吓的语气论说了“雌节”如何如何好，“雄节”如何如何不好，并以此来作为遵从“君子卑身以从道”和“柔身以待之时”（《十六经·前道》）准则的理由。

次说外在方面。我们知道，在先秦思想史里，关于“人的欲望”的话题必然要涉及“义利”问题，这很容易理解，因为“欲（望）”的对象是“利（益）”。且看《前道》所述：

圣人举事也，阖于天地，顺于民，祥于鬼神，使民同利，万夫赖之，所谓义也。

“利”首先是“顺于民心（欲）”的事，而使人们都获得利益，就是“义”了。黄老帛书激烈地反对“反义逆时”的行为（参《十六经》之《五正》《正乱》）。

“因时”也是一种黄老学派关于行为的准则。《道法·四度》曰：“动静不时之谓逆”，那么相反，动静以时便是“顺”。黄老学派把对“天道”“天理”的顺逆（遵从或违反）问题转化成了“因时”（或当天时）与“不时（或失时、逆天时）”的问题，因为“日月星辰之期，四时之度”乃是“天（道、理）”的时间性规律②。所以黄老帛书尤其强调要“顺四时之度”，《称》举了这样一个例子：

毋先天成，毋非时而荣。先天成则毁，非时而荣则不果。

既然如此，就应该遵从“顺四时之度”的准则，“时若可行，亟应勿言；时若未可，涂其门（关闭其门的意思），毋见其端”，这可以叫作“当

① 在《十六经》的《行》《顺道》《雌雄节》有所论述。

② 《道法·论》：日月有“期信”，而“信者，天之期也”。

天时，与之皆断”而“当断不断，反受其乱”（《十六经·观》）。

司马谈《论六家要旨》中所引用的“圣人不朽，时反是守”正出自黄老帛书（《十六经·观》）。黄老道家以为，“天道环周”，既然天道运行循环往复，那么“因天时”就意味着“时反以为几”①。因此，对圣人来说，“顺天”就是“因时”，故“圣人之功，时为之庸，因时秉□□必有成功”（《十六经·兵容》）。

黄老道家把“刑德”也纳入到了“四时”之序中②。《十六经·观》曰：

> ……而正之以刑与德。春夏为德，秋冬为刑。先德后刑以养生。……夫并时以养民功，先德后刑顺于天。

所谓“刑德”，可以视作作为“主术”的政治法律制度（刑）和道德伦理原则（德）。正如我们所看到的，黄老道家依着“四时之序”论证了“先德后刑”③，既吸纳了西周以来的政治理念的合理成分，同时也拓展了道家思想的范围和领域，较为系统地建构了道家关于社会政治制度的理论和操作模式。我们知道，道家的前驱老子和道家的钜子庄周追求自由精神的逍遥和自然人性的解放，擅长批判社会和论证个人的自由，但却拙于处置社会和个人之间的张力，或多或少地忽略了社会政治层面的各种问题，这不能不说是老庄思想的缺陷；黄老思想在继承并发挥老子思想的基础上，兼容并包，“江海不择细流”，吸取各家各派的有益思想为我所用，建构起以“心术”为基础的“主术”哲学，充分拓展了人的社会向度，这一点对于道家思想来说是至关重要的。

## 第二节　汉代《淮南子》的伦理思想

汉初，鉴于酷秦顷刻覆亡的历史教训和民生凋敝的严峻现实，汉代统治者推行了“与民休息”“无为而治”的合理政策，历史上有名的“文景

---

① 参见《十六经·姓争》，关于“反”还可以参见《经法·道法》。

② 《管子》也如此，参《四时》。

③ 另外《十六经·姓争》又说：“刑德相养，逆顺若成”，在“先德后刑”之外又加上了“刑德相养”这一条。

之治”就是这种政策的产物；当时的思想风气，正如司马迁所说“窦太后好黄帝、老子言”，文帝、景帝及诸窦“不得不读《黄帝》《老子》，尊其术”①，由于上行下效，所以道家黄老之学得到了空前绝后的发展。《淮南子》就是在这种“文景之治”的政治背景和“尊黄老”的思想氛围中被炮制出来的，它是西汉景、武时期淮南王刘安招致“宾客方术之士数千人”集体编撰而成的、集黄老思想之大成的著作。实际上，《淮南子》既是先秦以来黄老思想的一个总结，也是黄老思想由盛转衰的分界。

《汉书·艺文志》把《淮南子》列在“杂家”，自有它的道理，大概是由于《淮南子》对各家各派的思想采取了“取其精华，去其糟粕”，“非循一迹之路，守一隅之指”，即所谓“弃其畛挈，斟其淑静”的开放态度的缘故。②《要略篇》纵论了孔子、墨子、管子、晏子，纵横修短之术、申子形名之书和商鞅之法，评判其得失，并指出：百家的思想主张只不过是片面的真理，因为它们是“道”的一个侧面而非全部，正如《齐俗训》所说：“百家之言，指奏相反，其合道一体也。”然而，值得注意的是，《淮南子》唯独对道家思想或人物没有评述，为什么？侯外庐先生的解释是：《要略》“所以未述阴阳家和道家，是因为它们的道术可以‘接径直施，以推本朴，而兆见得失之变，利病之反，（中略）而与化推移者也’。刘安在主观上用阴阳五行说合配于道家，以总统百家自居”③。这就是说，《淮南子》的主导思想是汉初风行一时的道家（即黄老）思想。东汉高诱注《淮南子》，他在《注叙》里把《淮南子》思想内容概括为“旨近老子”，“其大较归之于道”。这种概括也符合《淮南子》的自我评价，因为《要略》就说：“夫作为书论者，所以纪纲道德，经纬人事”，并说“故著书二十篇，则天地之理究矣，人间之事接矣，帝王之道备矣”。据此，《淮南子》的主导思想是黄老思想，它是前此黄老思想的总结。

## 一、《淮南子》的人性论

对中国古代思想家来说，他们关于道德观念（内在的价值体系）、伦理规范（外在制度体系）的思想基于并集中体现在他们对“人性”的基本

---

① 《史记·外戚世家》。

② 《淮南子·要略》，以下引《淮南子》只注篇名。

③ 侯外庐主编：《中国思想通史》第2卷第2章第3节。

理解上。也就是说，人性问题是中国古代伦理思想的基本论式，也是古代思想家的“思想本能”（怀特海语）。《淮南子》也是如此。下面我们就先来通过考察《淮南子》的思想来分析其伦理思想。

自先秦以来，“天人合一”的思想不绝如缕：庄子发为“天地与我并生，万物与我为一”；《管子》认为“道在天地之间”，落实在人心之内；孟子则说“万物皆备于我”；《吕氏春秋》的看法是，“道在一身之内”。《淮南子》继承了这种“天人合一”的思想并把它当作自己的论理模式，将其发展成为明确的、带有汉代“天人感应”色彩的理论；可以说，《淮南子》将黄老以“天道”推演“人事”的思想发展成从一己之内追寻天道（即由人而天）的思想。这一点，在它的人性论方面有着充分的体现。

一般认为，《淮南子》和《吕氏春秋》有某种思想上的相关性。关于人性的看法，《淮南子》和《吕氏春秋》一样，认为“性者，所受于天也”（《缪称训》），这里的“性”虽然是人的自然性，但也包括了人的“精神性”的含义，如《精神训》所说：

夫精神者，所受于天也；而形体者，所禀于地也。

可见，《淮南子》所谓“性”不仅仅是指人的自然属性，也指人的精神属性。既然人的本性“受之于天”，那么，人与生俱来的形体就应该是来自于天的东西，用《淮南子》的话来说，就是“孔窍肢体，皆通于天”（《天文训》）；推而广之，就是：

天地宇宙，一人之身也；六合之内，一人之治也。……故圣人者，由近知远而万殊为一，古之人同气于天地，与一世而优游。（《本经训》）

《淮南子》谈到“性”的时候，往往连带着“命”，比如说《缪称训》：

性者，所受于天也；命者，所遭于时也。

也许是深受《庄子》的影响，《淮南子》将“性”“命”对举，曲折地反映出这样的思想：“性”是人所不能、也无力摆脱的先天规定性，就好像那种无常的、不可捉摸的“命”一样。《缪称训》更加明确地说：

人无能作也，有能为也。有能为也，而无能成也。人之为，天成之。终身为善，非天不行；终身不为善，非天不亡。故善否，我也；祸福，非我也。故君子顺其在己者而已矣。

在这段论述里，有显而易见的老子“祸兮福所倚，福兮祸所伏”的印迹，也有庄子“一是非，等善恶”的余味。实际上，这种思想是《淮南子》的主导思想，《齐俗训》里也有这样的论调：

天下是非无所定，世各是其所是而非其所非。所谓是与非各异，皆自是而非人。

夫一是非，宇宙也。今吾欲择是而居之，择非而去之，不知世之所谓是非者，不知孰是孰非。

我们知道，庄子曾经彻底地解构过世俗观念里面的“是非标准”，《淮南子》上述之论简直就是庄子思想的翻版。我们还知道，庄子曾沿着泯除是非的思路得出“齐生死”的推论，进而彻底地瓦解了常识上的幸福观念，强烈地提示出一种新的关于幸福的观念，即无知无情然而与道为一的所谓“真正”幸福——“至乐无乐”。依托于这样的思想资源，《淮南子》取资于《庄子》，得出了类似的结论，请看它的论述：

夫大块载我以形，劳我以生，逸我以老，休我以死。善我生者，乃所以善我死也。(《俶真训》)

这里，《淮南子》首先称引了庄子，主张一种有别于常识观念的生死见解，该见解具有超越生死的理论深度和精神高度，如《精神训》所说：

以死生为一化，以万物为一方。……觉而若昧，以生而若死，终则反本。未生之时，而与化为一体，死之与生一体也。

由此可见，《淮南子》性命受制于天的宿命论，与这样一种生死观念密切相关。表面上看，《淮南子》因了悟“死生同化”的道理而导致了不滞生死的达观态度，但是，这种达观也掩不住其无可奈何的宿命感和灰黯的悲观心理。

显然，《淮南子》的人性论思想以老庄以来的道家（包括黄老道家）人性论思想为基础，糅合了儒家和法家的思想，形成了一种与老庄思想既有联系又有区别的人性论思想。换言之，《淮南子》发展了道家固有的人性思想，同时又不囿于门户之见排斥儒墨名法的思想，而是吸收了包括儒家在内的各家思想，表现出强烈的调和、折衷儒、道的思想倾向，比如：

> 率性而行谓之道，得其天性谓之德。性失然后贵仁，道失然后贵义。(《齐俗训》)
>
> 人生而静，天之性也；感而后动，性之害也。物至而神应，知之动也；知与物接，而好憎生焉。好憎成形而知诱于外，不能反己而天理灭矣。(《原道训》)

上引第一段，《齐俗训》把出自儒家经典《中庸》的话语予以道家化的改造，加入了体现老子精神的思想内容；第二段则以道家原则点化《礼记》，论述了《淮南子》关于人性的思想。静而无为本来就是人的“天性”，也就是说，人的天性心寂，感觉不起；但是，宇宙万物的运行，社会人事的纷扰，必然会牵动人的感觉和心思，使其“天性”不复本来的寂静无为；“天性”由于感动而跃出本来寂寥的状态，好似止水不波的古潭被一石激起千层浪，于是静而无为的人性就充斥着躁动和不安，在道家(包括黄老道家）看来，这当然是有害的，因为本来静而无为的天性由于感动的缘故，产生出是非和善恶的分别，而这些东西将会掩盖虚静本性，甚至能将虚静的天性丧失殆尽，所以《淮南子》才说“不能反己，天理灭矣”。在道家看来，所谓“反己”意味着“复性”或“复命”；《淮南子》把“反己”和“复性”解释成“心反其初”：“神明定于天下而心反其初，心反其初而民性善。”（《本经训》）这种思想和道家，特别是以《管子》四篇为代表的黄老道家思想，有着显而易见的密切关系。既然“心反其初而民性善”意味着本性不失，那么就可以说，“善”就是人的本性，或者说，人性绝对性善。这样一来，《淮南子》就可以水到渠成地把孟子的“善端”观念导入它的人性论，它说：

> 人之性有仁义之资，非圣人为之法度而教导之。(《泰族训》)
>
> 凡人之性，莫贵于仁，莫急于智。(《主术训》)

如此，“仁”“义”和“智”都成了人性中固有的东西，换言之，都是人性善的具体表现。既然如此，《淮南子》就不像老庄那样以偏激的态度非毁仁义，相反却主张要以“仁义为本”（《泰族训》)；另一方面，《淮南子》也不像老庄那样“绝圣弃智”，对既有的经验知识不屑一顾，相反却主张大力推行“教化”，重视伦理教育和道德修养，以规范社会秩序，完善人的道德品格，但是，“教育”和“教化”必须立足于人的本性，或以“因民之性”为前提，《泰族训》说：

> 故先王之教也，因其所喜以劝善，因其所恶以禁奸，故刑罚不用而威行如流，政令约省而化耀如神。故因其性则天下听从，拂其性则法悬而不用。

这就是说，先王之所以能够垂手而天下治，法宝就是“因其性”“导其利”。这里面渗透着道家的自然（而然）观念，因民之性其实也就是取法自然，根据人的天性所趋而树立伦理规范，也就是说，利用人性本来具有的喜好厌恶之情来“劝善”和“禁奸”，这样就可以接近无为而治的理想：“刑罚不用而威行如流，政令约省而化耀如神”，事少功多，天下从之者如流，自然而已。可见，治身须要把握自性，治国则须要把握民性。在黄老道家的政治社会理论里，能否把握民性，至关重要：

> 圣人之治天下，非易民性也。……故先王之制法也，因民之所好而为之节文者也，因其好色而制婚姻之礼，故男女有别；因其喜音而正雅颂之声，故风俗不流；因其宁家室、乐妻子，教之以顺，故父子有亲；因其喜朋友而教之悌，故长幼有序。(同上)

至于上面反复提到的“因其所好”云云，在我们看来，说的正是“因其欲”。那么，我们在此提出一个庄子曾经提出过的问题：“欲”（欲望）属于“性”之内的东西吗？“欲”与“性”两者的关系究竟如何呢？事实上，《淮南子》对上述问题语焉不详。不过，我们可以从诸如“嗜欲者，性之累也”（《原道训》）之类的论断中见出它的思想倾向性，即过分的或过度的欲望有损于静而无为的天性，所谓“纵欲而失性，动未尝正也”（《齐俗训》），因为泛滥的欲望必然成灾，甚至会使人的天性丧失。另一方面，《淮南子》反对的也只是泛滥而没有节制的欲望，却不反对人的正常的欲望，甚至抱着肯定的态度看待人的正常欲求，这一点，在关于“利”的讨论中可见一斑①。大致地说，《淮南子》在“性”的前提下讨论“欲”，反对“纵欲失性”，主张“节欲之本在于反性”，这里所说的“节欲”并不是“绝欲”，而是既满足了人的自然要求同时又不至于使之泛滥

① 《泛论训》：“治国有常而利民为本”，所谓“利民”乃是“因民之欲”的一个方面。

的“适欲”。和老子、庄子相比而言，《淮南子》关于人性的说法较为松散和宽泛，包含的内容也较复杂，既有“静而无为”的意味，也有“仁义”的意味，还有“欲”和“利”的意味，然而，这并不是说《淮南子》的人性论只是一个各种观念的并列杂陈而已，而是自有其内在的逻辑。实际上，人性中的天性，即“静而无为”居于中心的地位，支配着其他方面的内容，也就是说，虚静之性比起仁义和欲利来具有优先性。“性”和“欲”的关系已如上述，至于“仁义”和“利欲”的关系，《人间训》说得很明白：“仁者不以欲伤生，知者不以利害义。”

总而言之，《淮南子》的人性论已与老庄的人性论颇不相同，但其中仍有某种内在的关联。《淮南子》调和、折衷儒、道思想的企图是很明显的，所以它的思想也不免有些“杂”。具体在人性论方面，《淮南子》和它的先驱老庄之间的最大的不同在于：《淮南子》所谓“性”虽有“静而无为”的本质规定性，但已不再是那种“精而又精”的“纯素”了，里面包含着作为“善端”的“仁义”，因此它非但不反对“仁义”反而提倡“仁义”；另外，《淮南子》所谓“性”也不是老子所说的“无欲”，所以它不否认人的欲望和切身利益，这也是黄老道家的一贯思想。可见，《淮南子》里面的黄老道家思想一方面融合了儒家的思想，另一方面也偏离了老庄思想的轨道。

## 二、《淮南子》的伦理价值观

我们知道，老庄奢谈自由逍遥的道德理想，遁入内心以求心灵境界的超越，在他们看来，自然人性的充分无碍的伸展和淋漓尽致的发挥具有至高无上的价值意义，为此，家庭、社会、政府（即家、国、天下）伦理和理性，所有的一切，都要为它让开道路。总的来说，老庄的伦理思想更关注于个人而不是社会，老子的“小国寡民”和庄子的“至德之世”其实都是虚构的理想社会，不过是折射着个人映象的社会片面而已。相反，黄老道家却在关注个人的同时也不忽视社会，或许更重视社会中的个人，这样黄老道家就不像老庄那样有规避社会的嫌疑，而是积极地投入社会实践，正视作为社会秩序基本架构的伦理规范。当然，黄老道家也自老庄那里汲取了道德理想国的思想，以“道德理想国”作为现实社会的参照目标，从而使黄老的社会理论更具深度。请看《淮南子》是怎样从自然宇宙的视野上论述人性、社会和本源生活的：

> 古之人有处混冥之中，神气不荡于外，万物恬漠以愉静，……当此之时，万民猖狂，不知东西，含哺而游，鼓腹而熙，交被天和，食于地德，不以曲故是非相尤，茫茫沈沈，是谓大治。……是故仁义不布而万物蕃殖，赏罚不施而天下宾服。(《俶真训》)

> 古之人同气于天地，与一世而优游。当此之时，无庆贺之利，刑罚之威，礼义廉耻不设，毁誉仁鄙不立，而万民莫相侵欺暴虐，犹在于混冥之中。(《本经训》)

这里提到的“古之人”其实就是《淮南子》心目中的理想人格，是道家回溯性历史观（或者说退化历史观）的产物；道家认为，在远古的黄金时代里，人们过着一种未分化的本源的生活，而这种本源生活在文明化的社会里面已经不复存在。这里所说的“混冥”，既指宇宙初创的本原状态，也意味着原始社会的质朴性，同时还意味着古之人的无为心理。当然，这里提出的理想人格和理想社会乃是道家（包括黄老道家）理论的幻象，或者假设，即：人类社会曾有过一段“民性素朴”“仁义不布”“赏罚不施”“无为而治”的黄金时代，这个在时间上先于因而也在价值上高于现实社会的理想社会，是黄老道家建构社会的基本理念。《淮南子》既然把这种尚未存在着礼义法度的社会悬为价值在先的理想社会，那么，合逻辑地，“道德”堕落就意味着“仁义”滋生和泛起，正如《缪称训》所说：

> 道灭而德用，德衰而仁义生。

在另一篇贯穿着黄老道思想的文献——《本经训》中，更其详尽地论述了这一思想：“逮至衰世，人众财寡，事力劳而美不足，于是忿争生，是以贵仁；仁鄙不齐，比周朋党，设诈胥，怀机械巧故之心，而性失矣，是以贵义；阴阳之情，莫不有血气之感，男女群居杂处而无别，是以贵礼；性命之情，淫而相胁，以不得已则不和，是以贵乐。”

“是故德衰然后仁生，行沮然后义立，和失然后声调，礼淫然后容饰”。面对道德堕落、仁义滋生的可悲现实，老庄主张“绝仁弃义”，“返璞归真”。但是，我们知道，老庄的主张只能在内心境界上实现所谓的自由逍遥，缺乏制度层面的可操作性，因此多少有些逃避现实的滋味。比较起来，《淮南子》或许更积极些，因为它能够正视社会发展的现实，所以

《淮南子》尽管在价值观念上赞同老子“失道而后德，失德而后仁，失仁而后义，失义而后礼”的价值次序，但它仍认为，“仁义礼乐”不尽是消极的东西，相反它还是道德堕落世界里面的积极因素，甚至是挽救世道浇漓和人性失落的可靠力量，换言之，维系道德有赖于“仁义礼乐”。《本经训》说：

是故仁义礼乐者，可以救败，而非通治之至也。夫仁者，所以救争也；义者，所以救败也；礼者，所以救淫也；乐者，所以救忧也。

我们看到，黄老道家也在反思老庄思想偏颇的地方；他们也许洞见到，老庄反对仁义其实并不能解决什么问题，而老庄所反对的“仁义礼乐”反而具有挽狂澜于既倒的社会功能。因此，《淮南子》得出了“仁义为本”的结论，当然也就不足为怪了。然而，我们不能忘记，《淮南子》标举“仁义”，离不开“道德”，它反复告诫说：

世之明事者，多离道德之本，曰礼义足以治天下，此未可与言术也。所谓礼义者，五帝三王之法籍风俗，一世之迹也。(《齐俗训》)

这里所说的“道德”并非儒家标榜的仁义礼智信，而是道家伦理思想的核心——“无为”和“自然”。在老庄看来，“仁义”是有为的东西，尽管《淮南子》不否认这一点，但它仍坚持自己的主张，在崇尚“道德”的同时不废“仁义”；表面上看，“道德”之“熊掌”与“仁义”之“鱼”似乎不可兼得，实际上，这也是《淮南子》所面临的理论困境。为了摆脱困境，《淮南子》修正了老庄的“无为”概念，提出了自己的主张：

夫地势水东流，人必事焉，然后水潦得谷行。禾稼春生，人必加工焉，欲五谷得遂长。听其自流，待其自生，则鲧禹之功不立，而后稷之智不用。若吾所谓无为者，私志不得入公道，嗜欲不得枉正术，循理而举事，因资而立。(《修务训》)

《淮南子》在遵循因性自然原则的前提下，着重论述了“人事”和“人工”的重要性；据此，黄老道家把道家的核心观念“无为”作了新的解释：把“无为”解释成“因循”而“加工”，也就是说，在“因循”自然规律（所谓“理”）的基础上有所作为（“加工”），反对放任自流（“自流”和“自生”）。我们知道，老庄坚持彻底的自然人性论立场，明确反对以文化和理性的因素改造人性；黄老道家则不然，他们不但强调改造自然人性和自然事物的必要性，而且也高扬了和文化（文明化）携手并肩的理性因素，即“智”的因素，而老庄则在某种意义上是“反智”（反人文理性）的。由此可见，《淮南子》里面的黄老道家言，已经与老庄的主张大相径庭。正是由于这种种原因，《淮南子》关于道德理想社会的描述呈现出另外一种面貌：

> 昔者黄帝治天下而力牧、太山稽辅之，以治日月之行律，治阴阳之气，节四时之度，正律历之数；别男女，异雌雄；明上下，等贵贱。(《览冥训》)

很明显，这里描述的图景和老庄所艳称的“至德之世”不尽相同，也可以说它是对老庄理想社会的补充。和以前的黄老道家一样，《淮南子》通过“自然法”——即“日月之行”“阴阳之气”“四时之度”和“律历之数”等天道规律——来阐明人道的合理性，以此将男女之别、上下之位和贵贱之体论证为天道的必然。在这样的理论构思过程中，“仁义”和“礼法”被突出了。总之，黄老道家不像老庄那样偏激，非毁整合社会价值体系的仁义观念，以及瓦解伦理规范所必需以来的具体的社会制度——“礼法”，而是采纳儒家思想的精华，借助“仁义”来维护“道德”，经由社会实践完善个人人格，也就是说，通过社会实践的途径“反性复命”，回到人性的本来状态。同样地，《淮南子》也采善法家，不过，黄老道家也毫不留情地批评了商鞅和韩非所主张的“严刑苛法”，认为那是本末倒置的做法（《览冥训》）。因此，《淮南子》将“法令”放在了较“仁义”更为次要的、辅助的位置，如《泰族训》所说：

> 民无廉耻，不可治也；非修礼义，廉耻不立。民不知礼义，弗能正也。非崇善废丑，不向礼义，无法不可以为治也。不知礼义，不可以行法。法能杀不孝者，而不能使人为孔曾之行；法能刑窃盗者，而不能使人为伯夷之廉。
>
> 故仁义者，治之本也。今不知正修其本而务治其末，是释其根而灌其枝也。且法之生也，以辅仁义。今重法而弃义，是贵其冠履而忘其头足也。

《淮南子》重视“仁义”，自然也就重视道德修养和伦理教育；重视“礼法”，自然也就重视社会制度和伦理规范的作用。不过，《淮南子》并没有忘记给“仁义礼法”的社会作用加一个限制性条件，即“圣人制礼乐而不制于礼乐”（《齐俗训》），这就是说“礼乐”固然可以作为治国之术，但却不能受制于它；当然，“法”亦是如此，因为“法者，治之具也”（《泰族训》）。法不过是治国的工具而不是治国的目的，而礼也只不过是维护道德价值的工具而不是道德价值本身。所以《淮南子》反对墨守成规，主张“因时变法”，它说“圣人论世而立法，随时而举事”（《齐俗训》），又说三皇五帝“皆因时变而制礼乐”，“圣人法与时变，礼与俗化”（《泛论训》）。

既然《淮南子》把“仁义”归结为人的本性，那倡行“仁义”也就有了人性或天道上的依据；既然“利欲”不能被完全地否定，那疏导和限制“欲望”的泛滥以及“利益”冲突的工具——礼法制度就成为不可或缺的了。由此，我们看到，在理想和现实之间，在“无为”和“有为”之间，在个人和社会之间，《淮南子》提出了由“道德”而“仁义”、由“仁义”而“法制”的主术路线，并把这种路线概括为“无为而无不为”。这是《淮南子》伦理观的集中体现。

### 三、黄老伦理思想在东汉的余波

从某种意义上说，《淮南子》乃是汉初政治的“文、景之治”在思想上的反映。黄老之学在汉初应运而兴，恐怕也离不开当时的社会政治的现实状况。汉初的思想家对推行法家极端专制主义政治的秦王朝“二世而亡”的深刻历史教训和当时生民涂炭的社会悲剧进行了反思，这时，黄老道家提出了“采儒、墨之善，撮名、法之要”的理论主张：既不像法家那样“严而少恩”，而又强调“君臣上下”的等级制度；也不像儒家那样“博而寡要”，同时又吸取了“仁义”教化和“德治”思想；而是以道家思想为依据但又创造性地改造了老子“无为而无不为”的原则，形成了一种可以制度化（能够实际操作）的理论体系，对汉初的统治政策产生过重大的影响。从汉高祖、惠帝、吕后到文、景二帝乃至窦太后掌国的时期，黄老之术都是官方的政治意识形态，也就是说，是治国的理论基础和政策纲领，其结果是出现了“天下晏然，海内殷富”的盛世气象，这就是为后来史家所称道的“文、景之治”。《淮南子》感受并汲取了作为“时代精神”的黄老思想，历史地完成了黄老思想的集大成，形成了一个空前绝后的黄老思想的高峰。如果我们辩证地看历史，《淮南子》可以说是黄老思想的终结之作，而此后的式微和衰落则是不可避免的历史命运；如果我们切入社会政治生活来看历史，黄老思想的衰落还有政治社会方面的原因：第一，淮南王刘安因谋反获罪，株连九族，使黄老思想雪上加霜，更趋式微。第二，汉武帝时期，汉王朝的中央集权已经相当巩固，随着国家政权由弱到强的转变，官方意识形态也相应地由“无为”转向了“有为”。这样，以“无为而无不为”作为理论基础，倡行“无为而治”的黄老学派由于失去了社会现实的基础而不得不让位给董仲舒为代表的儒家学派，而在汉武帝采纳董仲舒的建议，“罢黜百家，独尊儒术”之后，黄老思想更是一蹶不振。

然而，波澜壮阔的黄老思潮经久不息，尽管它在政治上已经失势。它一方面复与方技、方术思想相结合，成为潜伏在民间的地下伏流，为日后的道教所资取；另一方面，它并没有完全在思想史中销声匿迹，我们可以在东汉的思想家王充那里看到它的影响所及的余波。下面，我们约略说一下受到黄老思想影响的王充的伦理思想。

据历史记载，王充好学不倦，“博通众流百家之言”（《后汉书·王充传》），自谓思想合于“黄老之义”（《论衡·自然》）。据此，即使我们不能把王充归于黄老学派，至少也能说他深受黄老思想的影响。我们知道，“气”的概念和思想是黄老思想的重要组成部分，实际上，道家的“气论”肇始于道家的开创者老子，其后道家（如庄子）都发展了气的理论，特别是黄老学派更是重视气的理论，气的思想一直是《管子》、黄老帛书、《吕氏春秋》和《淮南子》里面的中心思想；王充吸收了他之前黄老学派的气的思想，塑造了他自己的宇宙观念：

天地，含气之自然也。(《谈天》)

也就是说，宇宙天地是“气”自然存在的样态。依此类推，天地之间形形色色的万物同样都是由于气的运化而产生，也是由于气的运化而消亡。然而，万物都有自己的气机，他说：

天地合气，万物自生。(《自然》)

本质上看，宇宙间万物的运动变化也就是气的运化而已。具体地说，就是：

> 天之动行也，施气也。……天动不欲以生物，而物自生，此则自然也；施气不欲为物，而物自为，此则无为也。谓天自然无为者何？气也。（同上）

王充将“自然”和“无为”规定为“气”的属性，这样就从“气”的运化的角度说明了宇宙万物的来源问题，用他自己的话来说就是：“无心于为而物自化，无意于生而物自成。”（同上）由此可见，王充改造了道家的“道论”，提出了自己的“元气自然”说。王充自认为“元气自然”说“虽违儒家之说，合于黄老之义也”（同上）。从这里出发，王充提出了自己的“人性论”。

一方面，王充赞同老庄的观点，认为“性本自然”；另一方面，他又依据黄老道家的思想资源，兼采儒家之说，认为“善恶有质”，也就是说，人性中有善有恶。他在《本性篇》里对之前各家各派的人性思想评论了一番之后，特别推许世硕、公孙尼子性有善恶的人性说。老庄认为，人性虚静，本无所谓善恶；自然人性的本来面目超越了善恶与是非的判断标准，在这种意义上，自然人性可以说是绝对至善的，而与“善”相对的“恶”则是本性沦丧的结果。孟子则认为，人的本性是“善”的，但外在环境可能诱使人们为“恶”。以上两说都是把人类社会中“恶”的因素归咎于外在环境而不是内在的本性。王充的看法与此不同，他认为“恶”来源于“性”，因为“性”是由“气”决定的，人秉气而生，便自然具有了“性”，然而，秉气的厚薄就造成了“性善”或“性恶”，他说：

> 禀气有厚泊，故性有善恶也。……人受五常，含五脏，皆具于身，禀之泊少，故其操行不及善人。（《率性》）

我们看到，王充把五常（仁义礼智信）也当作“五常之气”，并把它规定为人性里面的“善”的部分。如此，王充就将人的道德属性纳入了人性之中。把“恶”的因素归结为人的本性，乃是黄老道家的理论模式。进而，王充主张，人的“情”和“欲”（七情六欲）也是由“气”（阴阳二气）所致，因此他积极肯定人的正常的欲望和现实的利益，与此相应，他明确地反对老子的“恬淡无欲”①，同时也反对孟子“何必曰利”② 的说法。然而，王充也不同意“顺情纵欲”的主张，而是企图汲取儒家伦理思想的精华，把“情”和“欲”限定在“礼义”允许的范围内；同样，他也反对那种不择手段地谋取“财货之利”的做法，而是将获取财货的正当性诉诸是否合乎“礼义”。

不必讳言，王充的思想里充满了矛盾，也可以说杂而不纯。举例来说，他既认为“性”不可变易③，又自相矛盾地认为“性”可以变化迁移，比如说：

人之性，善可变为恶，恶可变为善。（同上）

对此，王充解释说，人性之所以能够改变，仿佛染布一样，是外在环境起作用的缘故，所谓“所习善恶，变易质性也”（《程材篇》）。我们知道，“染习”属于后天环境，那么“教育”和“学习”就可以“化恶为善”，甚至可以移风易俗。

与《淮南子》的看法相似，王充还认为，人先天具有的、不能摆脱的东西，除了“性”之外还有“命”。而且他区别了“性”和“命”的不同含义：

操行善恶者，性也；祸福吉凶者，命也。（《命义》）

可见，王充所说的“命”，实际上是先秦思想史中所谓“天道”④ 的余韵，在他看来，“命”与“时”（即“天数”和“时运”）相互关联，它们都是由莫名其妙的“气数”所决定的。也就是说，王充所说的“命”实际上就是一种神秘的、不可琢磨的必然性：

“命，吉凶之主也。自然之道，适偶之数，非有他气旁物厌胜感动使之然也。”（《偶会篇》）“命”也因此是一种偶然的东西。这个“偶然”，可以说是王充“元气自然”论不能克服的困难。他既主张“天地合气，万物自生”，也主张“天地合气，物偶自生”，“天地合气，人偶自生”（《物

① 参考《道虚篇》。

② 参考《刺孟篇》。

③ 《非韩篇》：“凡人禀性也，清浊贪廉，各有操行，犹草木异质，不可复变易也。”

④ 因为早期思想史中所谓的“天道”就是指“吉凶祸福”而言的，详参钱大昕《潜研堂文集》卷9。

势篇》)，这样一来，他就摆脱不了命定论的束缚，而将人事的无常变幻，世道的沧桑反复看作是无常命运的主宰。既然一切都归之于这种偶然性的命运，那么道德和祸福之间，善恶和吉凶之间，就没有什么必然的联系，王充以此割断了道德和福报之间的纽带，他说：

> 祸福不在善恶，善恶之证不在祸福。(《治期篇》)
> 人之死生，在于命之寿夭，不在行之善恶。(《异虚篇》)

王充从自己对历史和现实的观察中认识到，“好人没有好报”，而坏人多行不义却不能自毙。可见，决定祸福的是不可琢磨的“命”，而不是德行；换言之，德行并不必然导致现世的幸福，他断言：

> 修身正行，不能来福。(《累害篇》)

他的看法，也许旨在对荀子所说的修德能够使人富且贵的观点进行批判。王充曾经明确地反对“行善者福至，为恶者祸来”之类的陈辞滥调，尽管他是在命定论的前提下得出这一结论的。他的上述思想也反映出他强烈的社会批判意识。① 王充并没有因此得出否定道德仁义以及道德修养的结论，也没有因此而取消是非善恶的分野。尽管他没有像孟子那样主张“舍身取义”，但他也十分推崇儒家所标榜的“礼义”，他说：

> 国之所以存者，礼义也。民无礼义，倾国危主。(《非韩篇》)

王充又认为，物质性的丰衣足食乃是道德性的“礼义”所赖以依存的基础，所谓“谷足食多，礼义之心生”（《治期篇》)，相反，如果“使治国无食”，人民就会因饥饿而抛弃礼义，因为“口饥不食，不暇顾恩义也”(《问孔篇》)。显然，这是对《管子》“仓廪实则知礼节，衣食足则知荣辱”思想的继承和发挥。② 由此看来，王充深受黄老道家的影响，他的伦理思想处处留有黄老伦理思想的痕迹，可以说，王充的思想是黄老思想在东汉时期的流风余韵。

---

① 参考陈少峰《中国伦理学史》上卷。

② 参见冯友兰《三松堂全集》第五卷第 100 页及第六卷第 194 页，河南人民出版社，1986 年版。

# 第四章　魏晋新道家（玄学）的伦理思想

魏晋时期，世乱民荒，齐肃严整的儒学家说处于颓势。与此相应，在思想文化领域，却兴起一股清爽之风——玄学思潮。按冯友兰先生在《中国哲学简史》中的提法，玄学即为新道家。后来冯先生又在《新原道》中强调指出，玄学家的思想源头在先秦道家那里。由此看来，玄学家于伦理思想方面，也就不可避免地打上了道家思想的印迹，但其自身特色颇为鲜明。

## 第一节　何晏、王弼玄学的伦理学说

何晏，字平叔，河南南阳人，约于195年生，父早亡，随母入曹家（曹操娶其母为夫人），入仕后，其境多变，于249年为司马氏集团所杀，今存主要著作为《论语集解》。

王弼，字辅嗣，山东金乡人，生于226年，王粲侄孙，亦入仕，因曹爽、何晏被杀受牵连，于249年秋病逝。现存著作主要有《周易注》《老子注》及《周易略例》《老子指略》和《论语释疑》等。

何、王均属玄学贵无论者，其贵无之学为玄学第一阶段，亦称之为“正始玄学”。对此，汤用彤先生于《魏晋玄学论稿》中所论甚精，冯友兰先生在《中国哲学史新编》第四册中也有精详阐论，此不赘说。因上述原因，我们称何、王的伦理学说为贵无派伦理思想。

### 一、论“道”与“德”

何、王论“无”论“道”之旨相同，皆属玄学贵无派。对于德，则时以“道”释，时以“无”论，如：

> 无也者，开物成务，无往而不存者也。阴阳恃以化生，万物恃以成形。贤者恃以成德，不肖者恃以免身。故无之为用，无爵而贵矣。（《晋书》卷四十三《王衍传》）

天下之物，皆以有为生。有之所始，以无为本。将欲全有，必反于无也。(《老子》四十章注)

第一节为《王衍传》中何晏的一段话，论“无”的功用与王弼并无二致，认为此“无”为贤者成就其德的内在根据。而王弼之注，虽属总纲性论说，却可以说是何意的更抽象的概括。进一步地，王弼明确地认为：

何以得德？由乎道也。何以尽德？以无为用。以无为用，则莫不载也。(《老子》三十八章注)

按其五十一章注“道者，物之所由也”的思想，此中之德即由那个依据性的“道”而成就的。但此德并非纯伦理意味，按道家“德者，得也”的传统说法，则“德”之意极为宽泛，因此，何、王所用概念应置于道家思想内部去析解。具体说来，何、王论“德”，具有现代意义上的伦理之德，则有“上德” “下德”类论说，且同仁、义、礼等范畴相配而用，其曰：

上德之人，唯道是用，不德其德，无执无用，故有德而无不为。不求而得，不为而成，故有德而无德名也。(同上)

此“上德”文义虽仍有“得”之义，但于道德主体而言，则是无上的良性之“得”，亦即完美无缺的大德。上德之人是循道而用者，不著于德名，而用于德之全。因全面、充分用其所得，而能“有德而无为”，以至于“无德名”。从另一角度来看，此德即道的功用体现。因为道德主体为得道之体，因而能够显出道的功用，这个“上德”所呈现的状态即是“无执无用”。正如韩康伯所说：

道者何？无之称也，无不通也，无不由也，况之曰道，寂然无体，不可为象。必有用之极，而无之功显，故至乎神无方而易无体，而道可见矣。①

在这里，韩氏所论比王弼的意思更清晰，使道一无一用的关系也更易理解。王弼又说：

---

① 韩康伯注《周易·系辞》“一阴一阳之谓道”一句，此句亦为王弼所阐发：“夫无不可以无明，必因于有，故常于有物之极，而必明其所由之宗也。”

凡不能无为而为之者，皆下德也，仁义礼节是也。（同上）

这种对于“下德”内涵的解释体现了王弼对现实社会伦理规范所持的态度，他以“上德”为衡量标准，认为“仁义礼节”均为有为的德，受制于德名，宥于德用，不如上德之美。而名之曰“下德”的提法，既秉承了先秦道家的批判精神，也表明了王弼对于现实中儒家伦理的不满，也正是在这方面，才显现出何、王伦理的异同。

## 二、论“仁”“义”“礼”

何、王均有注解儒家经典的著作，但流传至今的很少，据现存资料，二者以儒、道并用的居多，却多以道释儒。在对伦理规范的理解上，何晏在其《论语集解》序文中说：

前世传授，师说虽有异同，不为训解，至于今多矣，所见不同，互有得失，今集诸家之善，记其姓名，有不安者，颇为改易，名曰《论语集解》。

可见何注《论语》也博采众长，但何晏之注崇儒倾向较浓，如：

先能事父兄，然后人道可大成。（《论语集解·学而》注）

这与孔子关于孝悌为仁之本的思想颇合。又说：

罕者，希也；利者，义之和也；命者，天之命也；仁者，行之盛也。寡能及之，故希言也。（《论语集解·子罕》注）

这是对“子罕言利，与命与仁”的理解，其重点在阐释何以“寡能及之”，而何晏对利和仁的注释显然是针对现实社会中仁、义颓废之态而发，也可见何晏对现实的忧心。他又说：

仁者爱人，三人行而同称仁，以其俱在忧乱宁民。（《论语集解·微子》注）

何晏深味当世之乱，对人与人的和谐相处非常渴望，他认为于爱人的“仁心”，因为它具有“忧乱宁民”的功用，而更显得可贵。他注《子罕》的另一段更明确地说：

大寒之岁，众木皆死，然后知松柏小凋伤，平岁，众木亦有不死者，故须岁寒而后别之。喻凡人处治世亦能自修整，与君子同；在浊世，然后知君子之正不苟容。

治世中人，道德主体贵在自修以同于君子，不能苟同于小人，而在浊世之中尤该如此。这表明何晏忧虑当世道德的沦丧，希望君子能自修整。但在乱世，“他律”已废，更须“自律”。所以他对《论语》中“礼”“孝弟”等规范亦有认同：

言孝弟之人必恭顺。(《论语集解·学而》注)

言慎而不以礼节之，则常畏惧。(《论语集解·泰伯》注)

丧者哀戚，饱食于其侧，是无恻隐之心。一日之中，或哭或歌是亵于礼容。(《论语集解·述而》注)

在《学而》和《泰伯》注中，何晏强调道德主体的自律与诚敬，要真正做到孝悌恭顺。至于《述而》注，似乎是针对庄子“妻死，鼓盆而歌”的情形而发，但其旨意也在于强调道德主体应守礼行仁而成君子之德。进一步地，如果道德主体肩负治理国家的责任，则：

善为国者必先治其身，治其身者，慎其所习。所习正则其身正，其身正则不令而行……是故为人君者，所与游必择正人，所观览必察正象，放郑声而弗听，远佞人而弗近，然后邪心不生而正道可弘也。《三国志·魏书·三少帝纪》

这可以说是对修身齐家治国平天下的另一种表述，他认为国君应遵循儒学所倡导的修身之道，先治其身以成正身，其后以清正之身行经世治世之事，以至于弘正道，国宁民安。也许，这正是何晏处于政治漩涡中心，历时事后的真切体悟。他关于仁、义、礼的看法也是关注现实的结果。因而，就其现实倾向而言，何晏依然属于儒家，至于他有关“贵无”之类的理论，不过为其生活理想、政治理想的体现而已，是其玄学思维的反映，并不能因此而以为何晏之伦理学说是背离儒家的。

王弼与何晏在对待仁、义、礼诸道德范畴的态度上有很大不同。他基本上是站在道家的立场上看待儒学伦理的。他说：

舍无以为体，则失其为大矣，所谓失道而后德也……不能无为，而贵博施；不能博施，而贵正直；不能正直，而贵饰敬。所谓失德而后仁，失仁而后义，失义而后礼也。……夫仁义发于内，为之犹伪，况务外饰而可久乎？故夫礼者，忠信之薄而乱之首也。（《老子》三十八章注）

王弼以“无”为体，以“无为”作为道德规范的内在依据，所以“博施”“正直”“饰敬”之类皆为有为，也损失了大道，故失道而行，方有“仁、义、礼”之行。然而：

圣智，才之善也；仁义，行之善也；巧利，用之善也。而直云绝，文甚不足，不令之有所属，无以见其指。故曰此三者以为文而未足，故令人有所属，属之于素朴寡欲。（《老子》十九章注）

这即是说，圣智、仁义、巧利等虽有其现实功用与价值，但毕竟未著根本，此本即为素朴寡欲，而素朴寡欲对君主而言，即是“圣行五教，不言为化”（《老子指略》），是“无为”的一种表现。另外，王弼之所以要这样讲，原因在于：

望誉冀利以勤其行，名弥美而诚愈外，利弥重而心愈竞。父子兄弟，怀情失直，孝不任诚，慈不任实，盖显名行之所招也。（《老子指略》）

名誉之隆，容易导致孝、慈失其诚实的实质，仁、义、礼等，不能只得其虚名，而贵在实行。实行的目的不在于利誉，而是以“无心”行仁、义、礼之实，方可彰显其德。所以说：

用不以形，御不以名，故仁义可显，礼敬可彰也。夫载之以大道，御之以无名，则物无所尚，志无所营。各任其贞，事用其诚，则仁德厚焉，行义正焉，礼敬清焉。弃其所载，舍其所生，用其成形，役其聪明，仁则尚焉，义则竞焉，礼则争焉。故仁德之厚，非用仁之所能也；行义之正，非用义之所成也；礼敬之清，非用礼之所济也。（《老子》三十八章注）

由此可见，王弼所言，并非以仁、义、礼为非，而是认为追求仁、义、礼的形式而求虚名，对内心其实是一种限制，尤其是道德主体践履过程中，形名便是阻碍道德行为的一种外在力量。所以，王弼主张以道家思想作为伦理主体行为的指导思想。即认为，载道之行应以“无名”为名，以“无尚”为尚，以“无营”立志，则各任其事，各尽其诚。如此，仁德、行义、礼敬等均于伦理行为主体的载道过程中得以实现，这就是所谓“崇本举末”的思想。在《周易注》中，王弼还说：

后尊以柔，处大以中，无私于物，上下应之。信以发志，故其孚交如也。夫不私于物，物亦公焉；不疑于物，物亦诚焉。既公且信，何难何备？不言而教行，何为而不威如？为《大有》之主而不以此道，吉可得乎？（《周易·大有卦》注）

这里论公与信与儒者所论有所不同，儒者言仁必以孝悌之意，而孝悌之意，必以亲者、长者为先。在王弼看来，此亲此先的蕴含却有“私”意，因而主张“处大以中”。“处大以中”即无私，无私乃公。以“公心”而非以“私意”待人接物，又能精诚恪守，则无往而不利，即“吉可得”，这其实也就是道德主体公且信的结果。

合而论之，在对伦理规范理解的态度上，何晏基本是站在儒家立场上去解释仁义的，他注重的是它们在现实社会中的应用。而王弼是以道家眼光去对待现实及传统意义上的仁义礼，他期求从道家理论的角度为儒家伦理在现实社会中的复兴找到理由和根据。所谓“名教”本“自然”即是此意。而王弼的这种思想，可以说是体现了那个时代伦理的转向，即伦理主体应注重自身，这自身并非儒家的修身之身，而是伦理主体合乎自然的那些质素。这种意味在他的性情论中表现得更为清晰。

## 三、论性情与成圣

何晏论性情的材料极少，何劭的《王弼传》有一段话说得较为清晰：“何晏以为圣人无喜怒哀乐，其论甚精，钟会等述之。”这里评述的仅为何晏的观点，即圣人无情，但未明性情的确切含义。

在注《论语》时，何晏说：

性者，人之所受以生也。（《论语集解·公冶长》注）

看来，此“性”与荀子所说的“性者，天之就也”并无差异。性既为自然而存，其深微幽远，并非以具体形态显现。所以他认为：

天道者，元亨日新之道。深微，故不可得而闻也。（同上）

其于庶几每能虚中者，唯回怀道深远。不虚心，不能知道。（《论

语集解·先进》注）

这两段话，一是说性既禀道而成，即为道之呈现，然而道是深微的，不是以具体形态呈现。因而，必虚心以养性，怀道涵泳，才可以性涵情，以致情无显现。然而对于未怀道者，则情发背理，以情易性。所以说：

凡人任情，喜怒违理。颜渊任道，怒不过分。迁者，移也，怒当其理，不移易也。(《论语集解·雍也》注)

颜渊为“任道”的贤者，虽怒而合乎理，则情不违理，情与性是合融的。而凡人因其未得道而不合乎理，任情而已。

王弼所论不同，《王弼传》说：

弼与不同，以为圣人茂于人者神明也，同于人者五情也。神明茂，故能体冲和以通无；五情同，故不能无哀乐以应物。然则圣人之情，应物而无累于物者也。今以其无累，便谓不复应物，失之多矣。

这段主旨是：圣人有情而无累。无累者，并非不应物，而只是不为物役。故王弼论圣人之情，只是从圣人之心与外物的对待上说，在这种对待中，凡人累于物，而圣人则不然，这是圣凡之别。王弼论情，必以其与性相联。他说：

不性其情，焉能久行其正？此是情之正也。若心好流荡失真，此是情之邪也。若以情近性，故云性其情。情近性者，何妨是有欲！若逐欲迁，故云远也；若欲而不迁，故曰近。(《论语释疑》)

所谓正者，即以根本的内在之性涵情，情合融于性，则情近性，然而情非性，所以说这种过程与状态为“性其情”。但是，在此过程中，伦理行为主体不会逐于情欲，若逐于情欲，则迁情离性。换言之，在伦理行为主体所呈现的当下状态来看，便是流于邪情，累于外物。因而，就修养层面而言，王弼力举以情近性，则需驱邪情，摒情欲，方可纯心洁情，自达于情之正，终而能合乎性。可什么是性呢？王弼说：

明物之性，因之而已，故虽不为，而使之成矣。(《老子·四十七章》注)

万物以自然为性，故可因而不可为也，可通而不可执也。物有常

性，而造为之，故必败也。物有往来，而执之，故必失矣。（《老子·二十九章》注）

心不乱而物性自得也。（同上）

这三段所说的中心意思是：万物的本质与依据即在于自然，对于自然则不可损益，只可因循。任物性自然流发，则必至于情正。如果有心为之，偏执于一隅，则堕失于情邪，而人心必因此陷于游荡之中，不可能获知物性。所以说：

天地之情，正大而已矣，纠正极大，则天地之情可见矣。（《周易·大壮卦》注）

这指出了一条认知天地之情的道路，即“纠正极大”。纠正者，循物性之正道而纠情邪；极大者，尽己心而至其极也。这里的正大之情即可谓物性之自然。因此，成就圣人性情，并非有为而至，而在于“欲而不迁”，“应物而无累于物”。

由何、王情性说可以看出，二者对于伦理行为主体自身的情态，有着不同的见解。也许，上述所论何、王的差异，正在于二者于现实社会中的感受不同。可一旦落于理想层面，二者道德理想境界则又相近。

## 四、论理想的道德境界

何、王的理想道德境界，是与其政治伦理思想及其贵无论哲学相关联的。何晏说：

以道为度，故不任意也。用之则行，舍之则藏，故无专必。无可无不可，故无固行也。述古而不自作，处群萃而不自异，唯道是从，故不得有其身。（《论语集解·宪问》注）

这是说“道”为伦理行为主体的内在根据，依道而行，不仅可以内圣，亦可外王，内圣外王合一于道德主体，则“不有其身”，与天地合德。所以说：

圣人与天地合其德，故曰唯天知己。（《论语集解·宪问》注）

又说：

仁者乐如心之安固，自然不动，而万物生焉。（《论语集解·雍

也》注）

仁者的言行动作自然无为而利助万物，其乐如山之安固与宁静。此即何晏所慕求的圣者境界。达此境，则优游而自得，淡泊而无所思。而“与天地合德，唯天知己”，显然是儒道天人合一境界的又一种表述。

与何晏相似，王弼所慕求的道德理想境界也有道家倾向：

> 圣人不以言为主，则不为其常；不以名为常，则不离其真；不以为为事，则不败其性；不以执为制，则不失其原矣。……故其大归也，论太始之原以明自然之性，演幽冥之极以定惑罔之迷。因而不为，损而不施，崇本以息末，守母以存子。《老子指略》

这里所说的圣者，是无为无执无事的得道人，因其得道，所以能知冥极、合自然、解惑迷，无所不为。而得道的根本则在于“明自然之性”，以守住道这个本、母。所以说：

> 居中得正，极于地质。任其自然，而物自生；不假修营，而功自成，故不习焉，而无不利。（《周易·坤卦》注）

如此，得道者的功用无穷，并与万物和谐相处，所往所行皆利群生。这显然是道家所追求的圣人形象。如其《老子·四十九章》注所说：

> 是以圣人之于天下歙歙焉，心无所主也。为天下浑心焉，意无所适莫也。

这是就道德主体的心理情态而言。达至心无所主而为天下浑心者，即达于道德至境；完成这境界修为的人，显现出的情态即为大美之形，即：

> 大美配天而华不作。（《老子·三十八章》注）

如此，则一无名的大圣形象兀立于天地之间。

由此可见，何、王二人于道德理想境界上并无太多的差异。若结合其有关仁义礼之类论说，则它们之间似有矛盾，但是，所谓的仁义礼等是就现实社会层面上说，而道德理想人格或境界乃就理想层面上说，只是述说的面向不同，其实并无矛盾。

## 第二节　嵇康、阮籍对儒家伦理思想的抨击

“正始名士”虽因何晏、王弼的逝去而销声匿迹，但随之而来的“竹林名士”却更引人注目。“竹林名士”以“竹林七贤”为代表，按《世说新语·任诞》所载，七贤是：

陈留阮籍、谯国嵇康、河内山涛，三人年皆相比，康年少亚之。预此契者：沛国刘伶、陈留阮咸、河内向秀、琅琊王戎。七人常集于竹林之下，肆意酣畅，故世谓竹林七贤。

显然，这里所载的，暗示了七贤以阮籍、嵇康为领袖人物，余者是情投意合的人。他们生活的时代为中国历史少有的混乱动荡时期，司马氏集团以诛杀为手段，大肆弄权，世人苦其阴毒。至公元256年，司马炎废魏主曹奂，自立为帝，即为晋武帝。当时社会，尤其是反对强权的知识阶层，处在司马氏政权高压之下，惨遭杀戮的当朝大学人就有扬州刺使王凌、太常夏侯玄、中书令李丰等。对于这种浊世，阮、嵇心有悲愤而无从发泄，唯以酣饮、狂诞消释。

阮籍，字嗣宗，河南尉氏县人（即陈留），生于公元201年，卒于263年，其父阮瑀为建安七子之一。籍淡漠功名，曾被迫入仕，旋以病辞归。按《晋书·阮籍传》所载：

籍容貌瑰杰，志气宏放，敖然独得，任性不羁，而喜怒不形于色。或闭户视书，累月不出；或登临山水，经日忘归。博览群籍，尤好《庄》《老》。嗜酒能啸，善弹琴。当其得意，忽忘形骸。时人多谓之痴，惟族兄文业每叹服之，以为胜己，由是咸共称异。

这是对阮籍生活情形的生动素描。阮籍的诗、文、论颇多，但如今仅存《大人先生传》《乐论》《通老论》《通易论》《达庄论》及84首《咏怀诗》，结集为《阮籍集》。

嵇康，字叔夜，生于公元223年，262年为司马氏所杀，曾任中散大夫。他对司马氏政权深恶痛绝，《晋书·嵇康传》载：

康早孤，有奇才，远迈不群。身长七尺八寸，美词气，有风仪，而土木形骸，不自藻饰，人以为龙章凤姿，天质自然。恬静寡欲，含

垢匿瑕，宽简有大量。

这是赞扬嵇康的超迈形象，是从其形与质上描绘的，而论其学，则是：

学不师受，博览无不赅通，长好老、庄。

现存其著为《嵇康集》，鲁迅先生曾作校。

## 一、自然与旷达

阮、嵇思想承继老、庄居多，二人虽对魏晋间世事难于认同，但却因涤味之旨而养成自然旷达胸怀，并能以生活情态呈现。对于自然，阮籍认为：

天地生于自然，万物生于天地。自然者无外，故天地名焉；天地者有内，故万物生焉。当其无外，谁谓异乎？当其有内，谁谓殊乎？(《阮籍集》卷上《达庄论》)

这里的自然即天然、自然而然义，也涵有现代科学意义上的自然界义。阮籍以为，包括人在内的万物，存在于天地之间，由其自然而生，故无异殊之论；因其源于自然，而致本质相同，平等无贵贱。嵇康也有类似说法：

浩浩太素，阳曜阴凝，二仪陶化，人伦肇兴。(《嵇康集》卷十《太师箴》)

这是说人源始于阴阳陶化，禀气而生，即：

元气陶铄，众生禀焉。(《嵇康集》卷十《明胆论》)

由此可见，人类兴盛繁衍，是自然而生。阮籍说：

道者，法自然而为化。侯王若能守之，万物将自化。《易》谓之太极，《春秋》谓之元，《老子》谓之道。(《阮籍集》卷上《通老论》)

自然既然是道的运行法则，则道对社会人生以及万物而言，是不可或缺的，理应遵循。因而：

道至而反，事极而改。反用应时，改用当务。应时故天下仰其泽；当务故万物恃其利。泽施而天下服，此天下之所以顺自然惠生类也。(《阮籍集》卷上《通易论》)

这里所言的道，是自然之道，遵循了它则布泽天下，施惠群生，万物各相理得。嵇康与此认识相同。他说：

夫推类辨物，当先求之自然之理。理已定，然后借古义以明之耳。(《嵇康集》卷六《声无哀乐论》)

自然之理即自然生化之道，这是从规律性上来讲的。及其论及具体事宜，则说：

惟椅梧之所生兮，托峻岳之崇冈。披重壤以诞载兮，参辰极而高骧。含天地之醇和兮，吸日月之休光。郁纷纭以独茂兮，飞英蕤于昊苍……(《嵇康集》卷二《琴赋》)

这是以琴喻事，认为琴得助于天地之醇和，含融万物之瑞气，以成其纯美音色，而有悦耳清音，在嵇康看来，这是万物万事自然生化相助相利的明证。

阮、嵇均以自然为宗，认为存在物是自然生化的各种形态，并渴望这种自然形态能够在现实中呈现，这是其理想与浪漫处，当这种浪漫理想映现于他们的现实生活，即是其旷达言行以及自然为宗的思想的各种表露。《世说新语》卷五《任诞》中载有阮籍诸事：

步兵校尉缺，厨中有贮酒数百斛，阮籍乃求为步兵校尉。

阮籍嫂尝还家，籍见与别，或讥之，籍曰："礼岂为我辈设也。"

阮籍当葬母，蒸一肥豚，饮酒二斗，然后临诀，直言穷矣。都得一号，因吐血废顿良久。

阮籍"求为步兵校尉"，不是为了争得有为的职位，纯粹是因为性情好酒，较之于今人道德标准，则阮籍乃一腐败官僚。但对其个体生命及其崇尚的思想境界而言，好酒求官，则是放达任性而已。至于籍与嫂别，摒弃授受不亲礼教也只是其纯正亲情。以常礼相度，母亡应茶食不进，泣涕不止，而籍饮酒食豚，甚为不孝，显然是放达任性之举。于其心地真实表达而言，则其嚎哭至哀，吐血废顿，何尝不是孝心真情。只不过，阮籍之所为与常理相背，以至二者异态，究其“孝”之心地，其理则一。

综上而言，阮籍言行，即为“越名教而任自然”。冯友兰先生认为，“达”的主旨，即是顺自然，“达”之境界，即为玄远之境。① 其实，旷达之举、玄远之境即为竹林贤士所渴求。② 若以今人道德标准衡量阮、嵇，则其所达之举显然违俗背德，理应杜绝，而对于玄士来讲，实在是压抑太深，不得已而为之。

正是因为要越名教而任自然，而名教又总是那么强大深厚，故阮籍、嵇康对当时儒学的伦理体制及规范进行猛烈抨击。

## 二、对儒家伦理的抨击

由于贤士们都崇尚自然，慕求旷达，所以对整肃齐严的儒家伦理颇有微词。更重要的是，儒家伦理对两汉社会政治的稳定虽有基础性的维护之功，但至汉末，由于政权不稳，民心荒乱，魏时司马氏弄权，儒家伦理日趋僵化、教条化，成为人们争名夺利的工具。在这种混乱现实中，竹林名士们渴求着一份人生的安宁和个性的高扬，就不足为奇了。阮籍说：

> 昔者天地开辟，万物并生。大者恬其性，细者静其形。阴藏其气，阳发其精。害无所避，利无所争；放之不失，收之不盈；亡不为夭，存不为寿；福无所得，祸无所咎；各从其命，以度相守。明者不以智胜，暗者不以愚败；弱者不以迫畏，强者不以力尽。盖无君而庶物定，无臣而万事理。保身修性，不违其纪，唯兹若然，故能长久。(《阮籍集》卷上《大人先生传》)

很明显，这是阮籍理想中的道德社会，在这社会中，人没必要按照儒家所设的修养方法去修为道德圣人之境，只需“各从其命，以度相守”，并无仁、义、礼等规范可循。如此，则性命久长。不难看出，阮籍所倡导的仍以自然为宗，因其自然而无仁义道德，因其无仁义道德而安宁祥和。这是道家有关学说的主旨，所以他批评说：

---

① 参见冯友兰《中国哲学史新编》第四册107—109页；主编《魏晋玄学史》第181—194页及冯友兰《论风流》一文。

② 至于旷达之行、玄远之境的质地与七贤言行，参见许抗生主编《魏晋玄学史》第181—194页及冯友兰《论风流》一文。

君立而虐兴，臣设而贼生。坐制礼法，束缚下民。欺愚诳拙，藏智自神。（同上）

君臣的设置是虐兴、贼生的原因，以君臣为中心的礼法是束缚民众的绳索，统治者以此维护其统治。嵇康也认为：

至人不存，大道陵迟，乃始作文墨，以传其意；区别群物，使有类族；造立仁义，以婴其心；制为名分，以检其外，劝学讲文，以神其教。（《嵇康集》卷七《难张辽叔自然好学论》）

这是说在现实中，成文的礼制、规范是由于失道才有的，因其道不存，才有仁义、名分、讲经之类束缚人性的东西存在。从另一角度来看，嵇康这里所论述的如阮籍主张的一样，都是从道与社会人生的角度来探求儒家伦理产生的根本原因，一方面是由于政治需要，另一方面也是人类自身异化的结果。显然，二者均以道家思想中批判礼法的道理作为评判标准。正如老子所说：

失道而后德，失德而后仁，失仁而后义，失义而后礼。（《老子·三十八章》）

这里论说的是人类异化与人性异化的过程，《庄子》中也有许多此类论说。所以，由阮、嵇所受文化熏陶的背景来看，他们的思想是导源于老、庄的，但是，从现实社会的情形来讲，他们在魏、晋时期复活了老、庄的人生哲学，尤其是庄周的思想，正因为他们所倡导的伦理思想的基石是以自然为宗，才导致其非伦理化倾向。据此他们对礼法之士的批判就极为严厉：

且汝（士君子）不见夫虱之处于裈中乎？逃乎深缝，匿乎坏絮，自以为吉宅也；行不敢离缝际，动不敢出裈裆，自以为得绳墨也；饥则啮人，自以为无穷食也。然炎邱火流、焦邑灭都，群虱死于裈中而不能出也。汝君子之处域之内，亦何异夫虱之处裈中乎？（《阮籍集》卷上《大人先生传》）

阮籍严厉地批评那些“诵周孔之遗训，叹唐虞之道德；唯法是修，唯礼是克”（同上）的士君子们如害人的虱子，待在自以为是的名教中，动不出裈裆，饥则食民血。嵇康则从另一面批评说：

> 六经纷错，百家繁炽，开荣利之涂，故奔骛而不觉。是以贪生之禽，食园池之梁菽。求安之士，乃诡志以从俗。操笔执觚，足容苏息；积学明经，以代稼穑。是以困而后学，学以致荣。（《嵇康集》卷七《难张辽叔自然好学论》）

这是说，士人穷经以致仕，积学以谋生，于是舍稼穑之事，而奔荣利之途，这些都不是遵循自然之道而有的情形。如果说阮籍以虱讥讽循礼法而言行的士君子，则嵇康从礼法生成原由上抨击现实儒家伦理的昏暗，而且于字里行间流露出对稼穑之民的同情。

不仅如此，二人还对儒学伦理经典、体制、规范进行进一步抨击：

> 汝君子之礼法，诚天下残贼乱危、死亡之术耳。而乃目以为美行不易之道，不亦过乎！（《阮籍集》卷上《大人先生传》）
>
> 六经以抑引为主，人性以从欲为欢，抑引则违其愿，从欲则得自然。然则自然之得，不由抑引之六经；全性之本，不须犯情之礼律。故仁义务于理伪，非养真之要术；廉让生于争夺，非自然之所出也。（《嵇康集》卷七《难张辽叔自然好学论》）

六经功用在于抑制自然本性的流露，礼律的功能在于悖情逆性，礼法之治，则为社会混乱、人相倾轧的根由。因而，在他们看来，仁义并非全性之本，却是伪饰之术。生命的情调、性情的怡悦均被这些儒家经典、体制与规范所淹没。而与之相配而行的刑罚，并不能对人性的完善和完美起到积极的促进作用。正如阮籍所言：

> 财匮而赏不供，刑尽而罚不行，乃始有亡国、戮君、溃败之祸。（《阮籍集》卷上《大人先生传》）

不过，有一点值得注意，阮籍在注读《周易》时，却对仁义礼法持一种调和态度，他说：

> 立仁义以定性，取蓍龟以制情，仁义有偶而祸福分。是故圣人以建天下之位，定尊卑之制，序阴阳之适，制刚柔之节。

阮籍如此作注，可以认为是他对儒学规范所作的理想化诠解，并不是对现实社会而发的。

### 三、理想道德境界

阮、嵇承继庄、老，以自然为宗，抨击儒家伦理纲常，则其所认为的道德理想境界，也是以自然为宗，追慕道家。他们说：

> 自是者不章，自建者不立；守其有者有据，持其才者无执……故求得者丧，争明者失，无欲者自足，空虚者受实。夫山静而谷深者，自然之道也；得之道而达者，君子之实也。……自然之理不得作。(《阮籍集》卷上《达庄论》)

> 夫称君子者，心无措乎是非，而行不违乎道者也。……故多各有非，无措有是……动以自然，则无道以至非也。抢一而无措，则无私无非，兼有二义，乃为绝美耳。(《嵇康集》卷六《释私论》)

二者所言，君子所成就的都是遵循自然之道的结果。道非礼制，而是自然，因其自然生化而无饰伪，以致于绝美之境。在这境界中，人无欲无为，道德主体乃是自然任性、与天地合德的圣者。所以说：

> 夫大人者，乃与造物同体，天地并生，逍遥浮世，与道俱成，变化聚散，不常其形，天地制域于内，而浮明开达于外。(《阮籍集》卷上《大人先生传》)

> (至人)文明在中，见素抱朴。内不愧心，外不负俗。交不为利，仕不谋禄；鉴乎古今，涤情荡欲。夫如是吕梁可以游，汤谷可以浴，方将观大鹏于南溟，又何忧于人间之委曲。　(《嵇康集》卷三《卜疑》)

阮籍说的大人，卓然如庄周所说的“天人”形象。他突兀于天地之间，而融合于天地万物，在宇宙为宇宙一分子，在人世为高大的道德理想形象。这正是方东美先生所说的“宇宙人”。嵇康所认为的圣人，则具体得多，其视功名利禄如粪土，但频频与世间交往，却无污垢之染，正所谓出污泥而不染的世间圣者。他们理想化的道德主体生活所组成的社会，即为“至德之世”：

> 洪荒之世，大朴未亏，君无文于上，民无竞于下，物全理顺，莫不自得。饱则安寝，饥则求食，怡然鼓腹，不知为至德之世也。若此，则安知仁义之端，礼律之文？(《嵇康集》卷七《难张辽叔自然好

学论》)

此中所言，貌虽复古至“洪荒之世”，实质是以此与现世相较，以见其理想化的道德社会。

## 第三节　郭象的伦理学说

玄学发展至郭象那里，其形态已有所不同，郭象《庄子注》鲜明地体现着这点。

郭象[①]，字子玄，约生于公元252年，卒于公元312年，据《世说新语》注引《文士传》言：

> 象字子玄，河南人，少有才理，慕道好学，志老庄，时人咸以为王弼之亚，辟司空掾，太傅主簿。
>
> 象作《庄子注》最有清辞遒旨。

《晋书》中所引关于郭象诸条材料则稍详一些，《郭象传》载：

> 郭象字子玄，少有才理，好《老》《庄》，能清言。太尉每云：“听象语，如悬河流水，注而不竭。”州郡辟招，不就。常闲居，以文论自娱。后辟司徒掾，稍至黄门侍郎。东海王越引为太傅主簿，甚见亲委，遂任职当权，熏灼内外，由是素论去之。永嘉末病卒。

同书的《向秀传》和《庾敳传》中对郭象的评述与此相似，即郭象性好庄、老，先闲居游乐，后掌权柄，致用于世。其为人薄行，但才理卓著，存世著作只有《庄子注》。其他著作如《论语体略》《老子注》《论嵇绍》等大多只有佚文。

### 一、论自然与独化

学界多以郭象为崇有派，冯友兰先生名之为“无无派”[②]，都是从其哲学思想的主要倾向来划分的。但不论怎样界定其派别，其思想核心都为

---

① 关于郭象《庄子注》与向秀《庄子注》的关系，参见许抗生主编《魏晋玄学史》第310—315页，冯友兰《中国哲学史新编》第四册第128—134页。

② 参见冯友兰《中国哲学史新编》第四册第四十一章。

“自然”与“独化”无疑。所谓“自然”，即：

> 万物万情，趣舍不同，若有真宰使然也。起索真宰之朕迹，而亦终不得，则明物皆自然，无使物然也。(《庄子·齐物论》注)
>
> 天地者，万物之总名也。天地以万物为体，而万物必以自然为正。自然者，不为而自然者也。(同上)

这些是为了说明万物情形虽殊，但万物所以能生化，并非有什么主宰，只是自然运作而已。很明显郭象以自然排斥真宰（主宰，造物主）而明物之自生自得。他进一步说：

> 无即无矣，则不能生有，有之未生，又不能为生，则生生者谁乎哉？块然而自生生耳。自生耳，非我生也。我既不能生物，物亦不能生我，则我自然矣。自己而然谓之天然，天然耳，非为也，故以天言之。(同上)

这段意思一方面是批评贵无说，否定无能生有；另一方面说的是自生之义，自生的实质在于“我”之自全自得，而自全自得者的情态即为天然，非他为，亦非为他。以这种自生之“我”的生化过程来看，自生则为“自己而然”。基于这一点，在论及自生者的相互关系及其演化情态时，郭象以“独化”立论，他说：

> 道，无能也，此言得之于道，乃所以明其自得耳。自得耳，道不能使之得也。我之未得，又不能为得也。然则凡得之者，外不资于道，内不由于己，掘然自得而独化也。(《庄子·大宗师》注)
>
> 是以涉有物之域，虽复罔两，未有不独化于玄冥者也。(《庄子·齐物论》注)

道即自然，非为己亦非为他；而“我”之成化，外不资于道，也不是由于自身之内有某种动因使然，只是“掘然”成化，这就是说无内因。而包括罔两在内的有物之域中，任何存在均独化流变，并非有他物于背后作用，即无外因。郭象又说：

> 则化与不化，然与不然，从人之与由己，莫不自尔，吾安识其所以哉？故任而不助，则本末内外，畅然俱得，泯然无迹。若乃贵此近因而忘其自尔，宗物于外，丧主于内，而爱尚生矣。(同上)

> 若责其所待而寻其所由，则寻责无极，卒至于无待，而独化之理明矣。(同上)
>
> 况乎卓尔独化，至于玄冥之境，又安得而不任之哉？(《庄子·大宗师》注)

这三节，从正反两面论证，由独化而生，则“本末内外，畅然俱得，泯然无迹”，这就是“玄冥之境”。而由“有待”之存在寻其所以然，则可至“无待”，明乎“无待”，也就能说明“独化”，若不然，居有待之域，不明自尔，“宗物于外，丧主于内”，则有待复归于有待，茫茫然未知其依归。这里所说的“有待”，是说有物之域中，各存在物的相互依赖关系，而“无待”则是自然而然，无所凭资，即上述的无内、外因。因此，郭象以“有待”“无待”说明独化之理和“玄冥之境”，并非以现实社会的情形立论，而是从终极的“无待”上说，这可以说是郭象所理想化了的宇宙情态，是逻辑推理加想象。

合而观之，郭象以自然立论，阐独化之说无疑是对贵无派及竹林贤士思想的继承与批判，也是其性分说的思想基石。

## 二、论性分之理

郭象言性，多以分释，一方面是对竹林贤士们性情说的继承，另一方面也是其独化论思想于性情层面的自然显现。郭象说：

> 夫质小者，所资不待大，则质大者，所用不得小矣。故理有至分，物有定极，各足称事，其济一也。若乃失乎忘生之主，而营生于至当之外，事不任力，动不称情，则虽垂天之翼，不能无穷，决起之飞，不能无困矣。(《庄子·逍遥游》注)

因为质小、质大者均有其理分，因而只要循理足分，则各任其事，这讲的依然是无待之义。但在至当之外营营忘生，有待于他物他因，则必失理损分。所以又说：

> 天性所受，各有本分，不可逃，亦不可加。(《庄子·养生主》注)
>
> 性各有分，故知者守知以待终，而愚者抱愚以至死，岂有能中易其性者也。(《庄子·齐物论》注)

这二节强调的是，性乃自然纯粹的，不可损益。而性各有分之“分”，说的是性各有自己特殊的质地，如知、愚之类，不可变易。人之自然所受的即为人之性，这性是纯粹自然的，并非有外在的强为而受，这是从性作为“类”的观念上说。而性的质地却有所不同，它有知愚、尊卑贵贱的分别（即性分）。这样，郭象从性为抽象概念上转变对性之具体质地上的阐说，他说：

> 夫人之一体非有亲也，而首自在上，足自处下，府藏居内，皮毛在外。外内上下，尊卑贵贱，于其体中各任其极，而未有亲爱于其间也，然至仁足矣。故五亲六族，贤愚远近，不失分于天下者，理自然也，又奚取于有亲哉？（《庄子·天运》注）

这段所论述的是，外内上下，尊卑贵贱，即为性分，而这性分也是自然所受，各有其极，未尝相待而成。五亲六族，贤愚远近之理亦然。若各尽其性分，使其性之质地充分显现，即各至其极，则至无待之境。所以说“理自然也”。

从性与自足出发，郭象还论说了“万物一齐”的道理。他说：

> 夫以形相对，则太山大于秋毫也，若各据其性分，物冥其极，则形大未为有余，形小不为不足，于其性则秋毫不独小其小，而太山不独大其大矣；若以性为人，则天下之足未有过于秋毫也。其性足者为人，则虽太山亦可称小矣。（《庄子·齐物论》注）

郭象以泰山、秋毫为喻来说明性分各足，性分各自自足，则无小大分别，即泰山所以为泰山，秋毫所以为秋毫，其理无高下深浅之别，其各自性分亦然。以这种视野和逻辑观照，世界万物因此而具有各自的本质特性，无需待其他因素，更不用说是否有主宰的问题了。因而，若以自足性为标准，则万物皆平等无异。同时，郭象又以理释性，他说：

> 直以大物必自生于大处，大处亦必自生此大物，理固自然，不患其失，又何措心于其间哉？（《庄子·逍遥游》注）
>
> 我之生也，非我生也，则一生之内，百年之中，其坐行起止，动静取舍，情性知能，凡所有者，凡所为者，凡心所遇者，皆非我也，理自尔耳。（《庄子·德充符》注）

这里的“理”，是某物之所以为某物的必然性，而这必然是无依据之必然，所以说，“理固自然”“理自尔”。所举之例即明其必然之呈现是自然而然的情态。所以说：

> 不得已者，理之必然者也，体至一之宅而会乎必然之符者也。(《庄子·人间世》注)

又说：

> 既禀之自然，其理已足，则虽沉思以难免，或明戒以避祸，物无妄然，皆天地之会，至理所趋。(《庄子·德充符》注)

如此，则理的终极根据即是自然。理之自足，也自然而然。因而自然乃为至理所趋。在这种意义上讲，至理所趋者，即为不得已，不得已就是自然呈现的一种趋势。而至理于具体物事上所呈现的，即为性，所以说：

> 性分各自为者，皆从至理中来，故不可免也，足以善养生者，从而任之。(《庄子·达生》注)

这就是说，性分之所以无待而成，皆由至理而来，至理，即是性分之体之所以为性分之体的必然性，而性者是纯粹自然的，理也禀赋自然而具足。因而，性与理因其自然之质而归一。这表明“自然”是郭象所有论说之理的立论基点，所以他明确指出：

> 凡所谓天，皆明不为而自然。言自然则自然矣，人安能故有此自然哉？自然耳，故曰性。(《庄子·山木》注)
>
> 性之所能，不得不为也；性所不能，不得强为，故圣人唯莫之制则同焉皆得，而不知所以得也。(《庄子·外物》注)

因为性本自然，因而郭象在此强调，只有圣人才会得而不知所以得，“得”即为自然而得，故不知所以得。

综上所论，则郭象论性分之理终归于自然，因其自然故不可伤弃。一旦伤弃，则伤其真、失其性，而不能全身足性。从这一性分论出发，郭象对儒家伦理有着自己的理解。

### 三、论“仁”“义”“礼”

郭象基于自然、独化论，及其性分之理，对儒家伦理规范持否定态度，他说：

> 仁者爱之迹，义者成物之功，爱之非仁，仁迹行焉；成之非义，义功见焉。存夫仁义，不足以知爱利之由无心，故忘之可也。但忘功迹，故犹未玄达也。（《庄子·应帝王》注）

他认为儒家的仁义仅为处理对待一事一物的伦理显现，即所谓“迹”，然而，真正发乎爱者，乃无心。无心者可忘仁义之迹，但未至自然，也未达玄冥之境，故曰“未玄达”。以此可见，郭象仍以“自然”“玄达”作为评判当世伦理的标准。所以他说：

> 谓仁义为善，则损身以殉亡，此于性命，还自不仁也。身且不仁，其如人何？故任其性命，乃能及人，及人而不累于己，彼我同于自得，斯可谓善也。（《庄子·骈拇》注）

儒家仁义之说，损身殉义，这对于性命而言，实为不仁，然若任性命之情，既不累于己，又能利人，彼我同得，则是任性命之自然，这才是真正的善。这里的“善”并非儒家伦理中的善恶之“善”，它意味着存在既成就了自我，也在这个成就的过程中有利于他者的自我成就，这种“成己”与“成物”的“善”，是遵循了“自然性命”的结果。从另一角度看，任自然，也即无为。所以郭象说：

> 夫民之性，小异而大同，故性之不可去者衣食也，事之不可废者耕织也，此天下之所同而为本者也，守斯道者，无为之至也。（《庄子·马蹄》注）

这里说明教化生民并非以仁义礼等规范来束缚人，而在于守其本（不夺其衣食，不废其耕织），实行无为而治。因此，郭象发挥说：

> 夫轩冕斧钺，赏罚之重者也，重赏罚以禁盗，然大盗者又逐而窃之，则仅为盗用矣。所用者重，乃所以成其大盗也。大盗者，必行以仁义，平以权衡，信以符玺，劝以轩冕，威以斧钺，盗此公器，然后诸侯可得而揭也。是故仁义赏罚者，适足以诛窃钩者也。（《庄子·胠箧》注）

按《庄子》原义，诸侯为大盗，窃国而免祸，遭诛的仅为窃钩者。郭象承其原旨，认为仁义赏罚为大盗所用，事实上已成为助纣为虐的工具，不再是儒家所期望的那种效果。这即是说，伦理规范、法则律令一旦同强权结合，则成为一种工具性质的强制性存在，其适应对象只在窃钩者，而窃国大盗却反而能自免，即所谓“刑不上大夫”，这可视为郭象思想中批判现实最强烈的地方。由此出发，郭象又进一步发挥说：

> 夫黄帝非为仁义也，直与物冥则仁义之迹自见，迹自见则后世之心必自殉，是迹黄帝之迹使物撄也。(《庄子·在宥》注)
>
> 夫圣迹既彰，则仁义不真，而礼乐离性，徒得形表而已矣，有圣人即有斯弊，吾若是何哉？(《庄子·马蹄》注)

这是说仁义为圣人之迹，而非圣人仁义实质，故后人所殉者并非真仁义，而是圣人之迹。由于法其迹，仅得其形表，未获其真，故扰物烦心，弊端极大。由此郭象批评当世腐儒说：

> 由腐儒守迹，故致斯祸，不思捐迹反一，而方复攘臂，用迹以治迹，可谓无愧而不知耻之甚也。(《庄子·在宥》注)

此为批判统治者用社会伦理体制（圣人之迹）去治理此体制所生出的弊迹，是以末制末，非以本制末。所以，治者应当返一弃迹，守其素朴，而各任性命方可。他说：

> 夫圣人者，天下之所尚也，若乃绝其所尚而守其素朴，弃其禁名而代以寡欲，此所以掊击圣人而我素朴自全，纵舍盗贼，而彼奸自息也。(《庄子·胠箧》注)

如果说，上文批判现实伦理纲常是郭象承继庄子之说而接竹林之言，那么这节所论的，则是用老子素朴寡欲之说解决庄周所抨击的圣人之弊。为此，郭象尖锐指出：

> 夫知礼意者，必游外以经内，守母以存子，称情而直往也。若乃矜乎名声，牵乎形制，则孝不任诚，慈不任实，父子兄弟，怀情相欺，岂礼之大意哉？(《庄子·应帝王》注)

总之，照郭象看来，仁义礼皆为圣人遗迹，他的目的在于抨击此迹之弊，述所以迹之原由。

以往学界均以郭象伦理思想在于维护儒家伦理纲常，以为郭象学说的终极目的在于论证名教即自然，此自有其理。然而分析郭象对仁义、礼与迹的阐说，以及下述对仁、义、礼的变通性看法，则似有另种意味。郭象说：

> 夫仁义自是人情也，而三代以下，横共嚣嚣，弃情逐迹，如将不及，不亦多忧乎？（《庄子·骈拇》注）

这里所说的重点，是指三代以下的人弃情逐迹，而至仁义之盛。但这种仁义并非真仁义，仅是圣人之迹。而其真“仁义自是人之情也”。仁义之真本是人之性情之自然，并非由逐迹、“法迹”而成。由此可见，分析郭象的伦理学说，须明其所用仁义于具体语境中涵蕴，不可以儒家伦理中“仁义”概念统说。郭象又说：

> 夫仁义者，人之性也，人性有变，古今不同也。故游寄而过去则冥，若滞而系于一方则见，见则伪生，伪生则责多矣。（《庄子·天运》注）

这就是说，仁义为人之性，然人性有变，古今不同。若滞于圣人之迹，则系于此迹一端，不见性之真态，则仁义之伪生。郭象从历史流变和“与时变化”的角度来说明“法迹”的荒谬性。他认为：

> 当古之事，已灭于古矣，虽或传之，岂能使古在今哉？古不在今，今事已变，故绝学任性，与时变化而后至焉。（《庄子·天道》注）

此言甚明。古之事已灭于古，传之于今者，只是迹而已，并不是真的古之事，故言“与时变化”而“绝学任性”，以至于性命之真。与此相应，郭象对礼的观点也遵循“与时变化”的原则。他说：

> 夫先王典礼，所以适时用也，时过而弃，即为民妖，所以兴矫效之端也。（《庄子·天运》注）
>
> 时移世异，礼亦宜变，故因物而无所系焉，斯不劳而有功也。（同上）
>
> 礼之于世，因时变化，若执于先古之礼，则为民妖，若变通随其自然，无所住系，则不劳而有功。（同上）

如此，郭象所论，并非为证明现实中名教即自然，而在于警告世人不可执着于古事而忽今事之变通，在于期望当世有一新的伦常规范以应时人之治。所以说：

> 夫迹者，已去之物，非应变之具也。奚足尚而执之哉！执成迹以御乎无方，无方至而迹滞矣。(《庄子·在宥》注)

在他看来，迹非应变之具，执迹而滞于今，则何以御乎无穷变化的今世。以郭象思想的倾向看，今世事由今世人的“性分”与“命”去演绎完成，其原则即在于“顺命任性”。至于他所期望的新伦常规范，即便是郭象自身，实际上也没给出明晰的答案。

## 四、论“坐忘”与“逍遥”

据上文所析，郭象以人心尚圣人之迹而生仁义之伪，然如何去其人伪而足全性分，达到自由“逍遥之境”呢？郭象说：

> 夫忘年，故玄同死生；忘义，故弥贯是非。是非死生荡而为一，斯至理也。(《庄子·齐物论》注)
>
> 夫坐忘者，奚所不忘哉？既忘其迹，又忘其所以迹者，内不觉其一身，外不识有天地。然后旷然与变化为体，而无不通也。(《庄子·大宗师》注)

“忘年”“忘义”是从时空和认识上说的，郭象认为不拘于年限，不执着于是非，则可视生死为一事，而不拘限与不执着的关键就在于“忘”，忘之结果即得“至理”，得“至理”者则无所不忘。“迹”和所以迹因此也在于可忘之列。如此，性分自然明了，至理了然于心，人就能弃自身之私而同融于天地。按郭象思想脉络，“忘”之背后意味，应为复性命之自然。如此，则可足性逍遥于世。所以郭象说：

> 人之所不能忘，己也。己犹忘之，又奚识哉？斯乃不识不知而冥于自然。(《庄子·天地》注)

忘一己之私而无是非之识，无辨别差等之知，则冥合于自然本性。而冥合之人，即可“逍遥”。他说：

> 夫小大虽殊，而放于自得之场，则物任其性，事称其能，各当其分，逍遥一也，岂容胜负于其间哉？(《庄子·逍遥游》注)

任性当分而尽其能，是就个体（亦是道德主体）的逍遥言。而上述

"坐忘"之说是从个体修养的方法与途径上言，这境界用冯友兰先生的话说即是"后得的混沌"①。所以，郭象所言"忘"与"逍遥"其实即是从道德修养的方法及所得的境界上说。

不过，真正具体到现实社会伦理体制时，郭象又仿佛撇开了这里的"坐忘"与"逍遥"而采取一种调和折衷的态度。

## 五、论社会伦理理想

郭象的思想多带浪漫意味，但其社会伦理理想却有注重现实倾向的一面。不过，这些依然以其自然与性分说为基石。郭象说：

> 所贵圣王者，非贵其能治也，贵其无为而任物之自为也。(《庄子·在宥》注)
>
> 无为之言不可不察也。夫用天下者，亦有用之为耳。但居下者亲事，故虽尧舜为臣，犹皆有为，故对上下，则君静而臣动；比古今则尧舜无为而汤武有事。然各用其性，天机玄发，则古今上下无为，谁有为也。(《庄子·天道》注)

无为者，任物自为，这是就统治层面说，也是就道德主体自身对待外境的态度上说。郭象以尧舜为例说明无为，"无为"是道德主体自身的境界涵蕴，而"有事"则为有此境界的道德主体所呈现于世的情态，"有事"乃自然性分自足而发者，并无功利性目的。

因此，就社会伦理体制而言，处于不同位置的道德主体只须尽其性分，尽其潜能，则亦为无为。他说：

> 若乃主代臣事，则非主矣；臣秉主用，则非臣矣。故各司其任，则上下咸得，而无为之理至矣。(同上)

无为而"各司其任"者，即言各尽其性分而已。因而，郭象所设想的社会伦理理想的核心即为君臣民各尽性分，而"尽性分"的外在显现即为各司其任。在"各司其任"的意义上，郭象的伦理思想有极强的现实针对性。但郭象另一段论说则不同：

> 臣妾之才，而不安臣妾之任，则失矣。故知君臣上下，手足内

① 参见冯友兰《中国哲学史新编》第四册，第125—127页。

外，乃天理自然，岂真人之所为哉？（《庄子·齐物论》注）

郭象在此仿佛是肯定现实社会中的各种关系，而后说明在这些关系中，人人各司其任。若此，则与儒家伦理并无二致，而且他所谓的“天理自然”则失道家原旨。此可视为郭象思想的矛盾。亦可视为郭象于现实社会中不得已的说法。郭象说：

明夫尊卑先后之序，固有物之所不能无也。（《庄子·天道》注）

治道先明天，不为弃赏罚也，但当不失其先后之序耳。（同上）

从这两条来看，郭象又仿佛从轻重缓急层面上论证社会伦理的合理性，而所谓的“治道先明天，不为弃赏罚”又似回归其自然论。

**六、道德人格理想**

既然郭象思想以自然、独化为核心，则其相关的人格理想也不可避免打上“自然”烙印，就其道德人格理想而言，似有儒道相合倾向。郭象认为：

千人聚，不以一人为主，不散则乱。故多贤不可以多君，无贤不可以无君，此天人之道，必至之宜。（《庄子·人间世》注）

这是就现实社会层面上说，若求社会安宁祥和，必当有其君，方可不散不乱。若进一步推理，则社会伦理体制中，不可无圣人统其制，也不可无圣人率其德。其注《胠箧》中“圣人之利天下也少，而害天下也多”一句说：

斯言虽信，而犹不可亡圣者，犹天下之知未能都亡，故须圣道以镇之也。群知不亡，而独亡圣知，则天下之害又多于有圣矣。然则有圣之害虽多，犹愈于亡圣之无治也。

圣人之所以必须存在，就在于避免能“亡圣之无治”，乱世之中，须有圣者理其乱，率其众以达于和谐大美之世。如此，则这圣人俨然一儒家圣者。这或许可视为郭象于现实社会所得出的切身感受，与其自然独化论有相抵触。不过，郭象又从另一面来说：

夫神人即今所谓圣人也。夫圣人虽在庙堂之上，然其心无异于山林中，世岂识之哉？徒见其戴黄屋，佩玉玺，便谓足以缨绂其心矣；

见其历山川，同民事，便谓足以憔悴其神矣；岂知至至者之不亏哉？(《庄子·逍遥游》注)

这里有两层意思，一是圣人自足其性分，无染于尘垢之中；二是圣人于现实社会进行着经世致用的工作，则其同于众人，然而其心地清纯如山林中处子一样。显然，这才是郭象心目中真正的圣人，此圣人之心属道家，而其用则属儒家，故郭象所崇尚的理想道德人格非儒非道，而是儒道双修之圣者，其伦理学说也因此可以道体儒用质之。

# 墨家的伦理思想

墨家是继孔子创立的儒家之后兴起的一个学派，其创始人墨翟稍晚于孔子。当时是春秋与战国的交界，社会处在剧烈变动之中，需要理论家出来总结社会变动，提出建立新秩序的蓝图。墨家提出的理论与孔子的儒家有所不同，甚至是相对立的。墨家一直延续到战国末期。儒墨两家在当时社会上属“显学”，有着相当的影响，但战国之后，墨家学派就近乎销声匿迹了。墨学在历史发展中的命运，很大程度上是被其自身的特点决定的，我们在这里探讨的虽然只是墨学的伦理思想这一方面，但窥一斑可知全豹，我们仍然可以从中了解一些墨学的独特品格。

# 第一章　墨子的伦理学说

先秦诸子的伦理学说，大多与政治理论结合在一起，或者就是政治伦理，墨子也不例外。同时，他的伦理思想如兼爱论、义利观及其他观点往往联系紧密，不容易把它们分开，而为了方便论述起见，又不得不把它们分开。因此，我们的论述就要时时照应前面已经讲过的和后面尚未谈到的思想。这种情况在先秦其他思想家那里也是同样存在的。

## 第一节　论兼爱

兼爱，被公认为墨子学说的核心主张，《墨子·兼爱中》（以下引文只注篇名）说：

> 仁人之所以为事者，必兴天下之利，除去天下之害。

孔子说“仁”，墨子亦说“仁”，二人之“仁”有相同之处，有学者认为，二者都属于“无私利他”的范畴。① 其不同之处在于它们的具体内涵，墨子的“仁”具有更多现实的、功利性的品格。墨子认为：

> 国之与国之相攻，家之与家之相篡，人之与人之相贼，君臣不惠忠，父子不慈孝，兄弟不和调，此则天下之害也。（同上）

这些现象都起源于“不相爱”，而疗救它的方法就是“兼相爱、交相利”。墨子说：

> 视人之国若视其国，视人之家若视其家，视人之身若视其身。是故诸侯相爱，则不野战；家主相爱，则不相篡；人与人相爱，则不相贼；君臣相爱，则惠忠；父子相爱，则慈孝；兄弟相爱，则和调。天下之人皆相爱：强不执弱，众不劫寡，富不侮贫，贵不敖贱，诈不欺愚。凡天下祸篡怨恨，可使毋起者，以相爱生也。（同上）

① 王海明：《儒、墨及我国现行伦理观之比较》，《光明日报》1996 年 3 月 16 日。

显然，兼爱的内容包含着“视人如己”的原则，在表面上，与儒家的“推己及人”相似，孔子也把“仁”解释为“爱人”。但实质上，儒墨在“爱人”问题上有着很大的差别，那就是所谓“爱有差等”与“爱无差等”的区别。儒学立足于宗法等级制度，立足于现实的“礼”的体系中，因此使“爱有差等”这样一个现实的伦理原则在儒学体系内被接受下来。孔子学说具有现实的伦理基础，至于墨子学说则更带有理想主义倾向，在当时较缺乏现实的根基，只是一种人们美好的理想而已。

在《耕柱》篇中，墨子与巫马子有这样一场关于“兼爱”的争论：

> 巫马子谓子墨子曰：“我与子异，我不能兼爱。我爱邹人于越人，爱鲁人于邹人，爱我乡人于鲁人，爱我家人于乡人，爱我亲于我家人，爱我身于吾亲，以为近我也。击我则疾，击彼则不疾于我，我何故疾者之不拂，而不疾者之拂？故有杀彼以利我，无杀我以利彼。”
>
> 子墨子曰：“子之义将匿邪？意将告人乎？”
>
> 巫马子曰：“我何故匿我义？吾将以告人。”
>
> 子墨子曰：“然则一人说子，一人欲杀子以利己；十人说子，十人欲杀子以利己；天下说子，天下欲杀子以利己。一人不说子，一人欲杀子，以子为施不祥言者也……说子亦欲杀子，不说子亦欲杀子，是所谓经者口也，杀常之身者也。”

巫马子的论证似乎从“爱有差等”出发，得出的却是利己主义的结论。墨子马上就揭露了这种论证只能导致自相矛盾的荒谬境地。“爱有差等”可以推出利己主义的结论，利己主义是“兼爱”说的最重要的敌人。墨子在这里通过这种方法反对儒家“爱有差等”的理论。

“兼爱”可以说是一个理想主义的伦理主张，它的可行性如何？墨子认为：君主是实行“兼爱”的最主要的力量：

> 今若夫攻城野战，杀身为名，此天下百姓之所皆难也，苟君说之，则士众能为之。况于兼相爱、交相利，则与此异。夫爱人者，人必从而爱之；利人者，人必从而利之；恶人者，人必从而恶之；害人者，人必从而害之。此何难之有？特上弗以为政，士不以为行，故也。(《兼爱中》)

所以，只要君主喜欢并提倡兼爱，众人就能实行。而且墨子举古代圣王实行兼爱的例子来作为推行的榜样。

墨子强调君主的作用，鼓吹君主专制，这一点在他的“尚同”思想内就可以得到集中的体现，与孔子相比，尤其是与后来的儒家如孟子的思想相比较，其君主专制色彩更为强烈。诚然，孔子也拥护君主专制，但是孔子关注的侧重点在于建立“君君、臣臣、父父、子子”的一个“礼”的体系和以“仁”为中心的个人道德修养理论，从中寄予儒家知识分子的人文关怀。而墨子注重的是“利”，“兼爱”的目的是为了“兴天下之利”，只要君主认识了“兼爱”之利，就能够实行之，这样的功利主义思想，只能在实践上导致尊君思想。墨子虽然也有对君主的批评，但只能停留在有限的层次内。

墨子提出了“以兼易别”思想，能够做到“视人如己”的就是“兼”，而现实中“损人利己”的行为就是“别”。从“兼爱”的原则引申出“以兼易别”的原则，在实践中得出的结论，就是“非攻”。墨子说：

> 今有一人，入人园圃，窃其桃李，众闻则非之，上为政者得则罚之。此何也？以亏人自利也。至攘人犬豕鸡豚者，其不义又甚入人园圃窃桃李。是何故也？以亏人愈多，其不仁兹甚，罪益厚。……至杀不辜人也……其不仁兹甚矣，罪益厚。当此，天下之君子皆知而非之，谓之不义。今至大为攻国，则弗知非，从而誉之，谓之义。此可谓知义与不义之别乎？（《非攻上》）

攻人之国与入园窃桃李的性质是相同的，都是不义、不仁，这里的仁与义的含义是与儒家不同的，“仁”与墨子的“兼爱”是相通的，都是在“爱无差等”的原则下提出的。

墨子也并不是一味反对战争。他把战争分为“攻”与“诛”两种，“攻”即“攻伐无罪之国”（《非攻下》），既是不义的，又造成生灵涂炭，因而也是不利的，墨子反对“攻”。“诛”则是类似武王伐纣一样的符合“义”的战争，墨子是赞同的。这样，墨子的“非攻”，并不是反对一切战争的和平主义主张。

## 第二节　论义利

墨子在提出“兼爱”的同时，也提出了“义”和“利”作为兼爱的目的和标准，上文已经提及，在这里，我们再加以集中讨论。

墨子的思想可以概括为功利主义，他把兴利除害看作自己学说的一个最根本的目的。他说：

> 今天下之所誉善者，其说将何哉？为其上中天之利，而中中鬼之利，而下中人之利，故誉之与？（《非攻下》）

墨子承认天、鬼的地位及合法性，认为自己的学说符合天、鬼、人三者之利。这个利是天下之公利而不是个人之私利。所以说，墨子把公利作为行事的标准，可以称之为功利主义，但这个概念又有太过宽泛之嫌，似可称之为“公利主义”。这个“公利”的具体内容，墨子称为“富”与“庶”，前者指物质财富的生产，后者是劳动力的生产。

但另一方面，墨子也并不是完全排斥个人的利益，因为公利必然包含合理的个人利益的存在。墨子说：

> 今也卿大夫之所以竭股肱之力，殚其思虑之知，内治官府，外敛关市、山林、泽梁之利，以实官府，而不敢怠倦者，何也？曰：彼以为强必贵，不强必贱；强必荣，不强必辱，故不敢怠倦。（《非命下》）

这个论证，是从推崇“强力”即个人的努力劳动出发而立论的，同时也就承认了通过正当途径追求个人利益的合理性。

墨子的“义”的观念，也可以看作是公利的同义语。在外延方面，“义”比较宽泛，它包括兼爱，也包括兼爱之外的其他合乎公利的伦理行为。

墨子认为，行义应排除由私心和偏见所造成的情欲干扰，他说：“必去喜、去怒、去乐、去悲、去爱、去恶而用仁义。”（《贵义》）而且为了义，可以舍弃不正当的个人利益，如物质和名誉的过分追求。同时，墨子也反对“亏人自利”，认为“亏人自利”即属于不义。因为“不与其劳，获其实，以非其所有取之故”（《天志下》）。冯友兰先生说：“……（墨子）把道德和劳动联系起来，把劳动也看成是评价人的道德行为的一个尺度。‘与其劳’才应该‘获其实’，才可以使劳动成果为‘其所有’，只有这样的‘所有’才是‘义’。不然就是‘亏人自利’，就是‘不义’，就是盗窃、抢夺。”① 这种以劳动为道德行为的观点，可以说实际上是代表着下

① 冯友兰：《中国哲学史新编》（上），人民出版社2004年版，第229页。

层劳动人民的利益。

这样，我们可以看出墨子的义利观与孔子的义利观的不同。首先，关于利，墨子明确地以“天下之公利”作为判断道德行为的标准，并把“义”统一于“利”；孔子很少讲“利”而多讲“义”，他说：“君子喻于义，小人喻于利”（《论语·里仁》），明显地把“利”作为“小人”之事而贬斥之。

其次，是关于动机论与效果论的问题。一般来说，重“利”者为效果论，重“义”者为动机论，但具体的情况是千差万别的。墨子虽重视“利”，但并不是只讲效果而不讲动机。在《鲁问》篇中，鲁君与墨子有这样一段对话：

> 鲁君谓子墨子曰：“我有二子，一人者好学，一人者好分人财，孰以为太子而可？”
>
> 子墨子曰：“未可知也。或所为赏与为是也，钓者之恭，非为鱼赐也；饵鼠以虫，非爱之也。吾愿主君之合其志功而观焉。”

“志”指动机，“功”指效果，只看一个人的行为，无法断定该行为是否合乎道德。所以必须把一个人行事的动机与结果加以综合考查，才能作出道德判断。墨子这一观点很深刻，充分考虑到了现实生活中发生的大量动机与效果不一致的复杂现象。墨子能考虑到动机与效果统一的问题，但就《墨子》全书来看，似更偏重于效果。而儒家似乎更重视动机，董仲舒说：“正其谊不谋其利，明其道不计其功。”（《汉书·董仲舒》）应该能代表儒家伦理学说的一个基本倾向。儒家之所以主张动机论，是因为儒家思想的着眼点是重视人的自我修养和精神境界的提高，所以并不把外部效果放在首位。

## 第三节　论节约

墨子关于节约的思想，发端于求利的基本主张，其条目有节用、节葬、非乐等。他说：

> 圣人为政一国，一国可倍也；大之为政天下，天下可倍也。其倍之非外取地也，因其国家，去其无用之费，足以倍之。（《节用上》）

诸加费不加于民利者，圣王弗为。（《节用中》）

节约能使国力强盛，君王的用度如果不是为民为国兴利，则为浪费。而且节约本身就表明了君王是否道德高尚，是否治国有方：

子墨子言曰："古者明王圣人，所以王天下、正诸侯者，彼其爱民谨忠，利民谨厚，忠信相连，又示之以利，是以终身不餍，殁世而不倦。古者明王圣人，其所以王天下、正诸侯者，此也。是故古者圣王，制为节用之法。"（同上）

"节葬"与"节用"相互关联，也可以包括在"节用"之中。墨子认为仁者所做的事就是："天下贫，则从事乎富之；人民寡，则从事乎众之；众而乱，则从事乎治之。"（《节葬下》）而儒家主张厚葬和久丧，是有害于富、众、治这三利的。厚葬用的财物过多，造成浪费，而三年的守丧期限，又使人的身心健康受到严重损害，导致"耳目不聪明，手足不劲强"（同上）。以此为政，则"国家必贫，人民必寡，刑政必乱"（同上），所以墨子主张不分贵贱，一律薄葬。这一点墨子与孔子针锋相对，孔子强调父母死须守三年之丧，是"仁"和"孝"的体现，它诉诸人的情感、道德观念和现实的"礼"的体系，体现了"爱有差等"的思想（按照与死去亲人的不同亲疏关系来确定丧期和具体礼仪）。而墨子的"节葬"，一方面是从他的"公利"观念出发，另一方面，主张死去的人不分等级贵贱，一律"桐棺三寸"，葬后人们照常从事生产劳动而无需守丧。这也是主张"爱无差等"的一个表现。

墨子的"非乐"思想，主要反对王公贵族耽于娱乐，满足声、色、食、居等等欲望，而以主要反对音乐为其代表。墨子认为，君王为了享乐，"将必厚措敛乎万民，以为大钟鸣鼓琴瑟竽笙之声"（《非乐上》），实际上是"亏夺民衣食之财"（同上）于民不但无利，而且有害。古之圣王虽然也"厚措敛乎万民"，但却是用来造舟车，目的是利民。他还说：

今之禽兽、麋鹿、蜚鸟、贞虫，因其羽毛以为衣裘，因其蹄爪以为绔屦，因其水草以为饮食。故唯使雄不耕稼树艺，雌亦不纺绩织纴，衣食之财固已具矣。今人与此异者也：赖其力者生，不赖其力者不生。君子不强听治，即刑政乱；贱人不强从事，即财用不足……王公大人说乐而听之，即必不能早朝晏退，听狱治政，是故国家乱而社稷

危矣。（同上）

把音乐（包括其他享乐方式）当作“国家乱而社稷危”的根源，似乎有一点夸大。但是，他的主要的批判矛头不是对着音乐本身，而是在批判王公贵族骄奢淫逸，不顾民之“饥者不得食，寒者不得衣，劳者不得息”（同上）的悲惨现状而去作夺民之利的行为而发的。

## 第四节　论人类道德出于天意

墨子不承认“命”的存在，并大力批评儒家对“命”的承认，但是，他却同时承认“天”与“鬼”的存在。原来，墨子所说之“命”类似于今日所言之“宿命论”，而“天”与“鬼”则是道德的代表。

《天志上》说：

> 天欲义而恶不义。然则率天下之百姓以从事于义，则我乃为天之所欲也。我为天之所欲，天亦为我所欲。

天的意志即“天志”，是代表“义”的，墨子为“义”找到了一个超越的维护者“天”，从而就可以把以“义”为最高统帅的其他伦理准则如兼爱、非攻、节用等等都置于“天志”之下。墨子又说：

> 天下有义则生，无义则死；有义则富，无义则贫；有义则治，无义则乱。然则天欲其生而恶其死，欲其富而恶其贫，欲其治而恶其乱，此我所以知天欲义而恶不义也。（《天志上》）
>
> 今天下君子之欲为仁义者，则不可不察义之所从出。既曰不可以不察义之所欲出，然则义何从出？子墨子曰：义不从愚且贱者出，必自贵且知者出。何以知义之不从愚且贱者出，而必自贵且知者出也？曰：义者，善政也。何以知义之善政也？曰：天下有义则治，无义则乱，是以知义之为善政也……然则孰为贵？孰为知？曰：天为贵，天为知而已矣。（《天志中》）

天是贵者，智（即“知”）者，又由天产生。“天志”与“天意”可以相通，符合“天意”之政方为善政。义和利是统一的，天是“欲义而恶不义”的。这样就为“天”的存在找到了现实的合理性。

墨子把“天志”看作是衡量人们行事的一个标准。《天志上》说：

> 我有天志，譬若轮人之有规，匠人之有矩。轮匠执其规矩，以度天下之方圜，曰："中者是也，不中者非也。"

《天志下》又说：

> 子墨子置天志以为仪法。非独子墨子以天之志为法也，于先王之书《大夏（雅）》之道之然。帝谓文王："予怀明德，毋大声以色，毋长夏以革。不识不知，顺帝之则。"此诰文王之以天志为法也，而顺帝之则也。且今天下之士君子，中实将欲为仁义，求为上士，上欲中圣王之道，下欲中国家百姓之利者，当天之志而不可不察也。天之志者，义之经也。

墨子引《诗经·大雅》中的诗句，证明古圣王也是以"天志"为法的，可以用来衡量是非，判别善恶。

同时，"天志"还有对人间善恶进行赏罚的能力：

> 杀不辜者，天予不祥。杀不辜者谁也？曰：人也。予之不祥者谁也？曰：天也。若天不爱民之厚，夫胡说人杀不辜，而天予之不祥哉？此吾之所以知天之爱民之厚也。……爱人利人，顺天之意，得天之赏者有之；憎人贼人，反天之意，得天之罚者亦有矣。（《天志中》）
>
> 逮至昔三代圣王既没，天下失义，诸侯力正。是以存夫为人君臣上下者之不惠忠也，父子弟兄之不慈孝弟长贞良也。正长之不强于听治，贱人之不强于从事也。民之为淫暴寇乱盗贼，以兵刃毒药水火……夺人车马衣裘以自利者，并作由此始，是以天下乱。此其故何以然也？则皆以疑惑鬼神之有与无之别，不明乎鬼神之能赏贤而罚暴也。今若使天下之人皆若信鬼神之能赏贤而罚暴也，则夫天下岂乱哉？（《明鬼下》）

这就是说：不仅天志能赏善罚恶，而且鬼神也能。墨子拉来鬼神，利用鬼神的力量来维护他的道德理想。他对鬼之有无的证明很简单，是依照见闻之知、古代传说和古籍中关于鬼的描述而得出的。这符合墨子提出的"三表法"，即"上本之于古者圣王之事""下原察百姓耳目之实"和"发以为刑政，观其中国家百姓人民之利"（《非命上》）的原则。其中前两个标准是依据耳目闻见和书籍记载的，都是朴素的、粗糙的经验主义观点。第三条是关于功用的检验，这一条也颇难成立。冯友兰先生说："墨翟认为，对于‘天志’和鬼神的信仰于人有利，所以宣传这种信仰。照他的逻辑，人必须信仰上帝和鬼神，并不仅是因为他们存在，而且是因为这样的信仰于人有利。”① 这样说来，“天志”“明鬼”之说实是有“神道设教”之意。

墨子为何宣扬对天和鬼的信仰？更深刻的原因是什么？这是因为墨子是小手工业者、小生产者阶层的代表，主观上需要一种宗教，需要一个“上帝”来作为自己学说的最后的依据，这是由于他所代表的阶层的局限性使然。正如李泽厚所说：“因为从小生产劳动者的日常经验的狭窄眼界中，归纳不出，当然更演绎推论不出一个真正有博大视野，比较科学的整体世界观，墨子便不可能有荀子《天论》以及《易传》那样的思想。传统宗教意识也更容易存留在这些见闻有限、闭塞落后的小生产者的心理和观念中而不被触动，经常成为传统习惯势力的顽强的保存者、卫护者。”② 的确，我们不能不说，墨子的理论，有很大的平民性，它的宗教情怀、功利主义的视点、重效果的思维方式，直至“爱无差等”的理想等等，是接近于平民阶层而不像是贵族阶层的立场，就这一点而言，他又与代表新贵族阶级的儒家、法家不同。

## 第五节　论道德修养与道德教育

墨子注重后天的环境对人的影响。《墨子·所染》中说：

> 子墨子言见染丝者而叹，曰：“染于苍则苍，染于黄则黄，所入者变，其色亦变，五入必，而已则为五色矣。故染不可不慎也。非独染丝然也，国亦有染……非独国有染也，士亦有染。”

人的善恶在于后天环境的熏陶，为了使人不受外界坏习气的熏染，在上者必须推行道德教化；要推行道德教化，又必须自己首先以身作则：

> 政者，口言之，身必行之。今子口言之，而身不行，是子之身乱

① 冯友兰：《中国哲学史新编》（上），第250页。

② 李泽厚：《中国古代思想史论》，天津社会科学院出版社2004年版，第55页。

也。子不能治子之身，恶能治国政？（《公孟》）

这样，道德教化又离不开自身的道德修养。

墨子认为，自身的道德修养是最重要的。《修身》篇说：

君子战虽有陈，而勇为本焉；丧虽有礼，而哀为本焉；士虽有学，而行为本焉……本不固者未必几，雄而不修者其后必惰，原浊者流不清，行不信者名必耗。名不徒生，而誉不自长，功成名遂，名誉不可虚假，反之身者也。

从道德角度看，“本”即指人的内在道德修养，如果一个人内在修养不够充实，他得到的外在的荣誉、成就等等都不会长久。

务本的主要方法在于“行”。《贵义》说：

今瞽曰：“皑者，白也；黔者，黑也。”虽明目者无以易之。兼白黑使瞽取焉，不能知也。故我曰：瞽不知白黑者，非以其名也，以其取也。今天下之君子之名仁也，虽禹汤无以易之。兼仁与不仁而使天下之君子取焉，不能知也。故我曰：天下之君子不知仁者，非以其名也，亦以其取也。

徒知仁义之名而不能辩别仁与不仁，即是只学而不“行”的缘故。墨子主张道德修养不要空口而说，而是要身体力行。墨子主张，要行有实效，必须从踏踏实实做身边的事开始：

近者不亲，无务来远；亲戚不附，无务外交；事无终始，无务多业；举物而暗，无务博闻。是故先王之治天下也，必察迩来远。君子察迩而修迩者也。（《修身》）

墨子还主张严于律已，勇于自省，反省自己的缺陷并改正，同时对人要宽，要虚怀若谷：

江河不恶小谷之满己也，故能大；圣人者，事无辞也，物无违也，故能成天下器。（《亲士》）

墨子也要求人必须有忧患意识和危机感：

非无安居也，我无安心也；非无足财也，我无足心也。是故君子自难而易彼。（同上）

墨子对道德修养方法讲得不多，这一点是不同于以道德修养为重要部分的儒家学说的。但具体的修养方式，二者也有相似之处，所不同的主要是修养的目的与理想的人格内涵并不相同的缘故。墨子的理想人格是重功利的，符合兼爱、节约、尊天、事鬼等等标准。

# 第二章　后期墨家的伦理思想

墨子死后，墨家分为三派，“有相里氏之墨，有相夫氏之墨，有邓陵氏之墨……取舍相反不同”（《韩非子·显学》）。《墨子》一书中的《经》上下、《经说》上下、《大取》《小取》六篇，一般称之为“墨辩”，被公认为代表后期墨家思想的篇什。其中有很大一部分类似于现在所说的逻辑学的问题，被称为“坚白同异之辩”，而对伦理思想的讨论相对较少，即便是伦理学的讨论，也大多以逻辑的方式，以分析语词的方式来进行。

## 第一节　对“兼爱”说的发挥

墨子的“兼爱”说提出以后，遭到论敌们的责难。后期墨家回答了一些驳难，发展和完善了兼爱学说，提出了“周爱”的观点，即普遍地爱一切人。《小取》篇说：

> 爱人，待周爱人而后为爱人。不爱人，不待周不爱人；不周爱，因为不爱人矣。

“兼爱”就要做到“周爱”，只要爱一些人，不爱另一些人，就不能称之为“周”。他们又用逻辑的方法说明，这与乘马不同，“乘马不待周乘马……不乘马待周不乘马”（同上），即是说，骑马不是乘一切马，但是只有任何马都不骑，才叫作不乘马。

当时对于“周爱”说，还有一些驳难，其中的一条是说：“无穷害兼”，指人数是无穷的，因为不能全部去爱所有人，所以“兼爱”只能是一种空想。这个驳难本来不错，但没有注意到“兼爱”说的特殊内涵，所以说不到点子上。而后期墨家也没有正面申明自身的见解，而是以诡辩的方式进行反驳的。《经说下》载：

> 无：南者有穷则可尽，无穷则不可尽。有穷、无穷，未可知；则可尽、不可尽，未可知。人之盈之否未可知，而必人之可尽、不可尽

亦未可知，而必人之可尽爱也，悖。人若不盈无穷，则人有穷也；尽有穷，无难。盈无穷，则无穷尽也；尽有穷，无难。

人若不能充满无穷的南方，那么人是有穷尽的，人若能充满南方，那么，南方和人都是有穷尽的。这似乎是一个两难推理。可是，问题的关键不在人是否有穷尽（而且我们知道，在特定的时空内，人的数量总是有限的），而在于一个人在现实中能否实际地爱一切人。实际在墨家看来，爱只是人本身所必有的一种信念而已，而不可能对每一个人都有爱的行为。在这个辩难中，驳难者与反驳者都没有抓住问题的症结所在。《经下》另有一条，可以作为这个问题的辅助说明：

不知其所处，不害爱之，说在丧子者。

天下人大多不认识，一个人不知道另一些人住在何处，仍然可以爱他们，就如同一个父亲失去了儿子，依然还爱这个儿子。这样，才可以解释“兼爱”。

他们还提出了“爱人不外己”的观点。在《大取》篇中载：

爱人不外己，己在所爱之中。己在所爱，爱加于己。伦列之，爱己，爱人也。

爱己与爱人是相通的。人不能首先爱己，而一定要先爱人，因为先爱己一定会使人变得非常自私自利，这种人，不能使别人爱之，到头来只能自己受害；而先爱人，别人就能以爱相回报，这样爱人和爱己就可以统一起来而互不矛盾。这种观点，和18世纪法国思想家爱尔维修关于公众利益和个人利益相结合的观点，有一定的相似之处。

墨家的反对者中，也有人提出，墨家既主张“兼爱”又主张“杀盗”，这是互相矛盾的，因为杀盗也是杀人，杀人就不是兼爱。后期墨家对此进行了辩驳，《小取》中说：

盗人，人也；多盗，非多人也；无盗，非无人也。奚以明之？恶多盗，非恶多人也；欲无盗，非欲无人也。

盗人，人也；爱盗，非爱人也；不爱盗，非不爱人也；杀盗人，非杀人也。

必须注意，这两条反驳虽然看上去似乎采用了逻辑推论的形式来探讨问题，但其中的推导并不都符合形式逻辑。它的第一句“盗人，人也”，从逻辑的角度承认，盗也属于人的范畴，这里的“人”是客观的生物学涵义的概念，到了最后一句话“杀盗人，非杀人也”中，“人”的内涵已经发生了实质性的改变，即有了现实的伦理的内涵，这里的“人”，已经代表有道德观念的人了。所里，这段推论犯了“偷换概念”的逻辑错误。

但另一方面，从道德的角度看，盗是对人有害的，而杀盗则对人有利，所以说，杀盗和兼爱也有不矛盾之处。当然，这评判标准严格地说也不完全是道德标准，也包含了一定的利益标准在内，也表现了伦理道德标准的相对性的一面。就杀人来讲，佛教显然是不赞成的，因为佛教是立足于不伤害任何生命的出发点的，其后有一套关于轮回和果报之类的理论背景。这样说来，“不杀人”在佛教那里就是一条绝对的律令，而在墨家来讲，因为要服从兼爱原则，所以，它就成为相对的命令了。

## 第二节　义利观

后期墨家更加重视利，而且给了利以明确的定义：

> 利，所得而喜也。(《经上》)
> 害，所得而恶也。(同上)
> 得是而喜，则是利也；其害也，非是也。(《经说上》)
> 得是而恶，则是害也；其利也，非是也。(同上)

把利害直接解释为人的好恶感情。这种解释当然有其根据，但是单单这样的解释，又显得失之偏颇，因为人的利害和感情上的好恶有不统一之处，其间的关系比较复杂，利与害如果是公共的，那么，作为它们的基础的好恶，就也应是公共的。

后期墨家又把“利”与“义”结合起来，直接说：“义，利也”(《经上》)，然后，又用“利”直接规定其他的伦理规范，如：

> 忠，以为利而强君也。(同上)
> 孝，利亲也。(同上)
> 功，利民也。(同上)
> 孝，以亲为芬，而能能利亲，不必得。(《经说上》)

把其他规范都与“利”紧密联系起来，更加强了后期墨家的功利主义体系的一致性和彻底性。

后期墨家不仅仅停留在概念的重新定义上，而且又进一步，对实际生活中常出现的利害取舍的一些复杂现象作了论述。《大取》说：

> 利之中取大，害之中取小。
>
> 害之中取小也，非取害也，取利也。
>
> 利之中取大，非不得已也；害之中取小，不得已也。
>
> 遇盗人，而断指以免身，利也。

这里就是比较现实地分析问题，指出每件事都不会“有百利而无一害”，都是利害并存的。这就要分析具体的事物，权衡利害得失，以尽可能多的得利为宗旨，尽量使这件事的危害最小。遇到强盗，砍断了指头，单纯就这一点看是坏的、有害的，但因而活命，就是避免了更大的危险和害处，两害相权取其轻，还可以说是有利的。

后期墨家还主张“损己而益人”，他们说：

> 任，士损己而益所为也。(《经上》)
>
> 任，为身之所恶，以成人之所急。(《经说上》)

这种利他主义的伦理思想，墨子也是赞同的，而且把这种主张严格贯彻到行动中去。墨子在世时，墨家的团体就有着相当严密的组织纪律。据《淮南子·泰族训》载：“墨子服役者百八十人，皆可使赴火蹈刃，死不旋踵。”后期墨家也明确提出：“断指与断腕利于天下相若，无择也；生死利天下若，一无择也。”（《大取》）为了天下之大利，甚至可以牺牲自己的生命，这种利他主义，表明墨家始终是以“天下之利”作为评判一切行为的最高标准。

## 第三节　论志功

“志功”问题大致相当于现在所说的动机与效果的问题，前文已有论述。后期墨家对墨子关于“合其志功而观”的动机效果统一论，加以继承与发挥。《经说上》说：

> 义，志以天下为芬（分），而能能利之，不必用。

义的含义就是立志把天下之事当作自己的分内事，而能够做到使天下得利，但不要求一定为天下所用，这与孔子的“知其不可为而为之”倒是有一定相似之处，即都重视动机，把动机摆到比效果更重要的位置上，这种重动机的看法，与注重主体内在德性与修养的思维方式有关，即便墨家在许多问题上都与儒家针锋相对；涉及道德动机上的问题，也不得不承认动机的重要性。

后期墨家承认了动机与效果分离的情况存在。他们既重视动机，又重视效果，可以说是改变了墨子偏重效果的倾向。“大取”说：

> 天之爱人也，薄于圣人之爱人也；其利人也，厚于圣人之利人也。大人之爱小人也，薄于小人之爱大人也；其利小人也，厚于小人之利大人也。

之所以说天之爱人薄于圣人之爱人，是因天并不像圣人那样显示出强烈的“爱人”的动机，其爱人而给予人的好处却比圣人给人的好处要多，人毕竟是“受天养育”的，离开了“天”（自然界），人就不能生存。而大人（圣贤）对小人（可作不道德含义讲，也可作普通人含义讲）的爱，并不如小人对大人表现出来的“爱”深厚，因为小人往往别有所图，有获利之心，从效果讲，小人所得之利比所给予大人之利更多。这里所讲的含义，与《老子》三十八章的“上德不德，是以有德”有一定的相似之处，但更强调动机与效果在实际上的分离和二者并重的必要性。这一思想直到现在依然不能磨损其深刻性。

# 法家的伦理思想

法家是战国时代影响最大的学派之一。

春秋时代礼崩乐坏、社会转型、兵连祸结，战乱频仍，处于“乱世”时代。到了战国时代，纷争变得更加激烈，大国兼并了小国，形成“七雄”争霸的格局。和平地建立新秩序的希望越发渺茫。这样的现实，反映到法家思想中，则主张用暴力来解决问题，提倡富国强兵的思想。这种思想在以商鞅、韩非为代表的法家中表现得十分突出。他们在伦理学说上，一般持非道德主义思想，猛烈地抨击了儒家的仁义道德学说。

商鞅是卫人，曾在魏国当魏相家臣。韩非是韩国公子。韩、魏是从晋国分化出来的，所以一般学术界以商鞅、韩非为代表的法家称之为晋法家。与晋法家不同，在东方齐国也形成了一个法家学派，人们称它为齐法家。齐法家的学说，受老子道家思想影响较大，并吸取了儒家的一些伦理学说，因此它不带有非道德主义的倾向。在这一点上，它的确与晋法家不同。

# 第一章　法家商鞅、韩非的非道德主义伦理思想及其对儒家伦理思想的批评

## 第一节　商鞅的非道德主义伦理思想及其对儒家伦理的批评

商鞅所处时代，正是战国时代的前期。秦国鉴于本身在众诸侯国中的落后地位，因而迫切希望变法。商鞅是变法的实际领导者，他的思想就成为变法的理论根据。

商鞅首先承认，时代的变化要求君主必须变法。他说："三代不同礼而王，五霸不同法而霸。"（《商君书·更法》，以下只注篇名）因此，他提出"任力"的思想，主张"力"和"强"。《错法》篇中说：

凡明君之治也，任其力而不任其德。

商鞅夸大了强力的作用，而否定了道德的价值。为此，他反对儒家讲的仁义道德那一套，并加以批驳说：

诗、书、礼、乐、善、修、仁、廉、辩、慧，国有十者，上无使守战。国以十者治，敌至必削，不至必贫。国去此十者，敌不敢至，虽至必却，兴兵而伐，必取，按兵不伐，必富。(《农战》)

仁者能仁于人，而不能使人仁，义者能爱于人，而不能使人爱，是以知仁义之不足以治天下也。(《画策》)

这就是纯粹从狭隘的功利的角度来评判问题的结果。其实道德的力量是无形的、长期的，道德的教化可以起到移风易俗的作用。而商鞅根本否定了道德的作用，这就暴露出了他的极端功利主义立场。

商鞅进一步认为，强国必须重视农和战：

凡人主之所以劝民者，官爵也；国之所以兴者，农战也。今民求官爵，皆不以农战，而以巧言虚道，此谓劳民。劳民者，其国必无

力，无力者，其国必弱。(《农战》)

今夫世俗治者，莫不释法度而任辩慧，后功力而进仁义，民故不务耕战。彼民不归其力于耕，即食屈于内；不归其节于战，则兵弱于外。入而食屈于内，出而兵弱于外，虽有地万里，带甲百万，与独立平原一贯也。(《慎法》)

之所以重农，是因为农是富国之本。而且商鞅认为若商业发达，就会使民失去质朴的本性而变得奸滑，君主就会不好管理。于是，他主张抑制士、工、商三阶层，使百姓的意志都统一于务农，这就叫作“壹”：

凡治国者，患民之散而不可抟也，是以圣人作壹，抟之也。(《农战》)

商鞅非常重视“制民”即控制百姓，他对此有许多论述：

民不贵学则愚，愚则无外交，无外交，则国安不殆。民不贱农，则勉农而不偷。(《垦令》)

夫民之情，朴则生劳而易力，穷则生知而权利，易力则轻死而乐用，权利则畏罚而易苦，易苦则地力尽，乐用则兵力尽。夫治国者，能尽地力而致民死者，名与利交至。(《算地》)

怯民使以刑，必勇；勇民使以赏，则死。(《去强》)

人君而有好恶，故民可治也。人君不可以不审好恶。好恶者，赏罚之本也。夫人情好爵禄而恶刑罚，人君设二者，以御民之志，而立所欲焉，夫民力尽而爵随之，功立而赏随之，人君能使其民信于此，如明日月，则兵无敌矣。(《错法》)

主操名利之柄而能致功名者，数也。圣人审权以操柄，审数以使民。数者，臣主之术，而国之要也，故万乘失数而不危，臣主失术而不乱者，未之有也。(《算地》)

商鞅认为人性是“好爵禄而恶刑罚”的，所以君王控制百姓要用尽一切办法，以赏诱之，以严刑峻法畏之，又用愚民政策和权术手段驾驭百姓与臣子，以使农民拼命耕作，士兵拼命打仗，甘于为君而死，这才算“制民”成功。这样的政权，对内残酷无情，对外穷兵黩武，这一切的目的都是为了称王争霸。

商鞅认为，统治国家的工具之中，法是最重要的，虽然他有时也讲

“术”，但最强调的是“法”。这一点，使他成为晋法家先驱中之重法者，与重“术”的申不害，重“势”的慎到，共为晋法家的重要代表。他的学说中的许多特点，如非道德的功利主义，建立君主的绝对权威，等等，对韩非影响很大。

## 第二节 韩非的非道德主义伦理思想及其对儒家伦理思想的批评

韩非是晋法家思想的集大成者。他批判地吸收了战国各家思想，以君主专制社会作为政治理想，以“法治”为中心，主张法、术、势三者并重。他的伦理思想，是以非道德主义的功利主义为其特色的，在这一点上与商鞅一致而又有所发展。他把功利主义向前推了一大步，得出了一套严密的政治统治方略。他对战国各家思想的反思也自有其深刻意义。

### 一、人性自利说

韩非受到荀子的“性恶论”影响，主张人性是利己的，他说：

> 好利恶害，夫人之所有也。……喜利畏罪，人莫不然。（《韩非子·难二》，以下引文只注篇名）
>
> 夫安利者就之，危害者去之，此人之情也。（《奸劫弑臣》）

人与人之间的关系统统被看作为赤裸裸的利害关系，一切都被淹没在利己主义的冰水之中。社会交往表面上看来是规范的，实际上都是以私利心互相算计而已：

> 舆人成舆，则欲人之富贵；匠人成棺，则欲人之夭死也，非舆人仁而匠人贼也，人不贵则舆不售，人不死则棺不买，情非憎人也，利在人之死也。（《备内》）

实质性的个人动机，都是以利益为主，所谓仁义道德都是表面的装饰。而且所谓“仁”或“贼”的判断本来应该是对动机的判断，可是，在这种情况下，实质上却变成了对效果的判断，从而走上了一条功利主义的道路。

韩非认为，君臣之间的关系也是一种利害关系。《孤愤》篇说：

主利在有能而任官，臣利在无能而得事；主利在有劳而爵禄，臣利在无功而富贵；主利在豪杰使能，臣利在朋党用私。

君主之利既然与臣子之利不同，那么必然引起冲突。《扬权》说：

黄帝有言曰："上下一日百战。"下匿其私，用试其上，上操度量，以割其下。

君臣之间互相利用，互相牵制，为了利益的调和，他们建立了互相交换利益即"互市"的关系，而达到互相妥协：

臣尽死力以与君市，君垂爵禄以与臣市。君臣之际，非父子之亲也，计数之所出也。（《难一》）

此外，君王还必须提防来自身边的威胁：

后妃、夫人、太子之党成而欲君之死也，君不死则势不重，情非憎君也，利在君之死也。（《备内》）

权力是有腐蚀性的，后妃太子等人有机会接触最高权力，就势必要产生以权谋利之心，进而产生篡权之心。在利益的驱使下，对君主个人的感情就只能牺牲了。

我们必须注意，通过韩非对君之利的说明，可以发现，他对君之利的阐释不包括君的物质利益、个人享乐等，而是指向权势治国等。这一思想体现了君王必须把维持统治地位作为最高目标，所以他必须励精图治，摒弃个人享受为国家的安危着想，是求国之利。这就与韩非的"公利"思想有关，这一点将在后文评述。

韩非进而认为，家庭关系也是利害关系：

父母之于子也，产男则相贺，产女则杀之，此俱出于父母之怀衽，然男子受贺、女子杀之者，虑其后便，计之长利也。故父母之于子也，犹用计算之心以相待也，而况无父子之泽乎？（《六反》）

夫妻者，非有骨肉之恩也，爱则亲，不爱则疏。语曰："其母好者其子抱"然则其为之反也，其母恶者其子释。丈夫年五十而好色未解也，妇人年三十而美色衰矣，以衰美之妇人，事好色之丈夫，则身见疏贱，而子疑不为后，此后妃夫人之所以冀其君之死者也。（《备内》）

既父母对子女都以计算之心行事，更何况夫妻了。韩非指出：君主不能耽于父子、夫妻之间的感情而疏于防范。不然的话，后妃之惧失宠而失去其子的王位继承权，故而有篡位之心，君主很可能蒙蔽于感情而被人钻了空子。

同样，表面上是利他的行为有可能也出于利己之心：

> 王良爱马，越王勾践爱人，为战与驰。医善吮人之伤，含人之血，非骨肉之亲也，利所加也。（同上）

韩非以上的论证方式是不科学的，只是一种简单类举式的不完全归纳方法，而得出的结论也不是必然如此的，但是，他也深刻地揭示了社会的某些现实状况，剥去了试图掩盖在统治者脸上的仁义道德的伪善面具。

有学者指出，韩非和先秦诸子都有一个对当时社会的基本共识，即对“天下无道”的确认和对邪恶人心的忧惧。面对险恶的人心，韩非的特点在于正视之，并与之进行正面周旋。正是因为如此，韩非把人的自私自利本性看作是先天的，不会改变的，他说：

> 今或谓人曰：“使子必智而寿”，而世必以为狂。夫智，性也；寿，命也。性命者，非所学于人也。……以仁义教人，是以智与寿说也，有度之主弗受也。故善毛啬西施之美，无益吾面。（《显学》）

教人行仁义，如同让人得到智慧和寿命一样，是办不到的，因为人的本性是自私的，自私不可能变为利他。韩非在这里所说的实际是说仁义教化对于改变人的自私本性是无能为力的。说教既然无用，就应该承认人性自私的现实并顺应之，从这个现实出发，重新设计统治术，这就是韩非的思路。

韩非认为，人应发挥自私心去追求个人利益，他说：

> 鳣似蛇，蚕似蠋，人见蛇则惊骇，见蠋则毛起。渔者持鳣，妇人拾蚕，利之所在，皆为贲诸。（《说林下》）

蛇、蠋令人恐惧，而人们为了求利，去捕捉和饲养与蛇、蠋相似的鳣、蚕，是利己心使他们变成了孟贲、专诸一样的勇士。

《八经》篇说：

> 凡治天下，必因人情。人情者，有好恶，故赏罚可用；赏罚可

用，则禁令可立而治道具矣。

人情，即人之常情（即常性）。人由利己心生发出对事物的好恶判断，君主要依据人的好恶判断而定赏罚，达到控制臣民的作用：

赏莫如厚，使民利之；誉莫如美，使民荣之；诛莫如重，使民畏之；毁莫如恶，使民耻之，然后一行其法。（同上）

君王建立赏罚两手控制臣民，是以法为公开的依据。民惧刑好赏，便可以出死力为君效劳：

利之所在民归之，名之所彰士死之。（《外储说左上》）

夫国治则民安，事乱则邦危，法重者得人情，禁轻者失事实，且夫死力者，民之所有者也，情莫不出其死力，以致其所欲。而好恶者，上之所制也。民者好利禄而恶刑罚，上掌好恶以御民力。（《制分》）

在这里，罚的分量似乎要重一些，以便臣民能循规蹈矩，使国君对民的控制力增强，这一点与商鞅是一致的。

韩非进一步归结道：

圣人之所以为治道者三：一曰利，二曰威，三曰名。夫利者，所以得民也；威者，所以行令也；名者，上下之所同道也。（《诡使》）

然后，韩非正面论述了法的作用：

故明主之国，无书简之文，以法为教；无先王之语，以吏为师；无私剑之捍，以斩首为勇。是境内之民，其言谈者必轨于法，动作者归之于功，为勇者尽之于军。是故无事则国富，有事则兵强。（《五蠹》）

所谓“先王之语”当指儒家所说的先王所传之仁义道德。韩非认为不用仁义，用法也可以起到教化作用。儒家讲以仁义使天下百姓归服于国君，这的确有很大的理想乃至幻想成分；而韩非主张用法把百姓牢牢控制住，也只不过是从仁义的乌托邦倒向了现实的血淋淋的强权政治，完全否定了文化与道德的巨大作用。用法教化人民，其结局也不过如此：

圣王之立法也，其赏足以劝善，其威足以胜暴，其备足以完法。

治世之臣，功多者位尊，力极者赏厚，情尽者名立。善之生如春，恶之死如秋，故民劝极力而乐尽情，此之谓上下相得。(《守道》)

这样的“善”是靠“赏”得来的，民的“尽情”也只不过是在法的控制下尽了自私自利之情。在这种赏罚齐用、恩威并施的情况下，民只能乖乖服从，“尽死力”而已。

赏与罚，是韩非为君主制民所设计的两手。同时他还提出了君主制臣民所依靠的三手：法、术、势。法是指成文法，《难三》说：

法者，编著之图籍，设之于官府，而布之于百姓者也。

成文法是赏罚的一个客观标准，对韩非来说，一个专制君主需要法律作为统一全国行为的标准。而“术”则为君主治政和御臣的权术，它只能私藏于君主内心之中。“势”即权力，君主的权力地位也是制臣治政所必需的。此外，韩非还有对统治术的其他一些论述，不再详加讨论。总的说来，这一套君主治国之术都是基于“人性自利”的原则而发的。

我们认为，韩非的人性自利论与其说是一种关于人性的本然状态的设定，倒不如说是一种对人的现实生存状态的描述。孟子的人性论是性善论，在孟子那里，人人心中先天具有恻隐、羞恶、辞让、是非之“四端”，从中生发出仁、义、礼、智四德，是说人心中保有善的萌芽，人须扩充其善端来抵制后天的恶。荀子的性恶论，是另一种人性论思想，他认为“饥而欲食，寒而欲暖，劳而欲休”的生理欲望是人与生俱来的特质，后天教育的目的是使人按仁义礼法行事，而仁义礼法是后天的，被称为“伪”，即人为，教化的目的就是要克服先天的恶而培养后天的善，即所谓“化性起伪”。韩非与他们都不同，在他这里，没有孟、荀学说中的先天与后天的矛盾与紧张，也不关注个人的道德修养，而只是承认人性自私的现实并加以利用。所以，把韩非思想概括为非道德主义是恰当的。

韩非人性自利论的重要价值就是揭露和反映了春秋战国时代的残酷的社会现实。就一般人性的本来状态而言，应该是无善无恶的，善恶其实都是后天环境的作用。韩非之所以持这种非道德主义观点，是因为所有关于道德教化的理论或主张在那个人人自危、互相倾轧、连年征战、称王争霸的社会环境中是太过迂阔而不切实际的。韩非的学说实际上是符合一个强权国家用暴力统一各国的现实需要的。纵观先秦各派学说的发展历程，从孔、墨、老、庄直到荀、韩，理想性和乌托邦精神越来越少，现实性和功利主义、非道德主义的倾向越来越强。我们不能因为韩非思想是非道德的就简单地拒斥它，而是必须承认，韩非的学说反映着那个时代的要求。

## 二、对儒家仁义道德的批评

韩非对先秦学说的批评，主要是针对儒、墨二家而发，他称儒、墨二家为“世之显学”（《显学》），认为儒，墨二家鼓吹仁义道德，不符合君主专制的需要。他认为：

> 孔子墨子，俱道尧舜，而取舍不同，皆自谓真尧舜。尧舜不复生，将谁使定儒墨之诚乎？殷周七百余岁，虞夏二千余岁，而不能定儒墨之真。今乃欲审尧舜之道于三千岁之前，意者其不可必乎！无参验而必之者，愚也；弗能必而据之者，诬也。故明据先王，必定尧舜者，非愚即诬也。愚诬之学，杂反之行，明主弗受也。（《显学》）

韩非持有类似经验主义的认识论观点，所谓“参验”即“参伍之验”，是指比较验证之意，这比墨子的“三表法”要合理一些，韩非认为尧舜的事迹不能证实，就不能因此肯定和承认他们的行为，而儒墨之人要把它们拿来作根据，就是“愚诬之学”，这样的学说是站不住脚的。

另外，韩非还指出了儒墨两家在“仁义”的共同口号下具体主张的不同甚至对立，来证明二者的不可用。例如，孔子主张厚葬久哀与墨子主张薄葬，就是一对矛盾：

> 夫是墨子之俭，将非孔子之侈也；是孔子之孝，将非墨子之戾也。今孝戾侈俭俱在儒墨，而上兼礼之。……自愚诬之学、杂反之辞争，而人主俱听之，故海内之士，言无定术，行无常议。夫冰炭不同器而久，寒暑不兼时而至，杂反之学不两立而治。（同上）

这些儒墨两家互相矛盾的说法，君主同时听从，就只能造成思想上和政治上的混乱，韩非强调了思想定于一尊的必要性。这一尊不能定于墨，也不能定于儒，而只能定于法，这就是韩非的看法。依据这一看法，韩非对于仁义道德的学说进行了集中的批评。

首先，韩非认为，历史是不断改变的，由于不同时代人的生存处境不同，所以人们的道德状况不同。他说：

古者，丈夫不耕，草木之实足食也；妇人不织，禽兽之皮足衣也。不事力而养足，人民少而财有余，故民不争。是以厚赏不行，重罚不用，而民自治。今人有五子不为多，子又有五子，大父（祖父）未死而有二十五孙，是以人民众而货财寡，事力劳而供养薄，故民争。虽倍赏累罚而不免于乱。(《五蠹》)

韩非的看法有一定道理，他揭示了物质生产状况和道德之间的一种可能的关系，即人们之间道德状况的恶化是和物质匮乏程度的加大有关的。当然，韩非不可能认识到道德沦丧的全部复杂原因，他的论证，只是抓住了一个原因，给出了一个线性的解释，而且他对上古时代的描述也不很确切，上古时代之所以没有普遍的道德沦丧，是由于物质生产尚未发展，私有制尚未产生，人的欲望还没有十分膨胀，并不是因为他所说的“人民少而财有余”。

韩非又说：

禹之王天下也，身执耒臿以为民先，股无胈，胫不生毛，虽臣虏之劳，不苦于此矣。以是言之，夫古之让天子者，是去监门之养而离臣虏之劳也。古传天下而不足多也。今之县令，一日身死，子孙累世絜驾，故人重之。是以人之于让也，轻辞古之天子，难去今之县令者，薄厚之实异也……是以古之易财，非仁也，财多也；今之争夺，非鄙也，财寡也；轻辞天子，非高也，势薄也；重争士橐，非下也，权重也。(同上)

今人之自利心与上古人之自利心并无变化，只是物质生产环境改变，而人的利益有大小而已。韩非试图揭开儒家所称道的古之圣王的假面具，指出他们也是为利行事的。接着，他引出了重要的论断：

故圣人议多少，论薄厚，为之政。故罚薄不为慈，诛严不为戾，称俗而行也。故事因于世，而备适于事……世异则事异……事异则备变。上古竞于道德，中世逐于智谋，当今争于气力。(同上)

时代状况的不同，导致了道德状况的不同，又因而导致了君王统治手段的差异，刑罚的轻重是与社会状况相适宜的，君主争霸的方法也由道德而智谋、而气力，每况愈下。韩非在此断然指出：儒墨所鼓吹的仁义道德都已过时，现在已经到了崇尚“气力”的时代，他在《五蠹》篇中举了许子例子说明仁义的无用。他认为，在这样的时代里若再像儒、墨一样的行仁义，就同“守株待兔”一样愚蠢。

其次，韩非揭露了仁义之道的虚伪性和无效性。《五蠹》篇中说：

> 今人主之于言也，说其辩，而不求其当焉；其用于行也，美其声，而不责其功，是以天下之众，其谈言者务为辩，而不周于用，故举先王言仁义者盈廷，而政不免于乱；行身者竞于高，而不合于功。

君王之所以接受仁义的说教，是因为惑于辩士的花言巧语和赞美之辞，而不考虑仁义道德在实际上的作用。韩非又说：

> 且民者固服于势，寡能怀于义。仲尼，天下圣人也，修行明道，以游海内。海内说其仁、美其义，而为服役者七十人。盖贵仁者寡，能义者难也。故以天下之大，而为服役者七十人，而仁义者一人。鲁哀公，下主也，南面君国，境内之民，莫敢不臣，民者固服于势，势诚易以服人，故仲尼反为臣，而哀公顾为君，仲尼非怀其义，服其势也。故以义则仲尼不服于哀公，乘势则哀公臣仲尼。（同上）

人的本能是屈服于权势，而很少有行仁义的志向，像孔子这样的圣人，其弟子才只七十人，而行仁义的孔子也不得不屈服于鲁哀公的权势。这正说明，讲仁义、行仁义者是迂腐而昧于现状的人，在实际上也不能起什么作用。

韩非还揭示了儒家思想中忠孝之间的义务的矛盾冲突。他举了两个例子：

> 楚之有直躬，其父窃羊，而谒之吏。令尹曰：“杀之。”以为直于君而曲于父，报而罪之。以是观之，夫君之直臣，父之暴子也。鲁人从君战，三战三北。仲尼问其故，对曰：“吾有老父，身死莫之养也。”仲尼以为孝，举而上之。以是观之，夫父之孝子，君之背臣也。（同上）

俗语云：忠孝难以两全。其实这种义务冲突是普遍存在的。在现代社会中也有各种各样的义务冲突。这倒不是儒学才有的理论矛盾。韩非的真意不是把这个矛盾的原因推到儒家头上，而是认为：面对这个矛盾，儒家的对策是取孝而不取忠，这对于君主的利益、国家的利益是有害的。

韩非进一步说：

孝子爱亲，百数之一也。(《难二》)

今先王之爱民，不过父母之爱子，子未必不乱也，则民奚遽治哉？(《五蠹》)

行孝道的人是凤毛麟角，父母对子女的爱也成问题，可见所谓“先王爱民”，更是无从说起，所以，君王对臣民须用赏罚和权谋。

韩非又说：

今有不才之子，父母怒之弗为改，乡人谯之弗为动，师长教之弗为变，夫以父母之爱、乡人之行、师长之智，三美加焉，而终不动，其胫毛不改。州部之吏，操官兵、推公法，而求索奸人，然后恐惧，变其节、易其行矣。故父母之爱不足以教子，必待州部之严刑者，民固骄于爱，听于威矣。(同上)

对于一个“不才之子”来讲，父母之爱、仁义教化对他毫无作用，只有官府的刑罚才能把他教育好。在道德丧失的环境下，法的强制力量更具有立竿见影的高效率，而对法的强调更反衬出道德之软弱无力，不入人心：

夫严家无悍虏，而慈母有败子。吾以此知威势之可以禁暴，而德厚之不足以止乱也。(《显学》)

韩非对仁义道德的批评，是立足于极端的功利主义立场的。他的批评也有不足之处，这就是忽视了仁义道德的正面教化作用。固然，在当时的时代，提倡仁义是无法付诸实施的，但是仁义道德可以作为对现实进行批判的武器。在先秦哲学中，对现实的批判最为深刻的是道家，其“自然”论是对整个人类文明的质疑，对人类追求实利而扼杀自然天性的批判。而儒家的批判矛头是指向“礼崩乐坏”、乱篡横行的现实。韩非对儒家的批判是以无条件承认现实的强权政治为代价的，这就使他的理论批判力量大为减弱。

**三、公私之辨**

韩非认为，虽然人性是利己的，但也有公共的利益存在，这就有了公利与私利之分。他所谓的公利也就是国家之利。他主张在利用人的私利的同时，要维护君主的、国家的“公利”“大利”。

他说：

> 明主之道，必明于公私之分，明法制，去私恩。夫令必行、禁必止，人主之公义也；必行其私，信于朋友，不可为赏劝，不可为罚沮，人臣之私义也。私义行则乱，公义行则治，故公私有分。人臣有私心，有公义，修身洁白，而行公行正，居官无私，人臣之公义也；污行从欲，安身利家，人臣之私心也。明主在上，则人臣去私心，行公义；乱主在上，则人臣去公义，行私心。(《饰邪》)

这里提出了“公义”与“私义”之别，“义”在这里不是孔墨“仁义”之“义”，大致是指行事的原则。人有私义，这是我们在前面已经论述过的，而又承认有“公义”，那么这个矛盾如何解决呢？韩非认为，君臣共同担负着使国家富强的义务，在这里君臣之间并不矛盾。韩非指出，只有在明主的统治下，人臣才能去私心，行公义。这说明韩非把国家的治乱都看作君主是否有“公义”的结果。这一点是很深刻的，公私分明正是推行法治的重要保证，而法治的推行，最后都归结到君主身上。在封建社会，行法治必须有“明君”，这是被历史证明了的。韩非把希望寄托于“明君”的出现，正是中国古代绝大多数思想家的主张。

韩非说：

> 匹夫有私便，人主有公利。不作而养足，不仕而名显，此私便也；息文学而明法度，塞私便而一功劳，此公利也。(《八说》)
>
> 夫立法令者，以废私也，法令行而私道废矣。私者，所以乱法也。(《诡使》)

“公利”是人主所为的目的，而臣民都有“私便”，这就有破坏法令的危险了，所以，君主立法令的目的之一，就是要克制人的“私便”，使人不谋私而谋公。同样，如果君主无道，那么“贤者”与“智者”就会有“私词”“乱意”，使“贤者显名而居，奸人赖赏而富”（同上）导致“上不胜下”的结局。

韩非又提出“大利”的概念，指统治者的根本利益。《六反》篇中说：

> 法之为道，前苦而长利；仁之为道，偷乐而后穷。圣人权其轻

重，出其大利，故用法之相忍，而弃仁人之相怜也。

用法来治国，人会觉得很严酷，但从长远的眼光来看，是有利的，而用仁来治国，人会觉得很安乐，但不能长久。这时，“大利”就成了权衡“法”与“仁”这两种治国方法高下的标准。从这标准看来，“法”符合“大利”。韩非又指出，“大利”作为共同利益，君臣都要遵从它，尽管君臣之“大利”的具体表现形式还有所不同：

霸王者，人主之大利也。人主挟大利以听治，故其任官者当能，其赏罚无私。使士民明焉，尽力致死，则功伐可立而爵禄可致，爵禄致而富贵之业成矣。富贵者，人臣之大利也。人臣挟大利以从事，故其行危至死，其力尽而不望。（同上）

“不望”，王先慎解释为“无怨”之意。君主与臣子都以“大利”为行事的标准，都能达到各自的目的，则霸业可成。

韩非虽然持极端功利主义观点，主张非道德主义，但他也并非绝对地排斥一切道德。他认为，符合“大利”的道德准则是可用的。比如，他重视君主的“信”，即赏罚有信，他说：

小信成则大信立，故明主积于信。赏罚不信，则禁令不行。（《外储说左上》）

在这里，赏罚不信，则君王的权威就缺乏“合法性”，缺乏臣民的支持，使法对臣民的威慑力和控制力大大削弱。由此可见，韩非所提倡的道德，也是与功利主义的原则不冲突的。

# 第二章　齐法家的伦理学说

齐法家产生于战国中期的齐国地区。齐国文化比较开放而繁荣。当时在齐国的稷下学宫，思想十分活跃，开展了学术争鸣，各学派之间互相影响、互相借鉴、互相融合。在这种文化氛围下，形成的齐国法家学派，自然与晋法家有所不同。晋法家的功利主义色彩很浓厚，而齐法家由于与道家关系密切，较重个人修养；晋法家较重视法，而齐法家是礼、法并重。

齐法家的主要著作是《管子》，我们的讨论就围绕它展开。《管子》中有一些篇目是管仲本人的思想，有一些是管仲后学的思想，也有些篇是杂入的其他各派著作，但主要的篇目是齐国法家的著作。

## 第一节　通论道德

《管子》的治国主张为法治与德治并用，《形势》篇说："且怀且威，则君道备矣。"正是此义。它之所以重视德治的原因之一是认为政治以顺民心为先：

> 政之所兴，在顺民心，政之所废，在逆民心。民恶忧劳，我佚乐之；民恶贫贱，我富贵之；民恶危坠，我存安之；民恶灭绝，我生育之。能佚乐之，则民为之忧劳；能富贵之，则民为之贫贱；能存安之，则民为之危坠；能生育之，则民为之灭绝。故刑罚不足以畏其意，杀戮不足以服其心。(《牧民》)

这个思想讲"利民"，是由于认识到顺民心之必要和单用刑罚制民的局限性，这是《管子》与韩非之间的不同之处。当然，"利民"的最终目的还是要"牧民"，这又是法家的本色。

许多研究著作常常称引这一段话：

> 凡有地牧民者，务在四时，守在仓廪。国有财，则远者来，地辟举，则民留处。仓廪实则知礼节，衣食足则知荣辱。(同上)

道德的提高来源于物质生活的丰富，这是《管子》的著名论断。然而，关于经济与道德的关系不是简单的线性决定关系。今人对这个问题也十分关注，但一直未有定论，《管子》也无意深入探讨这个问题。在它看来，这个问题是不言而喻的，因为“知礼节”与“知荣辱”这类观念是适应于君王的统治的，它意在通过“富民”而使民自动顺从统治秩序。“礼节”即秩序，“知礼节”即认同秩序，而“知荣辱”则是求利避刑之意，使人服从赏罚，这才是此篇名“牧民”之意。

《管子》主张士、农、工、商四民各安其业，认为这样能够维护和巩固道德，《小匡》篇中这样说：

士群萃而州处，闲燕则父与父言义，子与子言孝，其事君者言敬，长者言爱，幼者言弟。旦昔从事于此，以教其子弟，少而习焉，其心安焉，不见异物而迁焉。

如果士农工商之人无恒业，则心不安于位，心不安于位就不能形成固定的道德秩序，归根结底，道德还是秩序的代名词。当然，无论任何时代，言道德者皆有重秩序之意，二者关系较密切。

《管子》很注重道德的作用。《霸言》说：

夫欲用天下之权也，必先布德诸侯。

无德而欲王者危，施薄而求厚者孤。

君主不以德治，统治就很危险，所以说行德治是维持君主统治的必要条件。

《管子》还认为，道德不仅仅是治民的手段，而且还是选拔人才的标准，《君臣上》说：

论材、量能、谋德而举之，上之道也。

选拔人才注重德行的意义之一就在于防止道德败坏者窃取大权，对统治者造成损害：

君之所审者三：一曰德不当其位；二曰功不当其禄；三曰能不当其官。此三本者，治乱之原也。（《立政》）

大德不至仁，不可以授国柄。（同上）

它要求“德”与“才”并重，是因为在上的统治者能对百姓起到教化的作用：

> 身立而民化，德正而官治。治官化民，其要在上。(《君臣上》)

这说明当时思想家已经注意到了“上行下效”这一原则，君臣以身作则，就能使社会风俗淳化，这是很有现实意义的。

《权修》篇指出：

> 凡牧民者，使士无邪行，女无淫事。士无邪行，教也；女无淫事，训也。教训成俗而刑罚省，数也。

道德上的移风易俗比单纯用刑罚作用来得大，修德为本，而刑罚为标，治本的效果要强于治标。这一思想之所以不像韩非那样偏重于严刑峻法，其重要原因是其时为战国中期，强权政治尚未发展到极点，而且是在齐国这样的相对稳定和平的社会环境下产生的思想的结果。

## 第二节　论道德规范

《管子》中对道德规范论述较多，而且形成了体系，其中有纲有目。所谓纲，《牧民》篇中说：

> 国有四维……何为四维？一曰礼，二曰义，三曰廉，四曰耻。礼不逾节，义不自进，廉不蔽恶，耻不从枉。故不逾节，则上位安；不自进，则民无巧诈；不蔽恶，则行自全；不从枉，则邪事不生。

所谓目，《五辅》篇中云：

> 德有六兴，义有七体，礼有八经。

“德有六兴”指的是六项德政，包括振兴农业、便利贸易、兴修水利等生产之事，薄征轻赋、宽刑赦罪等利民之事，以及救贫扶弱，社会救济之事。与“礼”和“义”是贯通的。而“廉”与“耻”属于个人修养之事，由于《管子》以治国为先，（有关治身的思想后文还有论述）所以“廉”“耻”也没有展开论述。而“礼”与“义”大致属于制度层面的安排，所以比较重视。

“礼”为“不逾节”，实为维持秩序之义，而“义”为“不自进”，实指不乱秩序。这样可知，“礼”为一种社会道德规范，而且是《管子》伦理体系的核心，“义”以礼为内容。从这里，我们就可以看出《管子》与儒家“仁义”思想的差别。依孟子的说法，“仁”与“义”（还有礼、智）是从人心的“恻隐之心”与“羞恶之心”等萌芽状态而发出来的，而且人人心中都具有同样的心理反应状态与先验结构。而《管子》的“礼义”的内涵是社会秩序。可以说，前者的规范是内在的，而后者的规范是外在的，这个内外之别的差异，意味着儒家学说比法家学说更加具有伦理哲学的意味。

《权修》篇说：

> 凡牧民者，欲民之有礼也。欲民之有礼，则小礼不可不谨也。小礼不谨于国，而求百姓之行大礼，不可得也。

“礼”有大小之分，同样地“义”“廉”“耻”也有大小之分，“大”当指宏观的、总体的礼义廉耻的秩序、规定；“小”指针对一人、一事、一阶层行为的具体的规定。《管子》注意到了行礼义廉耻须从具体事做起，是正确的，这其中包括个人修身的必要性，也包括各阶层士民遵循各自的等级秩序的思想。

关于“义”的论述，明显分为两个层面，第一是作为上述“四维”之一的义，是以“礼”为内容的行为准则，其中包括一些具体的规定，即所谓“义有七体”。而另一层含义，是从伦理学范畴层面上来说的，与“利”相对，代表人的道德义务，这一含义，后文还要说明。这里集中讲前一含义。《五辅》篇说：

> 孝悌慈惠，以养亲戚；恭敬忠信，以事君上；中正比宜，以行礼节；整齐撙诎，以辟刑僇；纤啬省用，以备饥馑；敦懞纯固，以备祸乱；和协辑睦，以备寇戎。凡此七者，义之体也。

这七个条目，就是所谓“义有七体”，这些都含有一般道德规范和臣民对国家的义务二层含义，体现出《管子》学说的伦理与政治合一的特色。

“义”被认为在道德规范中占有不可或缺的地位，《五辅》说：

> 夫民必知义然后中正，中正然后和调，和调乃能处安，处安然后动威，动威乃可以战胜而守固。

"义"之功利性、有用性被明显地揭示出来，这种"实用伦理"的精神，是我们理解中国古代学说的一把钥匙。

关于"礼"，《管子》认为，它是"德"与"义"的统一：

民知义矣，而未知礼，然后饰八经，以导之礼。所谓八经者何？曰：上下有义，贵贱有分，长幼有等，贫富有度。凡此八者，礼之经也。故上下无义则乱，贵贱无分则争，长幼无等则倍，贫富无度则失。上下乱，贵贱争，长幼倍，贫富失，而国不乱者，未之尝闻也。是故圣王饬此八礼，以导其民。(《五辅》)

"义"是内部规范，礼是外部规范，内部规范不能立竿见影，而只有设立外部行为规范，现实秩序才能建立。而外部规范的建立，使义明确化为分别适用于各阶层人的具体行为标准：

八者各得其义，则为人君者，中正而无私；为人臣者，忠信而不党；为人父者，慈惠以教；为人子者，孝悌以肃；为人兄者，宽裕以诲；为人弟者，比顺以敬；为人夫者，敦蒙以固；为人妻者，劝勉以贞。(同上)

依然是政治与伦理合一，其中，君要无私，臣要不党，都体现出以私害公对统治者是极为不利的。另外，我们可以看到，这里所说的政治秩序和伦理要求，都与儒家相去不远。这说明法、儒二家尽管主张不同，但他们只要一涉及统治秩序，就会不约而同地提倡一些无法绕过去的最基本的原则和要求。

此外《管子》还涉及一些具体的德目。关于孝弟忠信，它认为："孝弟者，仁之祖也。"(《戒》)"不孝则不臣矣"(《度地》)，不孝能导致国家的不安定。它关于"孝"的用法与儒家相近，尤其是它似乎把孝看作是仁的来源，这可能是受了儒家的影响。而关于"忠"的解释较有特色。《五辅》说：

明王之务……待以忠爱，而民可使亲。

这里之"忠"与通常用法不太一样，是指君主对百姓之"忠"，大致是对民守诚、竭诚之意，它与"信"相通。《枢言》说：

先王贵诚信。诚信者，天下之结也。

而儒家解“忠”有二义。一为推己及人之义；二为忠君之义，不强调君对民守诚信之意。可见《管子》对君的职责，规定得比较明确而清醒，这也可以从法家的功利主义观点得到解释。

关于“仁”，其义即“度恕”。“度恕者，度之于己也，己之所不安，勿施于人。”（《版法解》）此文与儒家相近。《管子》还提倡“公”，即公正无私之义，认为“公”为天地之德。又根据“物极必反”的道理来提倡恭逊：

> 大哉！恭逊敬爱之道……大以理天下而不益也，小以治一人而不损也。（《小称》）

需要指出，这里的道家色彩也很浓，关于《管子》受道家影响这一点，后文还有论及。

## 第三节　人性论与义利观

《管子》对人性的看法，其最基本的一点是，它认为趋利避害是人的本性。《禁藏》说：

> 夫凡人之情，见利莫能勿就，见害莫能勿避。其商人通贾，倍道兼行，夜以续日，千里而不远者，利在前也；渔人入海，海深万仞，就彼逆流，乘危百里，宿夜不出者，利在水也。故利之所在，虽千仞之山，无所不上，深渊之下，无所不入焉。故善者势利之在，而民自美安。不推而往，不引而来，不烦不扰，而民自富。
>
> 凡人之情，得所欲则乐，逢所恶则忧，此贵贱之所同有也。

利和欲是人的本性，这里的“凡人之情”虽名之为“情”，其实是表示人的共性，在这里“性”与“情”并无严格区分。从这种“利欲同一”的观点出发，《枢言》篇说：

> 爱之、利之、益之、安之，四者道之出。
>
> 欲知者知之，欲利者利之，欲勇者勇之，欲贵者贵之。彼欲贵，我贵之，人谓我有礼；彼欲勇，我勇之，人谓我恭；彼欲利，我利之，人谓我仁；彼欲知，我知之，人谓我敏。

利人就是“仁”，这是《管子》解仁的另一重含义，它又把利人看作是“道之所出”，就进一步肯定了利的普遍性。而对欲的满足，也可以符合礼、恭、仁、敏等大的条目，这就是在道德上肯定了“欲”。

但另一面，《管子》也有限制利、欲的看法。《白心》篇说：

> 非吾道，虽利不取。

研究者认为《白心》篇是道家色彩较浓的篇章之一，故以“道”来统帅和取舍“利”，同时“欲”也有一个度的问题：

> 恶不失其理，欲不过其情。(《心术上》)
>
> 君有三欲于民，三欲不节，则上位危。三欲者何也？一曰求，二曰禁，三曰令。求必欲得，禁必欲止，令必欲行。求多者，其得寡；禁多者，其止寡；令多者，其行寡。求而不得，则威日损；禁而不止，则刑罚侮；令而不行，则下凌上。故未有能多求而多得者也，未有能多禁而多止者也，未有能多令而多行者也。(《法法》)

任何人都不能有过度的欲望。在君主身上，这个问题尤其严重，欲望过度会导致君主统治的危机。它也指出，君主不能盲目地依靠“禁”和“令”来制民，这些外缘性的、强制性的办法只能伤害君主的威权。

根据这种承认利、欲是人之本性而在现实中又必须节之的人性论观点，《管子》提出了一种义利统一的功利主义观点。它以求利为目的，然而此利并非个人之利，而是天下人共同之利：

> 与天下同利者，天下持之；擅天下之利者，天下谋之。天下所谋，虽立必隳；天下所持，虽高不危。故曰安高在乎同利。（《版法解》)
>
> 圣人择可言而后言，择可行而后行。偷得利而后有害，偷得乐而后有忧者，圣人不为也。(《形势解》)

“偷”即“苟且”之意，即指贪得个人之私利。只有与天下同利，才能得到天下人的拥戴，才能得“大利”。而这样的“利”，也与“义”挂上了钩。

《形势解》篇说：

> 圣人之求事也，先论其理义，计其可否。故义则求之，不义则

止；可则求之，不可则止，故其所得事者，常为身宝。

既然“计其可否”，那么，“理义”之说即是以“计算之心”出之。其实，“计算之心”的倾向是道家也有的，不过这个“计算之心”与韩非所用的意义不同，韩非指私利的计算，道家是与“保身”相联系，而这里是指“公利”的计算。无论如何，“义”的原则是必须实行的，否则就会带来利的损害，而且进一步说，义的强调本身就会产生超越唯利主义的可能：

贤人之行其身也，忘其有名也。王主之行其道也，忘其成功也。贤人之行，王主之道，其所不能已也。（《法法》）

王之“行道”甚至可以做到“忘其成功”，这其中有道家思想的影响。仁义之道可能超越狭隘之利，使君主之行，可能注重“仁义之道”本身。《戒》篇又说：

仁，故不以天下为利；义，故不以天下为名。仁，故不代王；义，故七十而致政。是故圣人上德而下功，尊道而贱物。道德当身，故不以物惑。是故身在草茅之中，而无慑意，南面听天下而无骄色，如此，而后可以为天下王。

致政，退位之意，“物”指个人名利之事。对君主来说，不以天下为自己个人谋名利，才是仁义，才称得上是道德的。到这里，“义”与“利”就达到了最高意义上的统一。虽然它不能完全离开法家的功利背景，但其思想中注重义的有机成分，的确是有别于晋法家商鞅、韩非的极端功利主义的。

## 第四节　道德修养与道德教育

《管子》认为，对人民进行道德教育的重要性并不亚于单纯用刑罚制民。《权修》说：

一年之计，莫如树谷；十年之计，莫如树木；终身之计，莫如树人。

有身不治，奚待于人？有人不治，奚待于家？有家不治，奚待于乡？有乡不治，奚待于国？有国不治，奚待于天下？天下者，国之本也；国者，乡之本也；乡者，家之本也；家者，人之本也；人者，身之本也；身者，治之本也。

修身、树人为治天下之本。这段论证在形式上与《大学》中的八条目相似，其思维方式也颇为相似。

在具体的道德修养方式上，《管子》重视学习，《形势解》说：

士不厌学，故能成其圣。

而学习的关键在于诚心和严谨：

中情信诚，则名誉美矣；修行谨敬，则尊显附矣。中无情实，则名声恶矣，修行慢易，则污辱生矣。（同上）

这里指的学习，不单指知识、礼仪等的学习，也包括道德行为的实践和精神境界的修养，后两者显然更为重要。诚、谨、敬是学习与修养的态度，也是对自身的道德要求。另一方面，有过必改也是很重要的：

善罪身者，民不得罪也；不能罪身者，民罪之。故称身之过，强也；治身之节者，惠也；不以不善归人者，仁也。故明王有过，则反之于身，有善则归之于民。有过而反之，则身惧，有善而归之，则民喜。（《小称》）

这里的自我反省，明显是对君主说的，指君王有过，不能文过饰非、把过错推到百姓身上，而应该反省自身。可以看出，《管子》此一思想是与老子的治身思想相合的，认为君的自我修养对长久地延续统治有极大作用，与之相比，韩非的学说，对君的个人修养的要求，明显地强调不够。

《管子》之继承老子治身思想之处，还有一处更集中的表述，即“《管子》四篇”，指《心术》上下篇、《白心》《内业》这四篇。这四篇一般学者称为稷下黄老学著作，然亦受到法家思想很深的影响。“四篇”主张“精气说”，“精气”是“气之精者”，即精细的气，它是“道”的表现。“四篇”用“精气”来解释人的精神活动。它的修养方式是“节欲”“正形”（端正形体），由此达到内心的安定状态。由于“心”为“精气”之舍，从而能够聚集“精气”导致智慧和道德的提高。《心术上》说：

去欲则宣，宣则静矣。静则精，精则独立矣。独则明，明则神矣。神者至贵也。故馆不辟除，则贵人不舍焉。

虚其欲，神将入舍，扫除不洁，神乃留处。

“四篇”把心比喻为“精气”所居之舍，舍不净则精气不来，而去欲就等于打扫房舍。而去欲后就可达到“定心在中，耳目聪明，四肢坚固”(《内业》)，心中有了“精气”，才能够“严容畏敬”，才能提高智慧与道德：

正形摄德，天仁地义，则淫然而自至。(同上)

《管子》四篇受老子的影响很大，一直被看作是黄老之学的哲学思想，但它不能改变《管子》全书的道、法并重的立场。

# 佛教的伦理思想

佛教原是从印度传入中土的。佛教宣扬的是出世主义的伦理学说。它认为人类社会“一切皆苦”，整个世界“一切皆空”，以此主张超越人生，摆脱生死轮回的烦恼，通过脱离尘世、出家修行，而达到涅槃寂静的境界。所有这些人生哲学思想和伦理思想，与中国占统治地位的儒家伦理思想，有着不少的矛盾与冲突。儒家十分重视现实的人生和社会，提出了修身齐家治国平天下的思想，尤其提倡忠君孝亲的思想，讲的是入世主义的伦理学说。有鉴于此，古印度的佛教伦理思想要在中国得以发展，就必须使自己的伦理学说和人生哲学与儒家的伦理思想相协调起来，融合起来，这就有一个佛教伦理学说的中国化问题。佛教伦理思想在中国的发展是一个不断地实现佛教伦理中国化的过程。这种中国化过程，大致呈现出了两种情况：一是原始佛教伦理思想传入中国，及其与中国儒家伦理相纷争和融合的情况；二是大乘佛学伦理思想的传入，及其与中国儒家伦理相融合的情况。因此，我们在讨论中国佛教的伦理思想时，也按照这两种情况加以探讨。

# 第一章　原始佛教伦理思想的传入及其在我国的演变

佛教起源于公元前6—前5世纪的古代印度，其创始人为乔达摩·悉达多，人们尊称他为释迦牟尼，亦称佛陀（觉者）。释迦牟尼原是一个小国的王子，于29岁出家，在35岁时完成了自己的思想体系，从此开始宣扬佛教达45年之久。释迦本人和其后三四代所传承的学说，思想基本上是一致的，称为原始佛学。原始佛学的经典以汉文和巴利文的形式保存了下来，汉文的称之为“阿含”，巴利文的称为“尼柯耶”。

原始佛教对世界的剖析主要集中在四谛说和十二因缘说，后人把原始佛教的修持概括为四念住、四正断、四神足、五根、五力、七觉支、八正道等三十七道品。其核心思想，体现在“诸行无常、诸法无我、涅槃寂静”三法印中。就现象来说，原始佛教认为诸行无常、一切皆流；从本质上讲，这是因为万事万物皆因缘所生，诸法无我；众生在无常无我的世界中追求一个常住的我，由此而产生种种痛苦，只有达至寂静涅槃方可解脱。

佛教于两汉之际已传入中国。原始佛教主要经安息传入我国境内，安世高是其中关键性人物。他译出大量小乘佛教经典，使佛教摆脱了对汉地神仙方术的依附，成为一支独立的思潮。在此后的很长一段时间内，原始佛教的伦理思想，是指导僧众宗教实践的主导思想。

在原始佛教，伦理学是归属于四谛之“道谛”的一个部分。但由于“苦”“集”“灭”三谛也具备相当的伦理色彩，且四谛间具有内在的关联，所以原始佛教的伦理思想在四谛中都有所体现。

“苦谛”，是四谛学说的起点。这种对世界的悲观态度是整个原始佛教的基础，《增一阿含经·四谛品》中说道：

> 彼云何名为苦谛？所谓苦谛者，生苦、老苦、病苦、死苦、忧悲恼苦、怨憎会苦、恩爱别苦、所欲不得苦，取要言之，五盛阴苦。是谓名为苦谛。（《大正藏》卷二）

其中生老病死这一必然的过程，是诸行无常的具体表现；而忧悲恼、怨憎会、恩爱别与求不得四苦，都是描述人的主观愿望得不到满足的情形，则是对诸法无我思想的形象注解。由此可以看出，“一切皆苦”也是“诸行无常、诸法无我”这一纲领思想的合理推论。

“集谛”，则试图说明苦难世间形成的原因。它的主要内容是以缘起思想为基础演化出的十二支缘起说。十二支的具体关系为：

“无明缘行”：对真理的无知导致业力的流转。

“行缘识”：在流转中形成识神。

“识缘名色”：由识神产生精神与肉体。

“名色缘六入”：分化成眼耳鼻舌身意。

“六入缘触”：感官与外界接触便产生感受。

“触缘爱”“爱缘取”：人对感受产生种种贪欲，由此开始执着地追求。

“取缘有”：人对外物的追求积聚为引生后世的原因。

“有缘生”“生缘老死”：这些原因会再一次形成生命，而这一生命将重新走向衰亡。

这就是生命轮回的一个完整片段：其中无明与行是过去的因，而识、名色、六入、触与受则是前世带来的果；爱、取、有是此生种下的因，它将导致后世生老病死的果。过去生命的行为，可以决定今生的境遇；此世的行为，可以影响来世的状况，称之为因果轮回。

“灭谛”，指消除了痛苦的理论境界——涅槃。所谓涅槃，乃“贪欲永尽，瞋恚永尽，愚痴永尽，一切烦恼永尽，是名涅槃”（《杂阿含经》卷十八）。佛教的一切伦理准则，都指向这一超越世间、超越伦理的目的而不具备独立的意义，由是使原始佛教的伦理思想呈现出一定的目的论色彩。这种目的论不是去寻求最大程度的幸福，却是要最大程度地解除痛苦，因而是悲观消极的。

“道谛”概括了消除痛苦获得解脱的方法与路径。一般总结道谛为“八正道”，即正见、正志、正语、正业、正命、正精进、正念、正定。其中集中体现原始佛教伦理规范的为正志、正语、正业、正命：

> 何谓正志？出要觉，无恚觉，不害觉，是名正志。（《大正藏》卷二）
>
> 何等为正语……谓心语、离妄语、两舌、恶口绮语。（同上）

何等为正业……谓离杀、盗、淫。（同上）

谓如法求衣食、卧具、随病汤药。非不如法，是名正命。（同上）

这些伦理规范，相当于“戒定慧”三学中的“戒学”部分，其内容也大致与不杀、不盗、不淫、不妄语、不饮酒这五戒相对应。与原始佛学悲观的色调相吻合，其伦理规范也大多是消极、否定性的。它对“诸恶莫作”制定了详细的准则，但对“众善奉行”却缺乏具体的指导，因此看起来更偏重于“独善其身”的自利主义。

由上，我们可以大致领会到印度原始佛学的思想特质。首先，它所论述的事实与价值紧密结合，每每从对现实世界的剖析引导出应然的伦理准则。它从无常无我这一事实出发，引发出对苦难现实的厌离；又通过十二支缘起来解释人生，牢固地确立轮回报应信念。这样就一方面增强了伦理规范的约束力，一方面保证了有德与有福的统一，使理论具有相当的说服力。其次，是它的目的论倾向。所有原始佛学的伦理思想，都不具备独立的意义，它们只是因为有助于终极解脱才有存在的必要。在这里，善即是增加幸福减少痛苦，反之则是恶：“若法能招可爱果，乐受果，是业名善。若能招不爱果、苦受果，故名不善。”（《大正藏》卷二七）从根本上讲，唯有指向最终解脱的才是至善。而一旦达到“灰身灭智”的终极解脱，也就已经无所谓善恶是非了。因此，伦理思想在原始佛教中只具有暂时的工具价值，而不具备终极意义。最后一点，即是原始佛教伦理的自利特征。或许说它自利并不恰切，因为原始佛教是不承认有独立“自我”的，所以可称之为具有“自我解脱”倾向。这同前面一点有着密切的联系：正因为伦理思想以自我解脱为终极目的，所以才具有目的论倾向；而伦理思想的目的论倾向，更加重了原始佛教的自利色彩。因此，在大乘佛学兴起之后，人们贬称原始佛教为“小乘”。

传入中土的原始佛学基本上延袭了这些精神特质。但由于它所面对的是一个高度成熟的异质文明，因此无可避免地遭到强烈的抵制。在这种压力下，尚未站稳脚跟的佛学必然要对自己的原则进行某些修改，同本土文化达到妥协，以求得进一步的发展。就伦理思想来看，原始佛教传入中国后变动最大的部分，是其君臣伦理与家族伦理。

在印度文化中，出世修炼历来受到极高的崇敬。“受了印度传统文化及宗教习惯的影响，各地的国王大臣凡觐见佛时都是除去冠履、跣足、五体投地顶礼膜拜。起身之后若佛不命坐则不敢坐；纵有座位其高度不得高出于佛的，或者说法者的座位。”（《佛教与中国文化》）然而这对已建立起严格封建秩序的中国文化来说，却是不可容忍（后世皇族如武则天等礼僧多有政治意图）。不仅国王向沙门顶礼在当时是不可能的，相反，统治者利用自己的权势，要求僧人向帝王行跪拜礼。否则，便要“鞭颜皴面而斩之”（《广弘明集》卷六）。

最早明确提出沙门应礼敬王者的是东晋庾冰。他认为，听任沙门不礼敬王者将会有损于名教。“弃礼于一朝，废教于当世，使夫凡流傲逸宪度”，则会违背“王教不得不一，二之则乱”（《弘明集》卷十二）的原则，威胁到社会的稳定。即便退一步讲，承认佛教有独立的价值，也只限于内心的修养，而不能废弃君臣伦常：“纵其信然，纵其有之，吾将通之于神明，得之于胸怀耳。轨宪宏模，固不可废之于正朝矣。”（同上）随后，桓玄认为庾冰的论证还不够充分，他补充道：“沙门之所以生生资存，亦日用于理命，岂有受其德而遣其礼，沾其惠而废其敬哉？既理所不容，亦情所不安。”（同上）

庾冰的主张受到何充、褚翌等人的反对。他们认为佛教不仅无亏于教化，而且有助于王治，与纲常并无矛盾。但他们都未能回应桓玄的发难，真正对桓玄的指责做出辩护的是庐山慧远。在其著名的《沙门不敬王者论》一文中，慧远首先采取了附会妥协的态度，声称佛法确实有助于王化：

> 以罪对为刑罚，使惧而后慎；以天堂为爵赏，使悦而后动。……斯乃佛教之所以重资生、助王化于治道者也。（《弘明集》卷五）
>
> 如令一夫全德，则道洽六亲，泽流天下，虽不处王侯之位，亦已协契皇极，在宥生民矣。是故内乖天属之重，而不违其孝；外阙奉主之恭，而不失其敬。（同上）

总而言之，同何充等人一样，慧远也是以现实政治利害为标准，以佛教有助王化的证据，为佛教的合理性进行辩护。但慧远的胆识过人之处在于，他又很快地摆脱了这一标准的束缚，高扬超越的出世道德来对抗现世的伦理纲常。针对桓玄的指责，他回答道：

> 天地虽以生生为大，而未能令生者不死；王侯虽以存存为功，而

未能令存者无患。……斯所以沙门抗万乘，高尚其事，不爵王侯而治其患者也。(同上)

天地之道，功尽于运化；帝王之德，理极于顺通。若以对夫独绝之教，不变之宗，固不得同年而语其优劣。(同上)

(沙门) 形虽有待，情近无寄，视夫四事之供，若蟭蚊之过乎其前者耳。濡沫之惠，复焉足语哉！(同上)

在慧远强硬的答辩和众人的反对之下，在桓玄发觉佛教确实无损于王制之后，事情终于达成了妥协。桓玄下《许沙门不致礼诏》曰："佛法宏诞，所不能了，推其笃至之情，故宁与其敬耳。今事既在己，苟所不了，且当宁从其略，诸人勿复使礼也。"(《弘明集》卷一二) 表面上看，在这场斗争中佛教徒坚守住了自己的立场。但就其所使用的标准来看，却不知不觉地从印度的出世主义转变为现世主义。能像慧远这样将佛教凌驾于现实社会之上的，毕竟是极少数。大多，还是以是否有利于现实政治为标准来判定佛教伦理是否合理。从这点上可以看出，虽然佛教坚持了固有的外在形式，但封建伦常已深入地改变了其内在的思路。

与君臣纲常相比，原始佛教的家族伦理发生了更大的变化。

这首先表现在夫妻关系上。从事比较文化研究的中村元举例道：

在印度的原本 (《对辛加拉的教导》) 中，作为妻子的美德列举了下述五项。

(1)"善于处理工作。"

(2)"好好地对待眷属。"

(3)"不可走入歧途。"

(4)"保护搜集的财产。"

(5)"对应做的事，要巧妙、勤奋地做。"

但是在汉译的《六方礼经》中，译者把上述五项进行了修改，作了具体的说明。"一者夫从外来，当起迎之。二者夫出不在，当炊蒸扫除待之。三者不得有淫心于外夫。骂言不得还骂作色。四者当用夫教诫。所有什物不得藏匿。五者夫休息盖藏乃得卧。(《世界宗教研究》1982 年第 2 期)

其中汉译连增带改，几乎逐句逐条地将妻子置于丈夫之下，完全改变了原始佛教中众生平等的精神风格，而变成地道的“男尊女卑”式儒家伦常。此外，中村无还指出：“在印度上述佛典的原文中有‘丈夫侍候妻子，妻子爱丈夫’的字句，各汉译却改为‘夫视妇’（《六方礼经》，《大正藏》一卷）或丈夫‘怜念妻子’（《中阿含经》第三十三卷《善生经》，《大正藏》一卷）、‘妇事夫’‘恭敬于夫’。”（同上）这说明，佛典在译入的过程中，就已依照儒家伦理进行大量的修改了。还有一点便是，印度人对男女之间的事情并不隐晦，佛教亦然。但儒家却厌恶这种描写，“因此在一些汉译佛典中避免了‘拥抱’和‘接吻’等字。而音译作‘阿梨宜’‘阿众鞞’。这样隐藏了意思”（同上）。《牟子理惑论》也试图掩盖释迦牟尼成婚这一事实，说释迦“年十七，王为纳妃，邻国女也。太子坐则迁席，寝则异床，天道孔明，阴阳而通，遂怀一男，六年乃生”，则明显是儒家伦理影响下的捏造了。

然而最明显的转变，却是表现在父母与子女的关系上。就在家的父子关系上，汉译佛典已经添加了许多在印度原本看不到的字句。如《善生经》添了下述文字：

凡有所为，先白父母。

父母所为恭顺不逆。

父母正令不敢违背。（同上）

至于“孝诸父母”之类的词句，在汉译佛典中更比比皆是，到了后来，甚至于编造伪经（《父母恩重难报经》）以附会孝道。对此，季羡林先生讲道：“梵文里面也有与汉文‘孝’相应的字，……但是，这些字都决非常用常见的字，……佛教为了适应中国的伦理道德，不得不作出这样的姿态。”（《中印文化交流史》）这是因为，与小农经济相适应的宗法家族，必然以血缘关系来维系社会关系的稳定。所以以孝敬父母、绝对服从父亲、崇拜祖先、繁衍后代为根本的伦理道德规范。《论语》开篇就讲：“孝弟也者，其为人之本与！”《诗经》中也有“孝思不匮，永锡尔类”的词句。从中可以看出，“孝道”是社会及家族伦理的核心与基础。以此为据，传统文化极力拒斥原始佛教“辞父母、别妻子”的出世主义。

在原始佛教中，出家僧侣可以坦然接受父母的顶礼，这一风气至今在缅甸、泰国等地仍有残留。但这种事情是决不可能在中国发生的，相反，人们却试图以“不孝”为罪名而将佛教“放归桑梓”“退回天竺”：

《孝经》言身体发肤，受之父母，不敢毁伤。曾子临没，“启予手，启予足”。今沙门剃头，何其违圣人之语，不合孝子之道也。(《弘明集》卷一)

夫福莫逾于继嗣，不孝莫过于无后，沙门弃妻子，捐财货，或终身不娶，何其违福孝之行也。(同上)

沙门之道，委离所生，弃亲即疏，刓剔须发，残其天貌，生废色养，终绝血食，骨肉之亲，等之行路，背理伤情，莫此之甚。(《弘明集》卷三)

面对诸多批评指责，佛教依然采取调和的态度，基本思路仍是以出世修行附会孝道，而从未将出家置于行孝之上：

沙门捐家财，舍妻子，不听音，不视色，可谓让之至也，何违圣语不合孝乎？(《弘明集》卷一)

既得弘修大业而恩化不替，且令逝没者得福报以生天，不复顾歆于世祀，斯岂非兼善大通之道乎？(《弘明集》卷三)

能拯溺族于沉溺，拔幽根于重劫，远通三乘之津，广开人天之路。是故内乘天属之重而不违其孝……(《弘明集》卷一二)

这样一来，辞亲出家不仅是孝，而且要比在家事亲还要高明了。所以他们认为佛教不但不违孝道，甚至是至孝大孝，可以补充儒家的不足。同王臣关系一样，在这场论辩中，尽管佛教坚持了出家的立场，但它的立足点却与儒家没了差别，都以孝道为评判的标准与最终的目的。从根本上讲，价值观念已完成了儒家式的转化。因此，佛教也就无法完全摆脱儒家伦理的攻击与敌视。自魏晋至明清，佛教徒只能对自己的出世主义进行消极的辩解。在几乎每个朝代，都会出现调和儒佛的僧人，这说明儒家孝道对出世思想的压力是始终存在的。然而佛教的调和工作也并非全无效果。它利用《盂兰盆经》中目连救母故事融汇中国固有的孝道，推行以救度先世父母为主题的大型祭祀——盂兰盆会，形成长期以来中国每年举行的最大节日之一，在民间有着深远的影响。这可以看作是佛教伦理与儒家孝道成功结合的一个范例。

影响是相互的，佛教在改造自己以求取得与中土文化相协同的同时，也在改造着固有的文化传统本身。就原始佛教伦理思想来说，对中国文化影响最大的是其善恶报应与灵魂转世学说。

在佛教传入之前，我国已存在原始的善恶报应观念。《国语·周语》中记载太子晋谏灵王勿壅川，他说："自我先王厉、宣、幽、平而贪天祸，至于今未弭；我又章之，惧长及子孙，王室其愈卑乎。"《周易·坤卦》中也讲道："积善之家，必有余庆；积不善之家，必有余殃。"这种报应观念，是与宗族一体的观念联系在一起的，大都认为其祖先的善恶可以延致后世的祸福。《太平经》中称这种报应为"承负"："力行善及得恶者，是承负先人之过，流灾前后积来害此人也。其行恶反得善者，是先人深有积蓄大功，来流及此人也。"（《太平经》卷一八）佛教的报应观念则与此不尽相同，郗超在其《奉法要》一文中依照佛教观点批驳"承负"说道：

> 百代通典，哲王御世，犹无淫滥，况乎自然玄应，不以情者，而令罪福错受，善恶无章？……若衅不当身，而殃延亲属，以兹制法，岂唯圣典之所不容，固亦申、韩之所必去矣！是以《泥洹经》云："父作不善，子不代受；子作不善，父不代受。善自获福，恶自受殃。"（《弘明集》卷一三）

但若不是个人承负先代的善恶，如何解释社会中"罪福错受"的不公平现象呢？戴逵的发问集中地反映了这一怀疑，他说：

> （我）自少束修，至于白首，行不负于所知，言不伤于物类，而一生艰楚，荼毒备经，顾景块然，不尽唯己。（《广弘明集》卷一八）
>
> 颜回大贤，早夭绝嗣；商臣极恶，令胤克昌；……比干忠正，毙不旋踵；张汤酷吏，七世珥貂。（同上）

应该说，这种疑问是很普遍的，如果不能完满地解释这些不公平现象，那么善恶报应说就不会被承认。为此，慧远引入灵魂不灭、三世轮回之说以加强论证：

> 经说业有三报：一曰现报，二曰生报，三曰后报。现报者，善恶始于此身，即此身受。生报者，来生便受。后报者，或经二生三生，百生千生，然后乃受。……或有积善而殃集，或有凶邪而致庆，此皆现业未就，而前行始应。（《弘明集》卷五）

在此，慧远将合理的原因和公正的后果都归结到前生后世，使这种精致化的报应说避免了上述指责。然而这样一来，必须设立一个超越当世的承担主体——灵魂。也就是说，要使善恶报应说立稳脚跟，得为其理论基石——灵魂转世说作一番论证。

各个民族在其原始宗教时期都有灵魂不死的观念。但大约在战国初期，早熟的中华文明就已对此失去了统一的见解，这是与其注重现世生活的精神风格分不开的。《论语·先进》中记载："季路问事鬼神。子曰：'未能事人，焉能事鬼？'曰：'敢问死。'曰：'未知生，焉知死？'"针对这种态度，墨家批评道："执无鬼而学祭祀，是犹无客而学客礼也。"（《墨子·公孟》）荀况辩解道："死之为道也，一而不可得再复也，臣之所以致重其君，子之所以致重其亲，……故事死如生，事亡如存，终始一也。"（《荀子·礼论》）这种论调可以代表儒家的观点：首先，人只能活一次，只能以家族的延续来保存个体的生命。其次，人死后化为一般的存在，如《礼记》中所说的阴阳二气，不复为有情感的个体。所以，与其说祭祀是使死者得到满足，不如说是为生者得到安慰。就人只有一次生命这一点来讲，原始道教是与儒家一样的。如《太平经》中讲："人人为一生，不得再生也。"只有极少数人才可以通过修炼而长生不死。

所以，当佛教传入时，人们以为它主要是一种不同于儒道的、关于灵魂转世的思想。如袁宏在《后汉记》中讲道：

> 又以为人死精神不灭，随复受形。生时所行善恶，皆有报应。（《后汉记》卷十）

诸多材料表明，一开始人们就以这种形神二元对立观点来理解佛教。《牟子理惑论》中也声称："魂神固不灭矣，但身自朽烂耳。"康僧会则认为："魂灵与元气相合，终而复始，轮转无际，信有生死殃福所趣。"（《大正藏》卷三）人们都把轮回的主体当成了一个实体。将这种观点表述得最清楚的是慧远，他说道：

> 神也者，圆应无生，妙尽无名，感物而动，假数而行。感物而非物，故物化而不灭；假数而非数，故数尽而不穷。……论者不寻无方生死之说，而惑聚散于一化；不思神道有妙物之灵，而谓精粗同尽，不亦悲乎？（《弘明集》卷五）

无论慧远还是康僧会，他们对神的理解都是与印度佛学不太一样的。印度的原始佛教为解决轮回承担者的问题，也曾设立“识神”“补特伽罗”等类似于灵魂的概念，但它们都是有情有识、变动不居的，因此只能处于生死流转的世间，而不能作为出世间的主体。慧远则以为，要超出生死流转的轮回，必然要以一个不变的存在做依托。他说：“至极以不变为性，得性以体极为宗。”（《高僧传》卷六）这种不变的法性落实到个人的身上，便是不朽的“真神”。真神既是轮回的承担者，也是解脱的依据。所以慧远赋予它以“不变”的特质，对印度佛学未解决的问题提供了一个中国式的答案。以慧远为代表的这种神我轮回之说，对后世中国文化的影响是多方面的。其一是在大众文化中形成了普遍的灵魂崇拜和善恶报应思想。逝去的祖先不再是一种抽象的存在，而成为居住于另一世界的成员。人们一方面以三世因果解释着社会的不公，一方面也由此自觉地约束着自己的行为。其二，是影响了其他宗教，尤其是道教的生死观。隋唐以后的道教及民间宗教，普遍地采纳了六道轮回与三世报应之说，并依此来制定自己的伦理规范。其三，慧远将普遍的法性同不变的真神相融合的思想，是中国思想史上的创举。这种思路，实际上已超出了原始佛学的范围，是日后真常唯心论的雏形，为大乘佛学的中国化创造了契机。

与印度原始佛教的伦理思想相比，传入中国的思想有了很大的不同。首先，就产生影响最大的轮回报应说来看，其承担的主体由无我的“补特伽罗”变成了有我的“真神”。其次，从伦理思想的形态上看，在印度，由于伦理思想是达至解脱的一个手段，因此具有浓厚的目的论和自利主义色彩。但在移入中国时，却不得不与以“忠”“孝”为核心的义务理论相妥协，以义务伦理为本位为自己辩护。不自觉地形成这样一种思路：只有佛教伦理符合社会义务的要求时，它才是正当的。这同印度原始佛教的出世精神有了相当大的差异。此外，注重道德行为主体的德性伦理学在中国一直具有很深的影响。孔孟老庄对理想品格的追求，既超出功利的目的，也超越了社会义务的要求。这种传统认为，成为一个怎样的人比如何去做更为重要，如慧琳在《白黑论》一文中就指出：

> 要天堂以就善，曷若服义而蹈道；惧地狱以敕身，孰与从理以端心。（《宋书》卷九七）
>
> 夫道之以仁义者，服理以从化；帅之以劝戒者，循利以迁善。

（同上）

然而，这种注重个人品质修养的伦理观却无法在以无我为主旨的原始佛教中产生，德性伦理与功利伦理的融合是在将主体当成一实体的中国佛学中才能出现的。此外，与德性伦理的影响相关，原始佛教中独善其身的思想始终未能在中国流传开来。佛教的伦理原则要在中国被承认，就得要么与整个社会的义务相联系，要么对提升个人的品质有所裨益。这两方面的转变既是原始佛教未能在中国充分展开的原因，也是大乘佛教伦理在中国兴盛的基础。

# 第二章　大乘佛教伦理思想的传入及其在我国的演变

原始佛教经过部派佛教的分裂时代，又渐趋统一，进入大乘佛教时期。大乘佛学已不满足于将佛陀当作历史上的圣人，而是把他本体化为无所不在、亘古不变的“法身”。与此同时，它批评原始佛教追求自我解脱的倾向，而提出以普度众生为修行的最终目的。在具体宗教实践中，大乘佛学在八正道的基础上又提出六度思想，以布施、持戒、忍辱、精进、禅定和智慧获取菩提的资粮。

约公元 1 世纪，大乘空宗成立，以《般若》《中论》为主要经典，又称为般若宗或中观派。它极力破斥一切边见，高倡我法两空，归于无得正观。至 5、6 世纪，大乘有宗，即瑜伽行派，逐渐兴起。它以《解深密经》及《瑜伽师地论》等为据，详尽阐发三界唯心、万法唯识的道理，以转染成净、转识成智为根本归趋。在二者之间，还曾出现过的《如来藏》《胜鬘》为核心的真常唯心系，但历时很短，影响也不大。7 世纪后，大乘佛教渐与印度教合流，密宗兴盛，佛学衰落，于 13 世纪时在印度大陆已近消亡。

大乘空宗在 2 世纪时已由月支传入中国。汉桓帝末年，支娄迦谶译出以《道行般若》为首的大乘经典，是大乘佛学派传入中国的肇始。5 世纪《涅槃》《胜鬘》译出，传入真常唯心系思想，6 世纪出现的《大乘起信论》是这一系思想成熟的标志。瑜伽行派思想于 6 世纪传入中国，至玄奘及其弟子发展至顶峰，随后急剧衰退。虽然密宗也传入中土，但对中原文化的影响并不大，因此，大乘佛学在中国影响最大的是中观、瑜伽和真常唯心三系。

大乘，亦名“菩萨乘”。《大智度论》中说道：“以是众生等无边无量不可数不可思议，尽能救济令离苦恼、著于无为安隐乐中，有此大心欲度多众生，故名摩诃萨埵。”（卷五）近人对大乘的理解为：“菩萨，在解脱自利以前，着重于慈悲的利他，所以说：‘未能自度先度人，菩萨于此初发心。’证悟以后，更是救济度脱无量众生。所以声闻乘的主机，是重智证的。菩萨乘的主机，是重悲济的。”①

正是在其作为度脱所有苦难众生之途径的意义上，称它为“大乘”。与原始佛学相比，大乘佛学的宗旨具有更浓重的伦理色彩。它的伦理学部分，即是其理论的核心部分——六波罗蜜。“波罗蜜”，是梵文、巴利文 pāramitā 的音译，意译为“到彼岸”，简称为“度”。六度，指六种达至究竟安隐彼岸的方法，即布施、持戒、忍辱、精进、禅定与智慧。

布施，分为财施、法施和无畏施。财施指施与众生以财物，属物质性质；法施指给众生以解脱的方法，是属思想性的；无畏施指对众生的恐惧予以安慰，属于情感性质。持戒，即恪守戒律，有所为、有所不为。其持戒的重点由声闻乘的“戒淫”转向了“戒杀”，体现出大乘佛学的慈悲精神。忍辱，则指安然忍受各种迫害困苦、心不嗔恚。精进，意味着摈除懈怠，不间断地生起各种善法、灭除诸种罪恶。禅定，指使精神高度集中统一，这是贯穿声闻乘与菩萨乘的共法。智慧，亦称般若，指对缘起性空之实相的明了，是大乘的不共法。它统摄并指导前五波罗蜜，“五波罗蜜离般若波多蜜，亦如盲人无导，不能修道至萨婆若”（《大正藏》卷八）。总的说来，与小乘佛学伦理思想中消极地“诸恶莫做”相比，大乘佛学更注重积极地“奉行众善”；与小乘以自利为主的倾向相比，大乘则是自他兼利，以利他为主。

大乘佛学在印度分为两大主流——中观与瑜伽行派，分别以《大智度论》与《瑜伽师地论》为其主要论典。这两派虽存在诸多差异，但都以六波罗蜜为其佛理思想的主纲。以檀（布施）波罗蜜为例，《大智度说》文中起首便问：“檀有何等利益故菩萨住般若波罗蜜檀波罗蜜具是满?”（卷十一）这决定了中观系的伦理思想体系，是以目的论的方式展开的：“檀为安隐，临命终时，心不怖畏；檀为慈相，能济一切；檀为集乐，能破苦贼；檀为大将，能伏悭敌；檀为妙果，天人所爱……布施之福，是涅槃道之资粮也。”（同上）在这一点上，中观派继承了原始佛学的风格：伦理规范的意义，在于它所产生的后果。伦理规范本身并不具有超越的或独立的意义，它只是作为达至另外一种目的的手段，只不过其目的由小乘的自我

① 《印顺集》第 185 页，中国社会科学出版社 1995 版。

解脱转换为大乘的救度众生。瑜伽行派也表现出相似的态度："菩萨无爱染心，但为速证最上菩提，但为众生利益安乐，但为布施波罗蜜多速圆满故，以身布施。"（《大正藏》卷二十）从中可以看出，两派都认为，与"众生利益安乐""无上菩提"等相比，伦理规范处于更低一层的位置，只具有工具、途径的意义。然而，其伦理规范也并非像在原始佛学中那样仅是一种暂时的手段。对大乘佛学来说，六度是在时空中无尽展开的过程："菩萨为一切众生故布施，众生数不可尽，故布施亦不可尽。"（《大智度论》卷十二）

《大智度论》中讲道："或以无记心，或有漏善心，或无漏心施，无大慈心，不能为一切众生施。菩萨施者知布施不生不灭无漏无为如涅槃相。为一切众生故施，是名檀波罗蜜。"（卷十二）中观系强调的是诸法空性了达的无分别智来指导道德行为。依照大乘法我空的观点，"如是种种因缘财物空，决定不可得"（同上）。因此，所施之物是空的。而从人我空的角度看，"我不可得故施人亦不可得"（同上）。能施之者也是同样的空寂。对中观系来说，只有达到施物、施者、受者"三轮体空"的布施，才是布施的理想境界。依此，论中还例举了舍利弗的一个例子：

> 舍利弗于六十劫中行菩萨道欲渡布施河，时有乞人来乞其眼，……尔时舍利子出一眼与之。乞者得眼于舍利弗前，嗅之嫌臭，唾而弃地，又以脚蹹。舍利弗思维：如此弊人等难可度也……不如自调，早脱生死。思维是已，于菩萨道退回向小乘，是名不到彼岸。（同上）

《瑜伽师地论》则对这种观点提出了异议：

> 诸菩萨非无差别，以一切物一切内外所有施物施与众生。以其种种内外施物，于诸众生，或有施与，或不施与。云何施与？云何不施？谓诸菩萨，若知种种内外施物，于彼众生唯令安乐不作利益，或复于彼不作安乐不作利益，便不施与。（卷三十九）

与中观系不同，瑜伽行派以明了事物具体因果的分别智来指导伦理实践，相比之下，更为注重效果。因此，它对以身布施采取了另一种态度："或有众生痴狂心乱，来求菩萨身分支节，亦不应碎支节施与。何以故？由彼不住自性心故，不为义利而求故，不自在故，空有种种浮言妄说，是

故不应施彼身分。”（同上）

综上所述，与小乘佛教相比，大乘佛学伦理思想的特质，可以归结为以下几点。首先，由自利为主转向以利他为主，从消极的诸恶莫做转向积极的众善奉行，由消极避世转向积极入世。其次，大乘佛学以般若智慧统摄、指导伦理行为。在这一点上，中观派重根本无分别智，瑜伽行派重分别智。然而就根本的伦理理论形态来讲，无论是中观派还是瑜伽行派，都继承了原始佛学的出世主义目的论伦理形式。只是在这一范围之内才可以说，中观派较为偏重动机而瑜伽行派更注重后果。

印度大乘佛学自汉魏以来传入中国，以其高深精湛的哲学思辩和广博宽宏的宗教精神，逐渐发展成一股强大的思潮，并在隋唐之际一度占据了中华文化的核心位置，且对后世产生了巨大而久远的影响。然而，大乘佛学中的终极解脱为归趋的目的论伦理体系却一直遭到本土文化、尤其是儒家文化的强烈抵制。

自先秦时，以儒道为代表的中土伦理思想，即关注道德主体之内在品性甚于关注其外在行为，注重伦理行为之动机胜于其效果。孔子虽然强调外在之礼，但更注重内在之仁：“人而不仁，如礼何？人而不仁，如乐何？”（《论语・八佾》）明显地将内在德性置于外在秩序之上。随后孟子继承了这一传统并加以发挥，以人心中先验四端作为其伦理思想的核心。其实先秦道家对内在超越境界的重视，同样也可以视为一种重内在品质伦理的形态。自汉代董仲舒始，伦理思想发生了一个转变。他认为：“人之受命于天也，取仁于天而仁也。”（《春秋繁露・王道通三》）以外在之天命取代了内在德性作为伦理基础的地位，从而得出“王道之三纲，可求之于天”的结论。于是，外在的规范取代了内在的觉悟，占统治地位的伦理思想由品质伦理逐渐偏向了义务伦理。虽然品质伦理与义务伦理之间存在内在的张力，但“正其义不谋其利，明其道不计其功”是二者共同恪守的信条。以此为据，它们自然而然地抵制大乘佛学以出世主义目的论组织伦理思想的方式。上一章我们已讲到，慧琳贬抑佛教，正是从义务伦理与德性伦理高于目的论伦理的角度出发的。但慧琳针对的主要是小乘佛学，真正对大乘伦理思想展开批判的，是唐宋儒家。

对于韩愈之推崇《大学》，陈来先生解释道：“《大学》维护社会的宗法秩序与伦理纲常，强调齐家治国平天下的社会义务，这对任何要在中国社会立足的宗教出世主义体系都是一种有力的、具有实在压力的思想。”①很明显，韩愈的主要使命是贬抑佛学，以巩固儒家伦理体系。宋儒接过这一任务，继续从社会伦理义务的角度来指责大乘佛学的虚无主义倾向：

> 释氏妄意天性，而不知范围天性，反以六根之微因缘天地。明不能尽，则诬天地日月为幻妄，……其过于大也，尘芥六合；其蔽于小也，梦幻人世。(《正蒙·大心篇》)
>
> 以人生为妄见，可谓知人乎？(《正蒙·乾称篇》)
>
> 六度万行，吾不知其所谓，然毁君臣，绝父子，以人道之端为大禁，所谓达道，固如是耶？(《朱子文集》卷七十二)
>
> 佛则人伦已坏，至禅则又从头将许多义理扫灭无余。(《朱子语类》卷一二六)

如果说，在小乘佛教传入时还只是引起不同伦理规范的冲突的话，那么以“法我空”为标的的大乘佛学，确实会带来一种对伦理虚无主义的担忧。因此，即便从维护基本社会伦常的角度来说，儒学也不得不与这种倾向展开激烈的论争。

儒学一方面批驳佛学出世主义对世俗伦常的忽视，另一方面对佛学以目的论方式建构伦理体系极为鄙视：

> 佛之学为怕死生，故只管说不休。下俗之人固多惧，易以利动。至如禅学者，虽目曰异此，然要之只是此个意见，皆利心也。(《河南程氏遗书》卷一)
>
> 且指他浅近处，只烧一支香，便道我有无穷福利，怀却这个心，怎生事神明。(同上，卷十八)
>
> 释氏立教，本欲脱离生死，惟主于成其私耳，此其病根也。(《陆九渊集》卷三十四)
>
> 但佛氏有个自利自私之心，所以便有不同耳。(《传习录》中)

从以上的言论可以看出，大乘佛学在印度兴盛的两在系统——中观与唯识，之所以没在中土充分展开并久远流传，其中固然有多方面的原因。但其出世主义目的论的伦理体系与本土之义务——品质伦理难以融合，其

---

① 《宋明理学》第26页，辽宁教育出版社1991版。

“法我空”思想与伦理本位文化相互冲突，无疑是其中一个重要的因素。

大乘佛学在中国主要是以“真常唯心”的理论形式展开的，这是与印度不同的一个主要特征。真常唯心系在印度虽然也拥有《涅槃》《胜鬘》等诸多经典，但始终未能发展成为可以与中观、唯识相抗衡的学派。当它传入中国以后，却形成空前的繁荣，无可争议地占据了中土佛学的主导位置。中国佛教思想史中影响最大的三个宗派——天台、华严与禅宗，都无一例外地属于真常唯心系。虽然它们内部也有具体的差异，但它们都认为：真如理与真如智合和，称为真心，一名佛性。它是万有本原，具是无量功德、无上智慧。但众生为妄想所蔽而不能得见，遂有六道轮回。只要息除妄想，便可恢复本能之圆满状态，方悟众生本来是佛。这样一来，正如吕澂先生所指出的，中土佛学之性觉说便与印度的性寂说有了很大的不同：“从性寂上说人心明净，只就其‘可能的’‘当然的’方面而言；至于从性觉上说来，则等同‘现实的’‘已然的’一般。”① 这种转化表现在伦理思想上，即是从可能的、应然的道德规范转向已然的、内在的道德品质，从目的伦理转向品质伦理。

中国最早的一个佛学宗派——天台宗，从三个方面来论述佛性：“法性实相即是正固佛性，般若观照即是三因佛性，五度功德资发般若即是缘固佛性。”（《大正藏》卷三十三）六波罗虽占了三因中的两个方面，其中般若波罗蜜是“了因”，布施、持戒、忍辱、精进、禅定五波罗蜜是佛性之“缘因”。这样看起来，似乎与印度佛学禅室生智慧、智慧达实相的路径相仿。实则不然，在天台宗中，这三因不是时间上分明的次第，而是处在“三因互具”，同时而有的关系里：“言缘必具了正，言了必具缘正，言正必具缘了。一必具三，三即是一。”（同上）法性实相之正因佛性是无始以来便存在的，而般若及另五波罗蜜与之不相舍离，那么必然推出自本以来具别功德的结论。所以，天台宗认为：“缘了佛性种子本有，非适今也。”（《大正藏》卷三十四）同印度佛学的伦理思想相比，这是一个重大的转变。在中观与瑜伽行派那里，六度本指向未来，是指人发展的一种可能性。而在天台宗中，也可以说是在整个真常唯心系中，般若智慧及布施、持戒等功德，却成为一种已然的本性。在印度佛学中其六度思想侧重

① 吕澂：《试论中国佛学有关心性的基本思想》，《现代佛学》1962 年第 5 期，第 11 页。

主体间的关系，而在天台宗中已转变成注重个体的内在品质。由是，本来在社会关系中展开的伦理修养，遂转向对人之心性的反省与磨炼。智顗在其《童蒙止观》序中指出自己修证理论的重心："若夫泥洹之法，入乃多途。论其急要，不出心观二法。所以然者，……心是禅定之胜因，观是智慧之由籍。若人成就定慧二法，斯乃自利利人法皆具足。"他认为只要满足禅宗与智慧两方面，就能充分涵盖所有的伦理范围。从此，六度中的禅波罗蜜与般若波罗蜜得到了高度弘扬，而布施、持戒、忍辱、精进四度则相对沉寂，伦理的重心越来越偏重于人的内在心性。

华严宗是另一个中国化的佛教宗派。它的主旨即是认为一切法本来功德圆满、圆融无碍："显一体者，谓自性清净圆明体。然此即是如来藏中法性之体，从本已来，性自满足。"（法藏《修华严奥旨妄尽还源观》）以此推论，"一切有情，皆有本觉真心，无始以来，常住清净，昭昭不昧，了了常知，亦名佛性，亦名如来藏"（宗密《华严原人论·直显根源第三》）。众生与佛，本无不同，只因众生迷妄，所以六道轮回，诸佛了悟，彻见万德圆满："迷真起妄，假号众生；体妄即真，故称为佛。心悟则妄本是真，非是新有。"（澄观《大华严经略策·生佛交彻第十》）而又因为"一切诸佛，自体皆有常乐我净，十身十智真实功德，相好通光，一一无尽，性自本有，不待机缘"（宗密《禅源诸诠集都序》卷三），所以众生亦是功德具足，不假外求。在这一点上，天台、华严与禅宗是相通的。

禅宗无疑是最具有中国特色的宗派，它同样将伦理道德落实于人的自心品性。在天台及华严宗中，还存有内在善性与外在善行并重的倾向，到了禅宗，却是要极力扫清外在善行，以凸显内在的佛性之德。有一则著名的传说："达磨大师化梁武帝，帝问达磨，朕一生已来，造寺布施供养，有功德否？达磨答言：并无功德。"（《坛经》法海本，第三十四节）这是一个很奇怪的回答，慧能是这样解释的："造寺布施供养，只是修福，不可将福德以为功德，功德在法身，非在于福田。自法性有功德。"（同上）他认为，内在本性的品质才可以称为功德，而外在的布施等善行，只不过是不值一提的福报罢了。之后神会继承并发挥了这一思想："若人见本性，即坐如来地。……如是见者，恒沙净妙功德，一时等备……如是见者，六度圆满。"（《荷泽神会禅师语录》第二十一节）这样一来，六度功德就仅仅存在于人的内心而无须外求，从外览得则尽是伪妄。《证道歌》也表达了同样的思想："顿觉了、如来禅，六度万行体中圆。……住相布施生天福，犹如仰箭射虚空。势力尽，箭还坠，招得来生不如意。"从这种思想出发，彻见本性即可圆满地完成最高道德，而无须参与到具体的社会道德实践中去了。在天台宗中，这种道德修养还是正观对举、定慧并重，及至禅宗，却大有独标般若、不论禅定的倾向。虽然《坛经》中说道："定慧一体，不是二。定是慧体，慧是定用。"（宗宝本《定慧品》）但实际上，此处的定指的是诸法实相之定，不是禅定。往中对传统的禅定是持批评态度的："起心看净，却生净妄，妄无处所，著者是妄，净无形相，却立净相，言是工夫，作此见者，障自本性，却被净缚。"（同上《坐禅品》）神会更是指出："神无方所，有何安乎？"（《荷泽神会禅师语录》）"般若波罗蜜是一切法之根本。"（《南宗定是非论》）更进一步，"但见本自性空寂，即知三事本自性空，更不复趣观，乃至六度亦然，是名最上乘"（《语录》），已显示出后期禅宗摈除佛教中伦理成分的迹象。

由上可见，大乘佛教的六波罗蜜，从印度注重主体间道德行为的伦理思想，一变而发展成中土关注众生内在德性的道德学说。虽然禅宗的极致，发展出一种无论善恶是非的倾向，但总的说来，中土佛学的伦理思想还是侧重于人之内在品性的。同印度佛学目的论色彩浓重的伦理思想相比，中土佛学基本上呈现出一种德性伦理的倾向。真常唯心论在中国的兴盛有多方面的原因。从伦理思想的角度来看，这种转化的动因在于：首先，受到本土伦理思想的外在压力，这在前面已经说过。其次，是受本土文化的内在熏陶。对印度佛学进行诠释的僧人，多在少年时期受过深厚的儒道文化教化。他们的阐释工作，也需要在统一的暨定文化背景下才可能被理解。这样他们便不可避免地将固有传统中注重德性伦理倾向带入佛学，使原本侧重目的伦理的佛学呈现出不同的面貌。因此，我们可以看出中土佛学的某些思想与之前的传统思想十分相近。如真常唯心系的伦理思想与孟子的先验性善论即极为相似。二者都认为人心中存在先验的善性、不假外求，如能将其扩而充之，即可达到理想的道德境界。另一方面，佛家的修养学说深深地受到道家"返本还原"思想的影响。在这种影响下，正如吕澂所说，中土佛学并非要去寻求一种崭新的存在，而是消解非本真的存在，以返回到本然的状态。所以从某一方面讲，正是为了适应固有的伦理思想，中国的大乘佛学才选择了真常唯心的理论形态。

这种中国化的佛教伦理反过来又深深地影响了本土文化。它对中国文化最大的影响之一，便是刺激、孕育了儒学的复兴。真常唯心系伦理思想的主要特点，是收道德品质之源头归于形而上的本体。虽然在孟子“尽心知性知天”等命题中也有类似的思想萌芽，但毕竟不够清晰完善。在经过隋唐佛学思维的磨炼之后，儒学已具备了进行复兴的理论思辩能力。这种融合的迹象，最早表现于李翱的《复性书》中。李翱说：“百姓之性与圣人之性弗差也。虽然，情之所昏，交相攻伐，未始有穷，故终身而不自睹其性焉。”（《复性书》卷上）冯友兰指出：“他所说的性，实际上相当于佛教所谓‘佛性’。他所说的情，实际上相当于佛教所谓‘无明’。”（《中国哲学史新编》第四册，第298页）李翱这种观点，是受佛性本净妄念覆蔽思想的影响而形成的。至于情的来源，李翱持有两种观点。一是认为情生于性：“性与情不相无也。虽然，无性则情无所生矣，是情由性而生。”（《复性书》卷上）这种观点源自真常唯心论在中土的一个变种——真心缘梦论。另一个观点则认为：“情者，妄也，邪也，邪与妄则无所因矣。”（同上卷中）这实质上是袭取了佛教“无明本空”的思想。至于具体的道德修养方式，李翱认为：“知本无有思，动静皆离，寂然不动者，是至诚业。”（同上）则是借用了华严禅的灵知心体之说。

虽然李翱之“性”既具有道德源头的性质，又含有万物本体的意味，但他毕竟未指出一个道德化本体。是宋明儒者沿着他的思路完成的这项工作。朱子云：“自家元有是物，但为他物所蔽耳。”（《朱子语类》卷三）就思想模式来说，他同样是借用了佛教真常唯心系“众生本具佛性但为妄念所覆而不能显了”的说法。具体来讲，“此心本来虚灵，万理具备，事事物物，皆所当知，人人多是气质偏了，又为物欲所蔽，故昏而不能尽知”（同上卷四十八）。这与真常唯心系的不同在于，将佛家的“性具万德”转化为儒家的“性具众理”。但“灵知心体”“妄念所蔽”等说法，却与佛家理路难分泾渭。更为重要的是，受真常唯心论将道德重心落实于人之内在心性这一思路影响，以往注重社会政治秩序与规范的儒家，也开始将内在品德修养凌驾于外在伦常之上。从经典的角度来看，则是从注重社会历史的六经转向侧重心性修养的四书，此其一。其二，儒学的心性论开始与本体论合一，将道德原则同万物源头相统一，终成道德本体化之势。这无疑极大地受到真常唯心系“心性本体论”的影响。但在理学中，形而下之心与形而上之性尚未完全融合，到心学时，则毫不犹豫地提出“心即理”的命题，表明其心性论与本体论的完全统一，达到儒学佛学化的极致。

虽然陆九渊声称自己上承孟子，但在孟子那里并没有将先验善性提升为超越的本体。他所说的“吾心即是宇宙，宇宙便是吾心”，实质上是“即心即佛”说的翻版。就其道德修养方式来看，陆九渊主张：“不读书，不求义理只静坐澄心。”（《朱子语类》卷五十二）把静坐守本心作为用功的方法，是与禅宗北系颇为相近的。这种表面上的相似，实际上反映了陆九渊思想结构与“人性本净，去妄即真”之说的一致。其不同之处，不过是将佛学心性论中弱化的伦常色彩凸显出来罢了。王阳明在龙场悟道以后说道：“始知圣人之道，吾性自足，向之求理于事物者误也。”与六祖悟后“何期自性本自具足”的观点如出一辙。他在《咏良知四首示诸生》之一中写道：“无声无嗅独知时，此是乾坤万有基。抛却自家无尽藏，沿门持钵效乞儿。”（《王阳明全集》卷二十）如果说在此之前“性具众理”和“性本空寂”可以作为儒佛之分疆的话，那么此时已是难分彼此。阳明晚年更是提出“无善无恶心之体”的学说纲领。他们的共同思路为，先使道德规范摆脱相对的社会伦常色彩，后将其归于超越的本体。然此中须以个体之心来贯通两端，而个体之心在摒除了世俗熏陶之后，并不具备所设想的道德原则。由是，正如禅宗作为真常唯心系的顶峰开始了对伦理的反动，王门后学作为儒学真常唯心化的烂熟，也走向了反伦理的归途。无论在佛学还是在佛化儒学中，将道德心性本体化的企图最终却导致了忽视实际道德规范与行为的弊端。

纵观大乘佛学从印度到中国的历程，可以看出，印度的两大主流——中观派与瑜伽行派，并没有在中国占据主导地位。无论是就思想的繁荣还是教系的兴盛来看，佛教在中国主要是以真常唯心的形式展开的。这一转变可以说是佛学中国化的特征所在。

而其中佛教伦理思想与固有伦理形态的冲突与融合，则是促使这一转化进行的一个重要原因。虽然中观派与瑜伽行派的伦理思想侧重有所不同，但其以出世主义的目的论的方式来建构伦理体系则是一致的。然而正是这一思想，与中国本土文化中“正其义不谋其利，明其道不计其功”的精神产生了极大的冲突。人们往往站在德性伦理和义务伦理的立场上，指责佛教“无父无君”“自私自利”等等。这实质上反映了对佛教整个出世主义目的论伦理的排斥，而不仅仅是对某些具体规范的不满。在这种压力下，佛教逐渐地修改了自己理论的表现形态。从中国的第一个宗派天台宗起，就以“三因互具”的理论形式开始了将道德伦理品质化、内在化的历程。此后，在华严宗、禅宗中不断发展，终于将道德完全地归入了人内在本然的心性，完成了目的伦理向德性伦理的转化。这一过程，同时也就是真常唯心系在中国确立发展的过程。可以说，佛教根本形态的中国化，是与中土固有伦理思想的交融分不开的。真常唯心系的伦理形态与中观唯识有了很大的不同，其根本在于目的论伦理与德性伦理的差异。对印度佛学来说，伦理道德虽然也涉及动机，但明显地是更注重行为后果。而在中国佛学中，则渐渐地将六度万行归入人本然的心性，将道德品质提高到道德行为之上。另一方面，在印度佛学中，道德并不具有本体的意味，六度仅仅作为“菩提资粮”而同本体发生关联。但在中国佛学把道德归于人本性的同时，将人之心性等同于万有本体。这样道德、心性与本体便有机地结合在一起，形成一种道德心性本体论的模式。虽然三者是合一的，但在佛学理论中，并未详细发挥其中的道德伦理内容，而是侧重于心性与本体。是宋明儒学，在吸收了这一道德—心性—本体合一的思维模式之后，凸显出了其中的道德伦理部分。

宋儒试图重建为佛教出世思想所威胁的现世伦理道德，在这一过程中有意无意地吸取了真常唯心系的思维模式。与汉儒将伦理建立于外在的义务不同，宋儒将道德重新归于人的内在德性。而他们对孟子的超越，在于明确地赋与道德以本体的意味，使道德、心性与本体统一起来。由此，道德规范被确立于更稳固的理论基础之上，极大地增强了其说服力，从此开始了一场影响深远的儒学复兴。另一方面，儒学在将伦理道德心性化的同时，其末期也同后期禅宗一样，出现了“非道德”乃至“反道德”的流弊。可以说，真常唯心论对儒学的兴衰两个方面都产生过相当的影响。

总的说来，佛教伦理对本土伦理产生影响的，恰恰是它已同中土文化交融的部分。此间存在一个互动的过程。并不是印度佛学的伦理思想直接影响了固有伦理形态，而是本有的文化对外来思想进行选择与融合之后，自然而然地认同、吸收其中的某些成分。双方的影响总是双向的、动态的。佛教伦理以它被改造的形态又去改造了固有的传统，即是中国佛教伦理发展的大致轮廓。

# 道教的伦理思想

道教与佛教不一样，它是我国土地上自生的宗教。它的产生深深根植于我国古代社会传统文化的氛围之中。道教正式形成于东汉末年，是从战国时期的神仙方术思想发展而来。它吸取了我国古代的巫术文化和原始宗教信仰，并以道家哲学作为自己的理论基础而建构起来的。道教组织最早产生于汉代民间，当时流行于下层社会的主要有两大道教组织：一为五斗米道，一为太平道。之后，东晋南北朝时，道教由民间转变为得到朝廷支持的具有广泛影响的一大宗教，并与儒佛两教鼎立而三。道教成为中国传统文化中的一个重要组成部分。道教的宗旨与佛教不同，佛教讲无生，求得涅槃寂静；道教讲长生，求得长生不死成神仙。佛教是外来的宗教，它原有的伦理学说与我国占统治地位的儒家伦理学说有着不少的矛盾与冲突，以此佛教传入中国之后，有一个协调和融合儒学伦理思想的过程。道教则是在自己的国土上产生的，因此它一开始就接受了儒家伦理思想的影响，并在它的发展过程中很自觉地大量地吸取儒家的伦理思想以充实、丰富自己的学说。以此在我国历史上儒、道两教之间的矛盾与纷争，远不如儒佛之间矛盾对立的尖锐。且道教还常常站在儒家一边，以维护儒家的礼教出发（道教就这点讲大不同于先秦的老庄道家猛烈攻击儒家），以攻讦佛教。由此可见，道教的伦理思想，除了它继承了老子道家的伦理思想之外，基本上是与儒家伦理思想相一致的。

# 第一章　道教神仙学与儒家伦理思想的结合

早在早期道教经典《太平经》中，就已渗透了儒家伦理思想的影响。《太平经》基本上是东汉方士们的一部著作，它把神仙方术思想与汉代的阴阳五行学说、谶纬迷信思想等糅合在一起，是一部思想十分庞杂的书。其书所讲的伦理道德思想则主要来自儒家的三纲五常学说。而其中尤以"孝"与"忠"最为重要。《太平经》中卷九十六有"六极大竟孝顺忠诀"，卷一百八有"忠孝上异闻诀"，卷一百十四有"不孝不可久生戒"等节，专门阐说了"忠孝"思想，并把孝与长生联系了起来。《太平经》说："天下之事，孝为上第一。"（《太平经》卷一百一十四《某诀》）并认为孝是天的命令，"天禀其命，令使孝慈"（同上）。以此行孝能得到天的保佑，"此念恩不忘，为天所善，天遣善神常随护，是孝所致也"（同上）。孝不仅要孝顺父母，而且要把它推及天下国家，也就是要孝顺君主，孝顺君主即为忠。为此《太平经》说："不但自孝于家，并及内外。为吏皆孝于君，益其忠诚，常在高职，孝于朝廷。"（同上）由此可见，孝与忠是不可分离的，在内孝父母，在外忠君主，忠孝两全正是我国古代宗法制封建专制社会的要求，以此也就成为儒家所宣扬的三纲中的主要内容。对此《太平经》说："子不孝、弟不顺、臣不忠，罪皆不与于赦。令天甚疾之，地甚恶之，以为大事，以为大咎也，鬼神甚非之，故为最恶下行也。"（《太平经》卷九十六《六极大竟孝顺忠诀》）不孝不忠罪大极恶，天地恶之，鬼神非之，罪不可赦。可见早期道教经典《太平经》是完全接受了儒家忠孝伦理之道的。

汉代的神仙道教思想发展有两个路径：一是盛行于上层社会，一是流行于下层民间。前者如楚王刘英交通方士，诵黄老微言，作金色玉鹤，刻文字以为符瑞等。又如桓帝好神仙等，在宫中并祭二氏（佛与老子），并遣使至苦县祠老子等。这些皆属于上层社会的神仙学，但当时未形成道教组织。后者方士们流散于民间，并在东汉末年逐步形成了五斗米道和太平道两大道教组织。五斗米道活动于现今的四川、汉中一带，创始人为张陵，其子张衡、孙张鲁并在汉中建立了政教合一的地方民间政权。张角则创造了太平道，活动于青、徐、幽、冀、荆、扬、兖、豫八州，发动了历史上有名的黄巾农民大起义。张角虽“颇得《太平经》其书”，但并没有按照书中所说的“孝于朝廷”“助帝王治”的原则办，而是高揭起了“苍天已死，黄天当立”的口号，造了汉王朝的反，成了“贼子”（所谓“黄巾贼”）。以此早期的道教组织（太平道、五斗米道）与农民的反抗、起义结下了不解之缘。当然这样的道教组织是不可能得到上层社会支持的，以此统治者用武力镇压了黄巾起义，直至三国时的曹魏政权与孙吴政权，仍然对民间道教采取了抑制或镇压的政策。为了使道教成为上层社会所需要的宗教，就必须对早期的道教作一番改造，使之适应封建社会的需要。两晋以来的道教改革运动就是适应着这一需要而展开的。其改革的一个重要内容就是把儒家的伦理政治思想大量地引进道教的教义之中，使原始的民间道教上升为封建社会所需要的一大宗教。其时倡导道教改革的代表人物主要有东晋的葛洪和北魏的寇谦之等人。

葛洪，字稚川，丹阳句容（今属江苏南京市）人。约生于西晋武帝太康四年（283），卒于东晋康帝建元之年（343）。葛洪站在维护儒家礼教的立场上，指责早期道教的领导人张角等人说：

> 曩者有张角、柳根、王歆、李申之徒，或称千岁，假托小术，坐在立亡，变形易貌，诳眩黎庶，纠合群愚，进不以延年益寿为务，退不以消灾治病为业，遂以招集奸党，称合逆乱，……威倾邦君，势凌有司，亡命逋逃，因为窟薮。（《抱朴子·道意》）

这是指责张角等人，违背了道教的原有宗旨（即“延年益寿”“消灾治病”），而去假托小术，纠合群愚，招集奸党，作乱谋反的。为了要革除道教这些政治上的危险性，葛洪认为就必须把正统的儒家礼教引入道教中。以此他所著的《抱朴子》一书，其内篇“言神仙方药，鬼怪变化，养生延年，禳邪却祸之事，属道家”；外篇则“言人间得失，世事臧否，属儒家”，就是把儒家的伦理政治思想与道教神仙学说结合在一起，认为两者是互为补充、缺一不可的。他并把道教与儒家的关系说成是本末关系：“道者，儒之本也；儒者，道之末”，本来不可分。以此儒家的伦理思想，也就成为道教的思想内容。为此葛洪认为，作为道教信徒，就必须遵循儒家礼教，修习仁义。《抱朴子·对俗篇》说：

> 欲求仙者，要当以忠孝和顺仁信为本，若德行不修，而但务方术，皆不得长生也。

修仙要以忠孝仁信为本，德行不修不得长生。这就是说，遵循儒家的伦理道德思想，已成为道教成仙的根本要务。要成为道教的神仙，就必须首先修养儒家的道德，决不能像张角那样违背礼教，作乱臣贼子。这样葛洪就把早期道教纳入了符合儒家礼教的规道，使道教成为维护封建社会秩序所需要的宗教。

北魏的寇谦之，生于前秦建元元年（365），卒于北魏太平真君九年（443），上谷昌平（今属北京市）人。他在道教改革活动中，主要是改造了原有的天师道（即五斗米道），清整了原道教组织，创立了新天师道。寇谦之自称太上老君授予他“天师之位”，赐给他《云中音诵新科之戒》，令他“清整道教”，“除去三张（指张陵、张衡、张鲁）伪法，租米钱税（指五斗米税）及男女合气之术（指房中术）”，而“专以礼度为首，而加之以服食闭练”（见《魏书·释老志》）。这是说，寇谦之扫除了五斗米道的旧道法，引进了儒家的礼教（“以礼度为首”）思想，从而使新天师道成为封建社会所需要的宗教。现存《老君音诵诫经》中说：“老君曰：……谦之，汝就系天师正位，并教生民，佐国扶命，……”在这里“佐国扶命”成为新天师道的宗旨，这就完全改造了原有民间道教的性质。经中又说：“太上老君乐音诵诫令，文曰：‘我以今世人作恶者多，父不慈，子不孝，臣不忠，运数应然，当疫毒临之，恶人死尽，吾是以引而远去。’”可见，寇谦之清整道教目的是要维护儒家的父慈、子孝、臣忠的封建伦常礼教的。

自东晋南北朝隋唐以来，原有道教的性质发生了根本性的变化，道教受到了上层社会和朝廷的支持与提倡，从而得到了蓬勃的发展，成为我国封建社会中三大社会思想意识（儒、佛、道）之一。占统治地位的儒家伦理思想，则更多地渗透到了道教教义和戒律之中。尤其是儒家的三纲五常思想竟成为道教戒律的重要内容。如《洞玄灵宝天尊说十戒经》中所列出的十戒内容是：一、不杀，当念众生。二、不得妄作邪念。三、不得取非义财。四、不欺善恶反论。五、不醉，常思净行。六、宗亲和睦，无有非亲。七、见人善事，心助欢喜。八、见人有忧，助为作福。九、彼来加我，志在不报。十、一切未得，我不有望。（见《道藏》洞会部戒律类，陶下，第203册，《洞玄灵宝天尊说十戒经》）从这十戒中可以看出，儒家的仁爱思想，尤其是宗亲和睦思想已明显地贯彻到了道教戒律之中，这是完全符合我国中世纪宗法制社会需要的。在同书中还提出了十四治身之法：一、与人君言则惠于国，二、与人父言则慈于子，三、与人师言则爱于众，四、与人臣言则忠于上，五、与人兄言则友于弟，六、与人子言则孝于亲，七、与人友言则信于交，八、与人夫言则和于室，九、与人妇言则贞于夫，十、与人弟言则恭于礼，十一、与野人言则勤于农，十二、与贤人言则志于道，十三、与异国人言则各守其城，十四、与奴婢言则慎于事。这十四治身法包括了君惠于国、父慈于子、兄友于弟、臣忠于上、师爱于众、子孝于亲、友交于信、夫和于室、妇贞于夫、弟恭于礼等等原则，这些道德原则，显系按照儒家伦常学说来处理家庭、社会、国家乃至一切人与人之间关系的具体化。这是道教对儒家伦理思想有条理的阐说和发挥。在正一五戒文中，道教徒们更有用儒家的五常观念来阐释道教的五戒内容的。其戒文是：一、行仁，慈爱不杀，放生度化。内观妙门，目久久视，肝魂相安。二、行义，赏善伐恶，谦让公私，不犯窃盗，耳了玄音，肺魄相给。三、行礼，敬老恭少，阴阳静密，贞正无淫，口盈法露，心神相和。四、行智，化愚学圣，节酒无昏，肾精相合。五、行信，守忠抱一，幽显效微，不怀疑惑始终无忘，脾志相成，成则名入正一。（见《道藏》太平部，子下第773册）在这里儒家的仁义礼智信五常道德思想与道教的养生说结合在一起了。儒家的道德思想已成为道教戒文中的主要内容。由此可见，道教的伦理思想，主要来源于儒家学说。

道教发展至宋元明清时期，中国社会转入封建社会的后期，宋明理学即宋明儒学鼎盛，成为封建社会后期的统治思想。在这种文化的氛围下，道教伦理则比以往时代更多地与儒家伦理相融合，把儒家伦理当作自己宗教的首要思想。这可以从产生于宋代的《太上感应篇》和形成于宋元时期的净明道思想中得到充分的说明。

相传为北宋参政李昌龄所作（究竟谁是作者，现今说法不一）的《太上感应篇》，其发扬的道教伦理思想首要的就是儒家的伦理学说。《感应篇》说："积德累功，慈花心于物，忠孝、友悌、正已化人、矜孤、恤寡、怀幼，昆虫草木犹不可伤，宜悯人之凶，乐人之善，济人之急，救人之危，见人之得如己之得，见人之失如己之失，不彰人短，不衒己长，遏恶扬善，推多取少，受辱不怨，受宠若惊，施恩不求报，与人不追悔，所谓善人，人皆敬之……”（《道藏要籍选刊》第四册）在这里前面所讲的忠孝、友悌、正己化人、矜孤恤寡直至“见人之得如己之得，见人之失如己之失”等等，皆是儒家一贯所主张的忠孝友悌仁爱忠恕之道，并明确提出只有行善才能成仙的思想（“欲求天仙者，当立一千三百善；欲求地仙者，当立三百善”），而后面讲的受辱不怨、受宠若惊、施恩不求报等才是老子道家所固有的思想。在这里，儒家伦理是主要的思想。净明道的思想则更为明显。净明道，亦称净明忠孝道，为宋元何真公和刘玉所倡。他们的教化以忠孝为首，所谓“灵宝净明秘法，化民以忠孝廉慎之教”，即是这一思想的表现。他们的宗旨是：“以忠孝为本，敬天崇道，济生度死为事。”净明道还讲什么“八极”之说。所谓八极，即是“忠者，钦之极；孝者，顺之极；廉者，清之极；谨者，戒之极；宽者，广之极；裕者，乐之极；容者，和之极；忍者，智之极”（《太上灵宝净明飞仙度人经法》卷一）。这八极即八种道德规范，同样也是以忠孝为首，自始至终皆贯穿了儒家的伦理思想。

# 第二章　道教伦理思想对道家思想的继承和发扬

道教伦理思想的另一个重要来源，则是先秦道家（主要是老子的）清虚、抱朴、谦逊、自然无为等思想。如道教戒律中就有“修斋念道，恭心道法。内外清虚，不生秽恶。退身护义，不争功名。抱泰守朴，行当自然”（见《道藏》洞玄部戒律类，陶上，《太上洞玄灵宝智慧罪根上品大戒经》）等等，就是来自于先秦道家的清虚、谦退、不争、素朴、自然的思想。这些思想尤其在“道德尊经想尔戒”中阐说得更为明显。想尔戒分上、中、下三品。上品戒文说：“行无为，行柔弱，行守雌，勿先动。”中品戒文说：“行无名，行清静，行诸善。”下品戒文说：“行忠孝，行知足，行推让。”（见《道藏》洞神部戒律类，力上，第562册，《太上老君经律》）这里的无为、柔弱、守雌、勿先动、无名、清静、无欲、知足，推让等等，无一不是来源于先秦老子的思想。又如在所谓老君二十七戒中，还有“戒常当谦让”“戒勿贪宝货”“戒勿资身好衣美食”“戒勿为耳目口鼻所误”“戒勿盈溢”“戒勿与人争曲直”“戒勿乐兵”（同上）等等，也是直接继承了老子的谦下、勿躁、素朴、勿盈、不争、勿乐杀人等思想的。在这里，道教的伦理思想又与先秦以老子为代表的道家伦理思想有着密切不可分的联系。

由此可见，道教伦理思想主要根源于两方面的思想：一是来自儒家的忠孝仁爱思想，一是来自道家的清静无为朴素谦逊的思想。这两部分思想在宋金时期的全真道中，更是把它们当作两种紧密相关的修炼思想。例如全真教中的龙门派就是这样做的，以丘处机、尹清和等人为代表的全真龙门派，主张内道外儒的双修功夫。他们称儒家的修养功夫为“有为”功夫，为“外日用”；称道家的修养功夫为“无为”功夫，为“内日用”，主张内外双修。关于内外日用问题，丘处机在《寄西洲道友书》中说：“舍已从人，克己复礼，乃外日用，饶人忍辱，绝尽思虑，物物心体，乃内日用。”又说：“常会一念澄湛，十二时中时时觉悟，性上不昧，心定气和，乃真内日用；修仁蕴德，苦己利他，乃真外日用。”可见所谓内日用就是“令念澄湛”做清静功夫，这里讲的内丹修炼，但其中也要遵循道家的道德原则（如饶人忍辱、清静无为、不争等等），而所谓外日用即是践履儒家德行，所谓内外结合，实就是儒道双修。

总之，从整个道教的发展过程来看，道教的伦理思想主要吸取的是儒家的伦理学说，同时它又继承与发挥了先秦道家的伦理思想。

# 后　记

张岱年先生早在上世纪80年代初就写了一篇题为《谈中国伦理学史的研究方法》的文章，之后又在80年代末出版了他的《中国伦理思想研究》专著，在这些论文与专著中张先生明确地阐述了中国古代伦理思想的特点、基本问题、基本派别和中国伦理学史的研究方法等问题，为我们进一步地研究中国伦理思想史指明了方向和方法。为此，我和我的中青年同事们一起很想在张先生的指导下，按照张先生的思想路数写一部中国古代伦理思想史。张先生欣然同意了我们的建议，愿意担任该书主编，我们就在张先生的指导下开始写作此书。以往的中国伦理思想史家，一般都是按照时间的前后次序从先秦写到明清的。我们这本书则是以我国历史上不同的伦理学基本派别为线索，探究了儒道墨法和佛、道两教伦理思想的产生、演变和基本思想特征等，以便能更好地揭示各派伦理思想的本义及其现实的意义，希望能有益于我们当前的社会主义精神文明建设。但由于我们的水平所限，不知是否能很好地达到这一目的。书中若有不妥与错误之处，请方家批评指正。在写作过程中还得到了魏英敏教授的鼓励与支持，在此表示谢意。本书撰写人员的分工如下：

田永胜　上篇第一、二两章

聂保平　上篇第三、四两章和下篇《道家的伦理思想》第四章

强　昱　上篇第五章第一、二、三、四、五节

杨立华　上篇第五章第六、七、八、九、十节

彭运生　上篇第六章

郑　开　下篇《道家的伦理思想》第一、二、三章

赵海峰　《墨家的伦理思想》第一、二两章和《法家的伦理思想》第一、二两章

聂　清　《佛教的伦理思想》第一、二两章

许抗生　《道教的伦理思想》第一、二两章和负责统稿工作。

许抗生

2018年1月